普通高等院校“新工科”

智能机器人原理与应用

仉新　李锁　张骢◎编著

北京理工大学出版社
BEIJING INSTITUTE OF TECHNOLOGY PRESS

内 容 简 介

本书是作者近年来从事智能机器人研究和教学取得成果的总结，在参考和引用国内外相关研究成果的基础上编著而成，具有良好的基础性、系统性和实用性。全书共分 10 章，第 1 章为绪论，主要概述机器人定义、发展历史及分类；第 2 章为机器人运动学，介绍机器人位姿表示方法及机器人运动学方程；第 3 章为机器人动力学，介绍机器人静力分析和常用的动力学方法；第 4 章为机器人控制，描述机器人驱动与运动控制系统、状态空间控制，以及控制理论与算法；第 5 章为机器人感知，介绍机器人传感器基础知识及分类；第 6 章为视觉里程计，介绍特征点法、光流法和直接法；第 7 章为优化与地图构建，包含后端优化方法、回环检测及建图；第 8 章为机器人智能，介绍机器理解、机器推理及机器学习；第 9 章为服务机器人，介绍移动机器人、无人机及医用机器人；第 10 章为特种机器人，介绍空间机器人、水下机器人及军用机器人。

本书可作为本科生或硕士生的教学参考用书，也可供从事机器人及自动化装备研究、开发和应用的科技工作人员学习参考。

图书在版编目（CIP）数据

智能机器人原理与应用 / 仉新，李锁，张聪编著
. -- 北京 ：北京理工大学出版社，2022. 8（2022. 12 重印）
ISBN 978-7-5763-1644-5

Ⅰ. ①智…　Ⅱ. ①仉…　②李…　③张…　Ⅲ. ①智能机器人-研究　Ⅳ. ①TP242. 6

中国版本图书馆 CIP 数据核字（2022）第 156817 号

出版发行 / 北京理工大学出版社有限责任公司
社　　址 / 北京市海淀区中关村南大街 5 号
邮　　编 / 100081
电　　话 / （010）68914775（总编室）
（010）82562903（教材售后服务热线）
（010）68944723（其他图书服务热线）
网　　址 / http：//www. bitpress. com. cn
经　　销 / 全国各地新华书店
印　　刷 / 唐山富达印务有限公司
开　　本 / 787 毫米×1092 毫米　1/16
印　　张 / 21
字　　数 / 489 千字
版　　次 / 2022 年 8 月第 1 版　2022 年 12 月第 2 次印刷
定　　价 / 49. 50 元

责任编辑 / 李　薇
文案编辑 / 李　硕
责任校对 / 刘亚男
责任印制 / 李志强

前言

“十三五”“十四五”以及《国家中长期科学和技术发展规划纲要》，把智能机器人作为国家重要发展方向，以工业机器人、服务机器人和军用机器人等作为重要突破，促进国家智能机器人产业发展。随着全球机器人应用产业的重心由制造业向非制造业转移，机器人技术的研究重点也由机械手及机械臂转向智能化机器人。

本书在介绍智能机器人研究现状的基础上，系统地描述智能机器人的基础知识、关键技术和应用方向，主要包含运动学、动力学、控制理论、定位导航及应用领域。本书将理论和实际应用密切结合，结构清晰、合理，语言精练，内容深入浅出。本书共分 10 章，第 1 章为绪论，主要概述机器人定义、发展历史及分类；第 2 章为机器人运动学，主要介绍机器人位姿表示方法及机器人运动学方程；第 3 章为机器人动力学，主要介绍机器人静力分析和常用的动力学方法；第 4 章为机器人控制，主要介绍机器人驱动与运动控制系统、状态空间控制，以及控制理论与算法；第 5 章为机器人感知，主要介绍机器人传感器基础知识及分类；第 6 章为视觉里程计，主要介绍特征点法、光流法和直接法；第 7 章为优化与地图构建，主要介绍后端优化方法、回环检测及建图；第 8 章为机器人智能，主要介绍机器理解、机器推理及机器学习；第 9 章为服务机器人，主要介绍移动机器人、无人机及医用机器人；第 10 章为特种机器人，主要介绍空间、水下及军用机器人。

本书是作者近年来从事智能机器人研究和教学成果的总结，并参考和引用了国内外相关研究成果，具有良好的基础性、系统性和实用性，可作为本科生或硕士生的教材，也可供从事机器人及自动化装备研究、开发和应用的科技工作人员学习参考。

本书的顺利出版，要感谢辽宁省教育厅面上青年人才项目（LJKZ0258）、辽宁省科学技术厅博士科研启动基金计划项目（2022-BS-187）的资助；要感谢沈阳理工大学的领导和老师们给予的大力支持和帮助。此外，对参与本书编写的张旭阳、朱文辉、靳得利、左依林、李忠凯和由金池等，表示衷心的感谢。

由于作者水平所限和编写时间仓促，本书难免存在缺点和不足之处，恳请广大读者批评指正。

编　者

2022 年 5 月

目录

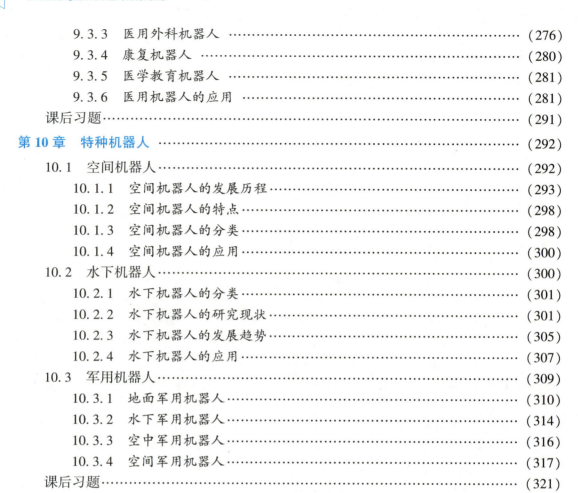

第 1 章 绪论

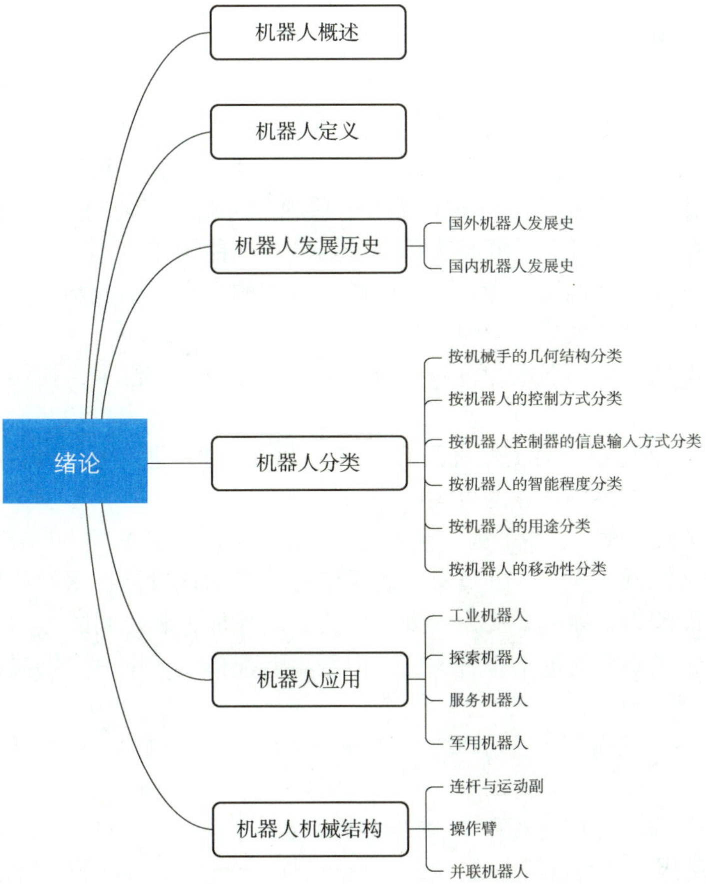

机器人是一种能够半自主或全自主工作的智能机器。历史上最早的机器人雏形见于隋炀帝命工匠按照柳抃形象所营造的木偶，施有机关，有坐、起、拜、伏等能力。机器人具有感知、决策、执行等基本特征，可以辅助甚至替代人类完成危险、繁重、复杂的工作，提高工作效率与质量，服务人类生活，扩大或延伸人的活动及能力范围。本章将通过对机器人的定义、分类、发展等方面进行介绍，使读者对机器人有初步的了解。

1.1 机器人概述

随着社会的发展和科技的进步，计算机、自动控制以及人工智能等技术迅速发展，机器人的研究也取得了巨大的突破。机器人是按照预定程序，执行相应任务的智能化机械设备。通过接收并执行人类的命令，机器人可以辅助甚至取代人类做一些工作，也可以按照预定的规则来运行，进而在加工制造业、建筑业、服务业等行业中发挥重要作用。如今，随着机器人自身性能的不断完善，其应用范围也在不断扩大，从特定的工业加工场景，逐渐扩展到智慧农业、物流运输、城市安防，乃至国防安全等领域。因此，机器人已经得到了世界各国的普遍关注，所涉及的机器人系统及其关键技术的研发也成为当今科学与应用研究的热点。

1.2 机器人定义

机器人技术是一门不断发展的学科。随着计算机技术的飞速发展，机器人所涵盖的内容愈发丰富，正愈发向着智能化方向发展，其定义得到不断充实和创新。

美国机器人协会定义机器人为：一种用于移动各种材料、零件、工具或专用装置的，通过程序动作来执行各种任务，并具有编程能力的多功能操作机。

美国国家标准局定义机器人为：一种能够进行编程并在自动控制下完成某些操作和移动作业任务或动作的机械装置。

日本工业标准局定义机器人为：一种机械装置，在自动控制下，能够完成某些操作或者动作。

1987 年国际标准化组织对工业机器人的定义为：工业机器人是一种具有自动控制的操作和移动功能，能完成各种作业的可编程操作机。

英国学者定义机器人为：貌似人的，具有智力的且顺从于人的但不具有人格的机器。

我国学者定义机器人为：一种具有高度灵活性的自动化机器，这种机器具备一些与人或生物相似的智能能力，如感知能力、规划能力、动作能力和协同能力。

尽管各国关于机器人的定义有所不同，但基本上都指明了作为“机器人”所具有的以下两个共同点：

（1）是一种自动机械装置，可以在无人参与的前提下，自动完成多种操作或动作，即具有通用性；

（2）可以再编程，程序流程可变，即具有柔性（适应性）。

森政弘及合田周平认为机器人是一种具有移动性、个体性、智能性、通用性、半机械半人性、自动性、奴隶性 7 个特征的柔性机器。机器人是 20 世纪人类伟大的发明，比尔·盖茨曾预言：“机器人即将重复 PC 崛起的道路，彻底改变这个时代的生活方式。”机器人学集中了机械工程、材料科学、电子技术、计算机技术、自动控制理论及人工智能等多学科的最新研究成果，代表了机电一体化的最高成就，是当代科学技术发展最活跃的领域之一。

1.3　机器人发展历史

机器人一词的出现和世界上第一台工业机器人的问世都是近几十年的事。然而，人们对机器人的幻想与追求却已有 3 000 多年的历史。人类希望制造一种像人一样的机器，以便代替人类完成各种工作。

1.3.1　国外机器人发展史

公元前 2 世纪，亚历山大时代的古希腊人发明了机器人——自动机。它是以水、空气和蒸汽压力为动力的会动的雕像，可以自己开门，还可以借助蒸汽唱歌。1662 年，日本学者竹田近江利用钟表技术发明了自动机器玩偶，并在大阪的道顿堀演出。1738 年，法国天才技师杰克・戴・瓦克逊发明了一只机器鸭，它会嘎嘎叫，会游泳和喝水，还会进食和排泄。瓦克逊的本意是把生物的功能加以机械化从而进行医学上的分析。

在当时的自动玩偶发明家中，最杰出的要数瑞士的钟表匠杰克・道罗斯和他的儿子利・路易・道罗斯。1773 年，他们连续推出了自动书写玩偶、自动演奏玩偶等。这些自动玩偶是利用齿轮和发条原理而制成的，它们有的拿着画笔绘画，有的拿着鹅毛蘸墨水写字，结构巧妙，服装华丽，在欧洲风靡一时。由于当时技术条件的限制，这些玩偶其实是身高 1 m 的巨型玩具。现在保留下来的最早的机器人是瑞士努萨蒂尔历史博物馆里的少女玩偶，它制作于 200 余年前，两只手的 10 个手指可以按动风琴的琴键而弹奏音乐，现在还定期演奏供参观者欣赏，展示了古代人的智慧。

19 世纪中叶，自动玩偶分为两个流派，即科学幻想派和机械制作派，并各自在文学艺术和近代技术中找到了自己的位置。1831 年，歌德发表了《浮士德》，塑造了人造人“荷蒙克鲁斯”；1870 年，霍夫曼出版了以自动玩偶为主角的作品《葛蓓莉娅》；1883 年，科洛迪的《木偶奇遇记》问世；1886 年，《未来的夏娃》问世。在机械实物制造方面，摩尔于 1893 年制造了“蒸汽人”，该“蒸汽人”靠蒸汽驱动双腿沿圆周走动。

进入 20 世纪后，机器人的研究与开发得到了更多人的关心与支持，一些适用化的机器人相继问世。1927 年，美国西屋公司工程师温兹利制造了第一个机器人“电报箱”，并在纽约举行的世界博览会上展出。它是一个电动机器人，装有无线电发报机，可以回答一些问题，但该机器人不能走动。1956 年，美国的发明家德沃尔和物理学家恩格尔伯格成立了世界上第一家机器人公司，名为 Unimation。此后 3 年，两人又成功发明了世界上第一台工业机器人——Unimate（尤尼梅特），含义为“万能自动”。该机器人的功能与人的手臂类似，可以进行搬运、拼装、点焊、喷漆等工作。

1969 年，舍曼发明了斯坦福臂，如图 1.1 所示，这是一种机器人臂。斯坦福臂是世界上第一批完全由计算机程序控制的机器人，它的发明是机器人技术发展的里程碑。虽然斯坦福臂仅是用于教育的六轴关节机器人，但其计算机程序控制技术开启了工业机器人的新篇章。

20 世纪 70 年代初期，日本在仿人机器人方面走在世界前列。早稻田大学是日本研究机器人较早的大学之一。1967 年，该校的加藤实验室启动了极具影响力的 WABOT 项目，并于 1972 年诞生了 WABOT-1，如图 1.2 所示。该机器人为具有仿人功能的两足机器人。

该机器人高约 2 m，重 160 kg，拥有肢体控制系统、视觉系统和对话系统，还有四肢，全身共 26 个关节，可以自主导航和自由移动，甚至可以测量物体之间的距离；手部还装有触觉传感器，这意味着它能抓住和运输物体。WABOT-1 是世界上第一个全尺寸人形智能机器人，加藤一郎后来被誉为“仿人机器人之父”。

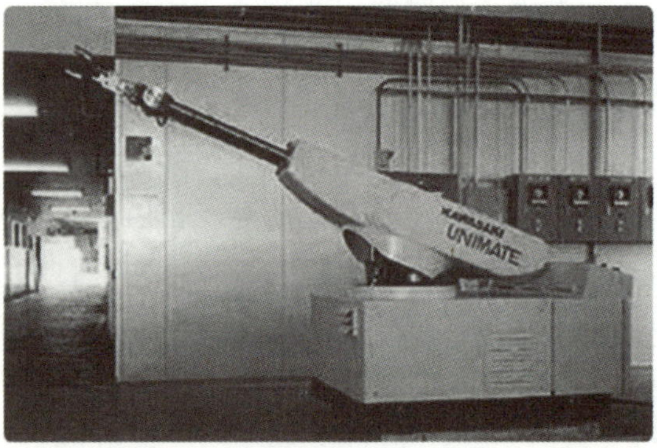

图 1.1　斯坦福臂

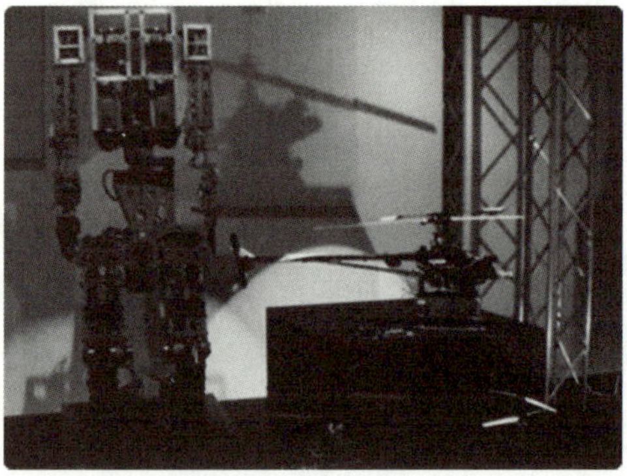

图 1.2　WABOT-1

1973 年，德国库卡公司发布了第一个具有 6 个机电驱动轴的工业机器人 Famulus。1976 年，机器人 Viking 1 和 Viking 2 登陆火星，它们是众所周知的火星漫游者的先驱，其特别之处是由热电发电机提供动力（该发电机利用衰变钚释放的热量提供电能）。1976 年，东京工业大学发明了 Shigeo-Hirose 软钳机器人，它可以自动适应抓取物体的外部形状，其设计思想源于对自然界柔性结构的仿生研究，如象鼻等。

20 世纪 80 年代，机器人正式进入了普通民众的消费市场，大部分都是简单的玩具。其中，机器人玩具 OmniBot 2000 风靡一时。该机器人具有远程控制功能，配备了一个托盘，用于摆放饮料和零食。另一个备受追捧的机器人玩具是任天堂的 R. O. B，如图 1.3 所示，它是任天堂娱乐系统的机器人播放器，可以响应 6 种不同的命令。

1989 年，麻省理工学院成功研制了一种名为 Genghis（成吉思汗）的六足机器人，如图 1.4 所示，它拥有 12 个伺服电动机和 22 个传感器，足式运动可以帮助它穿越各种不平整的地形，被认为是具有里程碑意义的机器人之一。

图 1.3　任天堂的 R. O. B

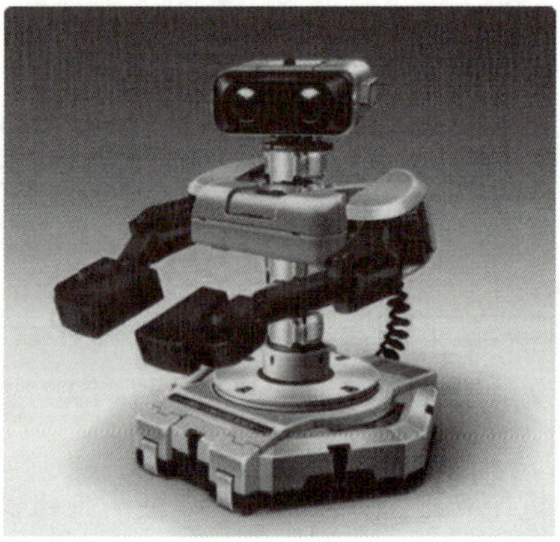

图 1.4　名为 Genghis（成吉思汗）的六足机器人

1997 年，“旅居者号” Soiourner 漫游车（该车以非裔美国人活动家 Truth 的名字命名，如图 1.5 所示）登陆火星，探索了约 250 m 的火星表面，并回传了 550 张火星照片。

2000 年，美国麻省理工学院人工智能实验室仿人机器人小组研制了一款最早出现的社交机器人 Kismet，能够识别和模拟人的情绪。同年，本田的人形机器人 ASIMO 登上舞台，如图 1.6 所示，该机器人是一种智能仿人机器人，它能够散步、交谈、跟陌生人握手等。

图 1.5 “旅居者号” Soiourner 漫游车

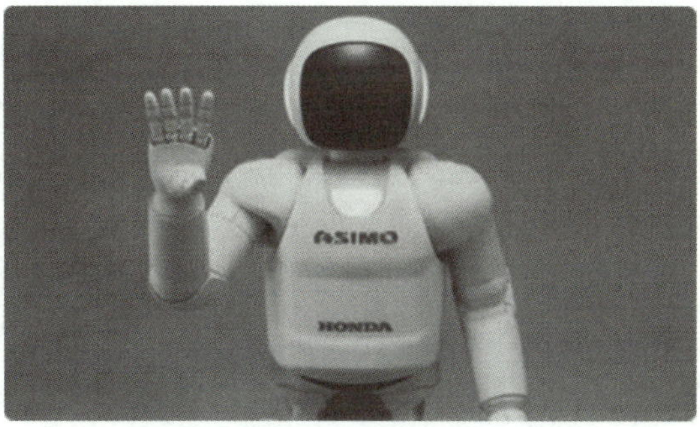

图 1.6 人形机器人 ASIMO

21 世纪初，“勇气号”机器人被美国国家航空航天局送到火星表面。该机器人安装了高性能计算机和高清摄像头，这代表移动机器人技术的研发进入了新阶段。2005 年，受陆军研究实验室支持，波士顿动力公司发布了新一代“机械狗” BigDog 军用移动机器人，如图 1.7 所示。BigDog 不使用轮子，而是使用 4 条腿进行运动，从而使它在复杂地形中保持了良好的通行能力。该机器人可以在战场上为士兵运送补给物品，具有较强的载重和平衡能力，能够避开复杂地形中的各种障碍进而完成任务。

2019 年，美国麻省理工学院推出机器人 Cheetah（猎豹），如图 1.8 所示。该机器人从外形上来看，就像一只看不到脑袋的猎豹，拥有超强的运动能力，可以完成 360°的后空翻动作，是首个实现了后空翻的四足机器人。它的行走速度大约是普通人行走速度的两倍。该机器人具有自平衡能力，即使被推倒也能快速恢复站立姿态。

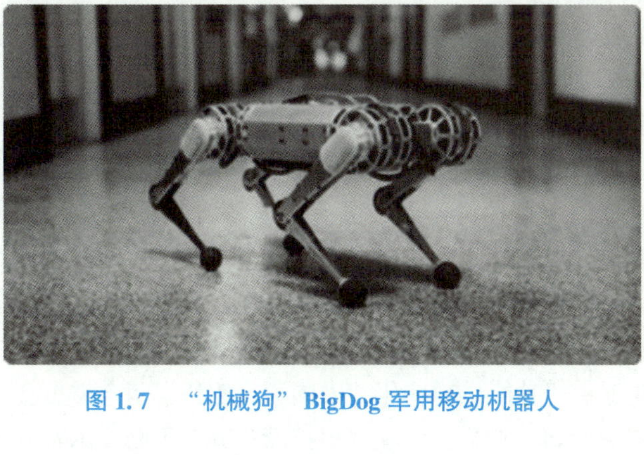

图 1.7 “机械狗” BigDog 军用移动机器人

图 1.8 机器人 Cheetah（猎豹）

1.3.2 国内机器人发展史

西周时期，我国的能工巧匠偃师就研制出了能歌善舞的机器伶人。春秋后期，我国著名的木匠鲁班，在机械方面也是一位发明家，据《墨经》记载，他曾制造过一只木鸟，能在空中飞行“三日不下”，体现了我国劳动人民的聪明智慧。汉代大科学家张衡不仅发明了地动仪，而且发明了计里鼓车。计里鼓车每行一里，车上木人击鼓一下；每行十里，击钟一下。

我国工业机器人的发展始于20世纪70年代初，前后经历了摇篮期、成长期和高速发展期。20世纪70年代初，在时任中国科学院（中科院）沈阳自动化研究所所长蒋新松教授的推动和倡导下，我国开展了机器人技术方面的早期探索和研究，在机器人控制算法和控制系统设计等方面取得了一定的突破。

1977年，我国第一个以机器人为主题的全国机械手技术交流大会在浙江嘉兴召开；其后的几年间，我国开始不断与国际上的机器人专家展开学术交流，从而加快了我国机器人发展的步伐。此后，多个省市对机器人及其相关应用工程项目进行了专项扶持，其中哈尔滨工业大学就在国家和地方的支持下对焊接机器人展开了研发。

1982—1984年，中科院沈阳自动化研究所成功建成了机器人工程中心，主要研发智能机器人和水下机器人。1985年，上海交通大学机器人研究所自主研制了“上海一号”弧焊机器人，这是中国第一台六自由度关节机器人。1988年，该所完成了“上海三号”机器人的研制。20世纪80年代末，国防科技大学开始组织对汽车无人驾驶技术的攻关，并于1992年研制出了国内第一辆无人驾驶汽车。

1994年，中科院沈阳自动化研究所联合多家单位成功研制了我国第一台无缆水下机器人“探索者号”。整个机器人由水上和水下两个部分组成，包含载体、电控、声学、导航等系统，涉及水声通信、自动驾驶、导航定位、多传感器融合、高效深潜、水面收放等多项先进技术。它的成功研制标志着我国水下机器人技术已慢慢走向成熟。在“探索者号”的基础上，中科院近年来又研制出了高级智能水下机器人——“大黄鱼”，它拥有萌萌的外观和高超的深潜技术，最大的亮点就是可以自主决策是继续航行还是回收。经过水下实验后，“大黄鱼”也成为海洋科考的新利器。

进入21世纪，我国机器人的研究迈向全面发展时期。国防科技大学历时10年，于2000年成功研制出了我国第一个仿人机器人——“先行者”。就像其名字描述的那样，“先行者”可以实现行走的功能，它行走时较灵活，既可以稳步前进，又可以自如地转弯、上坡，还可以适应一些小偏差、不确定的环境。成立于2000年的新松机器人自动化股份有限公司已经研制出了具有自主知识产权的上百种机器人产品，涉及服务机器人、特种机器人、工业机器人和移动机器人等。

2003年，清华大学在室外机器人研究平台THMR-3的基础上研发出了智能车THMR-5，如图1.9（a）所示，它能够利用多传感器融合信息进行局部和全局规划，实现结构化环境下的车道线自动跟踪、远程视觉遥控等功能。2009年，由国家自然科学基金委员会主办的“中国智能车未来挑战赛”在西安拉开帷幕。此后，该项赛事持续举办，不断展示着我国智能车研究的最新进展。2015年，百度开始大规模投入无人驾驶汽车技术研发，随后发布了一项名为“阿波罗”的新计划，目的就是面向汽车行业提供一套完整、开放、安全的开源软件平台，帮助车企快速搭建一套属于自己的自动驾驶系统。国内机器人成果如图 1.9 所示。

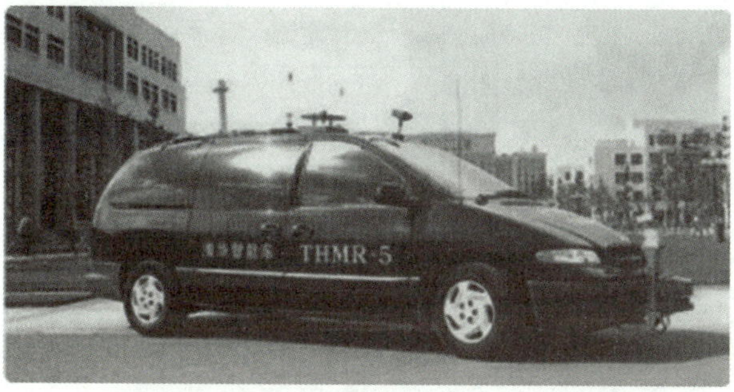

(a)

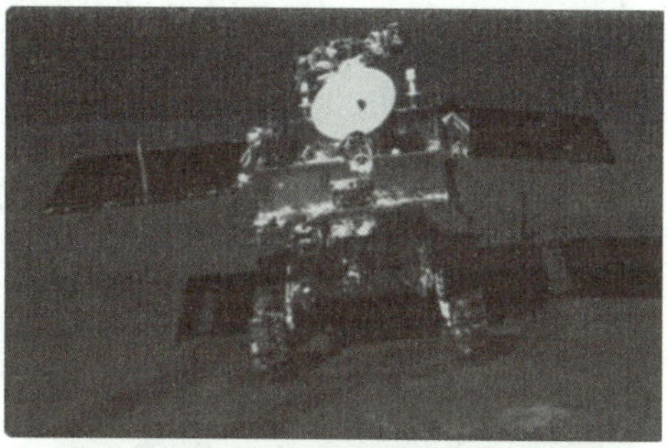

(b)

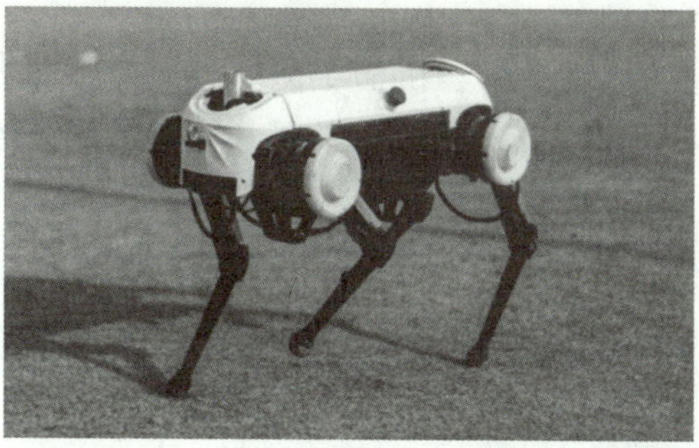

(c)

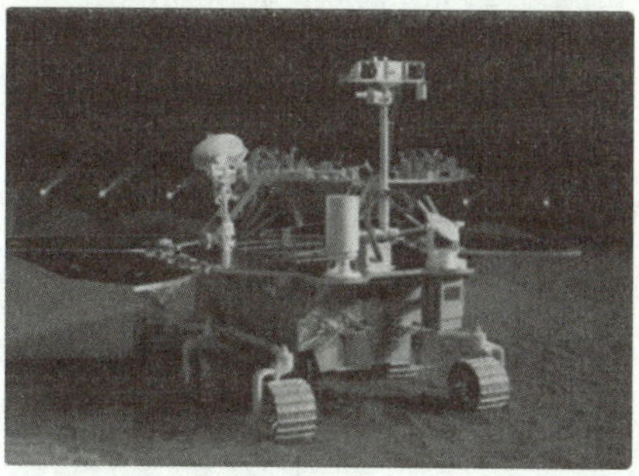

(d)

图 1.9　国内机器人成果

(a) 清华大学智能车 THMR-5；(b)“玉兔二号”月球车；
(c) 浙江大学“绝影”四足机器人；(d)“祝融号”火星车

1.4　机器人分类

机器人的分类方法有很多。本节介绍 6 种分类法，即按机械手的几何结构分类、按机器人的控制方式分类、按机器人控制器的信息输入方式分类、按机器人的智能程序分类、按机器人的用途分类和按机器人的移动性分类。

1.4.1　按机械手的几何结构分类

机械手的机械配置形式多种多样，最常见的结构形式是用其坐标特性来描述。这些坐标包括笛卡儿坐标、柱面坐标、极坐标、球面坐标和关节式球面坐标等。本小节简单介绍柱面、球面和关节式球面坐标机器人这 3 种最常见的机器人。

1. 柱面坐标机器人

柱面坐标机器人主要由垂直柱子、水平手臂（或机械手）和底座构成。水平机械手装在垂直柱子上，能自由伸缩，并可沿垂直柱子上下运动。垂直柱子安装在底座上，并能与水平机械手一起（作为一个部件）在底座上移动。这样，其工作轨迹（区间）就形成了一段圆柱面，因此把这种机器人称为柱面坐标机器人，如图 1.10 所示。

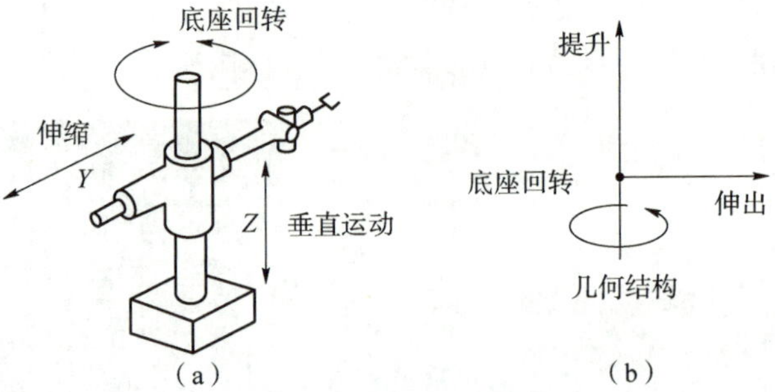

图 1.10 柱面坐标机器人

(a) 底座回转；(b) 示意

2. 球面坐标机器人

如图 1.11 所示，球面坐标机器人像坦克的炮塔一样，机械手能够里外伸缩移动、在垂直平面上摆动以及绕底座在水平面上转动。因此，这种机器人的工作轨迹形成了球面的一部分，并被称为球面坐标机器人。

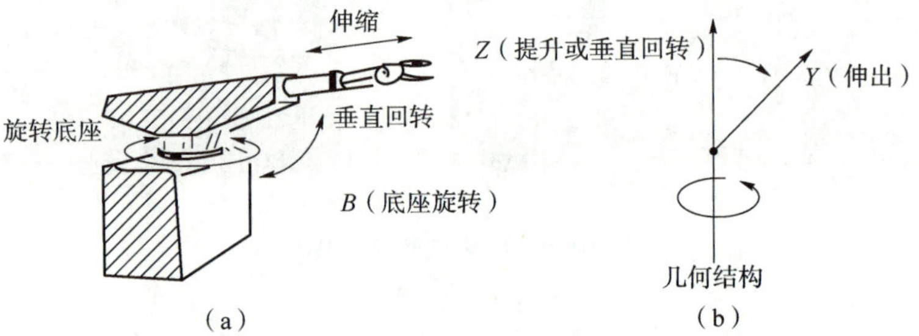

图 1.11 球面坐标机器人

(a) 底座旋转；(b) 示意

3. 关节式球面坐标机器人

关节式球面坐标机器人主要由底座（或躯干）、上臂和前臂构成，上臂和前臂可在通过底座的垂直平面上运动，如图 1.12 所示。在前臂和上臂间，机械手有一个肘关节；而在上臂和底座间，机械手有一个肩关节。在水平平面上的旋转运动，既可通过肩关节实现，也可以通过绕底座旋转来实现。这种机器人的工作轨迹形成了球面的大部分，因此被称为关节式球面坐标机器人。

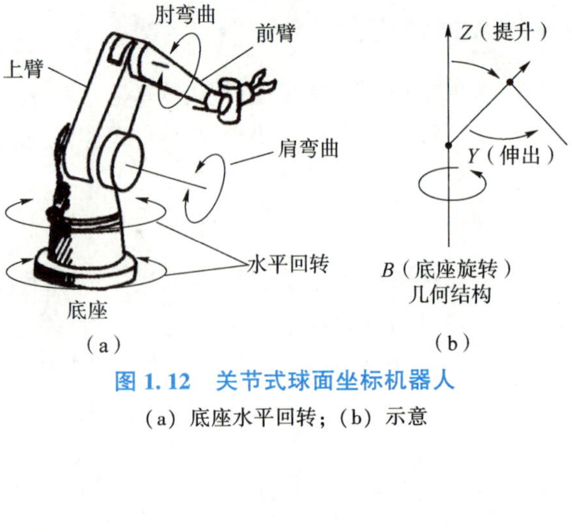

图 1.12 关节式球面坐标机器人

(a) 底座水平回转；(b) 示意

1.4.2 按机器人的控制方式分类

按控制方式的不同，可把机器人分为非伺服控制机器人和伺服控制机器人两种。

1. 非伺服控制机器人

非伺服控制机器人的工作能力比较有限，它们往往指那些被称为“终点”“抓放”或“开关”式的机器人，尤其是“有限顺序”机器人。这种机器人按照预先编好的程序顺序进行工作，使用限位开关、终端制动器、插销板和定序器来控制机械手的运动，其工作原理方框图如图 1.13 所示。在图 1.13 中，插销板用来预先规定机器人的工作顺序，其往往是可调的。定序器是一种定序开关或步进装置，能够按照预定的正确顺序接通驱动装置的能源。驱动装置在接通能源后，就带动机器人的机械手运动。当它们移动到由限位开关所规定的位置时，限位开关切换工作状态，向定序器送去一个“工作任务（或规定运动）业已完成”的信号，并使终端制动器动作，切断驱动能源，使机械手停止运动。

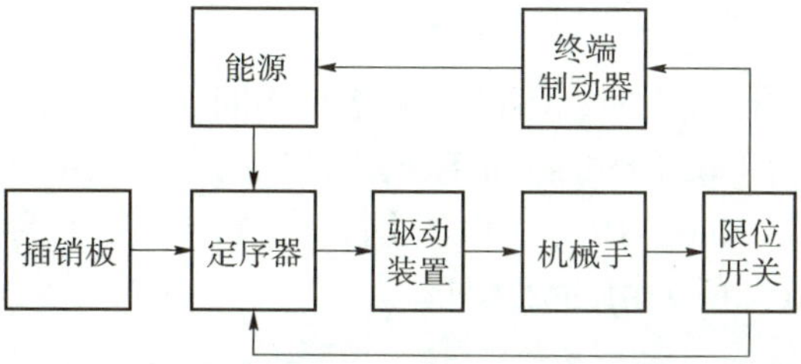

图 1.13 “有限顺序”机器人工作原理方框图

2. 伺服控制机器人

伺服控制机器人比非伺服控制机器人的工作能力更强，因而价格较贵，但在某些情况下不如简单的机器人可靠。图 1.14 为伺服控制机器人工作原理方框图。伺服系统的被控制量（输出）可为机器人端部执行装置（或工具）的位置、速度、加速度和力等。通过反馈传感器取得的反馈信号与来自给定装置（如给定电位器）的给定指令，在用比较器进行比较后，得到误差信号，经过放大器放大后用以激发机器人的驱动装置，进而带动末端执行装置（机械手）进行具有一定规律的运动、到达规定的位置或速度等。显然，这就是一个反馈控制系统。

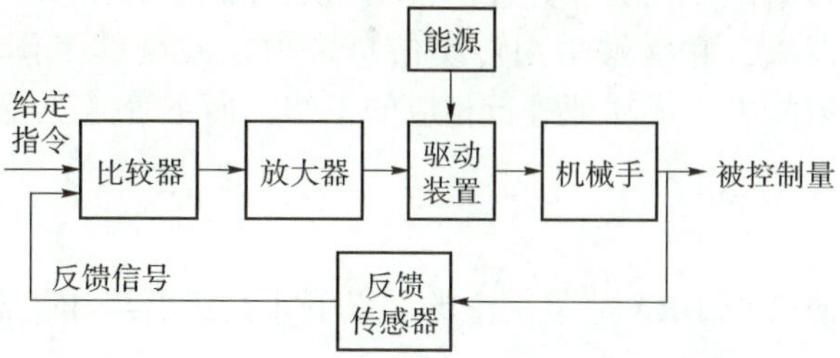

图 1.14 伺服控制机器人工作原理方框图

伺服控制机器人又可分为点位伺服控制机器人和连续路径（轨迹）伺服控制机器人两种。

点位伺服控制机器人能够在其工作轨迹内精确执行三维编程点之间的运动。一般只对其一段路径的端点进行示教，机器人便能以最快和最直接的路径从一个端点移到另一端点。可把这些端点设置在已知移动轴的任何位置上。点与点之间的操作总是不平稳，即使同时控制两根轴，它们的运动轨迹也很难完全一样。因此，点位伺服控制机器人用于只有终端位置是重要的而对编程点之间的路径和速度不作主要考虑的场合。

点位伺服控制机器人的初始程序比较容易设计，但不易在运行期间对编程点进行修正。由于没有行程控制，因此实际工作路径可能与示教路径不同。这种机器人具有很大的操作灵活性，因而其负载能力和工作范围均名列前茅。液压装置是这种机器人系统最常用的驱动装置。

连续路径（轨迹）伺服控制机器人能够平滑地跟随某个预先规定的路径，其轨迹往往是某条不在预编程点停留的曲线路径。因此，这种机器人特别适用于喷漆作业。

连续路径（轨迹）伺服控制机器人具有良好的控制和运行特性，由于数据是依时间采样的，而不是依预先规定的空间点采样，因此能够把大量的空间信息存储在磁盘或光盘上。这种机器人的运行速度较快，功率较小，负载能力也较小。喷漆、弧焊、抛光和磨削等加工是这种机器人的典型应用场合。

1.4.3 按机器人的信息输入方式分类

在采用这种分类法进行分类时，不同国家略有不同，但有统一的标准。本小节主要介绍日本工业机器人协会（Jopan Industrial Robot Association，JIRA）、美国机器人工业协会（Robotic Industries Associotion，RIA）和法国工业机器人协会（French Association of Industrial Robotics，AFRI）所采用的分类法。

1. JIRA 分类法

日本工业机器人协会把机器人分为以下 6 类。

第 1 类：手动操作手，是一种由操作人员直接进行操作的具有几个自由度的加工装置。

第 2 类：定序机器人，是按照预定的顺序、条件和位置，逐步地重复执行给定任务的机械手，其预定信息（如工作步骤等）难以修改。

第 3 类：变序机器人，它与第 2 类一样，但其工作次序等信息易于修改。

第 4 类：复演式机器人，这种机器人能够按照记忆装置存储的信息复现原先由人示教的动作。这些示教动作能够被自动地重复执行。

第 5 类：程控机器人，操作人员并不是对这种机器人进行手动示教，而是向机器人提供运动程序，使它执行给定的任务。其控制方式与数控机床一样。

第 6 类：智能机器人，它能够采用传感信息来独立检测其工作环境或工作条件的变化，并借助其自我决策能力，成功地进行相应的工作，而不管其执行任务的环境条件发生了什么变化。

2. RIA 分类法

美国机器人工业协会把 JIRA 分类法中的后以下 4 类机器当作机器人。

3. AFRI 分类法

法国工业机器人协会把机器人分为以下 4 种型号。

A 型：JIRA 分类法中的第 1 类，手控或遥控加工设备。

B 型：包括 JIRA 分类法中的第 2 类和第 3 类，具有预编工作周期的自动加工设备。

C 型：包括 JIRA 分类法中的第 4 类和第 5 类，程序可编和伺服机器人，具有点位或连续路径轨迹，称为“第一代机器人”。

D型：JIRA分类法中的第6类，能获取一定的环境数据，称为“第二代机器人”。

1.4.4 按机器人的智能程度分类

按机器人的智能程度分类如下。

(1) 一般机器人：不具有智能，只具有一般编程能力和操作功能。

(2) 智能机器人：具有不同程度的智能，又可分为以下类型。

①传感型机器人：利用传感信息（包括视觉、听觉、触觉、接近觉、力觉和红外、超声及激光等）进行信息处理，实现控制与操作。

②交互型机器人：机器人通过计算机系统与操作员或程序员进行人机对话，实现对机器人的控制与操作。

③自主型机器人：在设计制作之后，机器人无须人的干预，能够在各种环境下自动完成各项拟人任务。

1.4.5 按机器人的用途分类

按机器人的用途分类如下。

(1) 工业机器人或产业机器人：应用在工农业生产中，主要应用在制造业部门，进行焊接、喷漆、装配、搬运、检验和农产品加工等作业。

(2) 探索机器人：用于太空和海洋探索，也可用于地面和地下探索。

(3) 服务机器人：一种半自主或全自主工作的机器人，其所从事的服务工作可使人类生活得更好，使制造业以外的设备工作得更好。

(4) 军用机器人：用于军事目的，或为进攻性的、或为防御性的机器人，又可分为空中军用机器人、海洋军用机器人和地面军用机器人，可分别简称为“空军机器人”“海军机器人”和“陆军机器人”。

1.4.6 按机器人的移动性分类

按机器人的移动性分类如下。

(1) 固定式机器人：固定在某个底座上，整台机器人（或机械手）不能移动，只能移动各个关节。

(2) 移动机器人：整台机器人可沿某个方向或任意方向移动。这种机器人又可分为轮式机器人、履带式机器人和步行机器人，其中步行机器人又有单足、双足、四足、六足和八足行走机器人之分。

此外，也可以把机器人分为下列几种。

(1) 机械手或操作机：模仿人的上肢运动。

(2) 轮式移动机器人：模仿车辆移动。

(3) 步行机器人：模仿人的下肢运动。

(4) 水下机器人：工作在水下。

(5) 飞行机器人：飞行在空中。

(6) 传感型机器人：特别是视觉机器人，具有传感器。

(7) 智能机器人：应用人工智能技术的机器人，具有人工智能技术。

(8) 机器人化工业自动线：在生产线上成批应用的机器人。

1.5 机器人应用

机器人已在工业生产、海空探索、康复和军事等领域获得广泛应用。此外，机器人已逐渐在医院、家庭和一些服务行业获得推广应用，发展十分迅速。

1.5.1 工业机器人

机器人无论是否与其他机器一起运用，与传统的机器相比，它都有以下两个主要优点。

（1）生产过程的几乎完全自动化：带来了较高质量的成品和更好的质量控制，并提高了对不断变化的用户需求的适应能力，从而提高了产品在市场上的竞争能力。

（2）生产设备的高度适应能力：允许生产线从一种产品快速转换为另一种产品。例如，从生产一种型号的汽车转换为生产另一种型号的汽车。当某个故障使生产设备上的一个零件不能运动时，该设备也具有适应故障的能力。

上述各种自适应生产设备称为“柔性制造（加工）系统”。一个柔性生产单元是由为数不多的机器人和一些配套运行的机器组成的。例如，一台设计用于与车床配套的机器人，与自动车床一起组成了一个柔性单元。许多柔性单元一起运行就构成了柔性车间。

现在，工业机器人主要用于汽车工业、机电工业（包括电信工业）、通用机械和工程机械工业、建筑业等领域。

机器人的工业应用分为 4 个方面，即材料加工、零件制造、产品检验和装配。其中，材料加工往往是最简单的。零件制造包括锻造、点焊、捣碎和铸造等。产品检验包括显式检验（在加工过程中或加工后检验产品表面的图像和几何形状、零件和尺寸的完整性）和隐式检验（在加工过程中检验零件质量或表面的完整性）两种。装配是最复杂的应用领域，因为它可能包含材料加工、在线检验、零件供给、配套、挤压和紧固等工序。

在农业方面，机器人已用于水果和蔬菜的嫁接、收获、检验与分类，剪羊毛和挤牛奶等。把自主（无人驾驶）移动机器人应用于农田耕种，包括播种、田间管理和收割等，是一个有潜在发展前景的产业机器人应用领域。

在众多制造业领域中，应用工业机器人最广泛的是汽车及汽车零部件制造业。

随着科学技术的发展，工业机器人的应用领域不断扩大。目前，工业机器人不仅应用于传统制造业，如机械制造、采矿、冶金、石油、化学、船舶等领域，同时也已开始扩大到核能、航空航天、医药、生化等高科技领域。

1.5.2 探索机器人

除了在工农业广泛应用外，机器人还用于探索，即在恶劣或不适合人类工作的环境中执行任务。例如，在水下（海洋）、太空以及在放射性、有毒或高温等环境中进行作业。在这种环境下，可以使用自主机器人和遥控机器人。

（1）自主机器人。自主机器人能在恶劣环境中执行编程任务而无须人的干预。

（2）遥控机器人。遥控机器人是把机器人（称为“从动装置”）放置在某个危险、有害或恶劣环境中，由操作人员在远处控制主动装置，使从动装置跟随主动装置的操作动作，实现遥控。

下面讨论两种主要的探索机器人——水下机器人和空间机器人的概况及其应用。

1）水下机器人

随着海洋开发事业的发展，一般的潜水技术已无法满足高深度的综合考察和在研究中完成多种作业的需要。因此，许多国家都对水下机器人给予了极大的关注。

水下机器人依据不同特征可有不同的分类，按其在水中运动方式的不同可分为：

①浮游式水下机器人；

②步行式水下机器人；

③移动式水下机器人。

近年来对海洋考察和开发的需要，水下机器人的应用在世界范围内日益广泛。水下机器人发展速度之快出乎人们的意料，其应用领域包括水下工程、打捞救生、海洋工程和海洋科学考察等方面。2011 年 7 月 26 日，我国研制的深海载人潜水器“蛟龙号”成功潜至海平面以下 5 188 m，这标志着我国已经进入载人深潜技术的全球先进国家之列。2012 年 6 月 24 日，“蛟龙号”成功下潜至 7 062 m，这也意味着我国已成为世界上第 2 个深海载人潜水器下潜到 7 000 m 以下的国家。2020 年 10 月，我国最新型的深水潜航器“奋斗者号”已成功下潜到海平面以下 10 058 m 的深度，标志着我国水下潜航器的发展进入新的阶段。

2）空间机器人

近年来，随着各种智能机器人的研究与发展，能在宇宙空间作业的空间机器人成了新的研究目标，并已成为空间开发的重要组成部分。

目前，空间机器人的主要任务可分为以下两大方面：

①在月球、火星及其他星球等非人类居住条件下完成先驱勘探；

②在宇宙空间代替宇航员完成卫星服务（主要是捕捉、修理和补给能量）、空间站服务（主要是安装和组装空间站的基本部件，确保各种有效载荷正常运转，EVA 支援等）和空间环境的应用实验。

我国研发的月球车“玉兔号”是一种典型的空间机器人。2013 年 12 月 2 日 1 时 30 分，我国成功地将由着陆器和“玉兔号”月球车组成的“嫦娥三号”探测器送入轨道；12 月 15 日 4 时 35 分，“嫦娥三号”探测器与巡视器分离，“玉兔号”顺利驶抵月球表面；12 月 15 日 23 时 45 分，“玉兔号”完成围绕“嫦娥三号”的旋转拍照，并传回照片。这标志着我国探月工程取得了阶段性的重大成果。

2021 年 5 月 15 日，“天问一号”探测器成功着陆于火星乌托邦平原南部预选着陆区，中国首次火星探测任务取得圆满成功。2021 年 6 月 27 日，国家航天局发布了“天问一号”火星探测任务和巡视探测系列实拍影像，包括着陆巡视器开伞和下降过程、火星全局环境感知图像等。

1.5.3 服务机器人

随着网络技术、传感技术、仿生技术、智能控制等技术的发展以及机电工程与生物医学工程等的交叉融合，服务机器人技术发展呈现三大态势：一是服务机器人由简单机电一体化装备向以机电一体化和智能化等方向发展；二是服务机器人由单一作业向群体协同、远程学习和网络服务等方面发展；三是服务机器人由研制单一复杂系统向将其核心技术、核心模块嵌入先进制造相关系统发展。虽然服务机器人分类较广，包含清洁机器人、医用服务机器人、护理和康复机器人、家用机器人、消防机器人、监测和勘探机器人等，但完整的服务机器人系统都由 3 个基本部分组成——移动机构、感知系统和控制系统。因此，各类服务机器人的关键技术就包括自主移动技术（包括地图创建、路径规划、自主导航）、感知技术和人机交互技术等。

现实生活中能够看到的最接近于人类的机器人可能要算家用机器人了。家用机器人能够清扫地板而不碰坏家具，已开始进入家庭和办公室，代替人从事清扫、洗刷、守卫、煮饭、照料小孩、接待、接电话、打印文件等工作。酒店售货和餐厅服务机器人、炊事机器人和家政机器人已不再是一种幻想。随着家用机器人质量的提高和造价的大幅降低，其将获得日益广泛的应用。研制用来为病人看病、护理病人和协助病残人员康复的机器人能够极大地改善病人的状态，以及改善瘫痪者（包括下肢和四肢瘫痪者）和被截肢者的生活条件。

服务机器人还有爬壁机器人、娱乐机器人、送信机器人、导游机器人、加油机器人、建筑机器人、农业及林业机器人等。其中，爬壁机器人既可用于清洁，又可用于建造；娱乐机器人包括文娱歌舞机器人和体育机器人。

中商产业研究院发布的《2019—2023 年工业机器人+互联网市场运营模式研究咨询报告》探讨了国内传统服务机器人企业在新形势下面临的新机遇与挑战，带来互联网思维融合服务机器人产业的新思考。报告主要分析内容包括：服务机器人行业市场规模与电商未来空间预测；服务机器人企业转型电子商务战略分析；服务机器人行业电子商务运营模式分析；服务机器人主流网络平台比较，企业入驻选择，以及服务机器人企业进入互联网领域投资策略分析。该报告通过对服务机器人行业及发展环境的长期跟踪，在对互联网深入研究的基础上，对于服务机器人企业如何结合互联网提出了切实可行的策略方案，为服务机器人企业应对互联网提供决策支持，是服务机器人企业把握市场机会，正确制订企业发展战略的必备参考工具，极具参考价值！

1.5.4 军用机器人

同其他先进技术一样，机器人技术也可用于军事目的。这种用于军事目的的机器人，即为军用机器人。按工作环境的不同，其可以分为陆军、海军和空军机器人。其中，陆军机器人的开发最为成熟，应用也较为普遍。

1. 陆军机器人

陆军机器人分为两类：一类是智能机器人，包括自主和半自主车辆；另一类是遥控机器人，即各种用途的遥控无人驾驶车辆。智能机器人依靠车辆本身的机器智能，在无人干预的情况下自主行驶或作战。遥控机器人由人进行遥控，以完成各种任务。遥控车辆已经在一些国家列装部队，而自主地面战车也开始走向战场。

2. 海军机器人

各国的海军也不甘落后，在开发和应用海军机器人方面取得了成功。美国海军有一个独立的海军机器人分队，这支由精锐人员和海军机器人组成的分队，可以在全世界海域进行搜索、定位、援救和回收工作。海军机器人在海军中的另一个主要用途是扫雷，如 MINS 水下机器人系统，可以发现、分类、排除水下残留物和水雷。

法国在军用扫雷机器人方面一直处于世界领先地位。ECA 公司自 20 世纪 70 年代中期以来已向15个国家的海军销售了数百艘PAP-104排雷用遥控无人潜水器（Remote Operated Vehicle，ROV）。最新的V型ROV装有新的电子仪器和遥测传送装置，能扫除人工或其他扫雷工具不能扫除的水雷。

3. 空军机器人

严格地说，1.5.2小节讨论过的空间机器人都可被用于军事目的。此外，可以把无人机看作空间机器人。也就是说，无人机和其他空间机器人，都可能成为空军机器人。

微型飞机用于填补军用卫星和侦察机无法达到的盲区，为前线指挥员提供小范围内的具体敌情。这种飞机既小又轻，可由士兵的背包携带，可装备固体摄像机、红外传感器或雷达，能够飞行数公里。

要研制出适用的微型无人机具有很高的难度，需解决一系列技术难题。这种飞机不是玩具，它既要满足军事上的要求，又要做到低成本、低价格。目前，这种微型军用无人机已经飞向战场，走上实用之路。

1.6 机器人机械结构

机器人四大系统组成中，机械结构是最基础的部分。机械结构的类型、布局、传动方式、驱动方式直接影响机器人的性能。由连杆、关节和其他结构零部件所构成的机器人主体称为操作臂。当一个操作臂上装有传感器、夹具和控制系统时，该操作臂就变成了一个机器人。

1.6.1 连杆与运动副

机器人机械结构的基本元素为连杆和关节。连杆是机械结构中能够进行独立运动的单元体，机器人中的连杆多为刚性。两个连杆既保持接触又有相对运动的活动连接称为关节，又称运动副或铰链，运动副决定了两相邻连杆之间的连接关系。若多个连杆通过运动副以串联的形式连接成首尾不封闭的机构，则称为串联机构；若多个连杆连接成首尾封闭的机构，则称为并联机构。

1. 连杆

机器人连杆是一个刚性构件，连杆与连杆之间通过运动副（关节）连接可产生相对运动。

2. 运动副

运动副又称关节，它决定了两相邻连杆之间的连接关系。刚体在三维空间有6个运动自由度，运动副通过不同形式对刚体运动进行约束。

通常把运动副分为两类：高副和低副。两连杆之间通过面接触相对运动时，接触面的压强低，这样的运动副称为低副；两连杆之间通过线接触或点接触相对运动时，接触面的压强高，这样的运动副称为高副。19世纪末期，Reuleaux发现并描述了6种运动低副：旋转（转动）副、移动副、螺旋副、圆柱副、平面副和球面副，如图1.15所示。其中，旋转副、移动副和螺旋副具有1个自由度；圆柱副具有2个自由度；平面副和球面副具有3个自由度。机器人的关节只选用低副，其中最常用的低副是旋转副和移动副。

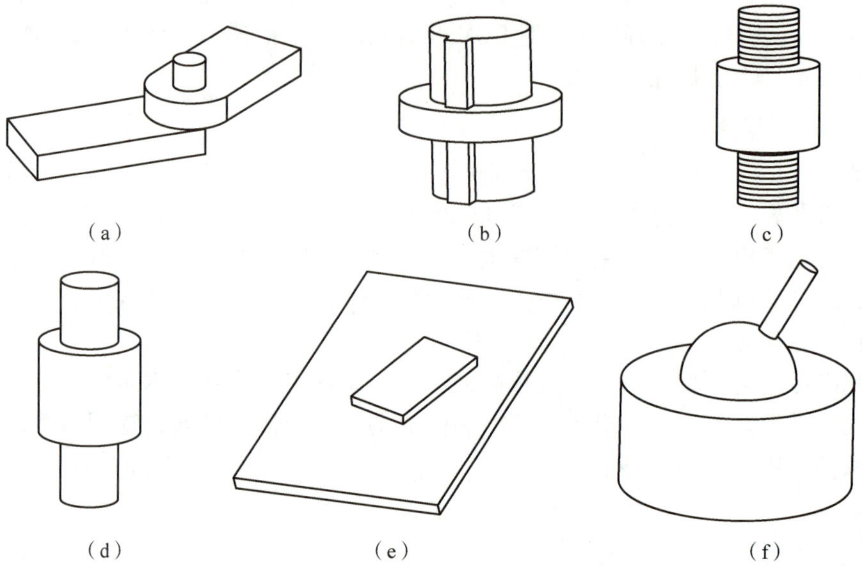

图 1.15　运动低副

(a) 旋转副；(b) 移动副；(c) 螺旋副；(d) 圆柱副；(e) 平面副；(f) 球面副

旋转副（Revolute Joint，简称 R 副）：一种使两个连杆发生相对转动的连接结构，只有 1 个沿旋转轴线转动自由度。

移动副（Prismatic Joint，简称 P 副）：一种使两个连杆发生相对移动的连接结构，只有 1 个沿移动方向的自由度。

螺旋副（Helical Joint，简称 H 副）：一种能使两个连杆发生螺旋运动的连接结构，它约束了连杆的 5 个自由度，仅具有 1 个自由度，并使两个连杆在空间某一范围内运动。

圆柱副（Cylindrical Joint，简称 C 副）：一种能使两个连杆发生同轴转动和移动的连接结构，通常由同轴的旋转副和移动副组合而成，它约束了连杆的 4 个自由度，具有两个独立的自由度，并使连杆在空间内运动。

平面副（Planar Joint，简称 E 副）：一种允许两个连杆在平面内任意移动和转动的连接结构，可以看成由两个独立的移动副和 1 个旋转副组成。它约束了连杆的 3 个自由度，只允许两个连杆在平面内运动。由于缺乏与之相对应的物理结构，因此它在工程中并不常用。

球面副（Spherical Joint，简称 S 副）：一种能使两个连杆在三维空间内绕同一点做任意相对转动的运动副，可以看成由轴线汇交于一点的 3 个旋转副组成。它约束了刚体的三维移动，具有 3 个自由度。

运动副还可以有其他不同的分类方式，如根据运动副在机构运动过程中的作用可分为主动副［或称积极副（Active Joint）、驱动副（Actuated Joint）］和被动副（Passive Joint）。根据运动副的结构组成还可分为简单副（Simple Joint）和复杂副（Complex Joint）。

1.6.2　操作臂

机器人操作臂是由一系列刚性连杆通过运动副（关节）连接组成的一个运动链

(Kine-matic Chain)。操作臂的运动能力由关节保证，最常用的关节为旋转副（R 副）和移动副（P 副）。一个带有 3 个旋转关节的三连杆操作臂可称为 RRR 型操作臂。

1. 基本概念

位形与位形空间：机械臂位形指机械臂上各点位置，所有位形集合称为位形空间(Configuration Space)。通常采用关节变量值的集合来表示机器人位形。

自由度：对于一个机械臂，关节数决定了自由度数目。一个处于三维空间的物体在不受约束的情况下，具有 6 个自由度：3 个对应位置（Position）、3 个对应姿态（Orientation）。

状态空间：也称为关节空间，由关节变量和关节速度组成。

工作空间：当机械臂执行所有可能动作时，其末端执行器所包含的总体空间体积。由机器人几何结构以及各关节上的机械限位所决定。它又分为可达工作空间、灵活工作空间。

2. 末端执行器和手腕

（1）末端执行器：安装在运动链最后一个连杆上的元件被称为末端执行器，用于完成机器人特定的工作任务。最简单的末端执行器就是夹具（手爪），它通常只有两个动作：张开和闭合，可以满足物料搬运、抓取简单工具的要求，但达不到其他诸如焊接、装配、研磨等任务的需求。因此，特殊用途末端执行器、根据任务进行快速更换的夹具设计方法，以及仿人手的研发成为该技术领域的研究热点。

（2）手腕：在机械臂和末端执行器之间的运动链关节称为手腕（Wrist），如图 1.16 所示。普遍为球形手腕：3 个旋转轴相交于一点，称为手腕中心（Wrist Center Point），可对末端执行器的位置和姿态进行解耦。

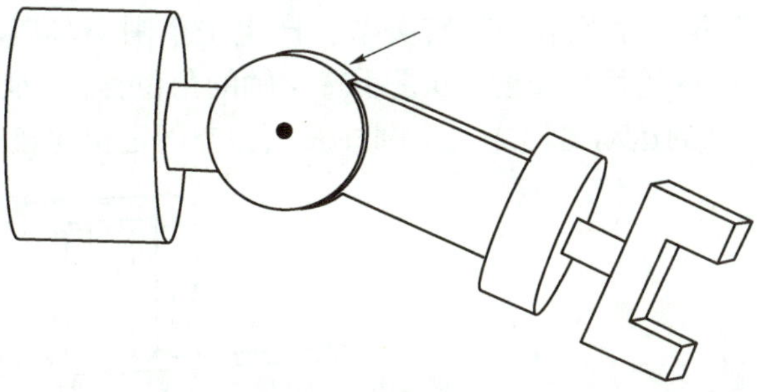

图 1.16 手腕

根据功能的不同，运动可划分为定位（Positioning）和指向（Pointing）两类。通常，定位功能由操作臂运动实现，指向功能由机械手腕运动实现。可见，机器人的运动是由手臂和手腕的运动组合而成的。通常，操作臂部分有 3 个关节，用以改变手腕参考点的位置，称为定位机构；手腕部分也有 3 个关节，这 3 个关节的轴线通常相交，用来改变末端执行器的姿态，称为定向机构。

3. 常见串联式操作臂

操作臂的任务是满足手腕的定位需求，进而由手腕满足末端执行器的定向需求。操作臂按照驱动方式的不同，可以分为电力、液压和气动 3 种；按照控制方法的不同，可以分为伺服和非伺服两种；按照应用领域的不同，可以分为装配式和非装配式两种；按照几何结构的不同，可以分为串联式和并联式两种。对于串联机器人（开链机构），每一个移动关节或旋转关节都为机械结构提供一个自由度。移动关节可以实现两个连杆之间的相对平移，而旋转关节可以实现两个连杆之间的相对转动。对于并联机器人（闭链机构），由于闭环所带来的约束，其自由度要少于关节数。

串联式操作臂的3个关节连接3个连杆，形成定位机构。3个关节的种类决定了串联机器人不同的工作空间形式，常见的有笛卡儿（直角坐标）型、圆柱型、球坐标型、SCARA型和关节（拟人）型等几种典型类型，如表1.1所示。

表1.1　串联式机械臂结构类型

机器人类型	关节1	关节2	关节3	旋转关节数
笛卡儿（直角坐标）型	P副	P副	P副	0
圆柱型	P副	P副	P副	1
球坐标型	P副	P副	P副	2
SCARA型	P副	P副	P副	2
关节（拟人）型	R副	R副	R副	3

1）笛卡儿型机械臂（PPP）

如图1.17所示，3个关节都是移动关节，关节轴线相互垂直，相当于笛卡儿坐标系的X、Y和Z轴。具有良好的机械刚性，多做成大型龙门式或框架式机器人。

2）圆柱型机械臂（RPP）

如图1.18所示，其第一个关节是旋转关节，产生一个围绕基座的旋转运动。以r、θ和z为坐标，其中r是手臂的径向长度，θ是手臂绕轴的角位移，z是手臂在垂直轴上的高度。如果r不变，则手臂的运动将形成一个圆柱表面，空间定位比较直观。

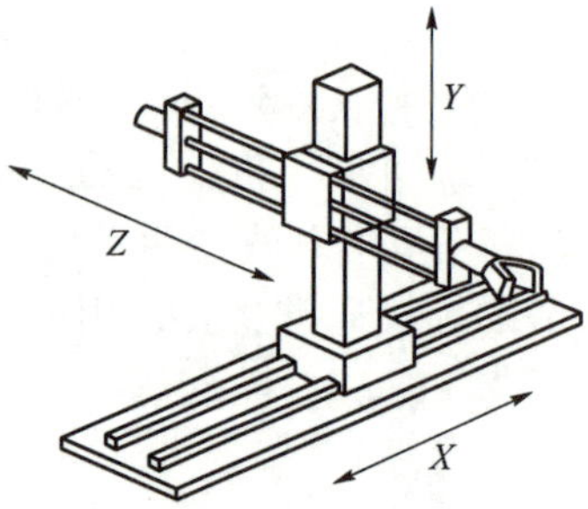

图1.17　笛卡儿型机械臂

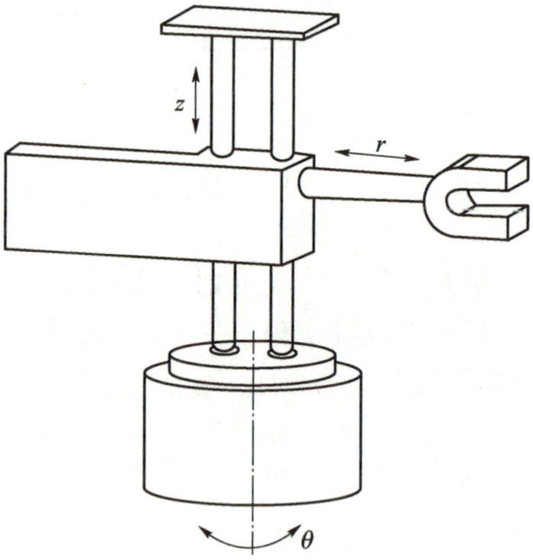

图1.18　圆柱型机械臂

3）球坐标型机械臂（RRP）

如图1.19所示，工作任务用球坐标系描述时，其每一个自由度对应笛卡儿空间变量，机械结构更复杂，径向操作能力较强，但腕的定位精度降低。

4）SCARA 型机械臂（RRP）

如图 1.20 所示，选择顺应性装配球坐标型机械臂的运动轴是相互垂直的，而在 SCARA 型机械臂中，两个旋转关节和一个移动关节通过特别的布置，使所有的运动轴都是平行的。抓取元件时沿水平方向定位，沿竖直方向插入作业，插入元件时可顺应孔的位置作微小调整，适用于“上下”安装的装配作业。

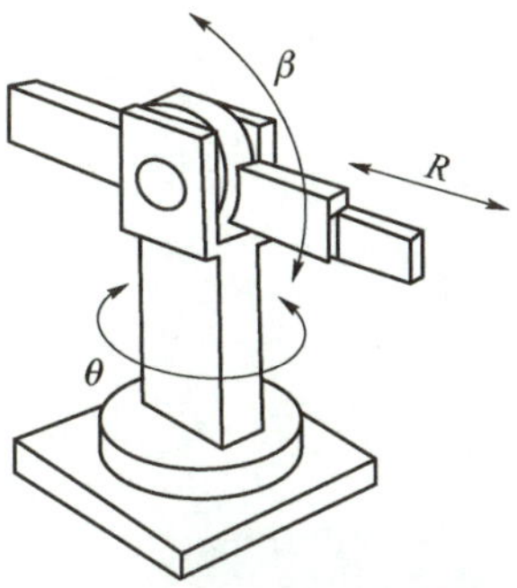

图 1.19　球坐标型机械臂

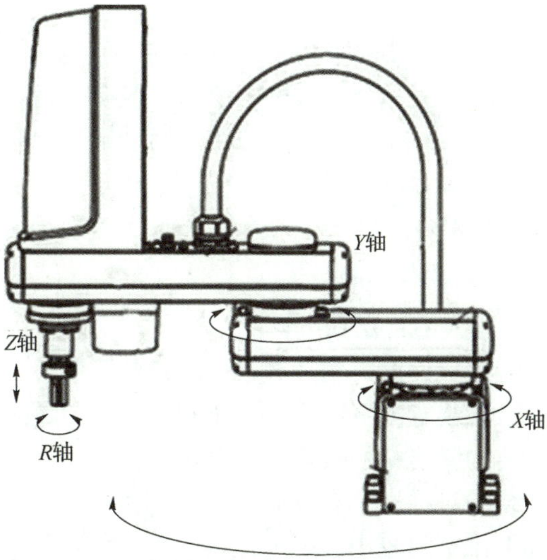

图 1.20　SCARA 型机械臂

5）关节（拟人）型机械臂（RRR）

如图 1.21 所示，第一个关节的旋转轴与另外两个关节的旋转轴垂直，而另外两个关节的旋转轴是平行的。其优点在于动作灵活、工作空间大，在作业空间内手臂的干涉小，结构紧凑，缺点是运动学求解复杂，确定末端执行器的位姿不直观。

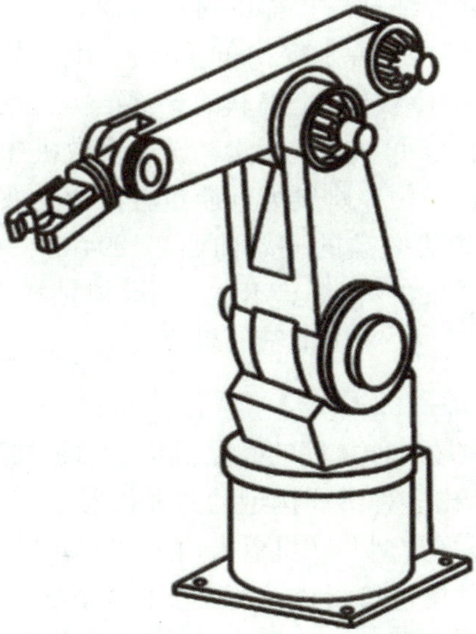

图 1.21　关节（拟人）型机械臂

ABB 公司的 IRB1400 机器人就是一个六自由度的关节型操作臂。IRB1400 机器人采用平行四边形连杆设计，驱动肘关节的电动机安装在第一个连杆处。由于电动机主要由第一个连杆承载，其他两个连杆可以制作得更为轻便，因而也降低了对电动机驱动力的要求。另外，平行四边形操作臂的动力学比肘关节操作臂要简单，因而更加容易控制。

1.6.3 并联机构

大多数工业机器人采用了开链机构，但也有部分采用的是闭链机构。闭链机构的典型代表为并联机构，一个并联机构由两个或多个运动链将其底座和末端执行器连接起来。与串联机器人相比，并联机器人的闭式运动链可以极大提高结构刚度，因而精度更高。但并联机器人关节的活动范围受限，工作空间较小。同时，并联机构的构型及自由度分析比串联机构要复杂得多。

1. 并联机器人特点

关联机器人的特点如下：

(1) 无累积误差，精度较高；

(2) 驱动装置配置在定平台上或接近，动态响应好；

(3) 结构紧凑、刚度高、承载能力大；

(4) 结构对称，具有良好的各向同性；

(5) 工作空间较小；

(6) 与串联机器人相反，反解容易、正解难。

由于串联、并联机器人在结构和性能特点上的对偶关系，因此两者在应用上不是替代作用而是互补关系，且并联机器人有它的特殊应用领域。

工业上，并联机器人可以在汽车总装线上安装车轮。将并联机器人横向安装于能绕垂直线回转的转台上，它从侧面抓住从传送链送来的车轮，转过来以与总装线同步的速度将车轮装到车体上。此外，并联机器人还可以倒装在具有 X、Y 两方向受控的天车上，用于大件装配。并联机器人也可用作飞船对接器的对接机构。

并联机器人在工业上还有一个特别突出的重要应用，就是作为五自由度数控加工中心，即并联机床。传统数控机床各构件是串联的悬臂结构，且层叠嵌套，使传动链长，传动系统复杂，累积误差大而精度低，成本昂贵，至今多数机床只是 4 轴联动。而并联式加工中心结构特别简单，传动链极短，刚度大、质量轻，切削效率高，成本低，特别是很容易实现 5 轴联动，因而能加工更复杂的三维曲面。1994 年，美国芝加哥 IMTS 博览会上，Giddings&Lewis 公司推出新开发的并联 VARIAX “虚拟轴机床”引起广泛关注，被称为“本世纪机床首次革命性改型”和“21 世纪的机床”。

2. 典型并联机器人

Stewart 平台和 Delta 机构是两种常见的并联机构。通过构型的演变，可以在 Stewart 平台和 Delta 机构的基础上衍生出多种不同构型的并联机器人。

如图 1.22 所示，Stewart 平台型并联机器人由上部的动平台、下部的静平台和连接动、静平台的 6 个完全相同结构的支链所组成。每个支链均由一个移动关节（移动副）驱动，工业上重载情况下常用液压缸来驱动，每个支链分别通过两个球型关节（球面副）与上、下两个平台相连接。动平台的位置和姿态由 6 个直线液压缸（驱动器）的行程长度所决定。这种操作臂将手臂的3个自由度和手腕的3个自由度集成在一起。由于载荷由6个支链共同承担，因此具有刚度高的特点，但动平台的运动范围有限。这种 Stewart 平台型并联机器人运动学反解特别简单，而运动学正解十分复杂，有时还不具备封闭的形式。目前，Stewart 平台型并联机器人已经在航空航天、海底作业、地下开采、制造装配等行业有着广泛的应用。

如图1.23所示，Delta 机构的 Delta 并联机器人由上部的静平台与下部的动平台及3个结构完全对称的支链所组成。每个支链都由一个定长杆和一个平行四边形机构所组成，定长杆与上面的静平台用转动副连接，平行四边形机构与动平台及定长杆均以转动副连接，这3处的转动副轴线相互平行。不同于 Stewart 平台型并联机器人，Delta 并联机器人的驱动电动机安装在静平台上，因而3个支链具有非常小的质量，使 Delta 并联机器人运动部分的转动惯量很小，适于高速和高精度作业的要求，广泛应用于轻工业生产线。

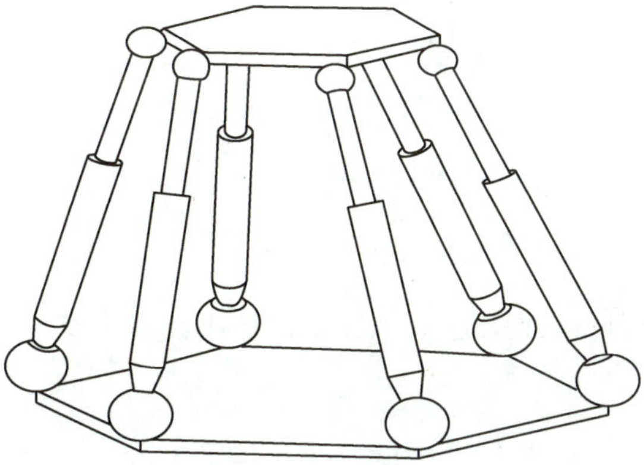

图1.22　Stewart 平台

图1.23　Delta 机构

3. 柔顺机构

除了上述的串联、并联机械结构之外，还有一种可以实现微米/纳米尺度的超精密加工、定位的机构组成形式——柔顺机构。柔顺机构的一个典型例子是有着几千年历史的弓箭，如图1.24所示。利用弓臂的柔性存储能量，并利用能量的瞬间释放将箭射出去。早期的飞行器也采用了柔顺机构，如莱特兄弟利用机翼的翘曲实现对早期飞行器的控制。

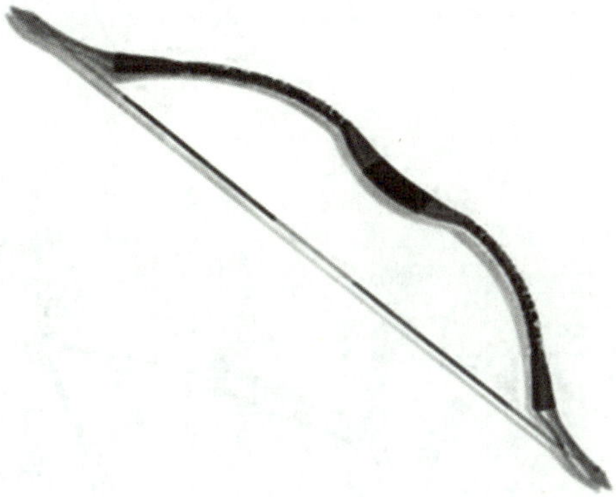

图1.24　早期的柔顺机构构型

大自然能够实现这样的设计源于其设计方法，而人类使用的设计方法却大相径庭。人类转向了更容易设计的刚性机构（用铰链连接的刚性构件）领域而把柔性留给了自然，并在机构设计上取得了长足的进步。例如，莱特飞行器最终还是用更容易控制的铰接副翼操纵面替代了在当时看来过于复杂的翘曲机翼设计。

过去的几十年里，随着人类认知能力的飞速增长，新材料不断诞生、计算能力极大提高，对复杂装置的设计能力也有所扩展。与此同时，某些新的需求难以靠传统机构来满足。

将功能集成到少数几个零件上，为柔顺机构带来许多令人“难以抗拒”的优势。柔顺机构的优势：其一，在于需要更少的装配和更少的零件数、简化的制造过程，这些使采用柔顺机构可显著降低成本；其二，在于性能的提升，包括由于减少磨损和减小甚至消除间隙而带来的高精度、不需润滑等；其三，在于易于小型化，使其成为构建纳米尺度机械的关键。

柔顺机构是一种通过其部分或全部具有柔性的构件的弹性变形来产生位移和传递运动、力或能量的机构。Shoup 和 MeLarnan 于 1971 年提出数种带有柔性细长梁的柔顺机构设计方法，如图 1.25 所示。

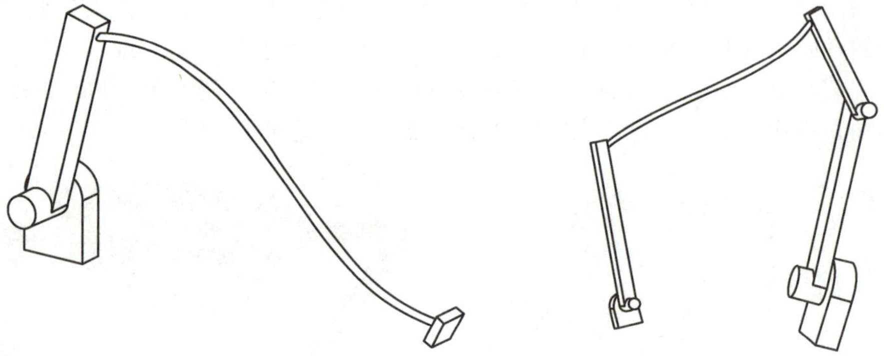

图 1.25　柔性细长梁的组成形式

根据传统刚性机构的传动原理，还可采用以柔性铰链（见图 1.26）代替刚性铰链的柔顺机构构型设计方法，如图 1.27 所示。

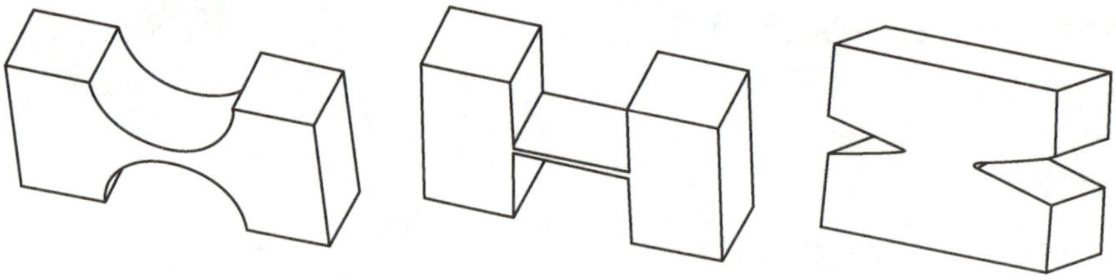

图 1.26　柔性铰链

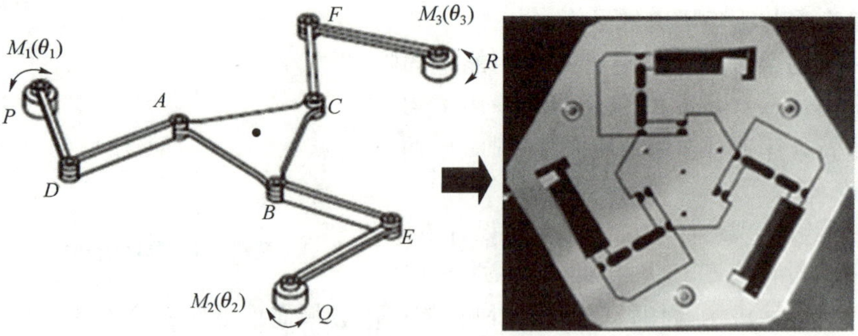

图 1.27　柔性铰链替代法所得到的面柔性并联机构

另外一种柔顺机构构型设计是拓扑优化设计方法。连续体结构拓扑优化是以结构的某个响应函数，如质量、应力、刚度、频率等为目标函数，以机构所要求的运动和特性为约束函数，在给定边界约束条件下，利用优化算法对机构尺寸、形状进行设计。拓扑优化在柔性夹钳及位移放大器的柔顺机构设计中应用最为广泛，如图 1.28 所示。

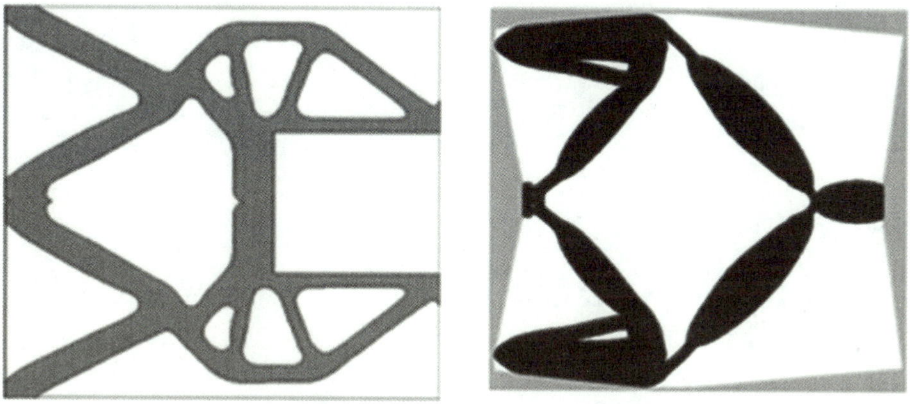

图 1.28 平面柔顺机构拓扑构型——柔性夹钳、位移放大器

课后习题

1. 按照控制方式可把机器人分为________机器人和________机器人两种。
2. 伺服控制机器人可分为________和________两种。
3. 机器人的工业应用分为 4 个方面，即________、零件制造、________和装配。
4. 由连杆、关节和其他结构零部件所构成的机器人主体称为________。
5. 机器人的机身结构由哪几部分组成？
6. 并联机器人的特点有哪些？
7. 控制系统都有哪些作用？
8. 串联式机械臂的结构类型有哪些？
9. 机器人的驱动装置有哪些类型？
10. 机器人的传动装置有哪些类型？

第 2 章 机器人运动学

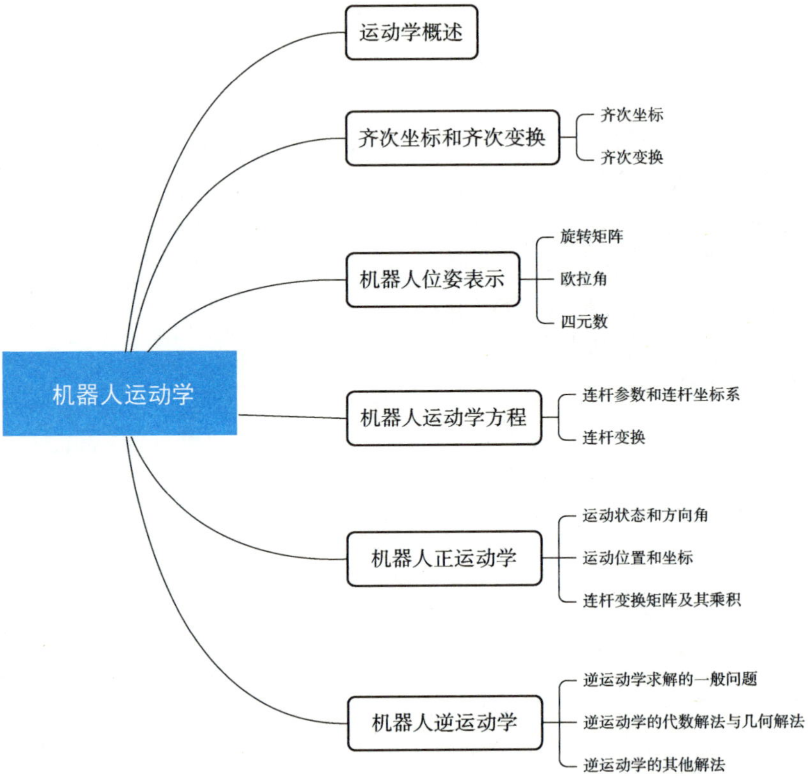

在机器人学中，机器人的位置和姿态常常被统称为位姿。位姿的数学描述是表达机器人的线速度、角速度、力和力矩的基础，而坐标变换是研究不同坐标系中的机器人位姿关系的重要途径。机器人运动学是从几何角度描述和研究机器人的位置、速度和加速度随时间的变化规律的科学，它不涉及机器人本体的物理性质和加在其上的力。机器人运动学问题主要在机器人的工作空间与关节空间中讨论，包括正运动学和逆运动学两部分内容。正运动学被称为运动学建模，而逆运动学被称为运动学求逆或求逆解。本章主要阐述机器人各连杆坐标系的建立方法，探讨机器人位姿矩阵的求解过程，介绍机器人位姿的数学描述方法以及不同坐标系之间的坐标变换方法，并通过举例说明机器人正运动学及逆运动学的求解方法。

2.1　运动学概述

运动学涉及机器人机构中物体的运动，但并不考虑引起运动的力/力矩。由于机器人机构是为运动而精心设计的，因此运动学是机器人设计、分析、控制和仿真的基础。机器人学领域的学者一直致力于运用位置、姿态以及它们对时间导数的不同表示方式，解决基本的运动学问题。除非明确说明，否则，机器人机构是指由关节连接的刚体所构成的系统。刚体在空间的位置和姿态统称为位姿。因此，机器人运动学描述的是位姿、速度、加速度，以及构成机构的物体位姿的高阶导数。

机器人的工作是由控制器指挥的，对应于驱动末端位姿运动的各关节参数是需要实时计算的。当机器人执行工作任务时，其控制器根据加工轨迹指令规划好位姿序列数据，实时运用逆运动学算法计算出关节参数序列，并以此驱动机器人关节，使末端按照预定位姿序列运动。

机器人运动学或机构学从几何或机构的角度描述和研究机器人的运动特性，而不考虑引起这些运动的力或力矩的作用。机器人运动学研究机器人各运动部件的运动规律，涉及两方面内容：一是机器人的正运动学（正解问题）；二是机器人的逆运动学（逆解问题）。机器人求正解问题相对简单，解是唯一的；求逆解问题相对复杂，具有多解性。

（1）机器人运动方程的表示问题，即机器人正运动学：给定机器人各关节变量值（角位移或线位移），通过建立坐标系，计算杆件间的坐标变换矩阵，最终计算出机器人手部的位置和姿态。这就需要建机器人运动方程。运动方程的表示问题属于问题分析，因此，也可以把机器人运动方程的表示问题称为机器人运动的分析。

（2）机器人运动方程的求解问题，即机器人逆运动学：已知机器人手部的位置和姿态，通过杆件间的坐标变换矩阵，反向计算与该位姿对应的各关节变量值。这就需要对运动方程求解。运动方程的求解问题属于问题综合，因此，也可以把机器人运动方程的求解问题称为机器人运动的综合。

2.2　齐次坐标和齐次变换

2.2.1　齐次坐标

齐次坐标是一种用于投影几何的坐标表示形式，类似于用于欧式几何的笛卡儿坐标。齐次坐标除了用在机器人学中，也是计算机图形学的重要工具之一，由于它既能够用来区分向量和点，也更易于进行仿射变换。因此，通过矩阵与向量相乘的一般运算可有效地实现坐标平移、旋转、缩放及透视投影。OpenGL 与 Direct3D 图形软件以及图形卡均利用齐次坐标的特点，以 4 个暂存器的向量处理器作为顶点着色引擎。

1. 点的齐次坐标

在笛卡儿坐标系中，点的位置通常用三维列向量表示，这 3 个元素对应着该点在 X、

Y、Z 轴上的投影。例如，点的位置可表示为

$$\boldsymbol{P}=\begin{bmatrix} x \\ y \\ z \end{bmatrix}$$

点的齐次坐标就是将笛卡儿坐标系下点的 3×1 位置列向量，用一个 4×1 的列向量表示，由此构建一种新的表达形式，这增加的一维元素是任意的非零实数。点的齐次坐标可表示为

$$\boldsymbol{P}=\begin{bmatrix} a \\ b \\ c \\ \omega \end{bmatrix}$$

其中，ω 是非零实数，$\dfrac{a}{\omega}=x$，$\dfrac{b}{\omega}=y$，$\dfrac{c}{\omega}=z$，所以 ω 实际上是一个非零的比例因子，它对笛卡儿坐标系中点的位置坐标进行了缩放。

对于笛卡儿坐标系下的点 $\boldsymbol{P}=[1\quad 2\quad 3]^{\mathrm{T}}$，$\boldsymbol{P}=[1\quad 2\quad 3\quad 4]^{\mathrm{T}}$ 和 $\boldsymbol{P}=[2\quad 4\quad 6\quad 2]^{\mathrm{T}}$ 都是该点的齐次坐标。需要指出的是，由于比例因子 ω 可为任意的非零实数，因此一个点的齐次坐标有无穷多个。为了简化计算及便于转换，在机器人学中，通常取比例因子 $\omega=1$，即点的齐次坐标的通式为

$$\boldsymbol{P}=[x\quad y\quad z\quad 1]^{\mathrm{T}}$$

坐标系原点的齐次坐标为 $[0\quad 0\quad 0\quad 1]^{\mathrm{T}}$。

2. 坐标轴的齐次坐标

笛卡儿坐标系的坐标轴是具有确定方向的指向无穷远的向量，每个坐标轴的齐次坐标可采用如下通式表示：

$$[a\quad b\quad c\quad 0]^{\mathrm{T}}$$

其中，a、b、c 称为方向数。

笛卡儿坐标系的 3 个坐标轴的齐次坐标表示如下：

(1) X 轴的齐次坐标为 $[1\quad 0\quad 0\quad 0]^{\mathrm{T}}$；

(2) Y 轴的齐次坐标为 $[0\quad 1\quad 0\quad 0]^{\mathrm{T}}$；

(3) Z 轴的齐次坐标为 $[0\quad 0\quad 1\quad 0]^{\mathrm{T}}$。

2.2.2 齐次变换

如图 2.1 所示，坐标系 $\{j\}$ 相对于坐标系 $\{i\}$ 的旋转矩阵 ${}_{i}^{j}\boldsymbol{R}$ 与平移向量 ${}_{i}^{O_j}\boldsymbol{P}$ 可构成一个 4×4 的齐次变换矩阵：

$${}_{i}^{j}\boldsymbol{T}=\begin{bmatrix} {}_{i}^{j}\boldsymbol{R} & {}_{i}^{O_j}\boldsymbol{P} \\ 0\quad 0\quad 0 & 1 \end{bmatrix}_{4\times 4} \tag{2.1}$$

齐次变换矩阵${}_{i}^{j}\boldsymbol{T}$的含义是坐标系{j}相对于坐标系{i}的位姿，即在式（2.1）的单一的4×4矩阵中，既表示了坐标系{j}相对于坐标系{i}的位置，也表示了坐标系{j}相对于坐标系{i}的姿态。

例2.1：坐标系{i}和{j}的相对位置和坐标轴指向如图2.2所示，坐标系{j}的原点在坐标系{i}中的位置为$[-3\quad -4\quad 5]^{\mathrm{T}}$，写出齐次转变矩阵${}_{i}^{j}\boldsymbol{T}$。

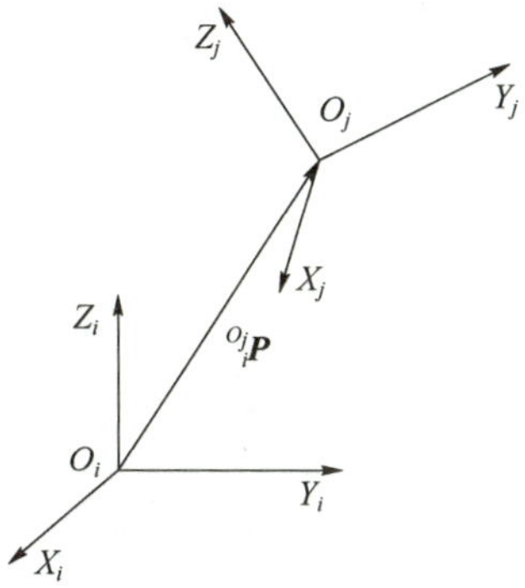

图2.1 齐次变换示意

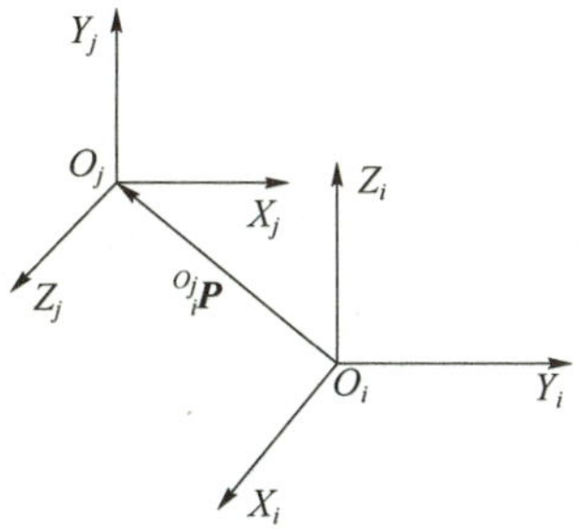

图2.2 齐次变换矩阵表示

解：本例的关键是写出旋转矩阵${}_{i}^{j}\boldsymbol{R}$。因为坐标系{j}的X、Y、Z轴分别与坐标系{i}的Y、Z、X轴平行，所以对应的3个夹角为0，其余弦为1；又因为${}_{i}^{j}\boldsymbol{R}$的每列都是单位向量，所以每列的其余两个元素必为0，由此可快速写出矩阵${}_{i}^{j}\boldsymbol{R}$的每列。

从而可求得齐次变换矩阵${}_{i}^{j}\boldsymbol{T}$为

$$
{}_{i}^{j}\boldsymbol{T}=\begin{bmatrix}0 & 0 & 1 & -3\\ 1 & 0 & 0 & -4\\ 0 & 1 & 0 & 5\\ 0 & 0 & 0 & 1\end{bmatrix}
$$

式（2.1）所示的齐次变换矩阵通式也能表示纯平移和纯旋转两种坐标系变换，分别如下。

（1）纯平移的齐次变换矩阵：$\mathrm{Trans}({}_{i}^{O_j}\boldsymbol{P})=\begin{bmatrix}\boldsymbol{I}_{3\times3} & {}_{i}^{O_j}\boldsymbol{P}\\ 0\quad 0\quad 0 & 1\end{bmatrix}$。

（2）纯旋转的齐次变换矩阵：$\mathrm{Rot}(\boldsymbol{K},\theta)=\begin{bmatrix}{}_{i}^{j}\boldsymbol{R} & \begin{matrix}0\\0\\0\end{matrix}\\ 0\quad 0\quad 0 & 1\end{bmatrix}$。

在纯平移的齐次变换矩阵中，由于坐标系{i}和坐标系{j}的姿态相同，因此旋转矩阵${}_{i}^{j}\boldsymbol{R}$为单位矩阵。而在纯旋转的齐次变换矩阵中，由于坐标系{i}和坐标系{j}共原点，因此平移向量${}_{i}^{O_j}\boldsymbol{P}$为$\boldsymbol{0}$，这里$\boldsymbol{K}$表示过原点的单位向量，$\theta$是绕向量$\boldsymbol{K}$旋转的角度。

利用纯平移和纯旋转的齐次变换矩阵，也可以表示两坐标系之间既有平移又有旋转的复合变换：

$$
{}_{j}^{i}\boldsymbol{T}=\mathrm{Trans}({}_{i}^{O_j}\boldsymbol{P})\,\mathrm{Rot}(\boldsymbol{K},\theta)=\begin{bmatrix} \boldsymbol{I}_{3\times3} & {}_{i}^{O_j}\boldsymbol{P} \\ 0\quad 0\quad 0 & 1\end{bmatrix}\begin{bmatrix} {}_{i}^{j}\boldsymbol{R} & \begin{matrix}0\\0\\0\end{matrix} \\ 0\quad 0\quad 0 & 1\end{bmatrix}=\begin{bmatrix} {}_{i}^{j}\boldsymbol{R} & {}_{i}^{O_j}\boldsymbol{P} \\ 0\quad 0\quad 0 & 1\end{bmatrix} \tag{2.2}
$$

式（2.2）可以表示两种不同的坐标系变换：相对于动坐标系的先平移后旋转和相对于定坐标系的先旋转后平移。

对于第一种坐标系变换，如图 2.3（a）所示，以坐标系｛i｝作为参考系，平移坐标系｛i｝，使其原点移至坐标系｛j｝的原点 O_j，产生坐标系｛c｝；然后坐标系｛c｝以自身为参考系，旋转至坐标系｛j｝。由于该系列坐标系旋转属于绕动坐标系旋转，因此齐次变换矩阵相乘的顺序与坐标系旋转的次序相同，则可得式（2.2）。

对于第二种坐标系变换，如图 2.3（b）所示，坐标系｛i｝以自身作为参考系，旋转至与坐标系｛j｝姿态相同，产生坐标系｛c｝，坐标系｛c｝与｛i｝共原点；然后坐标系｛c｝以坐标系｛i｝为参考系，平移至坐标系｛j｝。由于所有的坐标系旋转都是相对于定坐标系｛i｝的，因此齐次变换矩阵相乘的顺序与坐标系旋转的次序相反，同样可得式(2.2)。

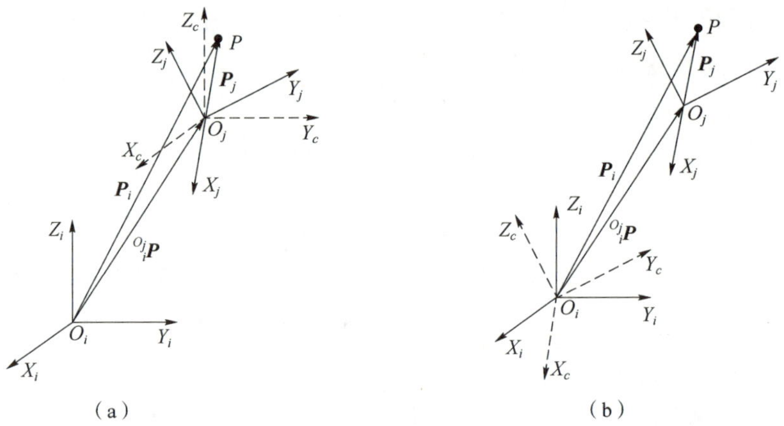

图 2.3　坐标系变换示意

（a）相对于动坐标系的先平移后旋转；（b）相对于定坐标系的先旋转后平移

由此说明，同样的齐次变换矩阵相乘关系式可以表示不同的坐标系转换关系。假设点 P 在坐标系｛i｝中的笛卡儿坐标为${}^{i}\boldsymbol{P}$，其齐次坐标为 $\boldsymbol{P}^{i}=\begin{bmatrix}{}^{i}\boldsymbol{P}\\1\end{bmatrix}_{4\times1}$；假设点 P 在坐标系｛j｝中的笛卡儿坐标为${}^{j}\boldsymbol{P}$，其齐次坐标为 $\boldsymbol{P}^{j}=\begin{bmatrix}{}^{j}\boldsymbol{P}\\1\end{bmatrix}_{4\times1}$，则有

$$
{}^j_iT \cdot P^j = \begin{bmatrix} {}^j_iR & {}^{0_j}_{\ i}P \\ 0\quad 0\quad 0 & 1 \end{bmatrix} \begin{bmatrix} {}^jP \\ 1 \end{bmatrix} = \begin{bmatrix} {}^j_iR^jP + {}^{0_j}_{\ i}P \\ 1 \end{bmatrix} = \begin{bmatrix} {}^jP \\ 1 \end{bmatrix} = P^i
$$

因此，点 P 的齐次坐标变换的计算公式为

$$
P^i = {}^j_iTP^j \tag{2.3}
$$

式（2.3）也被称为齐次变换通式，该式可实现任意两个笛卡儿坐标系之间点的位置变换。

例 2.2：已知坐标系 $\{j\}$ 初始位姿与坐标系 $\{i\}$ 重合，首先坐标系 $\{j\}$ 相对于坐标系 $\{i\}$ 的 X 轴转 45°，再沿坐标系 $\{i\}$ 的 Y 轴移动 10，并沿坐标系 $\{i\}$ 的 Z 轴移动。假设点 P 在坐标系 $\{j\}$ 的位置为 ${}^jP=[10,\ 10,\ 10]^T$，求它在坐标系 $\{i\}$ 中的位置 ${}^iP$。

解法 1：

因为由坐标系 $\{i\}$ 变换到坐标系 $\{j\}$ 的所有运动都是相对于定参考系 $\{i\}$ 的，所以把表示各个运动的齐次矩阵按着与运动次序相反的顺序相乘，可得坐标系 $\{j\}$ 到坐标系 $\{i\}$ 的齐次变换矩阵 ${}^j_iT$，由式（2.3）可求得点 P 在坐标系 $\{i\}$ 中的位置。因为

$$
\begin{aligned}
P^i &= {}^j_iTP^j = \mathrm{Trans}(Y,Z)\,\mathrm{Rot}(X,45°)\cdot P^j \\
&= \begin{bmatrix} 1 & 0 & 0 & 0 \\ 0 & 1 & 0 & 10 \\ 0 & 0 & 1 & -10\sqrt{2} \\ 0 & 0 & 0 & 1 \end{bmatrix} \begin{bmatrix} 1 & 0 & 0 & 0 \\ 0 & \cos 45° & -\sin 45° & 0 \\ 0 & \sin 45° & \cos 45° & 0 \\ 0 & 0 & 0 & 1 \end{bmatrix} \begin{bmatrix} 10 \\ 10 \\ 10 \\ 1 \end{bmatrix} \\
&= \begin{bmatrix} 1 & 0 & 0 & 0 \\ 0 & \frac{\sqrt{2}}{2} & -\frac{\sqrt{2}}{2} & 10 \\ 0 & \frac{\sqrt{2}}{2} & \frac{\sqrt{2}}{2} & -10\sqrt{2} \\ 0 & 0 & 0 & 1 \end{bmatrix} \begin{bmatrix} 10 \\ 10 \\ 10 \\ 1 \end{bmatrix} = \begin{bmatrix} 10 \\ 10 \\ 0 \\ 1 \end{bmatrix}
\end{aligned}
$$

因此，点 P 在坐标系 $\{i\}$ 中的位置为 ${}^iP=[10\quad 10\quad 0]^T$。

解法 2：

由于坐标系 $\{j\}$ 与坐标系 $\{i\}$ 是简单的旋转和平移关系，所以可以直接写出齐次变换矩阵 ${}^j_iT$，然后利用式（2.3）求得 ${}^iP$。因为

$$
\begin{aligned}
P^i &= {}^j_iTP^j \\
&= \begin{bmatrix} 1 & 0 & 0 & 0 \\ 0 & \cos 45° & -\sin 45° & 10 \\ 0 & \sin 45° & \cos 45° & -10\sqrt{2} \\ 0 & 0 & 0 & 1 \end{bmatrix} \begin{bmatrix} 10 \\ 10 \\ 10 \\ 1 \end{bmatrix}
\end{aligned}
$$

$$= \begin{bmatrix} 1 & 0 & 0 & 0 \\ 0 & \frac{\sqrt{2}}{2} & -\frac{\sqrt{2}}{2} & 10 \\ 0 & \frac{\sqrt{2}}{2} & \frac{\sqrt{2}}{2} & -10\sqrt{2} \\ 0 & 0 & 0 & 1 \end{bmatrix} \begin{bmatrix} 10 \\ 10 \\ 10 \\ 1 \end{bmatrix} = \begin{bmatrix} 10 \\ 10 \\ 0 \\ 1 \end{bmatrix}$$

因此，可得点 P 在坐标系 $\{i\}$ 中的位置为 ${}^{i}\boldsymbol{P} = [10 \quad 10 \quad 0]^{\mathrm{T}}$。

2.3 机器人位姿表示

机器人通常由一系列构件和运动副组合而成，它能够在三维空间中实现各种复杂运动和预定操作。为了实现机器人的运动及操作，需要表达出操作对象、工具以及机器人本体的位置与姿态。以机器人抓取传送带上的包裹为例，为了让机器人抓取传送带上的包裹，首先需要检测出包裹的位置和姿态，然后控制机器人末端机械手的位置和姿态到达预定值。显然，位姿是机器人控制和应用中非常重要的变量。为了能使用表示机器人位姿的变量，首先必须给出具有通用性的定义和表达规则。

机器人位姿的数学表示：位姿的概念与自由度的概念是紧密联系在一起的。在运动学中，描述三维空间中物体的运动需要 6 个变量（x，y，z，α，β，γ）。因此，一个在三维空间中自由运动的物体具有 6 个自由度，这 6 个变量中，（x，y，z）这 3 个变量表示位置，（α，β，γ）这 3 个变量表示姿态。

为了描述机器人的位置和姿态，需要建立坐标系。在机器人学中，通常采用笛卡儿坐标系，也就是常用的三轴正交坐标系。

勒内·笛卡儿（René Descartes，1596—1650）是法国著名的哲学家、数学家、物理学家，他创立了著名的平面直角坐标系，使几何形状可以用代数公式明确表达出来，因将笛卡儿坐标体系公式化而被称为解析几何之父。常用的直角坐标系也被称为笛卡儿坐标系。在笛卡儿所处的时代，拉丁文是通用的学术语言，笛卡儿通常会在他的著作上签上他的拉丁名字 Renatus Cartesius，而 Cartesian 是 Cartesius 的形容词形式，所以他创立的直角坐标系被称为 Cartesian Frame。笛卡儿的姓 Descartes（法语）是由 Des 和 Cartes 组成的复合词，对应的英文是 of the Maps，这说明笛卡儿的祖先可能是从事地图绘制的。

由于通常认为机器人的连杆和关节都是刚性的，因此在后续的内容中，讨论的对象都假设为刚性物体，简称刚体。

如图 2.4 所示，有一个刚体，为了描述该刚体的位置和姿态总共需要建立两个坐标系，一个是参考系 $\{i\}$，它相对于被描述刚体是静止不动的；另一个是建立在被描述刚体上的坐标系 $\{j\}$，被称为刚体坐标系。需要说明的是，这两个坐标系的建立是任意的，也就是说可以建立的参考系和刚体坐标系的组合是无穷多的。

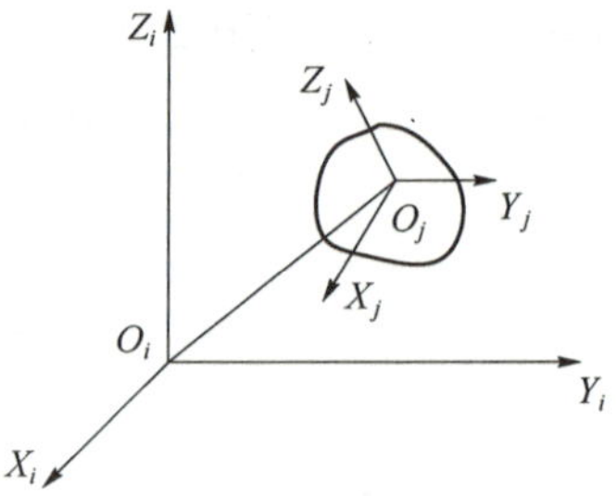

图 2.4 位姿的数学描述

在图 2.4 中，假设刚体坐标系 $\{j\}$ 的原点 O_j 在参考系 $\{i\}$ 中的坐标为（x_0，y_0，z_0），则该刚体的位置可表示为

$$ {}_i^j\boldsymbol{P}=\begin{bmatrix} x_0 \\ y_0 \\ z_0 \end{bmatrix} \tag{2.4} $$

即刚体的位置用一个 3×1 的列向量表示。

刚体的姿态则用一个 3×3 的矩阵表示为

$$ \begin{aligned} {}_i^j\boldsymbol{R} &= [{}_i^j\boldsymbol{X} \quad {}_i^j\boldsymbol{Y} \quad {}_i^j\boldsymbol{Z}]_{3\times3} \\ &= \begin{bmatrix} \cos(\angle X_jX_i) & \cos(\angle Y_jX_i) & \cos(\angle Z_jX_i) \\ \cos(\angle X_jY_i) & \cos(\angle Y_jY_i) & \cos(\angle Z_jY_i) \\ \cos(\angle X_jZ_i) & \cos(\angle Y_jZ_i) & \cos(\angle Z_jZ_i) \end{bmatrix} \end{aligned} \tag{2.5} $$

式中，${}_i^j\boldsymbol{X}$、${}_i^j\boldsymbol{Y}$、${}_i^j\boldsymbol{Z}$ 为 3 个单位正交主向量，分别表示刚体坐标系 $\{j\}$ 的 3 个坐标轴在参考系 $\{i\}$ 中的方位；$\angle X_jX_i$ 表示坐标轴 X_j 与坐标轴 X_i 之间的夹角，其他的夹角表示含义与此类似。

在刚体的位置向量${}_i^j\boldsymbol{P}$ 和姿态矩阵${}_i^j\boldsymbol{R}$ 中，左上角标表示被描述的刚体坐标系，左下角标表示参考系，如左上角标 j 表示刚体坐标系 $\{j\}$，左下角标 i 表示参考系 $\{i\}$，当位置向量和姿态矩阵的左上、左下角标发生变化时，如左上角标变为 i，左下角标变为 j，则意味着刚体坐标系和参考系也发生了变化。

姿态矩阵${}_i^j\boldsymbol{R}$ 具有下列特点。

(1) ${}_i^j\boldsymbol{R}$ 共有 9 个元素，只有 3 个是独立的，有 6 个约束条件：

$$ {}_i^j\boldsymbol{X}\cdot{}_i^j\boldsymbol{X}={}_i^j\boldsymbol{Y}\cdot{}_i^j\boldsymbol{Y}={}_i^j\boldsymbol{Z}\cdot{}_i^j\boldsymbol{Z}=1 $$

$$ {}_i^j\boldsymbol{X}\cdot{}_i^j\boldsymbol{Y}={}_i^j\boldsymbol{Y}\cdot{}_i^j\boldsymbol{Z}={}_i^j\boldsymbol{Z}\cdot{}_i^j\boldsymbol{X}=0 $$

(2) ${}_i^j\boldsymbol{R}$ 是单位正交矩阵，具有下列特点：

$$ {}_i^j\boldsymbol{R}^{-1}={}_i^j\boldsymbol{R}^{\mathrm{T}},\quad |{}_i^j\boldsymbol{R}|=1 $$

姿态矩阵${}_i^j\boldsymbol{R}$ 是正交矩阵的特点可极大简化其求逆。众所周知，矩阵求逆一般比较复杂，但由于姿态矩阵${}_i^j\boldsymbol{R}$ 的逆等于其转置，因此可以很容易地求得其逆矩阵。

例 2.3：某刚体如图 2.5 所示，建立刚体坐标系 $\{i\}$ 和参考系 $\{j\}$，求该刚体的位置向量${}_i^j\boldsymbol{P}$ 和姿态矩阵${}_i^j\boldsymbol{R}$。

解：参考图 2.5 中两坐标系的位姿关系及刚体位置和姿态的定义，求得刚体的位置向量和姿态矩阵分别为

$$ {}_i^j\boldsymbol{P}=\begin{bmatrix} -10 \\ 0 \\ 6 \end{bmatrix},\quad {}_i^j\boldsymbol{R}=\begin{bmatrix} 1 & 0 & 0 \\ 0 & 1 & 0 \\ 0 & 0 & 1 \end{bmatrix} $$

这里求得的姿态矩阵${}_i^j\boldsymbol{R}$ 是一个单位矩阵，而在图 2.5 中，坐标系 $\{i\}$ 和 $\{j\}$ 的对应坐标轴方向是相同的，这说明由姿态矩阵可唯一确定刚体坐标系相对于参考系的方位。

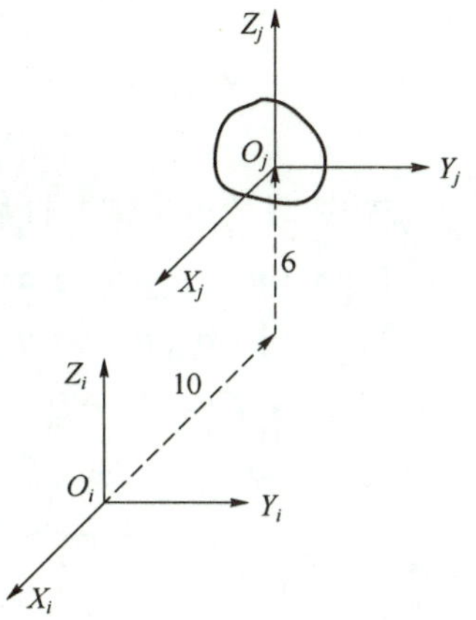

图 2.5　刚体的位姿

2.3.1　旋转矩阵

例 2.4：如图 2.6 所示，坐标系 $\{i\}$ 绕通过原点的任意单位向量 $\boldsymbol{K}$ 旋转 θ 角得到坐标

系 $\{j\}$，定义旋转矩阵 $\boldsymbol{R}(\boldsymbol{K},\theta)={}_{i}^{j}\boldsymbol{R}$，求该旋转矩阵。

解：定义两个坐标系 $\{i'\}$ 和 $\{j'\}$，$\{i\}$ 与 $\{i'\}$ 固连，$\{j\}$ 与 $\{j'\}$ 固连；$\{i'\}$ 和 $\{j'\}$ 的 Z 轴与单位向量 $\boldsymbol{K}$ 重合；旋转前，$\{i\}$ 与 $\{j\}$ 重合，$\{i'\}$ 与 $\{j'\}$ 重合，如图 2.7 所示。

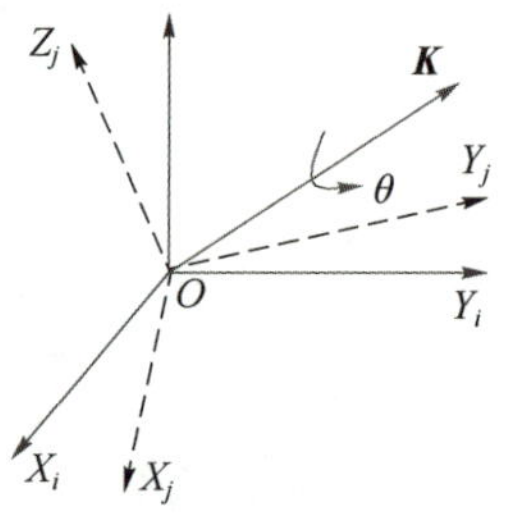

图 2.6　绕过原点的任意单位向量 $\boldsymbol{K}$ 旋转

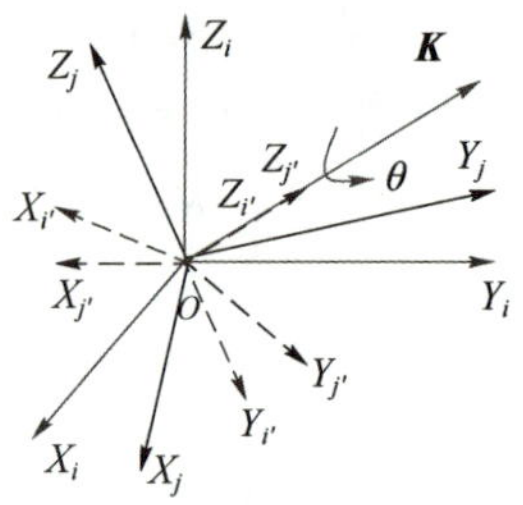

图 2.7　绕过原点的单位向量旋转（假设两个坐标系）

由于单位向量 $\boldsymbol{K}$ 已知，因此由上述假设可得到

$$
{}_{i}^{i'}\boldsymbol{R}={}_{j}^{j'}\boldsymbol{R}=\begin{bmatrix} n_x & o_x & a_x \\ n_y & o_y & a_y \\ n_z & o_z & a_z \end{bmatrix}=\begin{bmatrix} n_x & o_x & K_x \\ n_y & o_y & K_y \\ n_z & o_z & K_z \end{bmatrix}
$$

如果坐标系 $\{i\}$ 绕 $\boldsymbol{K}$ 旋转 θ 角，则坐标系 $\{j\}$ 相对于 $\{i\}$ 的 Z 轴也旋转 θ 角。对于 4 个坐标系 $\{i\}$、$\{i'\}$、$\{j\}$、$\{j'\}$，可构建如图 2.8 所示的旋转变换关系图。由该关系图可得到等式：

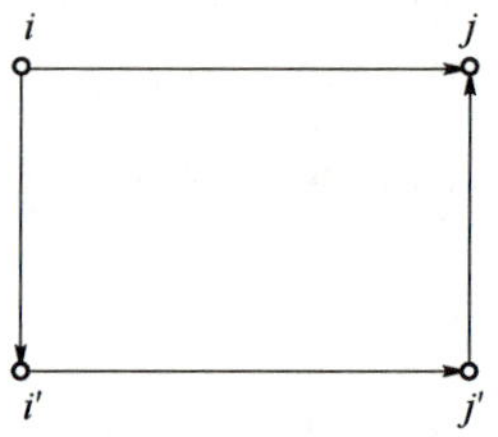

图 2.8　旋转变换关系图

$$
\begin{aligned}
\boldsymbol{R}(\boldsymbol{K},\theta)&={}_{i}^{j}\boldsymbol{R}\\
&={}_{i}^{i'}\boldsymbol{R}\cdot{}_{i'}^{j'}\boldsymbol{R}\cdot{}_{j'}^{j}\boldsymbol{R}\\
&={}_{i}^{i'}\boldsymbol{R}\cdot\boldsymbol{R}(Z,\theta)\cdot{}_{j'}^{j}\boldsymbol{R}\\
&={}_{i}^{i'}\boldsymbol{R}\cdot\boldsymbol{R}(Z,\theta)\cdot{}_{j}^{j'}\boldsymbol{R}^{\mathrm{T}}
\end{aligned}
$$

所以

$$
\boldsymbol{R}(\boldsymbol{K},\theta)=\begin{bmatrix} n_x & o_x & K_x \\ n_y & o_y & K_y \\ n_z & o_z & K_z \end{bmatrix}\cdot\begin{bmatrix} \cos\theta & -\sin\theta & 0 \\ \sin\theta & \cos\theta & 0 \\ 0 & 0 & 1 \end{bmatrix}\cdot\begin{bmatrix} n_x & n_y & n_z \\ o_x & o_y & o_z \\ K_x & K_y & K_z \end{bmatrix}
$$

利用旋转矩阵的单位正交性质得：

(1) $\boldsymbol{n}\cdot\boldsymbol{n}=\boldsymbol{o}\cdot\boldsymbol{o}=\boldsymbol{a}\cdot\boldsymbol{a}=1$；

(2) $\boldsymbol{n}\cdot\boldsymbol{o}=\boldsymbol{o}\cdot\boldsymbol{a}=\boldsymbol{a}\cdot\boldsymbol{n}=0$；

(3) $\boldsymbol{a}=\boldsymbol{n}\cdot\boldsymbol{o}$。

假设

$$
\mathrm{s}_\theta=\sin\theta,\quad \mathrm{c}_\theta=\cos\theta,\quad \mathrm{vers}_\theta=(1-\cos\theta)
$$

整理得

$$
\boldsymbol{R}(\boldsymbol{K},\theta)=\begin{bmatrix} K_xK_x\mathrm{vers}_\theta+\mathrm{c}_\theta & K_yK_x\mathrm{vers}_\theta-K_z\mathrm{s}_\theta & K_zK_x\mathrm{vers}_\theta+K_y\mathrm{s}_\theta \\ K_xK_y\mathrm{vers}_\theta+k_z\mathrm{s}_\theta & K_yK_y\mathrm{vers}_\theta+\mathrm{c}_\theta & K_zK_y\mathrm{vers}_\theta-K_x\mathrm{s}_\theta \\ K_xK_z\mathrm{vers}_\theta-k_y\mathrm{s}_\theta & K_yK_z\mathrm{vers}_\theta+K_x\mathrm{s}_\theta & K_zK_z\mathrm{vers}_\theta+\mathrm{c}_\theta \end{bmatrix} \tag{2.6}
$$

式 (2.6) 就是绕过原点的单位向量 $\boldsymbol{K}$ 旋转 θ 角的旋转变换矩阵通式。

在前面介绍过坐标系绕坐标轴 X、Y、Z 旋转 θ 角的旋转矩阵，实际上每个坐标轴也是一个过原点的向量，因此也可以采用式（2.6）来表示各个旋转矩阵。

（1）绕 X 轴旋转 θ 角的旋转矩阵：

$$K_x=1,\ K_y=K_z=0,\ \boldsymbol{R}(\boldsymbol{K},\theta)=\begin{bmatrix}1 & 0 & 0\\ 0 & c_\theta & -s_\theta\\ 0 & s_\theta & c_\theta\end{bmatrix}$$

（2）绕 Y 轴旋转 θ 角的旋转矩阵：

$$K_y=1,\ K_x=K_z=0,\ \boldsymbol{R}(\boldsymbol{K},\theta)=\begin{bmatrix}c_\theta & 0 & s_\theta\\ 0 & 1 & 0\\ -s_\theta & 0 & c_\theta\end{bmatrix}$$

（3）绕 Z 轴旋转 θ 角的旋转矩阵：

$$K_z=1,\ K_y=K_x=0,\ \boldsymbol{R}(\boldsymbol{K},\theta)=\begin{bmatrix}c_\theta & -s_\theta & 0\\ s_\theta & c_\theta & 0\\ 0 & 0 & 1\end{bmatrix}$$

例 2.5： 坐标系 $\{j\}$ 与坐标系 $\{i\}$ 重合，将坐标系 $\{j\}$ 绕过原点 O 的向量 $\boldsymbol{K}=-\frac{1}{\sqrt{3}}\boldsymbol{i}-\frac{1}{\sqrt{3}}\boldsymbol{j}-\frac{1}{\sqrt{3}}\boldsymbol{k}$ 转动 $\theta=240°$，求旋转矩阵 $\boldsymbol{R}(\boldsymbol{K},240°)$。

解： 由向量 $\boldsymbol{K}$ 可得：

$$K_x=-\frac{1}{\sqrt{3}},\ K_y=-\frac{1}{\sqrt{3}},\ K_z=-\frac{1}{\sqrt{3}}$$

$$c_{240°}=-\frac{1}{2},\ s_{240°}=-\frac{\sqrt{3}}{2},\ \text{vers}_{240°}=\frac{3}{2}$$

将上述值代入式（2.6）得

$$\boldsymbol{R}(\boldsymbol{K},240°)=\begin{bmatrix}\frac{1}{3}\times\frac{3}{2}-\frac{1}{2} & \frac{1}{3}\times\frac{3}{2}+\frac{1}{\sqrt{3}}\times\left(-\frac{\sqrt{3}}{2}\right) & \frac{1}{3}\times\frac{3}{2}+\frac{1}{\sqrt{3}}\times\frac{\sqrt{3}}{2}\\ \frac{1}{3}\times\frac{3}{2}-\frac{1}{\sqrt{3}}\times\left(-\frac{\sqrt{3}}{2}\right) & \frac{1}{3}\times\frac{3}{2}-\frac{1}{2} & \frac{1}{3}\times\frac{3}{2}-\frac{1}{\sqrt{3}}\times\frac{\sqrt{3}}{2}\\ \frac{1}{3}\times\frac{3}{2}-\frac{1}{\sqrt{3}}\times\frac{\sqrt{3}}{2} & \frac{1}{3}\times\frac{3}{2}+\frac{1}{\sqrt{3}}\times\frac{\sqrt{3}}{2} & \frac{1}{3}\times\frac{3}{2}-\frac{1}{2}\end{bmatrix}=\begin{bmatrix}0 & 0 & 1\\ 1 & 0 & 0\\ 0 & 1 & 0\end{bmatrix}$$

2.3.2 欧拉角

欧拉角（Euler Angles）是瑞士数学家莱昂哈德·欧拉（Leonhard Euler，1707—1783）提出的一种采用绕运动坐标系的 3 个坐标轴的转角组合描述刚体姿态的方法，与 RPY 角类似，也采用了 3 个角度变量。该方法被广泛用于数学、物理学、航空工程及刚体动力学。

欧拉角有多种类型，绕不小于两个坐标轴的 3 个转角的组合都可表示成欧拉角，如坐标轴组合为 Z-X-Z，Z-Y-Z，Y-X-Y，Y-Z-Y，X-Y-X，X-Z-X，X-Y-Z。因此，欧拉

角表示刚体姿态的时候需要与关联的坐标轴组合，以表明旋转的坐标轴及旋转顺序。下面介绍两种常用的欧拉角。

1. *ZYX* 欧拉角

ZYX 欧拉角描述姿态的方法如下。

有两个坐标系 $\{i\}$ 和 $\{j\}$，开始时，坐标系 $\{i\}$ 和坐标系 $\{j\}$ 重合，坐标系 $\{j\}$ 首先绕 Z_j/Z_i 转 α 角，再绕 Y_j 转 β 角，最后绕 X_j 转 γ 角。显然，这是一个绕动坐标系的多个坐标轴旋转的问题。依据绕动坐标系的坐标轴旋转的矩阵连乘方法，可求得坐标系 $\{j\}$ 相对于参考系 $\{i\}$ 的姿态矩阵描述如下：

$$\begin{aligned}{}_i^j\boldsymbol{R}_{ZYX}(\alpha,\beta,\gamma)&=\boldsymbol{R}(Z,\alpha)\boldsymbol{R}(Y,\beta)\boldsymbol{R}(X,\gamma)\\&=\begin{bmatrix}c_\alpha & -s_\alpha & 0\\ s_\alpha & c_\alpha & 0\\ 0 & 0 & 1\end{bmatrix}\begin{bmatrix}c_\beta & 0 & s_\beta\\ 0 & 1 & 0\\ -s_\beta & 0 & c_\beta\end{bmatrix}\begin{bmatrix}1 & 0 & 0\\ 0 & c_\gamma & -s_\gamma\\ 0 & s_\gamma & c_\gamma\end{bmatrix}\\&=\begin{bmatrix}c_\alpha c_\beta & c_\alpha s_\beta s_\gamma-s_\alpha c_\gamma & c_\alpha s_\beta c_\gamma+s_\alpha s_\gamma\\ s_\alpha c_\beta & s_\alpha s_\beta s_\gamma+c_\alpha c_\gamma & s_\alpha s_\beta c_\gamma-c_\alpha c_\gamma\\ -s_\beta & c_\beta s_\gamma & c_\beta c_\gamma\end{bmatrix}\end{aligned}\tag{2.7}$$

这样，就实现了用 3 个绕动坐标轴的转角来表示刚体的姿态。

2. *ZXZ* 欧拉角

ZXZ 欧拉角描述姿态的方法如下。

有两个坐标系 $\{i\}$ 和 $\{j\}$，开始时，坐标系 $\{i\}$ 和坐标系 $\{j\}$ 重合，坐标系 $\{j\}$ 首先绕 Z_j/Z_i 转 α 角，再绕 X_j 转 β 角，最后绕 Z_j 转 γ 角。坐标系 $\{j\}$ 相对于参考系 $\{i\}$ 的方位描述如下：

$$\begin{aligned}{}_i^j\boldsymbol{R}_{ZXZ}(\alpha,\beta,\gamma)&=\boldsymbol{R}(Z,\alpha)\boldsymbol{R}(X,\beta)\boldsymbol{R}(Z,\gamma)\\&=\begin{bmatrix}c_\alpha & -s_\alpha & 0\\ s_\alpha & c_\alpha & 0\\ 0 & 0 & 1\end{bmatrix}\begin{bmatrix}1 & 0 & 0\\ 0 & c_\beta & -s_\beta\\ 0 & s_\beta & c_\beta\end{bmatrix}\begin{bmatrix}c_\gamma & -s_\gamma & 0\\ s_\gamma & c_\gamma & 0\\ 0 & 0 & 1\end{bmatrix}\\&=\begin{bmatrix}c_\alpha c_\gamma-s_\alpha c_\beta s_\gamma & -c_\alpha s_\gamma-s_\alpha c_\beta c_\gamma & s_\alpha s_\beta\\ s_\alpha c_\gamma+c_\alpha c_\beta s_\gamma & -s_\alpha s_\gamma+c_\alpha c_\beta c_\gamma & -c_\alpha s_\beta\\ s_\beta s_\gamma & s_\beta c_\gamma & c_\beta\end{bmatrix}\end{aligned}\tag{2.8}$$

ZYX 欧拉角需要用到 3 个坐标轴，而 *ZXZ* 欧拉角只需要两个坐标轴，因此在一些具体的应用中使用 *ZXZ* 这种形式的欧拉角会更方便些。例如，在用欧拉角表示机器人末端的姿态时，如果用 *ZXZ* 欧拉角，则只需要考虑 *Z*、*X* 两个坐标轴即可，而不需要考虑 *Y* 轴指向哪里。

欧拉角与姿态矩阵之间也存在一个逆问题，即已知姿态矩阵求对应的欧拉角。如式（2.9）所示，等式右边的姿态矩阵已知，需要求出对应的欧拉角。显然，这也是一个解矩阵方程的问题。

$$\begin{bmatrix}c_\alpha c_\gamma-s_\alpha c_\beta s_\gamma & -c_\alpha s_\gamma-s_\alpha c_\beta c_\gamma & s_\alpha s_\beta\\ s_\alpha c_\gamma+c_\alpha c_\beta s_\gamma & -s_\alpha s_\gamma+c_\alpha c_\beta c_\gamma & -c_\alpha s_\beta\\ s_\beta s_\gamma & s_\beta c_\gamma & c_\beta\end{bmatrix}=\begin{bmatrix}r_{11} & r_{12} & r_{13}\\ r_{21} & r_{22} & r_{23}\\ r_{31} & r_{32} & r_{33}\end{bmatrix}\tag{2.9}$$

对于式（2.9），可从等式两边矩阵的元素（1，3）和（2，3）找到求解途径，结果如下：

如果 $s_\beta \neq 0$，则 $\begin{cases} \alpha = \mathrm{Atan}\ 2(r_{13}, -r_{23}) \\ \beta = \mathrm{Atan}\ 2(\sqrt{r_{31}^2 + r_{32}^2}, r_{33}); \\ \gamma = \mathrm{Atan}\ 2(r_{31}, r_{32}) \end{cases}$

如果 $s_\beta = 0$，则 $\begin{cases} \beta = 0 \text{ 时}, \alpha = 0, \gamma = \mathrm{Atan}\ 2(-r_{12}, r_{11}) \\ \beta = 180° \text{时}, \alpha = 0, \gamma = \mathrm{Atan}\ 2(r_{12}, -r_{11}) \end{cases}$。

显然，欧拉角的解也不唯一。

2.3.3 四元数

一般来讲，用欧拉角表示刚体的姿态或运动是非常简单有效的，但是在某些特殊的情况下，欧拉角会出现所谓的“万向节死锁（Gimbal Lock）”问题，即欧拉角无法描述刚体的运动。出现万向节死锁问题的原因是采用有序 3 个角度的欧拉角方法并不能描述所有的刚体运动。

1. 四元数的定义及特点

1843 年，爱尔兰数学家威廉·罗恩·哈密顿（William Rowan Hamilton，1805—1865）在研究将复数从描述二维空间扩展到高维空间时，创造出了一个超复数：四元数（Quaternion）。四元数能表示四维空间，由一个实数单位 1 和 3 个虚数单位 i、j、k 组成，通常表示形式为

$$q = a + b\mathrm{i} + c\mathrm{j} + d\mathrm{k} \tag{2.10}$$

式中，a、b、c、d 均为实数；i、j、k 被称为第一、第二、第三维虚数单位，具有下列性质：

$$\mathrm{i}^2 = \mathrm{j}^2 = \mathrm{k}^2 = -1$$

$$\mathrm{ij} = -\mathrm{ji} = \mathrm{k}, \mathrm{jk} = -\mathrm{kj} = \mathrm{i}, \mathrm{ki} = -\mathrm{ik} = \mathrm{j}$$

可以看出，i、j、k 的性质与笛卡儿坐标系 3 个坐标轴的性质很像。

为了表达简便，通常将四元数写成一个实数和一个向量组合的形式：

$$\boldsymbol{q} = (a, \boldsymbol{v}) = (a, b, c, d)$$

式中，$\boldsymbol{v}$ 是一个向量，$\boldsymbol{v} = b\mathrm{i} + c\mathrm{j} + d\mathrm{k}$；$a$、$b$、$c$、$d$ 为 4 个有序的实数。四元数可以看作一种实数和向量表达的一般形式，实数可看作虚部为 0 的四元数，而向量可看作实部为 0 的四元数，也被称为纯四元数。任意的三维向量都可以转化为纯四元数。

四元数具有下列特点：

（1）可以避免万向节死锁；

（2）几何意义明确，只需 4 个数就可以表示绕过原点任意向量的旋转；

（3）方便快捷，计算效率高；

（4）比欧拉角多了一个维度，理解困难。

四元数在机器人学、数学、物理学和计算机图形学中具有很高的应用价值。

2. 四元数的运算

四元数是一个新的超复数，针对它的计算问题，哈密顿给出了四元数的加法、乘法、逆和模等的计算规则。

令 $\boldsymbol{q}_1 = (a_1, \boldsymbol{v}_1)$，$\boldsymbol{q}_2 = (a_2, \boldsymbol{v}_2)$。

（1）四元数的加法：

$$\boldsymbol{q}_1+\boldsymbol{q}_2=(a_1+a_2,\boldsymbol{v}_1+\boldsymbol{v}_2)$$

（2）四元数的乘法：

$$\boldsymbol{q}_1\boldsymbol{q}_2=(a_1a_2-\boldsymbol{v}_1\cdot\boldsymbol{v}_2,a_1\boldsymbol{v}_2+a_2\boldsymbol{v}_1+\boldsymbol{v}_1\cdot\boldsymbol{v}_2)$$

由于涉及向量运算，因此四元数乘法不适用于乘法交换律，即 $\boldsymbol{q}_1\boldsymbol{q}_2\neq\boldsymbol{q}_2\boldsymbol{q}_1$。

（3）共轭四元数：

$$\boldsymbol{q}^*=(a,-\boldsymbol{v})$$

（4）四元数的逆：

$$\boldsymbol{q}^{-1}=\frac{\boldsymbol{q}^*}{\boldsymbol{q}\cdot\boldsymbol{q}}$$

（5）四元数的模：

$$\|\boldsymbol{q}\|=\sqrt{\boldsymbol{q}\cdot\boldsymbol{q}}=\sqrt{\boldsymbol{q}^*\cdot\boldsymbol{q}}=\sqrt{a^2+b^2+c^2+d^2}$$

3. 四元数表示刚体姿态和运动变换

模为 1 的四元数被称为单位四元数。对于单位四元数，由于 $\|\boldsymbol{q}\|=1$，因此有

$$\boldsymbol{q}^{-1}=\frac{\boldsymbol{q}^*}{\boldsymbol{q}\cdot\boldsymbol{q}}=\frac{\boldsymbol{q}^*}{\|\boldsymbol{q}\|^2}=\frac{\boldsymbol{q}^*}{1}=\boldsymbol{q}^*$$

即

$$\boldsymbol{q}^{-1}=\boldsymbol{q}^* \tag{2.11}$$

这可以大大简化单位四元数逆的计算。

一个单位四元数描述了一个转轴和绕该转轴的旋转角度，因此可以描述刚体的运动和姿态。单位四元数可表示成如下形式：

$$\boldsymbol{q}=(\cos\theta,\boldsymbol{v}\sin\theta) \tag{2.12}$$

该四元数表示绕向量 $\boldsymbol{v}$ 旋转 2θ 角度的运动，角度为 0 表示刚体的初始姿态，不同的角度代表着刚体相对于初始姿态的新姿态。这里，$\boldsymbol{v}$ 是过坐标系原点的任意单位向量。

同理，如果已知过坐标系原点的单位向量 $\boldsymbol{v}=(0,b,c,d)$（纯四元数）和绕该向量旋转的角度 θ，则表示该运动的单位四元数为

$$\boldsymbol{q}=\left(\cos\left(\frac{\theta}{2}\right),\sin\left(\frac{\theta}{2}\right)b,\sin\left(\frac{\theta}{2}\right)c,\sin\left(\frac{\theta}{2}\right)d\right)$$

这里，b、c、d 为向量 $\boldsymbol{v}$ 在笛卡儿坐标系的 X、Y、Z 坐标轴上的分量。

假设一个向量 $\boldsymbol{v}_1$ 绕向量 $\boldsymbol{v}$ 旋转轴角度 θ 至 $\boldsymbol{v}_1'$，则 $\boldsymbol{v}_1'$ 可表示为

$$\boldsymbol{v}_1'=\boldsymbol{q}\boldsymbol{v}_1\boldsymbol{q}^{-1} \tag{2.13}$$

例 2.6：假设点 $\boldsymbol{p}=(1,1,0)$，将该点绕旋转轴 $\boldsymbol{v}=(1,0,0)$ 旋转 90°，求旋转后该点的坐标。

解：首先将点 $\boldsymbol{p}$ 表示成纯四元数，即 $\boldsymbol{p}=(0,\boldsymbol{p})=(0,1,1,0)$。

由式（2.12）得 $\boldsymbol{q}=(\cos 45°,\boldsymbol{v}\sin 45°)=\left(\frac{\sqrt{2}}{2},\frac{\sqrt{2}}{2},0,0\right)$。

由式(2.11)得 $\boldsymbol{q}^{-1}=\boldsymbol{q}^*=\left(\frac{\sqrt{2}}{2},-\frac{\sqrt{2}}{2},0,0\right)$。

最后由式（2.13）得

$$p'=qpq^{-1}=\left(\frac{\sqrt{2}}{2},\frac{\sqrt{2}}{2},0,0\right)(0,1,1,0)\left(\frac{\sqrt{2}}{2},-\frac{\sqrt{2}}{2},0,0\right)=(0,1,0,1)$$

因此，旋转后该点的坐标是(1,0,1)。

4. 四元数与其他姿态表示方法的转换

欧拉角与四元数可以相互转换，旋转矩阵也可以表示成四元数。

1）欧拉角转换为四元数

设 ZYX 欧拉角为(ψ,θ,φ)，则对应的四元数为

$$q=\begin{bmatrix}\omega\\x\\y\\z\end{bmatrix}=\begin{bmatrix}\cos\left(\frac{\varphi}{2}\right)\cos\left(\frac{\theta}{2}\right)\cos\left(\frac{\psi}{2}\right)+\sin\left(\frac{\varphi}{2}\right)\sin\left(\frac{\theta}{2}\right)\sin\left(\frac{\psi}{2}\right)\\\sin\left(\frac{\varphi}{2}\right)\cos\left(\frac{\theta}{2}\right)\cos\left(\frac{\psi}{2}\right)-\cos\left(\frac{\varphi}{2}\right)\sin\left(\frac{\theta}{2}\right)\sin\left(\frac{\psi}{2}\right)\\\cos\left(\frac{\varphi}{2}\right)\sin\left(\frac{\theta}{2}\right)\cos\left(\frac{\psi}{2}\right)+\sin\left(\frac{\varphi}{2}\right)\cos\left(\frac{\theta}{2}\right)\sin\left(\frac{\psi}{2}\right)\\\cos\left(\frac{\varphi}{2}\right)\cos\left(\frac{\theta}{2}\right)\sin\left(\frac{\psi}{2}\right)-\sin\left(\frac{\varphi}{2}\right)\sin\left(\frac{\theta}{2}\right)\cos\left(\frac{\psi}{2}\right)\end{bmatrix}$$

2）四元数转换为欧拉角

设四元数为 $q=\omega+x\mathrm{i}+y\mathrm{j}+z\mathrm{k}$，则对应的 ZYX 欧拉角为

$$\begin{bmatrix}\varphi\\\theta\\\psi\end{bmatrix}=\begin{bmatrix}\arctan2[2(\omega x+yz),1-2(x^2+y^2)]\\\arcsin(2(\omega y-zx))\\\arctan2[2(\omega z+xy),1-2(y^2+z^2)]\end{bmatrix}$$

3）旋转矩阵转换为四元数

设矩阵为

$$R=\begin{bmatrix}r_{11}&r_{12}&r_{13}\\r_{21}&r_{22}&r_{23}\\r_{31}&r_{32}&r_{33}\end{bmatrix}$$

则对应的四元数为

$$q=\begin{bmatrix}\omega\\x\\y\\z\end{bmatrix}=\begin{bmatrix}\frac{1}{2}\sqrt{r_{11}+r_{22}+r_{33}+1}\\\operatorname{sgn}\left(r_{32}-r_{23}\right)\sqrt{r_{11}-r_{22}-r_{33}+1}\\\operatorname{sgn}\left(r_{13}-r_{31}\right)\sqrt{r_{22}-r_{33}-r_{11}+1}\\\operatorname{sgn}\left(r_{21}-r_{12}\right)\sqrt{r_{33}-r_{11}-r_{22}+1}\end{bmatrix}$$

2.4　机器人运动学方程

本节由 D-H 表示法推导出机械臂的运动学方程。D-H 表示法是 1955 年 Denavit 和 Hartenberg 提出的一种机器人通用描述方法。这种方法简单、适用于各种机械的构型，对于结构顺序复杂的机械臂构型也无影响。D-H 模型可以表示诸如直角坐标、圆柱坐标、

欧拉角坐标及 RPY 坐标变换，也可以表示 SCARA 类型机器人，各种链式机器人的数学建模。

2.4.1 连杆参数和连杆坐标系

机器人一般是由多个关节和连杆构成的，关节既有呈线性滑动的，也有旋转的，关节与关节之间可能处于任意的位置或者不同平面内。连杆长度可以是任意的，可能存在直线与弯曲状态，各连杆可能不在同一平面上。这里需要能够对任意一组连杆和关节构成的机器人建模分析。

按照前述方法，将每个关节当作一个刚体处理，为每个关节指定一个参考坐标系，然后用复合变换思想，确定从一个关节姿态变换到下一个关节姿态所需要的一系列基本变换。当确定了从第一个关节到下一个关节，一直到最后一个关节的变换步骤，并将这些变换结合起来，就能得到机械臂总变换矩阵。利用 D-H 表示法先为每个关节指定一个参考坐标系，然后推导出从一个坐标系到另一个坐标系的变换方程，将这些方程结合，即可推导出机器人的总变换方程。

为了推导出适用于任意构型机器人的总变换方程，假定一个机器人由任意多个连杆和关节以任意的形式组成。如图 2.9 所示，由不在同一平面的 3 个关节和不在同一平面的两个连杆构成机器人的一部分。这一小部分可能不会与实际中的机器人相似，但是它具有代表性，可以表示任何机器人的关节，无论是滑动的还是旋转的。

图 2.9（a）中的 3 个关节既可以转动也可以平移。为了方便描述，将第一个关节指定为关节 n，中间的指定为关节 $n+1$，最后一个指定为关节 $n+2$。在关节 n 与关节 $n+1$ 之间的连杆用 n 指代，关节 $n+1$ 与关节 $n+2$ 之间的连杆用 $n+1$ 指代。

对机器人建模的第一步是为每个关节指定一个本地的参考坐标系。使用 D-H 表示法时，只需要为每个关节的参考坐标系指定 Z 轴和 X 轴，不需要指定 Y 轴，因为 Y 轴一直是垂直于 X 轴和 Z 轴组成的平面的。下面给出 D-H 表示法中指定每个关节参考坐标系的一般步骤。

（1）任何关节都用 Z 轴表示，如果是滑动关节，则 Z 轴为沿关节滑动的直线方向。如果关节是旋转的，则 Z 轴为按右手定则旋转的方向。无论是滑动还是旋转，关节 n 处的 Z 轴下标为 $n-1$。例如，关节 $n+1$ 的 Z 轴表示为 Z_n。根据这些规则，可以定出所有关节的 Z 轴。滑动关节的关节变量是沿 Z 轴的连杆长度 d，旋转关节的关节变量是绕 Z 轴旋转的角度 θ。

（2）如图 2.9（a）所示，几个关节并不平行或者相交，属于异面直线。这样，Z 轴是斜线，在空间中总能找到一条距离最短的公垂线正交于这两条异面直线，即正交于相邻的两个 Z 轴。把 X 轴的方向定义在该公垂线的方向上。如果 a_n 表示 Z_{n-1} 与 Z_n 之间的公垂线，则 X_n 方向将沿 a_n。同样，在 Z_n 与 Z_{n+1} 之间的公垂线为 a_{n+1}，X_{n+1} 方向将沿 a_{n+1}。由于相邻关节可能不在同一平面上，因此相邻关节的公垂线也有可能不相交或者共线，原点也就可能不会重合。综合以上的规则，则可以为每个关节定义参考坐标系了。

（3）如果两个相邻关节的 Z 轴平行，则可以找到无数条公垂线，为了简化模型，可以挑选与前一关节的公垂线共线的一条公垂线。

（4）如果两个相邻关节的 Z 轴相交，那么它们之间不存在公垂线。这时，可以取一条垂直于这两个 Z 轴构成的平面的直线作为 X 轴，即在两条 Z 轴的向量积方向选取一条直线 X 轴，模型同样得到了简化。

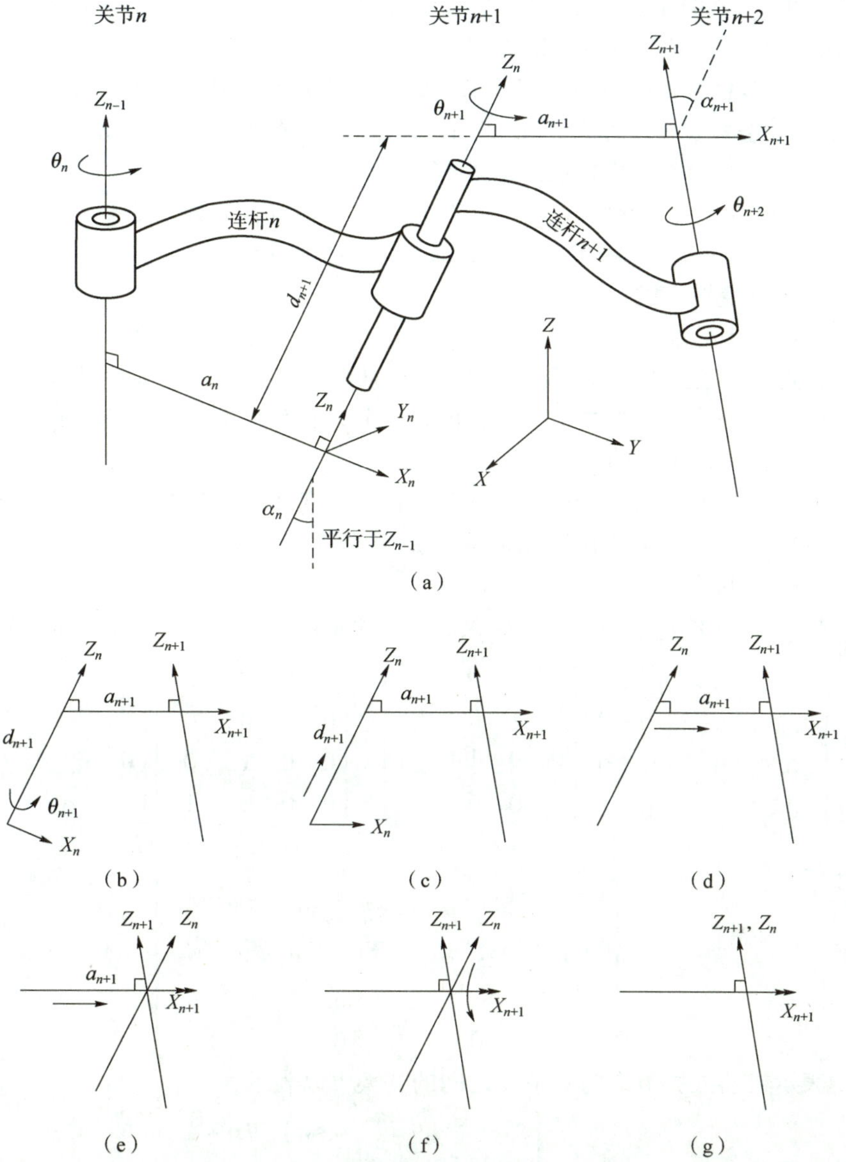

图 2.9　通用关节-连杆组合的 D-H 表示法

在图 2.9（a）中，θ 角表示绕 Z 轴的旋转角，即旋转变量；d 表示在 Z 轴上两条相邻的公垂线之间的距离，一般当相邻 Z 轴平行时，$d=0$；a 表示每一条公垂线的长度；角 α 表示两个相邻的 Z 轴之间的角度。通常，只有 θ 和 d 是关节变量。

2.4.2　连杆变换

本小节将推导连杆变换的表达式，需要进行几个连续的变换，将一个参考坐标系变换到另一个参考坐标系。假定现在处于坐标系 X_n-Z_n，变换到下一个坐标系 X_{n+1}-Z_{n+1}的步骤如下。

（1）绕 Z_n 轴旋转角度 θ_{n+1}，让 X_n 轴平行于 X_{n+1} 轴，如图 2.9（a）、图 2.9（b）所

示。因为 X_n 和 X_{n+1} 同时垂直于 Z_n 轴，所以绕 Z_n 轴旋转 θ_{n+1} 就可以使它们平行。

（2）沿 Z_n 轴平移 d_{n+1} 距离，让 X_n 和 X_{n+1} 共线，如图 2.9（c）所示。因为 X_n 轴和 X_{n+1} 轴在第（1）步已经平行并且垂直于 Z_n 轴，所以沿着 Z_n 轴平移就可使它们重叠。

（3）沿 X 轴平移 a_{n+1} 的距离，让 X_n 轴和 X_{n+1} 轴的原点重合，如图 2.9（d）、图 2.9（e）所示。这时，两个参考坐标系的原点重合。

（4）将 Z_n 轴绕 X_{n+1} 轴旋转 α_{n+1}，使 Z_n 轴与 Z_{n+1} 轴重合，如图 2.9（f）所示。这时，坐标系 X_n-Z_n 和 X_{n+1}-Z_{n+1} 已经重合了，如图 2.9（g）所示。

至此，坐标系变换完成。

仿照上面的 4 个标准步骤，可以同样地将 X_{n+1}-Z_{n+1} 坐标系变换到 X_{n+2}-Z_{n+2} 坐标系。按照相同步骤，可以将所有相邻坐标系这样变换。从参考坐标系转换到机械臂基座所在的坐标系，之后到第一个关节，第二个，直到最后一个。上面的 4 个步骤具有通用性，所有坐标系之间的变换都可以采用同样的步骤。

机器人的变换矩阵 $\boldsymbol{A}$ 可以通过右乘表示上面 4 个变换的矩阵来得到，矩阵 $\boldsymbol{A}$ 表示 4 个变换的复合变换。之所以 4 个矩阵用右乘，是因为所有变换都是相对于当前坐标系的变换。具体表达式如下：

$$
{}^{n}\boldsymbol{T}_{n+1}=\boldsymbol{A}_{n+1}=\mathrm{Rot}(Z,\theta_{n+1})\cdot\mathrm{Trans}(0,0,d_{n+1})\cdot\mathrm{Trans}(a_{n+1},0,0)\cdot\mathrm{Rot}(X,a_{n+1})
$$

$$
=\begin{bmatrix} c_{\theta_{n+1}} & -s_{\theta_{n+1}} & 0 & 0\\ s_{\theta_{n+1}} & c_{\theta_{n+1}} & 0 & 0\\ 0 & 0 & 1 & 0\\ 0 & 0 & 0 & 1\end{bmatrix}\begin{bmatrix} 1 & 0 & 0 & 0\\ 0 & 1 & 0 & 0\\ 0 & 0 & 1 & d_{n+1}\\ 0 & 0 & 0 & 1\end{bmatrix}\cdot\begin{bmatrix} 1 & 0 & 0 & a_{n+1}\\ 0 & 1 & 0 & 0\\ 0 & 0 & 1 & 0\\ 0 & 0 & 0 & 1\end{bmatrix}\begin{bmatrix} 1 & 0 & 0 & 0\\ 0 & c_{\alpha_{n+1}} & -s_{\alpha_{n+1}} & 0\\ 0 & s_{\alpha_{n+1}} & c_{\alpha_{n+1}} & 0\\ 0 & 0 & 0 & 1\end{bmatrix}
\tag{2.14}
$$

$$
\boldsymbol{A}_{n+1}=\begin{bmatrix} c_{\theta_{n+1}} & -s_{\theta_{n+1}}c_{\alpha_{n+1}} & s_{\theta_{n+1}}s_{\alpha_{n+1}} & a_{n+1}c_{\theta_{n+1}}\\ s_{\theta_{n+1}} & c_{\theta_{n+1}}c_{\alpha_{n+1}} & -c_{\theta_{n+1}}s_{\alpha_{n+1}} & a_{n+1}s_{\theta_{n+1}}\\ 0 & s_{\alpha_{n+1}} & c_{\alpha_{n+1}} & d_{n+1}\\ 0 & 0 & 0 & 1\end{bmatrix}
\tag{2.15}
$$

例如，表示机器人关节 2 与关节 3 之间的变换可以表示为

$$
{}^{2}\boldsymbol{T}_3=\boldsymbol{A}_3=\begin{bmatrix} c_{\theta_3} & -s_{\theta_3}c_{\alpha_3} & s_{\theta_3}s_{\alpha_3} & a_3c_{\theta_3}\\ s_{\theta_3} & c_{\theta_3}c_{\alpha_3} & -c_{\theta_3}s_{\alpha_3} & a_3s_{\theta_3}\\ 0 & s_{\alpha_3} & c_{\alpha_3} & d_3\\ 0 & 0 & 0 & 1\end{bmatrix}
\tag{2.16}
$$

从机器人的基座开始，可以从第一个关节开始逐个往下变换，直到机器人的手，最终到末端执行器。若把每个变换定义为一个矩阵，则可以得到许多表示变换的矩阵。在机器人的基座与手之间的总变换可以用各个分变换矩阵依次相乘得到：

$$
{}^{R}\boldsymbol{T}_H={}^{R}\boldsymbol{T}_1{}^{1}\boldsymbol{T}_2{}^{2}\boldsymbol{T}_3\cdots{}^{n-1}\boldsymbol{T}_n=\boldsymbol{A}_1\boldsymbol{A}_2\boldsymbol{A}_3\cdots\boldsymbol{A}_n
\tag{2.17}
$$

式中，n 是关节数。对于一个具有 6 个自由度的机器人而言，有 6 个 $\boldsymbol{A}$ 矩阵，即

$$
\boldsymbol{T}_6=\boldsymbol{A}_1\boldsymbol{A}_2\boldsymbol{A}_3\boldsymbol{A}_4\boldsymbol{A}_5\boldsymbol{A}_6
\tag{2.18}
$$

上式称为机器人的运动学方程。

如果一个机器人结构是已知的，即知道各连杆长度和关节角度，那么由这些已知信息

去计算其末端执行器可以到达的位姿，称为运动学分析。为了方便求解末端执行器位姿，一般根据机器人的特定构型，推导一个总变换方程，已知机器人的关节和连杆变量，可以代入方程求出机器人的位姿，再求出逆运动学方程。

表示一个刚体在空间的姿态，须在该刚体上固连一个坐标系，用该坐标系到原点的位置和 3 个轴的位姿来表示刚体，至少需要 6 条信息来表示一个坐标系。同理，为了确定机器人手的姿态，可以将机器人手当作一个刚体处理，在机器人手上固连一个坐标系，这就是机器人正运动学方程所要完成的任务。换言之，已知机器人的构型，就可以根据总变换方程建立机器人末端坐标系与参考坐标系的联系。

2.5　机器人正运动学

机械手是一系列由关节连接起来的连杆构成的一个运动链。将关节链上的一系列刚体称为连杆，通过旋转关节或平动关节将相邻的两个连杆连接起来。六连杆机械手具有 6 个自由度，每个连杆含有一个自由度，并能在其运动范围内任意定位与定向。按机器人的惯常设计，其中 3 个自由度用于规定位置，而另外 3 个自由度用于规定姿态。

2.5.1　运动状态和方向角

1. 机械手的运动方向

图 2.10 表示机器人的一个夹手。把所描述的坐标系的原点置于夹手指尖的中心，此原点由向量 $\boldsymbol{p}$ 表示。描述夹手方向的 3 个单位向量的指向如下：Z 向向量处于夹手进入物体的方向上，并称为接近向量 $\boldsymbol{a}$；Y 向向量的方向从一个指尖指向另一个指尖，处于规定夹手方向上，称为方向向量 $\boldsymbol{o}$；最后一个向量称为法线向量 $\boldsymbol{n}$，它与向量 $\boldsymbol{o}$ 和 $\boldsymbol{a}$ 一起构成一个右手向量集合，并由向量的叉积所规定：$\boldsymbol{n}=\boldsymbol{o}\times\boldsymbol{a}$。令 $\boldsymbol{T}_6$ 表示机械手的位置和姿态，因此，变换 $\boldsymbol{T}_6$ 具有下列元素：

$$\boldsymbol{T}_6=\begin{bmatrix} n_x & o_x & a_x & p_x \\ n_y & o_y & a_y & p_y \\ n_z & o_z & a_z & p_z \\ 0 & 0 & 0 & 1 \end{bmatrix} \tag{2.19}$$

$\boldsymbol{T}_6$ 可由指定其 16 个元素的数值来决定。在这 16 个元素中，只有 12 个元素具有实际含义。底行由 3 个 0 和一个 1 组成。左列向量 $\boldsymbol{n}$ 是第二列向量 $\boldsymbol{o}$ 和第三列向量 $\boldsymbol{a}$ 的叉积。当对向量 $\boldsymbol{p}$ 不存在任何约束时，只要机械手能够到达期望位置，那么向量 $\boldsymbol{o}$ 和 $\boldsymbol{a}$ 两者都是正交单位向量，并且互相垂直，即有：$\boldsymbol{o}\cdot\boldsymbol{o}=1$，$\boldsymbol{a}\cdot\boldsymbol{a}=1$，$\boldsymbol{o}\cdot\boldsymbol{a}=0$。这些对向量 $\boldsymbol{o}$ 和 $\boldsymbol{a}$ 的约束，使对其分量的指定比较困难，除非是末端执行装置与坐标系处于平行这种简单情况。

也可以应用通用旋转矩阵，把机械手端部的方向规定为绕某轴 f 旋转 θ 角，即 $\mathrm{Rot}(f,\ \theta)$。遗憾的是，要达到某些期望方向，这一转轴没有明显的直观感觉。

2. 用旋转序列表示运动姿态

机械手的运动姿态往往由一个绕轴 X、Y 和 Z 的旋转序列来规定。这种转角的序列，称为欧拉角。欧拉角用一个绕 Z 轴旋转 φ 角，再绕新的 Y 轴（Y'轴）旋转 θ 角，最后围绕新的 Z 轴（Z''轴）旋转 ψ 角来描述任何可能的姿态，如图 2.11 所示。

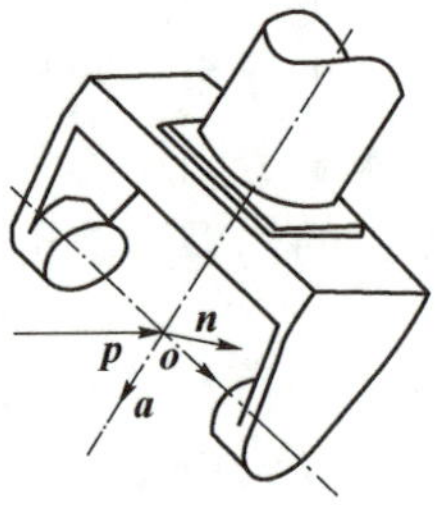

图 2.10　向量 $\boldsymbol{n}$、$\boldsymbol{o}$、$\boldsymbol{a}$ 和 $\boldsymbol{p}$

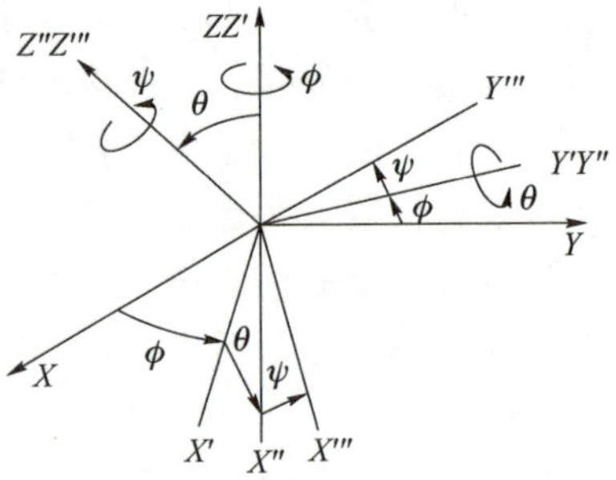

图 2.11　欧拉角的定义

在任何旋转序列下，旋转次序是十分重要的。这一旋转序列可由基系（即原始坐标系）中相反的旋转次序来解释：先绕 Z 轴旋转 ψ 角，再绕 Y 轴旋转 θ 角，最后绕 Z 轴旋转 φ 角。

欧拉变换 $\mathrm{Euler}(\varphi,\theta,\psi)$ 可由连乘 3 个旋转矩阵来求得，即

$$\mathrm{Euler}(\varphi,\theta,\psi)=\mathrm{Rot}(\boldsymbol{Z},\varphi)\mathrm{Rot}(\boldsymbol{Y},\theta)\mathrm{Rot}(\boldsymbol{Z},\psi)$$

$$\mathrm{Euler}(\varphi,\theta,\psi)=\begin{bmatrix} c_\varphi & -s_\varphi & 0 & 0 \\ s_\varphi & c_\varphi & 0 & 0 \\ 0 & 0 & 1 & 0 \\ 0 & 0 & 0 & 1 \end{bmatrix}\begin{bmatrix} c_\theta & 0 & s_\theta & 0 \\ 0 & 1 & 0 & 0 \\ -s_\theta & 0 & c_\theta & 0 \\ 0 & 0 & 0 & 1 \end{bmatrix}\begin{bmatrix} c_\psi & -s_\psi & 0 & 0 \\ s_\psi & c_\psi & 0 & 0 \\ 0 & 0 & 1 & 0 \\ 0 & 0 & 0 & 1 \end{bmatrix}$$

$$=\begin{bmatrix} c_\varphi c_\theta c_\psi - s_\varphi s_\psi & -c_\varphi c_\theta s_\psi - s_\varphi c_\psi & c_\varphi s_\theta & 0 \\ s_\varphi c_\theta c_\psi + c_\varphi s_\psi & -s_\varphi c_\theta s_\psi + c_\varphi c_\psi & s_\varphi s_\theta & 0 \\ -s_\theta c_\psi & s_\theta s_\psi & c_\theta & 0 \\ 0 & 0 & 0 & 1 \end{bmatrix} \tag{2.20}$$

3. 用横滚、俯仰和偏转表示运动姿态

另一种常用的旋转集合是横滚、俯仰和偏转。

如果想象有一只船沿着 Z 轴方向航行，如图 2.12（a）所示，那么这时，横滚对应于围绕 Z 轴旋转 φ 角，俯仰对应于围绕 Y 轴旋转 θ 角，而偏转则对应于围绕 X 轴旋转 ψ 角。适用于机械手末端执行器的这些旋转，如图 2.12（b）所示。

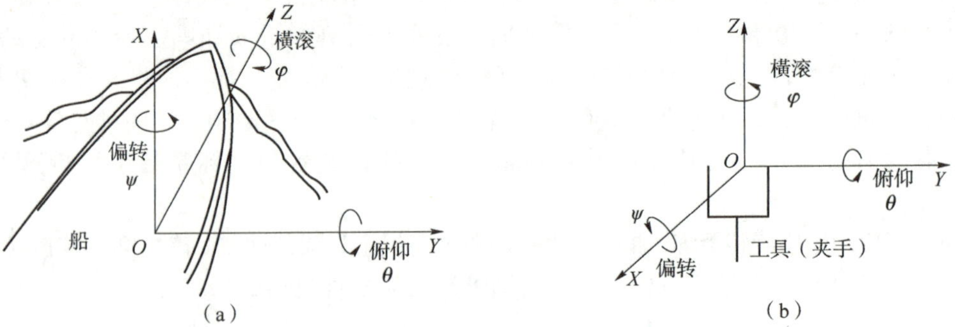

图 2.12　用横滚、俯仰和偏转表示机械手运动状态

（a）运动示意；（b）旋转运动坐标系

对于旋转次序，我们作如下规定：

$$\mathrm{RPY}(\varphi,\theta,\psi)=\mathrm{Rot}(\boldsymbol{Z},\varphi)\mathrm{Rot}(\boldsymbol{Y},\theta)\mathrm{Rot}(\boldsymbol{X},\psi) \tag{2.21}$$

式中，RPY 表示横滚、俯仰和偏转的组合变换。也就是说，先绕 X 轴旋转 ψ 角，再绕 Y 轴旋转 θ 角，最后绕 Z 轴旋 φ 角。此旋转变换计算如下：

$$\mathrm{RPY}(\varphi,\theta,\psi)=\begin{bmatrix} c_\varphi & -s_\varphi & 0 & 0 \\ s_\varphi & c_\varphi & 0 & 0 \\ 0 & 0 & 1 & 0 \\ 0 & 0 & 0 & 1 \end{bmatrix}\begin{bmatrix} c_\theta & 0 & s_\theta & 0 \\ 0 & 1 & 0 & 0 \\ -s_\theta & 0 & c_\theta & 0 \\ 0 & 0 & 0 & 1 \end{bmatrix}\begin{bmatrix} 1 & 0 & 0 & 0 \\ 0 & c_\psi & -s_\psi & 0 \\ 0 & s_\psi & c_\psi & 0 \\ 0 & 0 & 0 & 1 \end{bmatrix}$$

$$=\begin{bmatrix} c_\varphi c_\theta & c_\varphi s_\theta s_\psi - s_\varphi c_\psi & c_\varphi s_\theta c_\psi + s_\varphi s_\psi & 0 \\ s_\varphi c_\theta & s_\varphi s_\theta s_\psi + c_\varphi c_\psi & s_\varphi s_\theta s_\psi - c_\varphi s_\psi & 0 \\ -s_\theta & c_\theta s_\psi & c_\theta c_\psi & 0 \\ 0 & 0 & 0 & 1 \end{bmatrix} \tag{2.22}$$

2.5.2　运动位置和坐标

一旦机械手的运动姿态由某个姿态变换规定之后，它在基系中的位置就能够由左乘一个对应于向量 $\boldsymbol{p}$ 的平移变换来确定：

$$\boldsymbol{T}_6=\begin{bmatrix} 1 & 0 & 0 & p_x \\ 0 & 1 & 0 & p_y \\ 0 & 0 & 1 & p_z \\ 0 & 0 & 0 & 1 \end{bmatrix}[\text{某姿态变换}] \tag{2.23}$$

这一平移变换可用不同的坐标表示。

除了已经讨论过的笛卡儿坐标外，还可以用柱面坐标和球面坐标来表示这一平移。

1. 用柱面坐标表示运动位置

首先用柱面坐标来表示机械手手臂的位置，即表示其平移变换。这对应于沿 X 轴平移 r，再绕 Z 轴旋转 α 角，最后沿 Z 轴平移 z，如图 2.13（a）所示。

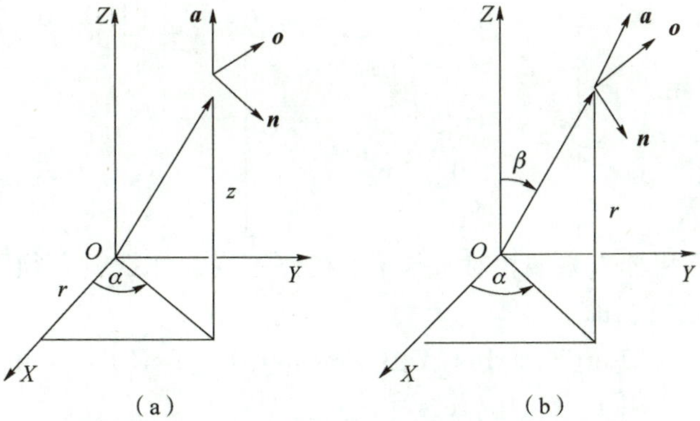

图 2.13　用柱面坐标和球面坐标表示运动位置

（a）柱面坐标表示；（b）球面坐标表示

即有

$$\mathrm{Cyl}(z,\alpha,r)=\mathrm{Trans}(0,0,z)\mathrm{Rot}(z,\alpha)\mathrm{Trans}(r,0,0)$$

式中，Cyl 表示柱面坐标组合变换。计算上式并化简得

$$\mathrm{Cyl}(z,\alpha,r)=\begin{bmatrix}1&0&0&0\\0&1&0&0\\0&0&1&z\\0&0&0&1\end{bmatrix}\begin{bmatrix}\mathrm{c}_\alpha&-\mathrm{s}_\alpha&0&0\\\mathrm{s}_\alpha&\mathrm{c}_\alpha&0&0\\0&0&1&0\\0&0&0&1\end{bmatrix}\begin{bmatrix}1&0&0&r\\0&1&0&0\\0&0&1&0\\0&0&0&1\end{bmatrix}$$

$$=\begin{bmatrix}\mathrm{c}_\alpha&-\mathrm{s}_\alpha&0&r\mathrm{c}_\alpha\\\mathrm{s}_\alpha&\mathrm{c}_\alpha&0&r\mathrm{s}_\alpha\\0&0&1&z\\0&0&0&1\end{bmatrix}\tag{2.24}$$

如果用某个如式（2.23）所示的姿态变换右乘上述变换式，那么，手臂将相对于基系绕 Z 轴旋转 α 角。如果需要变换后机器人末端相对于基系的姿态不变，那么就应对式（2.24）绕 Z 轴转 $-\alpha$ 角，即有

$$\mathrm{Cyl}(z,\alpha,r)=\begin{bmatrix}\mathrm{c}_\alpha&-\mathrm{s}_\alpha&0&r\mathrm{c}_\alpha\\s_\alpha&\mathrm{c}_\alpha&0&r\mathrm{s}_\alpha\\0&0&1&z\\0&0&0&1\end{bmatrix}\begin{bmatrix}\mathrm{c}_{-\alpha}&-\mathrm{s}_{-\alpha}&0&0\\\mathrm{s}_{-\alpha}&\mathrm{c}_{-\alpha}&0&0\\0&0&1&0\\0&0&0&1\end{bmatrix}=\begin{bmatrix}1&0&0&r\mathrm{c}_\alpha\\0&1&0&r\mathrm{s}_\alpha\\0&0&1&z\\0&0&0&1\end{bmatrix}\tag{2.25}$$

这就是用以解释柱面坐标 $\mathrm{Cyl}(z,\ \alpha,\ r)$ 的形式。

2. 用球面坐标表示运动位置

现在讨论用球面坐标表示手臂运动位置向量的方法。这个方法对应于沿 Z 轴平移 r，再绕 Y 轴旋转 β 角，最后绕 Z 轴旋转 α 角，如图 2.13（b）所示，即有

$$\mathrm{Sph}(\alpha,\beta,r)=\mathrm{Rot}(\boldsymbol{Z},\alpha)\mathrm{Rot}(\boldsymbol{Y},\beta)\mathrm{Trans}(0,0,r)\tag{2.26}$$

式中，Sph 表示球面坐标组合变换。对上式进行计算结果如下：

$$\mathrm{Sph}(\alpha,\beta,r)=\begin{bmatrix}\mathrm{c}_\alpha&-\mathrm{s}_\alpha&0&0\\\mathrm{s}_\alpha&\mathrm{c}_\alpha&0&0\\0&0&1&0\\0&0&0&1\end{bmatrix}\begin{bmatrix}\mathrm{c}_\beta&0&\mathrm{s}_\beta&0\\0&1&0&0\\-\mathrm{s}_\beta&0&\mathrm{c}_\beta&0\\0&0&0&1\end{bmatrix}\begin{bmatrix}1&0&0&0\\0&1&0&0\\0&0&1&r\\0&0&0&1\end{bmatrix}$$

$$=\begin{bmatrix}\mathrm{c}_\alpha\mathrm{c}_\beta&-\mathrm{s}_\alpha&\mathrm{c}_\alpha\mathrm{s}_\beta&r\mathrm{c}_\alpha\mathrm{s}_\beta\\\mathrm{s}_\alpha\mathrm{c}_\beta&\mathrm{c}_\alpha&\mathrm{s}_\alpha\mathrm{s}_\beta&r\mathrm{s}_\alpha\mathrm{s}_\beta\\-\mathrm{s}_\beta&0&\mathrm{c}_\beta&r\mathrm{c}_\beta\\0&0&0&1\end{bmatrix}\tag{2.27}$$

如果希望变换后机器人末端相对于基系的姿态不变，那么就必须用 $\mathrm{Rot}(\boldsymbol{Y},-\beta)$ 和 $\mathrm{Rot}(\boldsymbol{Z},-\alpha)$ 右乘式（2.27），即

$$\mathrm{Sph}(\alpha,\beta,r)=\mathrm{Rot}(\boldsymbol{Z},\alpha)\mathrm{Rot}(\boldsymbol{Y},\beta)\mathrm{Trans}(0,0,r)\mathrm{Rot}(\boldsymbol{Y},-\beta)\mathrm{Rot}(\boldsymbol{Z},-\alpha)$$

$$=\begin{bmatrix}1&0&0&r\mathrm{c}_\alpha\mathrm{s}_\beta\\0&1&0&r\mathrm{s}_\alpha\mathrm{s}_\beta\\0&0&1&r\mathrm{c}_\beta\\0&0&0&1\end{bmatrix}\tag{2.28}$$

这就是我们解释球面坐标的形式。

2.5.3　连杆变换矩阵及其乘积

为机器人的每一个连杆建立一个坐标系，并用齐次变换来描述这些坐标系间的相对位置和姿态。可以通过递归的方式获得末端执行器相对于基系的齐次变换矩阵，即求得机器人的运动方程。

1. 广义连杆

相邻坐标系间及其相应连杆可以用齐次变换矩阵来表示。要求出操作手所需要的变换矩阵，每个连杆都要用广义连杆来描述。在求得相应的广义变换矩阵之后，可对其加以修正，以适合每个具体的连杆。

从机器人的固定基座开始为连杆进行编号，一般称固定基座为连杆 0。第一个可动连杆为连杆 1，以此类推，机器人最末端的连杆为连杆 n。为了使末端执行器能够在三维空间中达到任意的位置和姿态，机器人至少需要 6 个关节（对应 6 个自由度——3 个位置自由度和 3 个姿态自由度）。

机器人机械手是由一系列连接在一起的连杆（杆件）构成的。可以将连杆各种机械结构抽象成两个几何要素及其参数，即公共法线距离 a_i 和垂直于 a_i 所在平面内两轴的夹角 α_i；另外，相邻连杆之间的连接关系也被抽象成两个量，即两连杆的相对位置 d_i 和两连杆法线的夹角 θ_i，如图 2.14 所示。

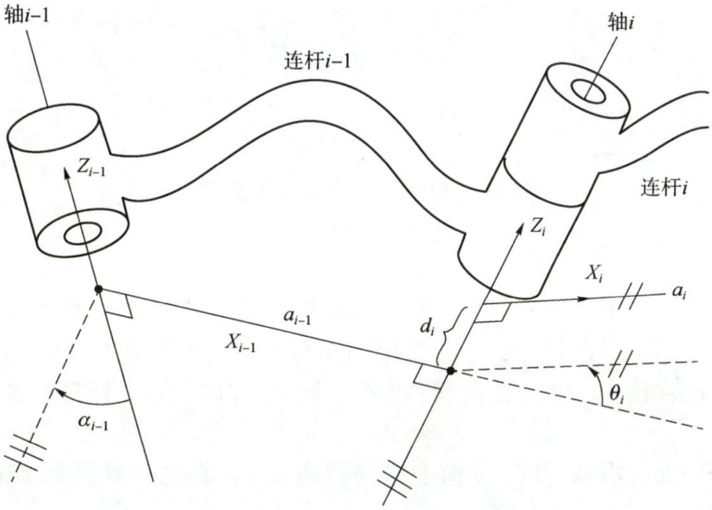

图 2.14　Craig 约定的连杆四参数及坐标系建立示意

Craig 参考坐标系建立约定如图 2.14 所示，其特点是每个连杆的坐标系 Z 轴和原点固连在该连杆的前一个轴线上。除第一个和最后一个连杆外，每个连杆两端的轴线各有一条法线，分别为前、后相邻连杆的公共法线。这两条法线间的距离即为 d_i。我们称 a_i 为连杆长度，α_i 为连杆扭角，d_i 为两连杆距离，θ_i 为两连杆夹角。

机器人机械手连杆连接关节的类型有两种——旋转关节和棱柱联轴节。对于旋转关节，θ_i 为关节变量。连杆 i 的坐标系原点位于轴 $i-1$ 和连杆 i 的公共法线与关节 i 轴线的交点上。如果两相邻连杆的轴线相交于一点，那么原点就在这一交点上。如果两轴线互相平行，那么就选择原点使对下一连杆（其坐标原点已确定）的距离 $d_{i+1}=0$。连杆 i 的 Z 轴与

关节 $i+1$ 的轴线在一直线上，而 X 轴则在连杆 i 和 $i+1$ 的公共法线上，其方向从连杆 i 指向 $i+1$，如图 2.14 所示。当两关节轴线相交时，X 轴的方向与两向量的交积 $\boldsymbol{Z}_{i-1}\times\boldsymbol{Z}_i$ 平行或反向平行，X 轴的方向总是沿着公共法线从转轴 i 指向 $i+1$。当两轴 X_{i-1} 和 X_i 平行且同向时，第 i 个旋转关节的 $\theta_i=0$。

在建立机器人杆件坐标系时，首先在每个连杆 i 的首关节轴 i 上建立坐标轴 Z_i，Z_i 正向在两个方向中任选一个即可，但所有 Z 轴应尽量一致。图 2.15 所示的 a_i、α_i、θ_i 和 d_i4 个参数，除 $a_i\geqslant0$ 外，其他 3 个值皆有正负，因为 α_i、θ_i 分别是围绕 X_i、Z_i 轴旋转定义的，它们的正负就根据判定旋转向量方向的右手法则来确定。d_i 为沿 Z_i 轴由 X_{i-1}轴的垂足到 X_i 轴的垂足的距离，移动方向与 Z_i 轴正向一致时符号取为正。

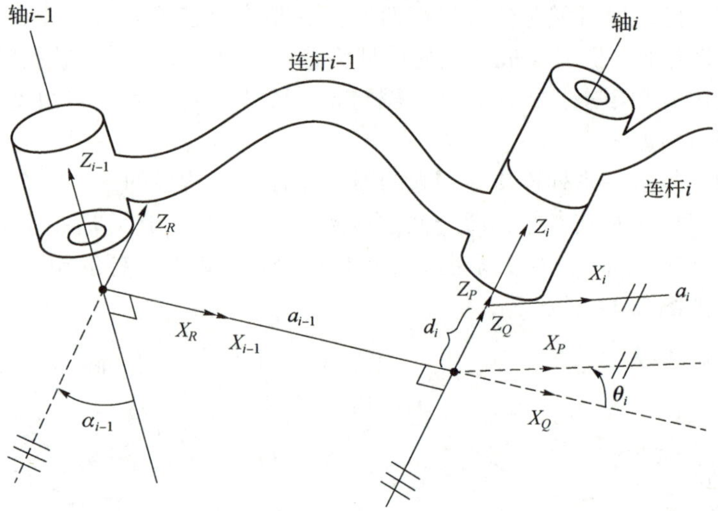

图 2.15　连杆两端相邻坐标系变换示意

2. 广义变换矩阵

一旦对全部连杆规定坐标系之后，我们就能够按照下列顺序由两个旋转和两个平移来建立相邻两连杆坐标系 $\{i-1\}$ 与 $\{i\}$ 之间的相对关系，如图 2.14 与图 2.15 所示。

(1) 绕 X_{i-1}轴旋转 α_{i-1}角，使 Z_{i-1}转到 Z_R，同 Z_i 方向一致，使坐标系 $\{i-1\}$ 过渡到 $\{R\}$。

(2) 坐标系 $\{R\}$ 沿 X_{i-1}或 X_R 轴平移一距离 a_{i-1}，将坐标系移到 i 轴上，使坐标系 $\{R\}$ 过渡到 $\{Q\}$。

(3) 坐标系 $\{Q\}$ 绕 Z_Q 或 Z_i 轴转动 θ_i 角，使 $\{Q\}$ 过渡到 $\{P\}$。

(4) 坐标系 $\{P\}$ 再沿 Z_i 轴平移一距离 d_i，使 $\{P\}$ 过渡到和连杆 i 的坐标系 $\{i\}$ 重合。

这种关系可由表示连杆 i 对连杆 $i-1$ 相对位置的 4 个齐次变换来描述。根据坐标系变换的链式法则，坐标系 $\{i-1\}$ 到坐标系 $\{i\}$ 的变换矩阵可以写成

$$^{i-1}_{\ \ i}\boldsymbol{T}={}^{i-1}_{\ \ R}\boldsymbol{T}\,{}^{R}_{Q}\boldsymbol{T}\,{}^{Q}_{P}\boldsymbol{T}\,{}^{P}_{i}\boldsymbol{T} \tag{2.29}$$

式 (2.29) 中的每个变换都是仅有一个连杆参数的基础变换 (旋转或平移变换)。根据各中间坐标系的设置，式 (2.29) 可以写成

$$_{i-1}^{\ \ i}\boldsymbol{T}=\mathrm{Rot}(\boldsymbol{X},\alpha_{i-1})\mathrm{Trans}(a_{i-1},0,0)\mathrm{Rot}(\boldsymbol{Z},\theta_i)\mathrm{Trans}(0,0,d_i) \tag{2.30}$$

将 4 个矩阵连乘可以计算出式（2.30），即${}_{i-1}^{i}\boldsymbol{T}$的变换通式为

$$
{}^{i-1}_{i}\boldsymbol{T}=\begin{bmatrix} c_{\theta_i} & -s_{\theta_i} & 0 & a_{i-1} \\ s_{\theta_i}c_{\alpha_{i-1}} & c_{\theta_i}c_{\alpha_{i-1}} & -s_{\alpha_{i-1}} & -d_i s_{\alpha_{i-1}} \\ s_{\theta_i}s_{\alpha_{i-1}} & c_{\theta_i}s_{\alpha_{i-1}} & c_{\alpha_{i-1}} & d_i c_{\alpha_{i-1}} \\ 0 & 0 & 0 & 1 \end{bmatrix} \tag{2.31}
$$

机械手末端对基座的关系：${}^{0}_{6}\boldsymbol{T}={}^{0}_{1}\boldsymbol{T}{}^{1}_{2}\boldsymbol{T}{}^{2}_{3}\boldsymbol{T}{}^{3}_{4}\boldsymbol{T}{}^{4}_{5}\boldsymbol{T}{}^{5}_{6}\boldsymbol{T}$。

如果机器人 6 个关节中的变量分别是 θ_1、θ_2、d_3、θ_4、θ_5、θ_6，则末端相对基座的齐次矩阵也应该是包含这 6 个变量的 4×4 矩阵，即

$$
{}^{0}_{6}\boldsymbol{T}(\theta_1,\theta_2,d_3,\theta_4,\theta_5,\theta_6)={}^{0}_{1}\boldsymbol{T}(\theta_1){}^{1}_{2}\boldsymbol{T}(\theta_2){}^{2}_{3}\boldsymbol{T}(d_3){}^{3}_{4}\boldsymbol{T}(\theta_4){}^{4}_{5}\boldsymbol{T}(\theta_5){}^{5}_{6}\boldsymbol{T}(\theta_6) \tag{2.32}
$$

式（2.32）就是机器人正运动学的表达式，即通过机器人各关节值计算出末端相对基座的位姿。

若机器人基座相对工件参照系有一个固定变换 $\boldsymbol{Z}$，机器人末端相对手腕端部坐标系{6}也有一个固定变换 $\boldsymbol{E}$，则机器人末端相对工件参照系的变换 $\boldsymbol{X}$ 为

$$
\boldsymbol{X}=\boldsymbol{Z}{}^{0}_{6}\boldsymbol{T}\boldsymbol{E}
$$

2.6　机器人逆运动学

本节将研究难度更大的逆运动学问题，即机器人运动方程的求解问题：已知工具坐标系相对于工作台坐标系的期望位置和姿态，求机器人能够达到预期位姿的关节变量。

大多数机械手的程序设计语言，是用某个笛卡儿坐标系来指定机械手末端位置的。这一指定可用于求解机械手最后一个连杆的姿态 $\boldsymbol{T}$。不过，在机械手能够被驱动至这个姿态之前，必须知道与这个位置有关的所有关节的位置。

2.6.1　逆运动学求解的一般问题

1. 解的存在性

逆运动学的解是否存在取决于期望位姿是否在机器人的工作空间内。简单地说，工作空间是机器人末端执行器能够达到的范围。若解存在，则被指定的目标点必须在工作空间内。如果末端执行器的期望位姿在机器人的工作空间内，那么至少存在一组逆运动学的解。

现在讨论图 2.16 所示的两连杆机器人的工作空间。如果 $L_1=L_2$，则可达工作空间是个半径为 $2L_1$ 的圆。如果 $L_1\neq L_2$，则可达工作空间是一个外径为 L_1+L_2，内径为 $|L_1-L_2|$ 的圆环。在可达工作空间的内部，达到目标点的机器人关节有两组可能的解；在可达工作空间的边界上则只有一种可能的解。

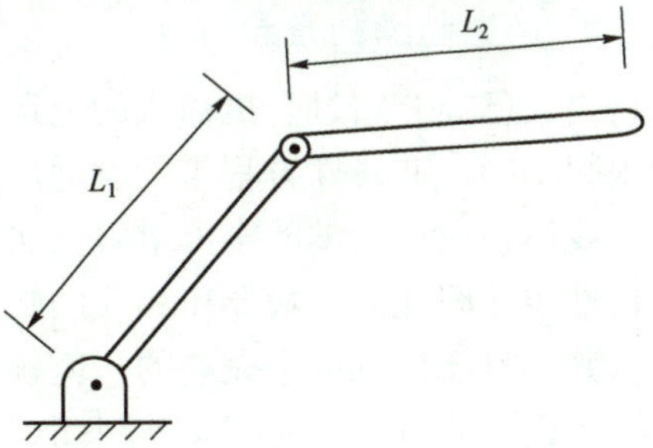

图 2.16　连杆长度为 L_1 和 L_2 的两连杆机器人

这里讨论的工作空间是假设所有关节能够旋转 360°，但这在实际机构中是很少见的。当关节旋转角度不能达到 360°时，工作空间的范围或可能的姿态的数目会相应减少。

当一个机器人的自由度少于 6 个时，它在三维空间内不能达到全部位姿。显然，图 2.16 所示的平面机器人不能伸出平面，所以凡是 Z 坐标不为 0 的目标点均不可达。在很多实际情况中，具有 4 个或 5 个自由度的机器人能够超出平面操作，但这样的机器人显然是不能够达到三维空间内的全部位姿的。

2. 多解性

在求解逆运动学方程时可能遇到的另一个问题就是多解性问题。图 2.17 为一个带有末端执行器的平面三连杆机器人，如果机器人的末端执行器需达到图示位姿，则图中的连杆位形为一组可能的逆运动学求解。注意：当机器人的前两节连杆处于图中的虚线位形时，末端执行器的位姿与第一个位形完全相同，即对该平面三连杆机器人而言，其逆运动学存在两组不同的解。

机器人系统在执行操控时只能选择一组解，对于不同的应用，其解的选择标准是不同的，其中一种比较合理的选择方法是“最短行程解”，即使机器人的移动距离最短。例如，在图 2.18 中，如果一开始机器人的末端执行器处于点 A，我们希望它移动到点 B，此时我们有上下虚线所示的两组可能的位形。在没有障碍物的情况下，按照最短行程解的选择标准，即选择使每一个运动关节的移动量最小的位形，我们可以选择图 2.18 中上部虚线所示的位形；但当环境中存在障碍物时，“最短行程解”可能存在冲突，这时可能需要选择“较长行程解”，即我们需要按照图 2.18 中下部虚线所示的位形才能到达点 B。因此，为了使机器人能够顺利地到达指定位姿，我们在求解逆运动学时通常希望能够计算全部可能的解。

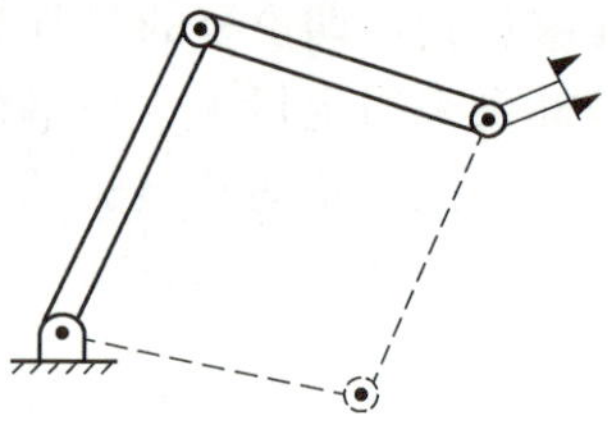

图 2.17　三连杆机器人，虚线代表第二个解

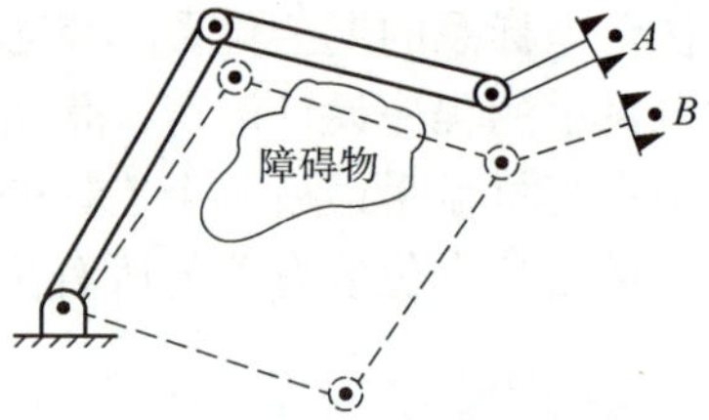

图 2.18　环境中有障碍物时的多解选择

逆运动学解的个数取决于机器人的关节数量，也与连杆参数和关节运动范围有关。一般来说，机器人的关节数量越多，连杆的非零参数越多，达到某一特定位姿的方式也越多，即逆运动学的解的数量越多。

3. 逆运动学的求解方法

之前已经介绍过，机器人的逆运动学求解通常是非线性方程组的求解。与线性方程组的求解不同，非线性方程组没有通用的求解算法。

我们把逆运动学的全部求解方法分成两大类：封闭解法和数值解法。由于数值解法的迭代性质，因此它一般要比相应的封闭解法的求解速度慢很多。对逆运动学方程的数值解法，其本身已构成一个完整的研究领域，感兴趣的读者可以参阅相关参考文献。

下面主要讨论封闭解法。封闭解法指基于解析形式的解法，其可分为两类：代数解法和几何解法。有时它们的区别并不明显：任何几何方法中都引入了代数描述。因此，这两种方法是相似的，它们的区别仅是求解过程的不同。

如果一种算法可以求出达到所需位姿的全部关节变量，则该机器人便是可解的。最近在逆运动学方面的一项主要研究成果是，所有包含旋转关节和平动关节的串联型六自由度机器人均是可解的。但是这种解一般都是数值解，对于六自由度机器人来说，只有在特殊情况下才有解析解。这种存在解析解（封闭解）的机器人具有如下特性：存在几个正交关节轴或有多个 α_i 为 0°或±90°。研究表明，具有 6 个旋转关节的机器人存在封闭解的充分条件是相邻的 3 个关节轴线相交于一点。当今设计的六自由度机器人几乎都满足这个条件，如 PUMA560 的 4、5、6 轴相交，因此大多是可以求解的。

2.6.2　逆运动学的代数解法与几何解法

为了介绍机器人逆运动学方程的求解方法，本小节通过两种不同的方法对一个简单的平面三连杆机器人进行求解。

1. 代数解法

以平面三连杆机器人（见图 2.19）为例，它的坐标系设定如图 2.20 所示，连杆参数如表 2.1 所示。

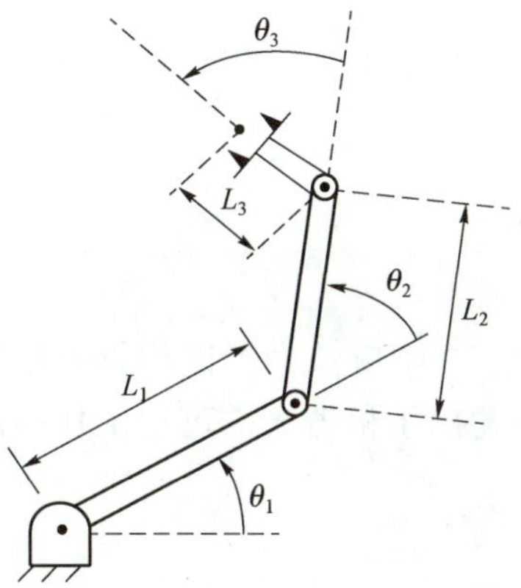

图 2.19　平面三连杆机器人

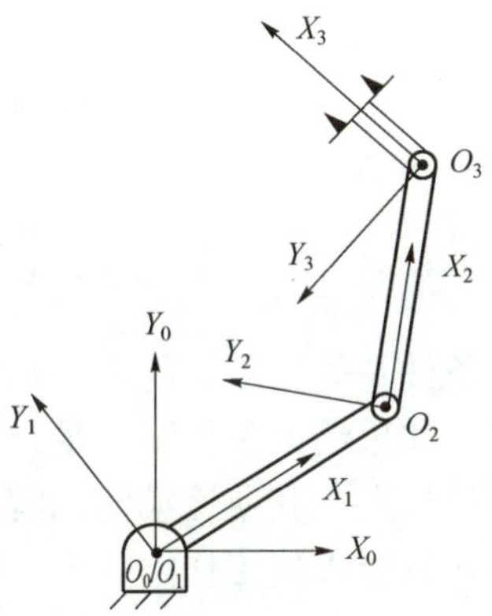

图 2.20　平面三连杆机器人连杆坐标系设置

表 2.1　平面三连杆机器人对应的 Denavit–Hartenberg

i	α_{i-1}	a_{i-1}	d_i	θ_i
1	0	0	0	θ_1
2	0	L_1	0	θ_2
3	0	L_2	0	θ_3

应用这些连杆参数很容易求得这个机器人的正运动学方程为

$$
{}_W^B\boldsymbol{T}={}_3^0\boldsymbol{T}=\begin{bmatrix} c_{123} & -s_{123} & 0 & L_1c_1+L_2c_{12} \\ s_{123} & c_{123} & 0 & L_1s_1+L_2s_{12} \\ 0 & 0 & 1 & 0 \\ 0 & 0 & 0 & 1 \end{bmatrix} \tag{2.33}
$$

式中，c_{123}是 $\cos(\theta_1+\theta_2+\theta_3)$ 的缩写；s_{123}是 $\sin(\theta_1+\theta_2+\theta_3)$ 的缩写。

为了集中讨论逆运动学问题，我们假设目标点的位姿已经确定，即我们已知腕部坐标系相对于基系的变换${}^B_W\boldsymbol{T}$。我们可以通过 3 个变量 x、y 和 φ 来确定目标点的位姿，其中 x、y 是目标点在基坐标系下的笛卡儿坐标，φ 是连杆 3 在平面内的方位角（相对于基坐标系 X 轴正方向），则目标点关于基坐标系的变换矩阵如下：

$$
{}^B_W\boldsymbol{T}=\begin{bmatrix} c_\varphi & -s_\varphi & 0 & x \\ s_\varphi & c_\varphi & 0 & y \\ 0 & 0 & 1 & 0 \\ 0 & 0 & 0 & 1 \end{bmatrix} \tag{2.34}
$$

令式（2.33）和式（2.34）相等，即对应位置的元素相等，我们可以得到 4 个非线性方程，进而求出 θ_1、θ_2 和 θ_3：

$$c_\varphi=c_{123} \tag{2.35}$$

$$s_\varphi=s_{123} \tag{2.36}$$

$$x=L_1c_1+L_2c_{12} \tag{2.37}$$

$$y=L_1s_1+L_2s_{12} \tag{2.38}$$

现在用代数解法求解式（2.35）~式（2.38）。将式（2.37）和式（2.38）同时平方，然后相加得到

$$x^2+y^2=L_1^2+L_2^2+2L_1L_2c_2 \tag{2.39}$$

由式（2.39）可以求解 c_2：

$$c_2=\frac{x^2+y^2-L_1^2-L_2^2}{2L_1L_2} \tag{2.40}$$

上式有解的条件是等号右边的值必须在-1~1 之间。在本解法中，该约束条件可用来检查解是否存在。如果约束条件不满足，则表明目标点超出了机器人的可达工作空间，机器人无法达到该目标点，其逆运动学无解。

假定目标点在机器人的工作空间内，则 s_2 的表达式为

$$s_2=\pm\sqrt{1-c_2^2} \tag{2.41}$$

根据式（2.40）和式（2.41），应用双变量反正切函数计算 θ_2，可得

$$\theta_2=\arctan 2(s_2,c_2) \tag{2.42}$$

式（2.42）有“正”“负”两组解，对应了该例中逆运动学的两组不同的解。

求出了 θ_2，可以根据式（2.37）和式（2.38）求出 θ_1。将式（2.37）和式（2.38）写成如下形式：

$$x=k_1c_1-k_2s_1 \tag{2.43}$$

$$y=k_1s_1+k_2c_1 \tag{2.44}$$

式中，$k_1=L_1+L_2c_2$；$k_2=L_2s_2$。

为了求解这种形式的方程，可进行如下变量代换。

令 $r=\sqrt{k_1^2+k_2^2}$，并且 $\gamma=\arctan 2(k_2,k_1)$，则

$$
\begin{aligned} k_1&=r\cos\gamma \\ k_2&=r\sin\gamma \end{aligned} \tag{2.45}
$$

式（2.43）和式（2.44）可以写成如下形式：

$$\frac{x}{r}=\cos\gamma\cos\theta_1-\sin\gamma\sin\theta_1 \tag{2.46}$$

$$\frac{y}{r}=\cos\gamma\sin\theta_1+\sin\gamma\cos\theta_1 \tag{2.47}$$

即有

$$\cos(\gamma+\theta_1)=\frac{x}{r} \tag{2.48}$$

$$\sin(\gamma+\theta_1)=\frac{y}{r} \tag{2.49}$$

利用双变量反正切函数，可得

$$\gamma+\theta_1=\arctan 2\left(\frac{y}{r},\frac{x}{r}\right)=\arctan 2(y,x) \tag{2.50}$$

即有

$$\theta_1=\arctan 2(y,x)-\arctan 2(k_2,k_1) \tag{2.51}$$

注意：θ_2 符号的选取将导致 k_2 符号的变化，因此会影响 θ_1 的结果。应用式（2.46）~式（2.48）进行变换求解的方法经常出现在求解逆运动学的问题中，即式（2.43）或式（2.44）类型方程的求解方法。如果 $x=y=0$，则式（2.51）的值不能确定，此时 θ_1 可取任何值。

最后，根据式（2.35）和式（2.36）能够求出 θ_1、θ_2 以及 θ_3 的和：

$$\theta_1+\theta_2+\theta_3=\arctan2(\mathrm{s}_\varphi,\mathrm{c}_\varphi)=\varphi \tag{2.52}$$

由于 θ_1 和 θ_2 前面已经求得，因此可以解出 θ_3：

$$\theta_3=\varphi-\theta_1-\theta_2 \tag{2.53}$$

至此，我们通过代数解法完成了平面三连杆机器人的逆运动学求解。

代数解法是求解逆运动学的基本方法之一，在求解方程时，解的形式已经确定。可以看出，对于许多常见的代数问题，经常会出现几种固定形式的超越方程。

2. 几何解法

在几何解法中，为求出机器人的解，需将机器人的空间几何参数分解成平面几何参数。几何解法对于少自由度机器人，或当连杆参数满足一些特定取值时（如当 $\alpha_1=0°$或±90°时），求解其逆运动学是相当容易的。对于图 2.19 所示的平面三连杆机器人，如果不考虑最后一根连杆代表的末端执行器，则机器人可以简化为图 2.21 所示的平面两连杆机器人。只要前两根连杆能够到达指定的位置 P，末端执行器即能达到所需的位姿。可以通过平面几何关系来直接求解 θ_1 和 θ_2。

如图 2.21 所示，L_1、L_2 以及 OP 组成了一个三角形。图中，关于连线 OP，与 L_1、L_2 位置对称的一组点画线表示该三角形的另一种可能的位形，该组位形同样可以达到 P 位置。

对于实线表示的三角形（图 2.21 中下部的机器人位形），根据余弦定理可以得到

$$x^2+y^2=L_1^2+L_2^2-2L_1L_2\cos\alpha \tag{2.54}$$

即有

$$\alpha=\arccos\left(\frac{L_1^2+L_2^2-x^2-y^2}{2L_1L_2}\right) \tag{2.55}$$

为了使该三角形成立，到目标点的距离 $\sqrt{x^2+y^2}$ 必须小于或等于两根连杆的长度之和

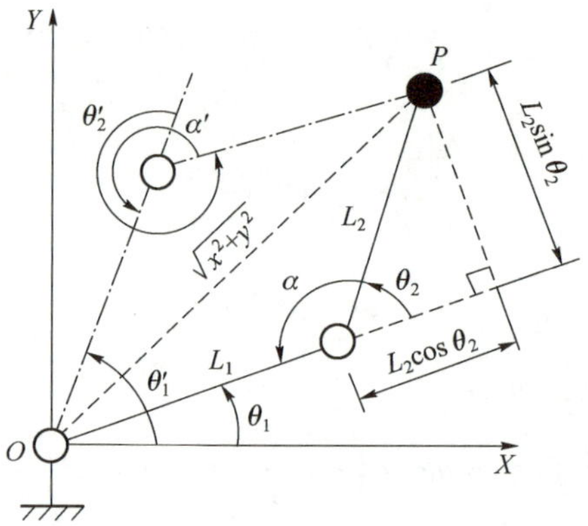

图 2.21　平面连杆机器人的逆运动学求解

L_1+L_2。可对上述条件进行计算，校核该解是否存在。当目标点超出机器人的工作空间时，这个条件不满足，此时逆运动学无解。

求得连杆 L_1 和 L_2 之间的夹角 α 后，我们即可通过平面几何关系求出 θ_1 和 θ_2：

$$\theta_2=\pi-\alpha \tag{2.56}$$

$$\theta_1=\arctan\left(\frac{y}{x}\right)-\arctan\left(\frac{L_2\sin\ \theta_2}{L_1+L_2\cos\ \theta_2}\right) \tag{2.57}$$

如图 2.21 所示，当 $\alpha'=-\alpha$ 时，机器有另外一组对称的解：

$$\theta_2'=\pi+\alpha \tag{2.58}$$

$$\theta_1'=\mathrm{atcran}\left(\frac{y}{x}\right)+\arctan\left(\frac{L_2\sin\ \theta_2}{L_1+L_2\cos\ \theta_2}\right) \tag{2.59}$$

平面内的角度可以直接相加，因此 3 根连杆的角度之和即为最后一根连杆的方位角：

$$\theta_1+\theta_2+\theta_3=\varphi \tag{2.60}$$

由上式可以解出 θ_3：

$$\theta_3=\varphi-\theta_1-\theta_2 \tag{2.61}$$

至此，我们即用几何解法得到了这个机器人逆运动学的全部解。

2.6.3　逆运动学的其他解法

除了上述讨论的机器人逆运动学的代数解法和几何解法外，还可以采用变换解法，如欧拉变换解法、RPY 变换解法和球面变换解法等。

1. 欧拉变换解法

1）基本隐式方程的解

首先令

$$\mathrm{Euler}(\varphi,\theta,\psi)=\boldsymbol{T} \tag{2.62}$$

式中，$\mathrm{Euler}(\varphi,\theta,\psi)=\mathrm{Rot}(\boldsymbol{Z},\varphi)\mathrm{Rot}(\boldsymbol{Y},\theta)\mathrm{Rot}(\boldsymbol{Z},\psi)$。

已知任一变换 $\boldsymbol{T}$，要求得 φ、θ 和 ψ。也就是说，已知矩阵 $\boldsymbol{T}$ 各元的数值，求其所对应的 φ、θ 和 ψ 值。

由式（2.20）和（2.62），我们有下式：

$$\begin{bmatrix} n_x & o_x & a_x & p_x \\ n_y & o_y & a_y & p_y \\ n_z & o_z & a_z & p_z \\ 0 & 0 & 0 & 1 \end{bmatrix} = \begin{bmatrix} c_\varphi c_\theta c_\psi - s_\varphi s_\psi & -c_\varphi c_\theta s_\psi - s_\varphi c_\psi & c_\varphi s_\theta & 0 \\ s_\varphi c_\theta c_\psi + c_\varphi s_\psi & -s_\varphi c_\theta s_\psi + c_\varphi c_\psi & s_\varphi s_\theta & 0 \\ -s_\varphi c_\psi & s_\theta s_\psi & c_\theta & 0 \\ 0 & 0 & 0 & 1 \end{bmatrix} \tag{2.63}$$

令矩阵方程两边各对应元素一一相等，可得 16 个方程式，其中有 12 个为隐式方程。我们将从这些隐式方程中求得所需解答。在式（2.63）中，只有 9 个隐式方程，因为其平移坐标也是明显解。这些隐式方程如下：

$$n_x = c_\varphi c_\theta c_\psi - s_\varphi s_\psi \tag{2.64}$$

$$n_y = s_\varphi c_\theta c_\psi + c_\varphi s_\psi \tag{2.65}$$

$$n_z = -s_\theta c_\psi \tag{2.66}$$

$$o_x = -c_\varphi c_\theta s_\psi - s_\varphi c_\psi \tag{2.67}$$

$$o_y = -s_\varphi c_\theta s_\psi + c_\varphi c_\psi \tag{2.68}$$

$$o_z = s_\theta s_\psi \tag{2.69}$$

$$a_x = c_\varphi s_\theta \tag{2.70}$$

$$a_y = s_\varphi s_\theta \tag{2.71}$$

$$a_z = c_\theta \tag{2.72}$$

2）用双变量反正切函数确定角度

可以试探地对 φ、θ 和 ψ 进行如下求解：

根据式（2.70）得

$$\theta = \arccos(a_z) \tag{2.73}$$

根据式（2.68）和式（2.71）得

$$\varphi = \arccos\left(\frac{a_x}{s_\theta}\right) \tag{2.74}$$

又根据式（2.64）和式（2.71）得

$$\psi = \arccos\left(\frac{-n_z}{s_\theta}\right) \tag{2.75}$$

但是，这些解答是无用的，因为：

（1）当由余弦函数求角度时，不仅此角度的符号是不确定的，而且所求角度的准确程度又与该角度本身有关，即 $\cos(\theta)=\cos(-\theta)$ 以及 $d\cos(\theta)/d\theta|_{0,180^\circ}=0$；

（2）在求解 φ 和 ψ 时，如式（2.64）和式（2.65）所示，我们再次用到反余弦函数，而且除式的分母为 $\sin\theta$。这样，当 $\sin\theta$ 接近于 0 时，总会产生不准确；

（3）当 $\theta=0°$或$\pm180°$时，式（2.74）和式（2.75）没有定义。

因此，在求解时，总是采用双变量反正切函数 atan 2 来确定角度（令 atan 表示 arctan）。atan 2 提供两个自变量，即纵坐标 Y 和横坐标 X，如图 2.22 所示。当$-\pi\leqslant\theta\leqslant\pi$，由 atan 2 反求角度时，同时检查 Y 和 X 的符号来确定其所在象限。这一函数也能检验什么时候 X 或 Y 为 0，并反求出正确的角度。atan 2 的精确程度对其整个定义域都是一样的。

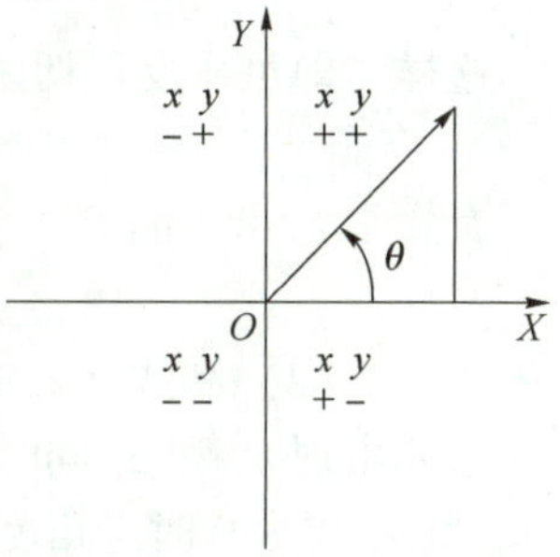

图 2.22　反正切函数 atan 2

3）用显式方程求各角度

要求得方程式的解，可采用另一种通常能够导致显式解答的方法。用未知逆变换依次左乘已知方程，对于欧拉变换有

$$\mathrm{Rot}(\boldsymbol{Z},\varphi)^{-1}\boldsymbol{T}=\mathrm{Rot}(\boldsymbol{Y},\theta)\mathrm{Rot}(\boldsymbol{Z},\psi) \tag{2.76}$$

$$\mathrm{Rot}(\boldsymbol{Y},\theta)^{-1}\mathrm{Rot}(\boldsymbol{Z},\varphi)^{-1}\boldsymbol{T}=\mathrm{Rot}(\boldsymbol{Z},\psi) \tag{2.77}$$

式（2.76）的左式为已知变换 $\boldsymbol{T}$ 和 φ 的函数，而右式各元素或者为 0，或者为常数。令方程式两边的对应元素相等，即有

$$\begin{bmatrix} c_\varphi & s_\varphi & 0 & 0 \\ -s_\varphi & c_\varphi & 0 & 0 \\ 0 & 0 & 1 & 0 \\ 0 & 0 & 0 & 1 \end{bmatrix}\begin{bmatrix} n_x & o_x & a_x & p_x \\ n_y & o_y & a_y & p_y \\ n_z & o_z & a_z & p_z \\ 0 & 0 & 0 & 1 \end{bmatrix}=\begin{bmatrix} c_\theta c_\psi & -c_\theta s_\psi & s_\theta & 0 \\ s_\psi & c_\psi & 0 & 0 \\ -s_\theta c_\psi & s_\theta s_\psi & c_\theta & 0 \\ 0 & 0 & 0 & 1 \end{bmatrix} \tag{2.78}$$

在计算此方程左式前，我们用下列形式表示乘积：

$$\begin{bmatrix} f_{11}(\boldsymbol{n}) & f_{11}(\boldsymbol{o}) & f_{11}(\boldsymbol{a}) & f_{11}(\boldsymbol{p}) \\ f_{12}(\boldsymbol{n}) & f_{12}(\boldsymbol{o}) & f_{12}(\boldsymbol{a}) & f_{12}(\boldsymbol{p}) \\ f_{13}(\boldsymbol{n}) & f_{13}(\boldsymbol{o}) & f_{13}(\boldsymbol{a}) & f_{13}(\boldsymbol{p}) \\ 0 & 0 & 0 & 1 \end{bmatrix}$$

其中，$f_{11}=c_\varphi x+s_\varphi y$；$f_{12}=-s_\varphi x+c_\varphi y$；$f_{13}=z$，而 x、y 和 z 为 f_{11}、f_{12} 和 f_{13} 的各相应分量，例如：

$$f_{12}(\boldsymbol{a})=-s_\varphi a_x+c_\varphi a_y$$

$$f_{11}(\boldsymbol{p})=c_\varphi p_x+s_\varphi p_y$$

于是，我们可以把式（2.76）重写为

$$\begin{bmatrix} f_{11}(\boldsymbol{n}) & f_{11}(\boldsymbol{o}) & f_{11}(\boldsymbol{a}) & f_{11}(\boldsymbol{p}) \\ f_{12}(\boldsymbol{n}) & f_{12}(\boldsymbol{o}) & f_{12}(\boldsymbol{a}) & f_{12}(\boldsymbol{p}) \\ f_{13}(\boldsymbol{n}) & f_{13}(\boldsymbol{o}) & f_{13}(\boldsymbol{a}) & f_{13}(\boldsymbol{p}) \\ 0 & 0 & 0 & 1 \end{bmatrix}=\begin{bmatrix} c_\theta c_\psi & -c_\theta s_\psi & s_\theta & 0 \\ s_\psi & c_\psi & 0 & 0 \\ -s_\theta c_\psi & s_\theta s_\psi & c_\theta & 0 \\ 0 & 0 & 0 & 1 \end{bmatrix} \tag{2.79}$$

检查式（2.79）的右式可见，p_x、p_y 和 p_z 均为 0。这是我们所期望的，因为欧拉变换不产生任何平移。此外，位于第二行第三列的元素也为 0，所以可得 $f_{12}(\boldsymbol{a})=0$，即

$$-s_\varphi a_x+c_\varphi a_y=0 \tag{2.80}$$

上式两边分别加上 $s_\varphi a_x$，再除以 $c_\varphi a_x$ 可得

$$\tan\varphi=\frac{s_\varphi}{c_\varphi}=\frac{a_y}{a_x}$$

这样，即可从反正切函数 atan 2 得到

$$\varphi=\mathrm{atan}\ 2(\boldsymbol{a}_y,\boldsymbol{a}_x) \tag{2.81}$$

对式（2.78）的另一个解为

$$\varphi=\mathrm{atan}\ 2(-\boldsymbol{a}_y,-\boldsymbol{a}_x) \tag{2.82}$$

式（2.82）和式（2.81）两解相差 180°。

除非出现 a_y 和 a_x 同时为 0 的情况，我们总能得到式（2.80）的两个相差 180°的解。当 a_y 和 a_x 均为 0 时，角度 φ 没有定义。这种情况是在机械手臂垂直向上或向下，且 φ 和 ψ 两角又对应于同一旋转时出现的，参阅图 2.12（b）。这种情况称为退化。这时，我们

任取 $\varphi=0$。

求得 φ 值之后，式（2.79）左式的所有元素也就随之确定。令左式元素与右式对应元素相等，可得 $s_\theta=f_{11}(\boldsymbol{a})$，$c_\theta=f_{13}(\boldsymbol{a})$，或 $s_\theta=c_\varphi a_x+s_\varphi a_y$，$c_\theta=a_z$，于是得

$$\theta=\text{atan }2(c_\varphi a_x+s_\varphi a_y,a_z) \tag{2.83}$$

当正弦和余弦都确定时，角度 θ 总是唯一确定的，而且不会出现前述角度 φ 那种退化问题。

最后求解角度 ψ。由式（2.79）得

$$s_\psi=f_{12}(\boldsymbol{n}),c_\psi=f_{12}(\boldsymbol{o}),\text{或 } s_\psi=-s_\varphi n_x+c_\varphi n_y,c_\psi=-s_\varphi o_x+c_\varphi o_y$$

从而得到

$$\psi=\text{atan }2\left(-s_\varphi n_x+c_\varphi n_y,-s_\varphi o_x+c_\varphi o_y\right) \tag{2.84}$$

概括地说，如果已知一个表示任意旋转的齐次变换，那么就能够确定其等价欧拉角：

$$\begin{cases}\varphi=\text{atan }2(a_y,a_x),\varphi=\varphi+180°\\ \theta=\text{atan }2(c_\varphi a_x+s_\varphi a_y,a_z)\\ \psi=\text{atan }2(-s_\varphi n_x+c_\varphi n_y,-s_\varphi o_x+c_\varphi o_y)\end{cases} \tag{2.85}$$

2. RPY 变换解法

在分析欧拉变换时，已经知道，只有用显式方程才能求得确定的解答。因此，在这里直接从显式方程来求解用滚动、俯仰和偏转表示的变换方程。由式（2.22）得

$$\text{Rot}(\boldsymbol{Z},\varphi)^{-1}\boldsymbol{T}=\text{Rot}(\boldsymbol{Y},\theta)\text{Rot}(\boldsymbol{X},\psi)$$

$$\begin{bmatrix}f_{11}(\boldsymbol{n}) & f_{11}(\boldsymbol{o}) & f_{11}(\boldsymbol{a}) & f_{11}(\boldsymbol{p})\\ f_{12}(\boldsymbol{n}) & f_{12}(\boldsymbol{o}) & f_{12}(\boldsymbol{a}) & f_{12}(\boldsymbol{p})\\ f_{13}(\boldsymbol{n}) & f_{13}(\boldsymbol{o}) & f_{13}(\boldsymbol{a}) & f_{13}(\boldsymbol{p})\\ 0 & 0 & 0 & 1\end{bmatrix}=\begin{bmatrix}c_\theta & s_\theta s_\psi & s_\theta c_\psi & 0\\ 0 & c_\psi & -s_\psi & 0\\ -s_\theta & c_\theta s_\psi & c_\theta c_\psi & 0\\ 0 & 0 & 0 & 1\end{bmatrix} \tag{2.86}$$

式中，f_{11}、f_{12}和f_{13}的定义同前。令$f_{12}(\boldsymbol{n})$ 与式（2.86）右式的对应元素相等，可得

$$-s_\varphi n_x+c_\varphi n_y=0$$

从而得

$$\varphi=\text{atan }2(n_y,n_x) \tag{2.87}$$

$$\varphi=\varphi+180° \tag{2.88}$$

又令式（2.86）左右式中的（3,1）及（1,1）对应元素分别相等，则 $-s_\theta=n_z$，$c_\theta=c_\varphi n_x$，于是得

$$\theta=\text{atan }2(-n_z,c_\varphi n_x+s_\varphi n_y) \tag{2.89}$$

最后令式（2.86）左右式中的（2,3）和（2,2）对应元素分别相等，则 $-s_\psi=-s_\varphi a_x+c_\varphi a_y$，$c_\psi=-s_\varphi o_x+c_\varphi o_y$，据此可得

$$\psi=\text{atan }2(s_\varphi a_x-c_\varphi a_y,-s_\varphi o_x+c_\varphi o_y) \tag{2.90}$$

综上分析可得 RPY 变换各角为

$$\begin{cases}\varphi=\text{atan }2(n_y,n_x)\\ \varphi=\varphi+180°\\ \theta=\text{atan }2(-n_z,c_\varphi n_x+s_\varphi n_y)\\ \psi=\text{atan }2(s_\varphi a_x-c_\varphi a_y,-s_\varphi o_x+c_\varphi o_y)\end{cases} \tag{2.91}$$

3. 球面变换解法

也可以把上述求解技术用于球面坐标表示的运动方程，这些方程如式（2.27）和式（2.28）所示。由式（2.27）可得

$$\mathrm{Rot}(\boldsymbol{Z},\alpha)^{-1}\boldsymbol{T}=\mathrm{Rot}(\boldsymbol{Y},\beta)\mathrm{Trans}(0,0,r) \tag{2.92}$$

$$\begin{bmatrix} c_\alpha & s_\alpha & 0 & 0 \\ -s_\alpha & c_\alpha & 0 & 0 \\ 0 & 0 & 1 & 0 \\ 0 & 0 & 0 & 1 \end{bmatrix}\begin{bmatrix} n_x & o_x & a_x & p_x \\ n_y & o_y & a_y & p_y \\ n_z & o_z & a_z & p_z \\ 0 & 0 & 0 & 1 \end{bmatrix}=\begin{bmatrix} c_\beta & 0 & s_\beta & rs_\beta \\ 0 & 1 & 0 & 0 \\ -s_\beta & 0 & c_\beta & rc_\beta \\ 0 & 0 & 0 & 1 \end{bmatrix}$$

$$\begin{bmatrix} f_{11}(\boldsymbol{n}) & f_{11}(\boldsymbol{o}) & f_{11}(\boldsymbol{a}) & f_{11}(\boldsymbol{p}) \\ f_{12}(\boldsymbol{n}) & f_{12}(\boldsymbol{o}) & f_{12}(\boldsymbol{a}) & f_{12}(\boldsymbol{p}) \\ f_{13}(\boldsymbol{n}) & f_{13}(\boldsymbol{o}) & f_{13}(\boldsymbol{a}) & f_{13}(\boldsymbol{p}) \\ 0 & 0 & 0 & 1 \end{bmatrix}=\begin{bmatrix} c_\beta & 0 & s_\beta & rs_\beta \\ 0 & 1 & 0 & 0 \\ -s_\beta & 0 & c_\beta & rc_\beta \\ 0 & 0 & 0 & 1 \end{bmatrix}$$

令上式中左右两式的右列相等，即

$$\begin{bmatrix} c_\alpha p_x+s_\alpha p_y \\ -s_\alpha p_x+c_\alpha p_y \\ p_z \\ 1 \end{bmatrix}=\begin{bmatrix} rs_\beta \\ 0 \\ rc_\beta \\ 1 \end{bmatrix}$$

由此可得$-s_\alpha p_x+c_\alpha p_y=0$，即

$$\alpha=\mathrm{atan}\ 2(p_y,p_x) \tag{2.93}$$

$$\alpha=\alpha+180° \tag{2.94}$$

以及 $c_\alpha p_x+s_\alpha p_y=rs_\beta$，$p_z=rc_\beta$。当 $r>0$ 时，有

$$\beta=\mathrm{atan}\ 2(c_\alpha p_x+s_\alpha p_y,p_z) \tag{2.95}$$

要求得 r，必须用 $\mathrm{Rot}(\boldsymbol{Y},\beta)^{-1}$左乘式（2.92）的两边，即

$$\mathrm{Rot}(\boldsymbol{Y},\beta)^{-1}\mathrm{Rot}(\boldsymbol{Z},\alpha)^{-1}\boldsymbol{T}=\mathrm{Trans}(0,0,r)$$

计算上式后，让其左右两式中右列相等，则有

$$\begin{bmatrix} c_\beta(c_\alpha p_x+s_\alpha p_y)-s_\beta p_z \\ -s_\alpha p_x+c_\alpha p_y \\ s_\beta(c_\alpha p_x+s_\alpha p_y)+c_\beta p_z \\ 1 \end{bmatrix}=\begin{bmatrix} 0 \\ 0 \\ r \\ 1 \end{bmatrix}$$

从而得

$$r=s_\beta(c_\alpha p_x+s_\alpha p_y)+c_\beta p_z \tag{2.96}$$

综上讨论可得到球面变换的解为

$$\begin{cases} \alpha=\mathrm{atan}\ 2(p_y,p_x),\alpha=\alpha+180° \\ \beta=\mathrm{atan}\ 2(c_\alpha p_x+s_\alpha p_y,p_z) \\ r=s_\beta(c_\alpha p_x+s_\alpha p_y)+c_\beta p_z \end{cases} \tag{2.97}$$

课后习题

1. 机器人连杆参数包括________、________、________、________。
2. 当机器人关节为移动关节时，其关节变量是________。
3. 空间中点的齐次坐标是用________个元素的列阵来描述的。
4. 连杆坐标系是建立在连杆上，与连杆固定连接的坐标系。（　　）
5. 机器人运动学用以建立末端位姿与关节变量间的关系。（　　）
6. 描述刚体位姿的齐次矩阵是一个 4×4 的矩阵。（　　）
7. 在齐次变换中，如果相对于固定坐标系运动，则需右乘变换算子。（　　）
8. 运动学正问题是已知机器人末端位姿求各关节运动变量。（　　）
9. 什么是机器人正运动学问题？
10. 什么是机器人逆运动学问题？

第3章 机器人动力学

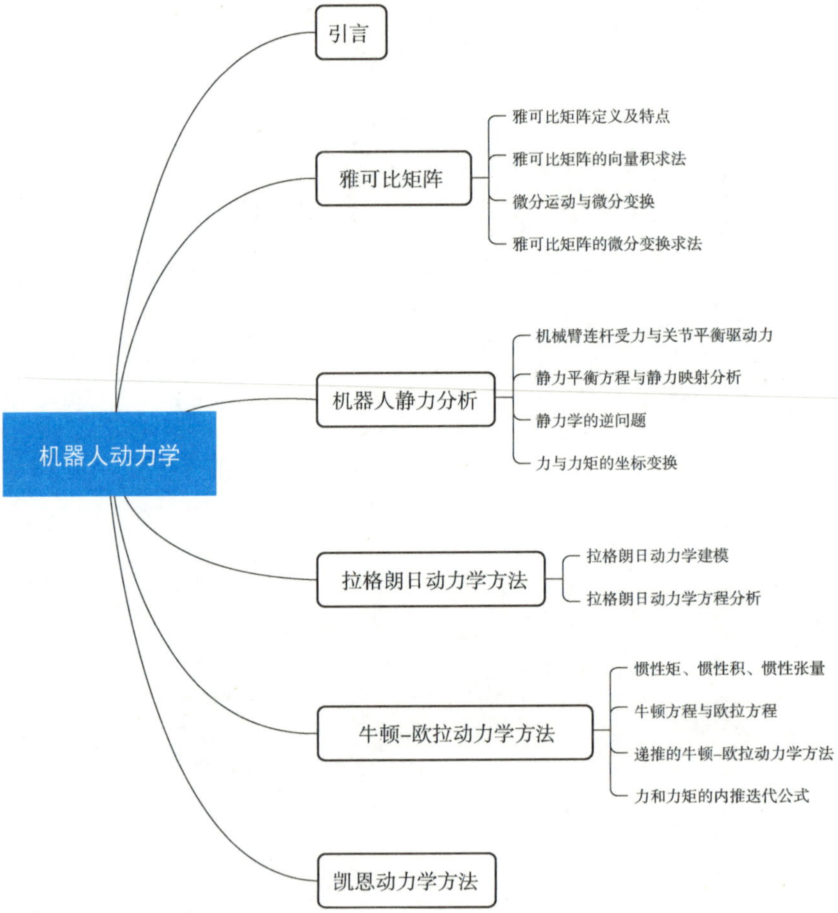

机器人是一个具有多输入和多输出的复杂动力学系统，存在严重的非线性，需要非常系统的方法对机器人进行动力学研究。雅可比矩阵、机器人静力分析、拉格朗日动力学方法、牛顿-欧拉动力学方法、凯恩动力学方法是本章节学习的主要内容。雅可比矩阵在机器人中广泛使用。机器人静力分析是对机器臂的运动与分析，以便更深刻地了解运动中所受到的力。拉格朗日动力学方法、牛顿-欧拉动力学方法、凯恩动力学方法这 3 种动力学方法是具有代表性的方法。本章会介绍机器人动力学所具有的特性、受力分析以及分析动力学的方法。

3.1 引言

动力学是理论力学的重要分支，主要研究作用于物体的力与物体运动的关系。机器人是一个具有多输入和多输出的复杂动力学系统，存在严重的非线性，需要非常系统的方法对其进行动力学研究。常用的机器人动力学建模方法主要有拉格朗日（Lagrange）法、牛顿-欧拉（Newton-Euler）法、高斯（Gauss）法、凯恩（Kane）法、罗伯逊-魏登堡（Roberson-Wittenburg）法等。

动力学研究的对象是运动速度远小于光速的宏观物体。动力学主要包括质点动力学、质点系动力学、刚体动力学、达朗贝尔原理等内容。

1687 年，牛顿出版巨著《自然哲学的数学原理》，提出了牛顿第二运动定律，指出了力、加速度、质量三者之间的关系。

牛顿第二运动定律是动力学的基础和核心。18 世纪，瑞士学者欧拉引入了刚体的概念并把牛顿第二运动定律推广到刚体。牛顿第二运动定律提出 100 年后，法国数学家拉格朗日建立了能应用于完整系统的拉格朗日方程。该方程不同于牛顿第二运动定律的力和加速度的形式，而是用广义坐标为自变量，通过拉格朗日函数来表示。应用拉格朗日方程研究刚体动力学问题比应用牛顿定律更方便。

机器人动力学是研究机器人的运动和作用力之间的关系，如图 3.1 所示。

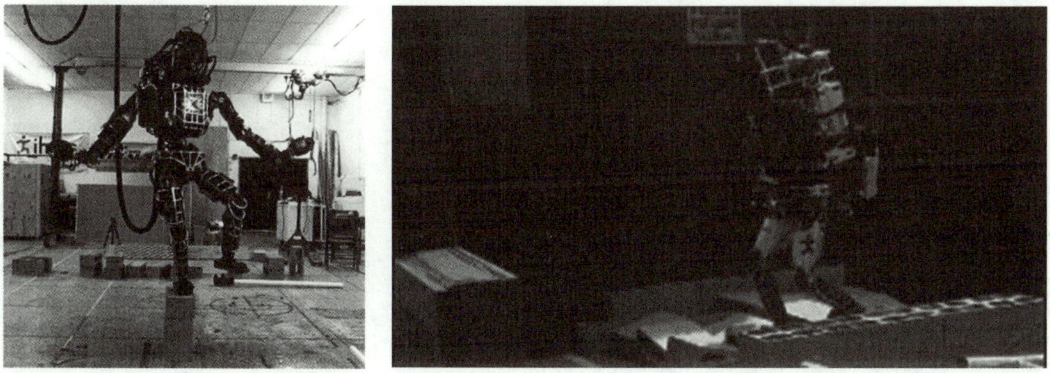

（a）　　　　　　　　　　（b）

图 3.1　机器人动力学示样

（a）机器人单腿站立；（b）机器人在障碍地面行走

（1）动力学的正问题：给定关节驱动力/力矩，求解机器人对应的运动。需求解非线性的微分方程组，计算复杂，主要用于机器人的运动仿真。

（2）动力学的逆问题/逆解：已知机器人的运动，计算对应的关节驱动力/力矩，即计算实现预定运动所需施加的力/力矩。不需要求解非线性方程组，计算简单。

机器人动力学的用途如下。

（1）为机器人设计提供依据：能计算出实现预定运动所需的力/力矩。

（2）机器人的动力学仿真：能根据连杆质量、负载、传动结构进行动态性能仿真。

（3）实现机器人的最优控制：能优化性能指标和动态性能，调整伺服增益。

3.2 雅可比矩阵

卡尔·雅可比（Carl Jacobi，1804—1851），德国数学家，1821 年 4 月进入柏林大学学习，1825 年获理学博士学位；1837 年 12 月被任命为副教授，1832 年 7 月升为教授；1837 年被选为柏林科学院院士。雅可比是数学史上最勤奋的学者之一，与欧拉一样也是一位成果多产的数学家，是被广泛承认的历史上最伟大的数学家之一。雅可比在纯粹数学和应用数学上都有非凡的贡献，现代数学的许多定理、公式和函数恒等式、方程、积分、曲线、矩阵、根式、行列式以及许多数学符号都冠以雅可比的名字。

雅可比矩阵通常称为雅可比式，它是以 n 个 n 元函数的偏导数为元素的行列式。

3.2.1 雅可比矩阵定义及特点

几何法或代数法属位置级的逆运动学方法，针对不同机器人的具体解算过程是不一样的，计算速度快。求解位置级的逆运动学方法存在一个必要条件，即机器人的逆解存在解析解。

速度级的逆运动学方法对于不同的机器人，具体的解算过程是一样的，而且不需要机器人的逆解存在解析解，是一种通用逆运动学处理方法，但是计算速度慢。

如图 3.2 所示，有

$$\begin{cases} x = r\cos\theta \\ y = r\sin\theta \end{cases} \quad r,\theta \neq C$$

$$\begin{cases} \dot{x} = \dot{r}\cos\theta - r\dot{\theta}\sin\theta \\ \dot{y} = \dot{r}\sin\theta + r\dot{\theta}\cos\theta \end{cases} \quad r,\theta \neq C$$

$$\begin{bmatrix} \dot{x} \\ \dot{y} \end{bmatrix} = \begin{bmatrix} -r\sin\theta & \cos\theta \\ r\cos\theta & \sin\theta \end{bmatrix} \begin{bmatrix} \dot{\theta} \\ \dot{r} \end{bmatrix}$$

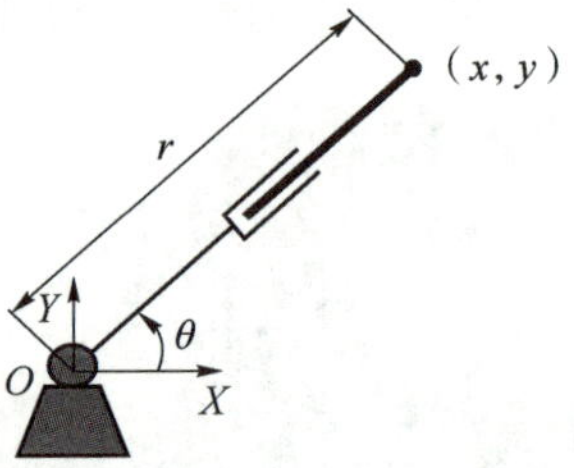

图 3.2 连杆坐标图

雅可比矩阵通式：

$$\boldsymbol{J}_{m\times n} = \begin{bmatrix} J_{L1} & J_{L2} & \cdots & J_{Ln} \\ J_{A1} & J_{A2} & \cdots & J_{An} \end{bmatrix}$$

式中，m 为机器人操作空间的维数；n 为机器人关节空间的维数。$n>m$ 时，机器人被称为冗余度机器人；$n=m$，且 $\boldsymbol{J}$ 满秩时，机器人被称为满自由度机器人；$n<m$ 时，机器人被称为欠驱动机器人。

对于满自由度机器人，可以直接利用公式 $\mathrm{d}q=\boldsymbol{J}^{-1}\mathrm{d}p$ 进行反解计算，但不是对于所有的关节角值，$\boldsymbol{J}$ 的逆都存在。在某些位形时，$|\boldsymbol{J}|=0$，机器人处于奇异位形或奇异状态，

$\boldsymbol{J}$ 的逆不存在，不能直接求解。

对于冗余度机器人和欠驱动机器人，其雅可比矩阵非方阵，需要采用特殊的矩阵求逆方法（如广义逆法）求逆：

$$\boldsymbol{J}_{m\times n}=\begin{bmatrix} J_{L1} & J_{L2} & \cdots & J_{Ln} \\ J_{A1} & J_{A2} & \cdots & J_{An} \end{bmatrix}$$

式中，J_{Li}表示线速度的传动比；J_{Ai}表示角速度的传动比。

雅可比矩阵的特点：

（1）平面操作臂的雅可比矩阵最多有 3 行；

（2）空间操作臂的雅可比矩阵最多有 6 行；

（3）具有 n 个关节的空间机器人的雅可比矩阵是 $6\times n$ 矩阵；

（4）雅可比矩阵的前 3 行代表线速度 $\boldsymbol{v}$ 的传递，后 3 行代表角速度 $\boldsymbol{\omega}$ 的传递；

（5）雅可比矩阵的每一列代表对应的关节速度对末端的线速度和角速度的影响。

机器人末端的线速度和角速度的表达方式为

$$\begin{bmatrix} \boldsymbol{v} \\ \boldsymbol{\omega} \end{bmatrix}=\begin{bmatrix} J_{L1} & J_{L2} & \cdots & J_{Ln} \\ J_{A1} & J_{A2} & \cdots & J_{An} \end{bmatrix}\begin{bmatrix} \dot{q}_1 \\ \dot{q}_2 \\ \vdots \\ \dot{q}_n \end{bmatrix}$$

机器人末端的线速度和角速度可表示成各关节速度的线性函数，也可写成微分移动和转动的形式：

$$v=J_{L1}\dot{q}_1+J_{L2}\dot{q}_2+\cdots+J_{Ln}\dot{q}_n$$

$$\omega=J_{A1}\dot{q}_1+J_{A2}\dot{q}_2+\cdots+J_{An}\dot{q}_n$$

$$\boldsymbol{v}=[v_x \quad v_y \quad v_z]^{\mathrm{T}}$$

$$\boldsymbol{\omega}=[\omega_x \quad \omega_y \quad \omega_z]^{\mathrm{T}}$$

$$v\cdot\Delta t=d$$

$$\omega\cdot\Delta t=\delta$$

$$d=J_{L1}\dot{q}_1+J_{L2}\dot{q}_2+\cdots+J_{Ln}\dot{q}_n$$

$$\delta=J_{A1}\dot{q}_1+J_{A2}\dot{q}_2+\cdots+J_{An}\dot{q}_n$$

$$\boldsymbol{d}=[d_x \quad d_y \quad d_z]^{\mathrm{T}}$$

$$\boldsymbol{\delta}=[\delta_x \quad \delta_y \quad \delta_z]^{\mathrm{T}}$$

3.2.2 雅可比矩阵的向量积求法

惠特尼（Whitney）于 1972 年基于运动坐标系的概念提出雅可比矩阵的向量积求法，如图 3.3 所示。

（1）如果关节 i 是移动关节，则它使末端产生与 Z_i 轴相同方向的线速度，即有

$$\begin{bmatrix} \boldsymbol{v} \\ \boldsymbol{\omega} \end{bmatrix}=\begin{bmatrix} \boldsymbol{Z}_i \\ \boldsymbol{0} \end{bmatrix}\dot{q}_i$$

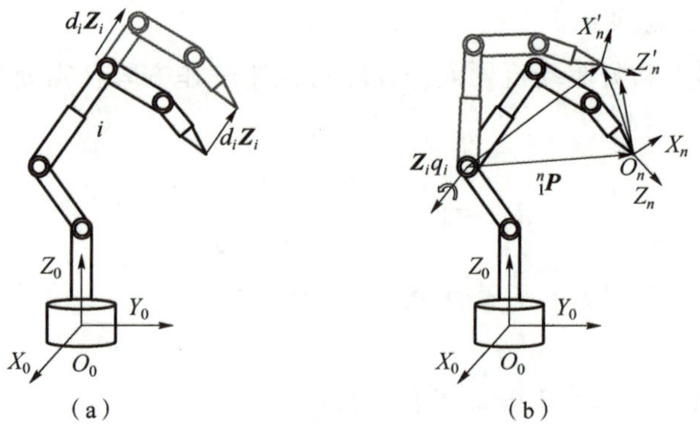

图 3.3　机器人空间坐标系

式中，$\boldsymbol{Z}_i$ 为基系下的单位向量。雅可比矩阵的第 i 列 $\boldsymbol{J}_i=\begin{bmatrix}\boldsymbol{Z}_i\\ \boldsymbol{0}\end{bmatrix}$。

（2）如果关节 i 是旋转关节，则它使末端产生的角速度为

$$\boldsymbol{\omega}=\boldsymbol{Z}_i\dot{q}_i$$

它使末端产生的线速度为

$$\boldsymbol{v}=(\boldsymbol{Z}_i\times{}^n_i\boldsymbol{P}_0)\dot{q}_i$$

式中，${}^n_i\boldsymbol{P}_0$ 表示从坐标系 $\{i\}$ 原点到末端坐标系 $\{n\}$ 原点的向量在基系 $\{0\}$ 中的表达，即

$${}^n_i\boldsymbol{P}_0={}^i_0\boldsymbol{R}\cdot{}^n_i\boldsymbol{P}$$

雅可比矩阵的第 i 列为

$$\boldsymbol{J}_i=\begin{bmatrix}\boldsymbol{Z}_i\times{}^n_i\boldsymbol{P}_0\\ \boldsymbol{Z}_i\end{bmatrix}=\begin{bmatrix}\boldsymbol{Z}_i\times({}^i_0\boldsymbol{R}{}^n_i\boldsymbol{P})\\ \boldsymbol{Z}_i\end{bmatrix}$$

注意：用向量积方法计算的雅可比矩阵是基于机器人的基系的，即机器人末端的线速度和角速度都是在基系下描述的。

3.2.3　微分运动与微分变换

1. 微移动和微转动的变换矩阵

移动与转动之间的转换关系为

$$\begin{aligned}d&=v\cdot\Delta t\\ \delta&=\omega\cdot\Delta t\end{aligned}\quad 微分运动=单位采样时间与速度的乘积$$

假设机器人的微运动为 $\boldsymbol{D}=[\boldsymbol{d}\quad\boldsymbol{\delta}]^{\mathrm{T}}$，则

$$\boldsymbol{d}=[d_x\quad d_y\quad d_z]^{\mathrm{T}}\ \Rightarrow\ \boldsymbol{\delta}=[\delta_x\quad\delta_y\quad\delta_z]^{\mathrm{T}}$$

机器人微移动的齐次变换通式：

$$\mathrm{Trans}({}^{Oj}_i\boldsymbol{P})=\begin{bmatrix}\boldsymbol{I}_{3\times3} & {}^{Oj}_i\boldsymbol{P}\\ 0\quad 0\quad 0 & 1\end{bmatrix}\ \Rightarrow\ \mathrm{Trans}(d_x,d_y,d_z)=\begin{bmatrix}1&0&0&d_x\\0&1&0&d_y\\0&0&1&d_z\\0&0&0&1\end{bmatrix}$$

绕 X、Y、Z 轴转动的微分角度分别为 δ_x，δ_y，δ_z，则有

$$\delta \to 0\begin{cases}\sin\delta \cong \delta \\ \cos\delta \cong 1\end{cases}$$

$$\boldsymbol{R}(\boldsymbol{X},\theta)=\begin{bmatrix}1 & 0 & 0\\ 0 & c_\theta & -s_\theta \\ 0 & s_\theta & c_\theta\end{bmatrix} \Rightarrow \boldsymbol{R}(\boldsymbol{X},\delta_x)\cong\begin{bmatrix}1 & 0 & 0\\ 0 & 1 & -\delta_x \\ 0 & \delta_x & 1\end{bmatrix}$$

$$\boldsymbol{R}(\boldsymbol{X},\delta_x)\cong\begin{bmatrix}1 & 0 & 0\\ 0 & 1 & -\delta_x \\ 0 & \delta_x & 1\end{bmatrix} \Rightarrow \boldsymbol{R}(\boldsymbol{X},\delta_y)\cong\begin{bmatrix}1 & 0 & \delta_y\\ 0 & 1 & 0 \\ -\delta_y & 0 & 1\end{bmatrix} \Rightarrow \boldsymbol{R}(\boldsymbol{X},\delta_z)\cong\begin{bmatrix}1 & -\delta_z & 0\\ \delta_z & 1 & 0 \\ 0 & 0 & 1\end{bmatrix}$$

2. 绕过原点轴线的复合转动与绕过原点向量转动的相互转换

定理：任何一组绕过原点轴线的复合转动总等效于绕过原点的某一向量的转动。如图 3.4 所示，有

$$\boldsymbol{R}(\boldsymbol{K},\delta\theta)=\boldsymbol{R}(\boldsymbol{X},\delta_x)R(\boldsymbol{Y},\delta_y)R(\boldsymbol{Z},\delta_z)$$

$$=\begin{bmatrix}1 & 0 & 0\\ 0 & 1 & -\delta_x \\ 0 & \delta_x & 1\end{bmatrix}\begin{bmatrix}1 & 0 & \delta_y\\ 0 & 1 & 0 \\ -\delta_y & 0 & 1\end{bmatrix}\begin{bmatrix}1 & -\delta_z & 0\\ \delta_z & 1 & 0 \\ 0 & 0 & 1\end{bmatrix}=\begin{bmatrix}1 & -\delta_z & \delta_y\\ \delta_z & 1 & -\delta_x \\ -\delta_y & \delta_x & 1\end{bmatrix}$$

微分转动矩阵相乘满足交换律：$\boldsymbol{R}(\boldsymbol{X},\delta_x)\boldsymbol{R}(\boldsymbol{Y},\delta_y)=\boldsymbol{R}(\boldsymbol{Y},\delta_y)\boldsymbol{R}(\boldsymbol{X},\delta_x)$。

绕坐标系 3 个坐标轴的微分转动矩阵的计算通式为

$$\mathrm{Rot}(\delta_x,\delta_y,\delta_z)=\begin{bmatrix}1 & -\delta_z & \delta_y & 0\\ \delta_z & 1 & -\delta_x & 0 \\ -\delta_y & \delta_x & 1 & 0 \\ 0 & 0 & 0 & 1\end{bmatrix}$$

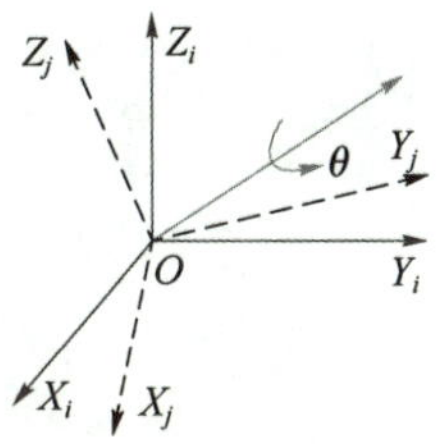

图 3.4 空间向量转动图

假设上述组合转动等价于绕过原点的向量 $\boldsymbol{K}=k_x\boldsymbol{i}+k_y\boldsymbol{j}+k_z\boldsymbol{k}$ 旋转 $\delta\theta$，则有

$$\boldsymbol{R}(\boldsymbol{K},\theta)=\begin{bmatrix}k_xk_x\mathrm{vers}_\theta+c_\theta & k_yk_x\mathrm{vers}_\theta-k_zs_\theta & k_zk_x\mathrm{vers}_\theta+k_ys_\theta\\ k_xk_y\mathrm{vers}_\theta+k_zs_\theta & k_yk_y\mathrm{vers}_\theta+c_\theta & k_zk_y\mathrm{vers}_\theta-k_xs_\theta \\ k_xk_z\mathrm{vers}_\theta-k_ys_\theta & k_yk_x\mathrm{vers}_\theta+k_xs_\theta & k_zk_z\mathrm{vers}_\theta+c_\theta\end{bmatrix}$$

$$\sin\delta\theta\cong\delta\theta$$

$$\cos\delta\theta\cong 1,\delta\theta\Rightarrow 0$$

$$\boldsymbol{R}(\boldsymbol{K},\delta\theta)=\begin{bmatrix}1 & -k_z\delta\theta & k_y\delta\theta\\ k_z\delta\theta & 1 & -k_x\delta\theta \\ -k_y\delta\theta & k_x\delta\theta & 1\end{bmatrix}$$

$$\boldsymbol{R}(\boldsymbol{K},\delta\theta)=\begin{bmatrix}1 & -k_z\delta\theta & k_y\delta\theta\\ k_z\delta\theta & 1 & -k_x\delta\theta \\ -k_y\delta\theta & k_x\delta\theta & 1\end{bmatrix}=\begin{bmatrix}1 & -\delta_z & \delta_y\\ \delta_z & 1 & -\delta_x \\ -\delta_y & \delta_x & 1\end{bmatrix}=\boldsymbol{R}(\boldsymbol{X},\delta_x)\boldsymbol{R}(\boldsymbol{Y},\delta_y)\boldsymbol{R}(\boldsymbol{Z},\delta_z)$$

等价转轴 K、等价微分转角 $\delta\theta$ 与 δ_x，δ_y，δ_z 的关系：

$$\delta_x=k_x\delta\theta,\quad \delta_y=k_y\delta\theta,\quad \delta_z=k_z\delta\theta$$

$$\delta\theta=\sqrt{\delta_x^2+\delta_y^2+\delta_z^2}$$

$$k_x=\frac{\delta_x}{\delta\theta},\quad k_y=\frac{\delta_y}{\delta\theta},\quad k_z=\frac{\delta_z}{\delta\theta}$$

$$\delta_x=k_x\delta\theta,\quad \delta_y=k_y\delta\theta,\quad \delta_z=k_z\delta\theta$$

3. 齐次矩阵 $\boldsymbol{T}$ 的微分和导数

$\boldsymbol{T}$ 可以表示与之固连的刚体的位姿，则 $\boldsymbol{T}$ 的微分和导数可以表示与之固连的刚体的广义速度或位姿的微分变化：

$$\dot{\boldsymbol{T}}=\lim_{\Delta t\to 0}\frac{\boldsymbol{T}(t+\Delta t)-\boldsymbol{T}(t)}{\Delta t}=\lim_{\Delta t\to 0}\frac{\mathrm{d}\boldsymbol{T}(t)}{\Delta t}$$

假设 $\boldsymbol{T}(t+\Delta t)$ 是 $\boldsymbol{T}(t)$ 经微分运动后的结果，则在参考系中，有

$$\boldsymbol{T}(t+\Delta t)=\mathrm{Trans}(d_x,d_y,d_z)\mathrm{Rot}(\boldsymbol{K},\delta\theta)\cdot\boldsymbol{T}(t)$$

$$\mathrm{d}\boldsymbol{T}(t)=\boldsymbol{T}(t+\Delta t)-\boldsymbol{T}(t)=[\mathrm{Trans}(d_x,d_y,d_z)\mathrm{Rot}(\boldsymbol{K},\delta\theta)-\boldsymbol{I}]\cdot\boldsymbol{T}(t)$$

定义微分算子 $\boldsymbol{\Delta}=\mathrm{Trans}(d_x,d_y,d_z)\mathrm{Rot}(\delta_x,\delta_y,\delta_z)-\boldsymbol{I}$，则变换矩阵 $\boldsymbol{T}$ 的微分变化为：$\mathrm{d}\boldsymbol{T}(t)=\boldsymbol{\Delta T}(t)$。

$$\mathrm{Trans}(d_x,d_y,d_z)=\begin{bmatrix}1&0&0&d_x\\0&1&0&d_y\\0&0&1&d_z\\0&0&0&1\end{bmatrix}\mathrm{Rot}(\delta_x,\delta_y,\delta_z)=\begin{bmatrix}1&-\delta_z&\delta_y&0\\\delta_z&1&-\delta_x&0\\-\delta_y&\delta_x&1&0\\0&0&0&1\end{bmatrix}$$

$$\Downarrow$$

$$\boldsymbol{\Delta}=\mathrm{Trans}(d_x,d_y,d_z)\mathrm{Rot}(\delta_x,\delta_y,\delta_z)-\boldsymbol{I}$$

$$\boldsymbol{\Delta}=\begin{bmatrix}1&0&0&d_x\\0&1&0&d_y\\0&0&1&d_z\\0&0&0&1\end{bmatrix}\begin{bmatrix}0&-\delta_z&\delta_y&0\\\delta_z&0&-\delta_x&0\\-\delta_y&\delta_x&0&0\\0&0&0&1\end{bmatrix}-\begin{bmatrix}1&0&0&0\\0&1&0&0\\0&0&1&0\\0&0&0&1\end{bmatrix}=\begin{bmatrix}0&-\delta_z&\delta_y&d_x\\\delta_z&0&-\delta_x&d_y\\-\delta_y&\delta_x&0&d_z\\0&0&0&0\end{bmatrix}$$

例 3.1：假设机器人末端的位置姿态矩阵为

$$\boldsymbol{T}=\begin{bmatrix}0&1&0&5\\0&0&1&10\\1&0&0&0\\0&0&0&1\end{bmatrix}$$

基系下机器人末端微运动为

$$\boldsymbol{D}=[d_x\quad d_y\quad d_z\quad \delta_x\quad \delta_y\quad \delta_z]^{\mathrm{T}}=[0.01\quad 0\quad 0.02\quad 0\quad 0.01\quad 0]^{\mathrm{T}}$$

求基系下机器人末端的广义速度/位姿的微分变化。

解：由微运动 $\boldsymbol{D}$ 和微分算子 $\boldsymbol{\Delta}$ 通式，可得微分算子 $\boldsymbol{\Delta}=\begin{bmatrix}0&0&0.01&0.01\\0&0&0&0\\-0.01&0&0&0.02\\0&0&0&0\end{bmatrix}$。

求得机器人末端位姿的微分变化为

$$\mathrm{d}\boldsymbol{T}=\boldsymbol{\Delta}\cdot\boldsymbol{T}=\begin{bmatrix}0&0&0.01&0.01\\0&0&0&0\\-0.01&0&0&0.02\\0&0&0&0\end{bmatrix}\begin{bmatrix}0&1&0&5\\0&0&1&10\\1&0&0&0\\0&0&0&1\end{bmatrix}=\begin{bmatrix}0.01&0&0&0.01\\0&0&0&0\\0&-0.01&0&-0.03\\0&0&0&0\end{bmatrix}$$

微分运动的坐标变换：

已知一个坐标系下的微分运动，如何求出在另一个坐标系下的微分运动？

假设 $\boldsymbol{D}^n=\begin{bmatrix}d_x^n & d_y^n & d_z^n & \delta_x^n & \delta_y^n & \delta_z^n\end{bmatrix}^{\mathrm{T}}$ 是坐标系 $\{n\}$ 中的微运动，则 $\boldsymbol{T}(t+\Delta t)$ 也可以写成坐标系 $\{n\}$ 中的微分移动和微分转动后的结果：

$$\boldsymbol{T}(t+\Delta t)=\boldsymbol{T}(t)\cdot\mathrm{Trans}(d_x^n,d_y^n,d_z^n)\mathrm{Rot}(\delta_x^n,\delta_y^n,\delta_z^n)$$

$\mathrm{d}\boldsymbol{T}(t)=\boldsymbol{T}(t+\Delta t)-\boldsymbol{T}(t)=\boldsymbol{T}(t)\cdot[\mathrm{Trans}(d_x^n,d_y^n,d_z^n)\mathrm{Rot}(\delta_x^n,\delta_y^n,\delta_z^n)-\boldsymbol{I}]$，定义相对于坐标系 $\{n\}$ 的微分算子 $\boldsymbol{\Delta}^n=\mathrm{Trans}(d_x^n,d_y^n,d_z^n)\mathrm{Rot}(\delta_x^n,\delta_y^n,\delta_z^n)-\boldsymbol{I}$。

则 $\boldsymbol{T}$ 的微分 $\mathrm{d}\boldsymbol{T}(t)$ 可以有两种表达式：

$$\mathrm{d}\boldsymbol{T}(t)=\boldsymbol{\Delta}\cdot\boldsymbol{T}(t) \tag{3.1}$$

$$\mathrm{d}\boldsymbol{T}(t)=\boldsymbol{T}(t)\cdot\boldsymbol{\Delta}^n \tag{3.2}$$

式（3.1）是基于基系 $\{0\}$ 中的微分运动描述的，式（3.2）是基于坐标系 $\{n\}$ 中的微分运动描述的。由于两种表达式描述相同的微分变化 $\mathrm{d}\boldsymbol{T}(t)$，则

$$\boldsymbol{\Delta}\cdot\boldsymbol{T}(t)=\boldsymbol{T}(t)\cdot\boldsymbol{\Delta}^n\boldsymbol{D}=\begin{bmatrix}d_x\\d_y\\d_z\\\delta_x\\\delta_y\\\delta_z\end{bmatrix}=\begin{bmatrix}\boldsymbol{d}\\\boldsymbol{\delta}\end{bmatrix}$$

$$\boldsymbol{\Delta}^n=\boldsymbol{T}(t)^{-1}\cdot\boldsymbol{\Delta}\cdot\boldsymbol{T}(t)$$

假设：

$$\boldsymbol{T}(t)=\begin{bmatrix}n_x&o_x&a_x&p_x\\n_y&o_y&a_y&p_y\\n_z&o_z&a_z&p_z\\0&0&0&1\end{bmatrix}$$

$$\boldsymbol{P}=[p_x\quad p_y\quad p_z]^{\mathrm{T}}$$

$$\boldsymbol{\Delta}^n=\boldsymbol{T}(t)^{-1}\cdot\boldsymbol{\Delta}\cdot\boldsymbol{T}(t)=\begin{bmatrix}\boldsymbol{n}\cdot(\boldsymbol{\delta}\times\boldsymbol{n})&\boldsymbol{n}\cdot(\boldsymbol{\delta}\times\boldsymbol{o})&\boldsymbol{n}\cdot(\boldsymbol{\delta}\times\boldsymbol{a})&\boldsymbol{n}\cdot((\boldsymbol{\delta}\times\boldsymbol{P})+\boldsymbol{d})\\\boldsymbol{o}\cdot(\boldsymbol{\delta}\times\boldsymbol{n})&\boldsymbol{o}\cdot(\boldsymbol{\delta}\times\boldsymbol{o})&\boldsymbol{o}\cdot(\boldsymbol{\delta}\times\boldsymbol{a})&\boldsymbol{o}\cdot((\boldsymbol{\delta}\times\boldsymbol{P})+\boldsymbol{d})\\\boldsymbol{a}\cdot(\boldsymbol{\delta}\times\boldsymbol{n})&\boldsymbol{a}\cdot(\boldsymbol{\delta}\times\boldsymbol{o})&\boldsymbol{a}\cdot(\boldsymbol{\delta}\times\boldsymbol{a})&\boldsymbol{a}\cdot((\boldsymbol{\delta}\times\boldsymbol{P})+\boldsymbol{d})\\0&0&0&0\end{bmatrix}$$

根据如下的向量乘积的性质：

（1）$\boldsymbol{a}\cdot(\boldsymbol{b}\times\boldsymbol{c})=-\boldsymbol{b}\cdot(\boldsymbol{a}\times\boldsymbol{c})=\boldsymbol{b}\cdot(\boldsymbol{c}\times\boldsymbol{a})$；

（2）$\boldsymbol{a}\cdot(\boldsymbol{a}\times\boldsymbol{c})=0$；

(3) $\boldsymbol{n}\times\boldsymbol{o}=\boldsymbol{a}$, $\boldsymbol{o}\times\boldsymbol{a}=\boldsymbol{n}$, $\boldsymbol{a}\times\boldsymbol{n}=\boldsymbol{o}$, 则有

$$\boldsymbol{\Delta}^n=\begin{bmatrix}0 & -\boldsymbol{\delta}\cdot\boldsymbol{a} & \boldsymbol{\delta}\cdot\boldsymbol{o} & \boldsymbol{\delta}\cdot(\boldsymbol{p}\times\boldsymbol{n})+\boldsymbol{d}\cdot\boldsymbol{n}\\ \boldsymbol{\delta}\cdot\boldsymbol{a} & 0 & -\boldsymbol{\delta}\cdot\boldsymbol{n} & \boldsymbol{\delta}\cdot(\boldsymbol{p}\times\boldsymbol{o})+\boldsymbol{d}\cdot\boldsymbol{o}\\ -\boldsymbol{\delta}\cdot\boldsymbol{o} & \boldsymbol{\delta}\cdot\boldsymbol{n} & 0 & \boldsymbol{\delta}\cdot(\boldsymbol{p}\times\boldsymbol{a})+\boldsymbol{d}\cdot\boldsymbol{a}\\ 0 & 0 & 0 & 0\end{bmatrix}$$

$$\boldsymbol{\Delta}^n=\begin{bmatrix}0 & -\boldsymbol{\delta}_z^n & \boldsymbol{\delta}_y^n & \boldsymbol{d}_x^n\\ \boldsymbol{\delta}_z^n & 0 & -\boldsymbol{\delta}_x^n & \boldsymbol{d}_y^n\\ -\boldsymbol{\delta}_y^n & \boldsymbol{\delta}_x^n & 0 & \boldsymbol{d}_z^n\\ 0 & 0 & 0 & 0\end{bmatrix}$$

令上两式的对应元素相等，可得在两个坐标系中的微分运动之间的关系为

$$\begin{bmatrix}\boldsymbol{d}_x^n\\ \boldsymbol{d}_y^n\\ \boldsymbol{d}_z^n\\ \boldsymbol{\delta}_x^n\\ \boldsymbol{\delta}_y^n\\ \boldsymbol{\delta}_z^n\end{bmatrix}=\begin{bmatrix}n_x & n_y & n_z & (\boldsymbol{P}\times\boldsymbol{n})_x & (\boldsymbol{P}\times\boldsymbol{n})_y & (\boldsymbol{P}\times\boldsymbol{n})_z\\ o_x & o_y & o_z & (\boldsymbol{P}\times\boldsymbol{o})_x & (\boldsymbol{P}\times\boldsymbol{o})_y & (\boldsymbol{P}\times\boldsymbol{o})_z\\ a_x & a_y & a_z & (\boldsymbol{P}\times\boldsymbol{a})_x & (\boldsymbol{P}\times\boldsymbol{a})_y & (\boldsymbol{P}\times\boldsymbol{a})_z\\ 0 & 0 & 0 & n_x & n_y & n_z\\ 0 & 0 & 0 & o_x & o_y & o_z\\ 0 & 0 & 0 & a_x & a_y & a_z\end{bmatrix}\begin{bmatrix}d_x\\ d_y\\ d_z\\ \delta_x\\ \delta_y\\ \delta_z\end{bmatrix}$$

$$(\boldsymbol{p}\times\boldsymbol{n})_z=p_xn_y-p_yn_x$$

$$\boldsymbol{T}=\begin{bmatrix}n_x & o_x & a_x & p_x\\ n_y & o_y & a_y & p_y\\ n_z & o_z & a_z & p_z\\ 0 & 0 & 0 & 1\end{bmatrix}\Rightarrow \boldsymbol{R}=\begin{bmatrix}n_x & o_x & a_x\\ n_y & o_y & a_y\\ n_z & o_z & a_z\end{bmatrix}\Rightarrow \boldsymbol{P}=\begin{bmatrix}p_x\\ p_y\\ p_z\end{bmatrix}$$

简易表达为$\begin{bmatrix}\boldsymbol{d}^n\\ \boldsymbol{\delta}^n\end{bmatrix}=\begin{bmatrix}\boldsymbol{R}^{\mathrm{T}} & -\boldsymbol{R}^{\mathrm{T}}\cdot\boldsymbol{S}(\boldsymbol{P})\\ \boldsymbol{O}_{3\times3} & \boldsymbol{R}^{\mathrm{T}}\end{bmatrix}\begin{bmatrix}\boldsymbol{d}\\ \boldsymbol{\delta}\end{bmatrix}$。

反对称矩阵

$$\boldsymbol{S}(\boldsymbol{P})=\begin{bmatrix}0 & -p_z & p_y\\ p_z & 0 & -p_x\\ -p_y & p_x & 0\end{bmatrix}$$

的特点：

$$\boldsymbol{\delta}^{\mathrm{T}}\cdot\boldsymbol{S}(\boldsymbol{P})=-\boldsymbol{P}\times\boldsymbol{\delta}$$

$$\boldsymbol{S}(\boldsymbol{P})\cdot\boldsymbol{\delta}=\boldsymbol{P}\times\boldsymbol{\delta}$$

如果已知基系 $\{0\}$ 中的微分运动，则坐标系 $\{n\}$ 中的微分运动为

$$\begin{bmatrix}\boldsymbol{d}^n\\ \boldsymbol{\delta}^n\end{bmatrix}=\begin{bmatrix}\boldsymbol{R}^{T} & -\boldsymbol{R}^{\mathrm{T}}\cdot\boldsymbol{S}(\boldsymbol{P})\\ \boldsymbol{O}_{3\times3} & \boldsymbol{R}^{\mathrm{T}}\end{bmatrix}\begin{bmatrix}\boldsymbol{d}\\ \boldsymbol{\delta}\end{bmatrix}$$

如果已知坐标系 $\{n\}$ 中的微分运动，则基系 $\{0\}$ 中的微分运动为

$$\begin{bmatrix}\boldsymbol{d}\\ \boldsymbol{\delta}\end{bmatrix}=\begin{bmatrix}\boldsymbol{R} & S(\boldsymbol{P})\cdot\boldsymbol{R}\\ \boldsymbol{O}_{3\times3} & R\end{bmatrix}\begin{bmatrix}\boldsymbol{d}^n\\ \boldsymbol{\delta}^n\end{bmatrix}$$

例 3.2：假设机器人末端的位置姿态矩阵为

$$\boldsymbol{T}=\begin{bmatrix}0&1&0&5\\0&0&1&10\\1&0&0&0\\0&0&0&1\end{bmatrix}$$

基系下机器人末端微运动为

$$\boldsymbol{D}=[d_x \quad d_y \quad d_z \quad \delta_x \quad \delta_y \quad \delta_z]^{\mathrm{T}}=[0.01 \quad 0 \quad 0.02 \quad 0 \quad 0.01 \quad 0]^{\mathrm{T}}$$

求机器人末端在坐标系 $\{n\}$ 下的等价微分运动。

解：

$$\boldsymbol{T}=\begin{bmatrix}0&1&0&5\\0&0&1&10\\1&0&0&0\\0&0&0&1\end{bmatrix}\boldsymbol{S}(\boldsymbol{P})=\begin{bmatrix}0&0&10\\0&0&-5\\-10&5&0\end{bmatrix}\boldsymbol{R}=\begin{bmatrix}0&1&0\\0&0&1\\1&0&0\end{bmatrix}$$

$$\begin{bmatrix}\boldsymbol{d}^n\\\boldsymbol{\delta}^n\end{bmatrix}=\begin{bmatrix}\boldsymbol{R}^{\mathrm{T}}&-\boldsymbol{R}^{\mathrm{T}}\cdot\boldsymbol{S}(\boldsymbol{P})\\\boldsymbol{O}_{3\times3}&\boldsymbol{R}^{\mathrm{T}}\end{bmatrix}\begin{bmatrix}\boldsymbol{d}\\\boldsymbol{\delta}\end{bmatrix}=[-0.03 \quad 0.01 \quad 0 \quad 0 \quad 0 \quad 0.01]^{\mathrm{T}}$$

验证：

$$\boldsymbol{\Delta}^n=\begin{bmatrix}0&-\boldsymbol{\delta}_z^n&\boldsymbol{\delta}_y^n&\boldsymbol{d}_x^n\\\boldsymbol{\delta}_z^n&0&-\boldsymbol{\delta}_x^n&\boldsymbol{d}_y^n\\-\boldsymbol{\delta}_y^n&\boldsymbol{\delta}_x^n&0&\boldsymbol{d}_z^n\\0&0&0&0\end{bmatrix}=\begin{bmatrix}0&-0.01&0&-0.03\\0.01&0&0&0.01\\0&0.01&0&0\\0&0&0&0\end{bmatrix}$$

$$\mathrm{d}\boldsymbol{T}=\boldsymbol{T}\cdot\boldsymbol{\Delta}^n=\begin{bmatrix}0&1&0&5\\0&0&1&10\\1&0&0&0\\0&0&0&1\end{bmatrix}\begin{bmatrix}0&-0.01&0&-0.03\\0.01&0&0&0.01\\0&0.01&0&0\\0&0&0&0\end{bmatrix}=\begin{bmatrix}0.01&0&0&0.01\\0&0&0&0\\0&-0.01&0&-0.03\\0&0&0&0\end{bmatrix}$$

计算结果：

$$\mathrm{d}T=\boldsymbol{\Delta}\cdot\boldsymbol{T}=\begin{bmatrix}0&0&0.01&0.01\\0&0&0&0\\-0.01&0&0&0.02\\0&0&0&0\end{bmatrix}\begin{bmatrix}0&1&0&5\\0&0&1&10\\1&0&0&0\\0&0&0&1\end{bmatrix}=\begin{bmatrix}0.01&0&0&0.01\\0&0&0&0\\0&-0.01&0&-0.03\\0&0&0&0\end{bmatrix}$$

结论：坐标系 $\{n\}$ 下的等价微分运动的计算结果是正确的。

3.2.4 雅可比矩阵的微分变换求法

1. 关节 i 是旋转关节

如图 3.5 所示，如果关节 i 是旋转关节，在坐标系 $\{i\}$ 中，关节 i 绕 Z_i 轴的微分转动为 $\mathrm{d}\theta_i$，则坐标系 $\{i\}$ 中关节 i 的微分运动向量为

$$\boldsymbol{D}=\begin{bmatrix}\boldsymbol{d}\\\boldsymbol{\delta}\end{bmatrix}\boldsymbol{d}=\begin{bmatrix}0\\0\\0\end{bmatrix}\boldsymbol{\delta}=\begin{bmatrix}0\\0\\1\end{bmatrix}\mathrm{d}\theta_i$$

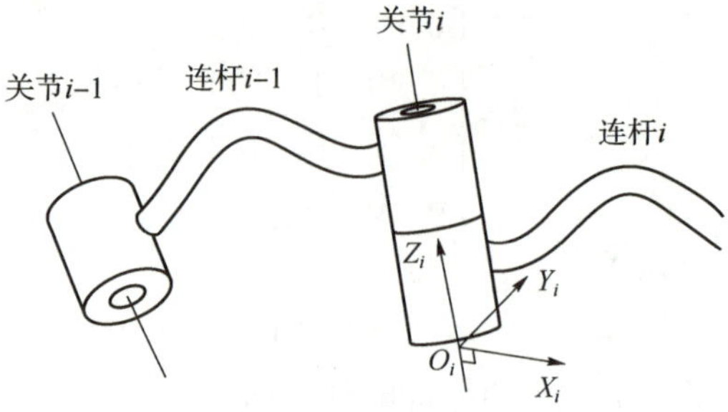

图 3.5　旋转关节分析图

把坐标系 $\{i\}$ 看作基系，则机器人末端坐标系 $\{n\}$ 中对应的微分运动向量为

$$\begin{bmatrix} \boldsymbol{d}_x^n \\ \boldsymbol{d}_y^n \\ \boldsymbol{d}_z^n \\ \boldsymbol{\delta}_x^n \\ \boldsymbol{\delta}_y^n \\ \boldsymbol{\delta}_z^n \end{bmatrix} = \begin{bmatrix} n_x & n_y & n_z & (\boldsymbol{P}\times\boldsymbol{n})_x & (\boldsymbol{P}\times\boldsymbol{n})_y & (\boldsymbol{P}\times\boldsymbol{n})_z \\ o_x & o_y & o_z & (\boldsymbol{P}\times\boldsymbol{o})_x & (\boldsymbol{P}\times\boldsymbol{o})_y & (\boldsymbol{P}\times\boldsymbol{o})_z \\ a_x & a_y & a_z & (\boldsymbol{P}\times\boldsymbol{a})_x & (\boldsymbol{P}\times\boldsymbol{a})_y & (\boldsymbol{P}\times\boldsymbol{a})_z \\ 0 & 0 & 0 & n_x & n_y & n_z \\ 0 & 0 & 0 & o_x & o_y & o_z \\ 0 & 0 & 0 & a_x & a_y & a_z \end{bmatrix} \begin{bmatrix} d_x \\ d_y \\ d_z \\ \delta_x \\ \delta_y \\ \delta_z \end{bmatrix}$$

$$= \begin{bmatrix} n_x & n_y & n_z & (\boldsymbol{P}\times\boldsymbol{n})_x & (\boldsymbol{P}\times\boldsymbol{n})_y & (\boldsymbol{P}\times\boldsymbol{n})_z \\ o_x & o_y & o_z & (\boldsymbol{P}\times\boldsymbol{o})_x & (\boldsymbol{P}\times\boldsymbol{o})_y & (\boldsymbol{P}\times\boldsymbol{o})_z \\ a_x & a_y & a_z & (\boldsymbol{P}\times\boldsymbol{a})_x & (\boldsymbol{P}\times\boldsymbol{a})_y & (\boldsymbol{P}\times\boldsymbol{a})_z \\ 0 & 0 & 0 & n_x & n_y & n_z \\ 0 & 0 & 0 & o_x & o_y & o_z \\ 0 & 0 & 0 & a_x & a_y & a_z \end{bmatrix} \begin{bmatrix} 0 \\ 0 \\ 0 \\ 0 \\ 0 \\ \mathrm{d}\theta_i \end{bmatrix}$$

$$\boldsymbol{T} = {}_i^n\boldsymbol{T}$$

所以机器人末端坐标系 $\{n\}$ 中的微分运动向量为

$$\begin{bmatrix} \boldsymbol{d}_x^n \\ \boldsymbol{d}_y^n \\ \boldsymbol{d}_z^n \\ \boldsymbol{\delta}_x^n \\ \boldsymbol{\delta}_y^n \\ \boldsymbol{\delta}_z^n \end{bmatrix} = \begin{bmatrix} (\boldsymbol{P}\times\boldsymbol{n})_z \\ (\boldsymbol{P}\times\boldsymbol{o})_z \\ (\boldsymbol{P}\times\boldsymbol{a})_z \\ n_z \\ o_z \\ a_z \end{bmatrix} \mathrm{d}\theta_i$$

雅可比矩阵的第 i 列为

$$
{}^{n}\boldsymbol{J}_{i}=\begin{bmatrix} p_x n_y - n_x p_y \\ p_x o_y - o_x p_y \\ p_x a_y - a_x p_y \\ n_z \\ o_z \\ a_z \end{bmatrix}
$$

线速度和角速度的传动比分别为

$$
{}^{n}\boldsymbol{J}_{Li}=\begin{bmatrix} (\boldsymbol{P}\times\boldsymbol{n})_z \\ (\boldsymbol{P}\times\boldsymbol{o})_z \\ (\boldsymbol{P}\times\boldsymbol{a})_z \end{bmatrix}=\begin{bmatrix} n_y p_x - n_x p_y \\ o_y p_x - o_x p_y \\ a_y p_x - a_x p_y \end{bmatrix}
$$

$$
{}^{n}\boldsymbol{J}_{Ai}=\begin{bmatrix} n_z \\ o_z \\ a_z \end{bmatrix}
$$

推论：

机器人旋转关节的运动，在机器人的末端既会产生移动分量，也会产生转动分量，即机器人旋转关节的运动对于机器人末端的位置和姿态变化都有作用。

2. 关节 i 是移动关节

如图 3.6 所示，如果关节 i 是移动关节，在坐标系 $\{i\}$ 中，关节 i 沿 Z_i 轴的微分移动为 $\mathrm{d}d_i$，则坐标系 $\{i\}$ 中关节 i 的微分运动向量为

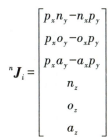

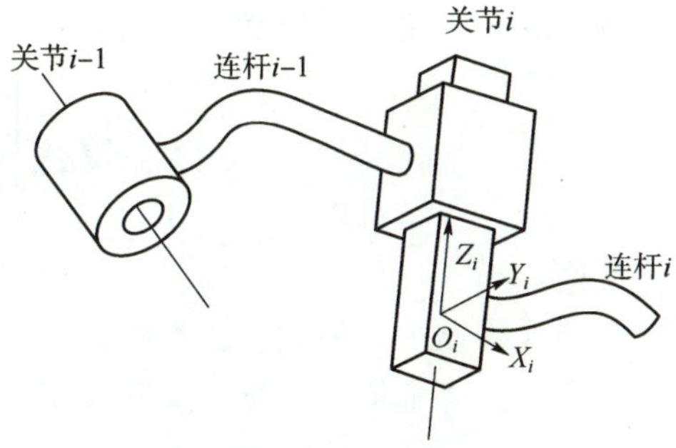

图 3.6　移动关节分析图

$$
\boldsymbol{D}=\begin{bmatrix} \boldsymbol{d} \\ \boldsymbol{\delta} \end{bmatrix}\boldsymbol{d}=\begin{bmatrix} 0 \\ 0 \\ 1 \end{bmatrix}\mathrm{d}d_i\boldsymbol{\delta}=\begin{bmatrix} 0 \\ 0 \\ 0 \end{bmatrix}
$$

把坐标系 $\{i\}$ 看作基系，则机器人末端坐标系 $\{n\}$ 中对应的微分运动向量为

$$
\begin{bmatrix} {}^{n}d^{x} \\ {}^{n}d^{y} \\ {}^{n}d^{z} \\ {}^{n}\delta^{x} \\ {}^{n}\delta^{y} \\ {}^{n}\delta^{z} \end{bmatrix}=\begin{bmatrix} n_x & n_y & n_z & (\boldsymbol{P}\times\boldsymbol{n})_x & (\boldsymbol{P}\times\boldsymbol{n})_y & (\boldsymbol{P}\times\boldsymbol{n})_z \\ o_x & o_y & o_z & (\boldsymbol{P}\times\boldsymbol{o})_x & (\boldsymbol{P}\times\boldsymbol{o})_y & (\boldsymbol{P}\times\boldsymbol{o})_z \\ a_x & a_y & a_z & (\boldsymbol{P}\times\boldsymbol{a})_x & (\boldsymbol{P}\times\boldsymbol{a})_y & (\boldsymbol{P}\times\boldsymbol{a})_z \\ 0 & 0 & 0 & n_x & n_y & n_z \\ 0 & 0 & 0 & o_x & o_y & o_z \\ 0 & 0 & 0 & a_x & a_y & a_z \end{bmatrix}\begin{bmatrix} d_x \\ d_y \\ d_z \\ \delta_x \\ \delta_y \\ \delta_z \end{bmatrix}
$$

$$
=\begin{bmatrix} n_x & n_y & n_z & (\boldsymbol{P}\times\boldsymbol{n})_x & (\boldsymbol{P}\times\boldsymbol{n})_y & (\boldsymbol{P}\times\boldsymbol{n})_z \\ o_x & o_y & o_z & (\boldsymbol{P}\times\boldsymbol{o})_x & (\boldsymbol{P}\times\boldsymbol{o})_y & (\boldsymbol{P}\times\boldsymbol{o})_z \\ a_x & a_y & a_z & (\boldsymbol{P}\times\boldsymbol{a})_x & (\boldsymbol{P}\times\boldsymbol{a})_y & (\boldsymbol{P}\times\boldsymbol{a})_z \\ 0 & 0 & 0 & n_x & n_y & n_z \\ 0 & 0 & 0 & o_x & o_y & o_z \\ 0 & 0 & 0 & a_x & a_y & a_z \end{bmatrix}\begin{bmatrix} 0 \\ 0 \\ \mathrm{d}d_i \\ 0 \\ 0 \\ 0 \end{bmatrix}
$$

$$T={}_{i}^{n}T$$

所以机器人末端坐标系 $\{n\}$ 中的微分运动向量为

$$\begin{bmatrix} {}^{n}d_x \\ {}^{n}d_y \\ {}^{n}d_z \\ {}^{n}\delta_x \\ {}^{n}\delta_y \\ {}^{n}\delta_z \end{bmatrix}=\begin{bmatrix} n_z \\ o_z \\ a_z \\ 0 \\ 0 \\ 0 \end{bmatrix}\mathrm{d}d_i$$

雅可比矩阵的第 i 列为

$${}^{n}\boldsymbol{J}_i=\begin{bmatrix} n_z \\ o_z \\ a_z \\ 0 \\ 0 \\ 0 \end{bmatrix}$$

线速度和角速度的传动比分别为

$${}^{n}\boldsymbol{J}_{Li}=\begin{bmatrix} n_z \\ o_z \\ a_z \end{bmatrix},\ {}^{n}\boldsymbol{J}_{Ai}=\begin{bmatrix} 0 \\ 0 \\ 0 \end{bmatrix}$$

推论：

机器人移动关节的运动，在机器人的末端只会产生移动分量，即机器人移动关节的运动只对于机器人末端的位置改变有作用。

3. 微分变换法求雅可比矩阵的基本步骤

(1) 计算各连杆变换矩阵：${}_{0}^{1}\boldsymbol{T}$，${}_{1}^{2}\boldsymbol{T}$，…，${}_{n-1}^{n}\boldsymbol{T}$。

(2) 计算末端连杆 n 到各连杆 i 的变换矩阵：

$$\left.\begin{aligned} &{}_{n-1}^{n}\boldsymbol{T}={}_{n-1}^{n}\boldsymbol{T} \\ &{}_{n-2}^{n}\boldsymbol{T}={}_{n-2}^{n-1}\boldsymbol{T}\,{}_{n-1}^{n}\boldsymbol{T} \\ &\vdots \\ &{}_{i-1}^{n}\boldsymbol{T}={}_{i-1}^{i}\boldsymbol{T}\,{}_{i}^{n}\boldsymbol{T} \\ &\vdots \\ &{}_{0}^{n}\boldsymbol{T}={}_{0}^{1}\boldsymbol{T}\,{}_{1}^{n}\boldsymbol{T} \end{aligned}\right\}\Rightarrow {}^{n}\boldsymbol{J}$$

(3) 根据关节是旋转关节或移动关节写雅可比矩阵的各列。

注意：用向量积方法计算的雅可比矩阵是基系下的 $\boldsymbol{J}$，而用微分变换法计算的雅可比矩阵是末端坐标系下的（${}^{n}\boldsymbol{J}$）。它们之间的转换关系是：${}^{n}\boldsymbol{J}=\begin{bmatrix} {}_{n}^{o}\boldsymbol{R} & \boldsymbol{O} \\ \boldsymbol{O} & {}_{n}^{o}\boldsymbol{R} \end{bmatrix}\boldsymbol{J}$。

3.3　机器人静力分析

静力学（Statics）一词是由法国数学家、力学家皮埃尔·伐里农（Pierre Varignon，1654—1722）提出的。

静力学是理论力学的一个分支，研究处于平衡态的力系简化和物体受力分析的方法。

所谓平衡态一般是以地球为参照系确定的，是指物体相对于惯性参照系处于静止或匀速直线运动状态，即加速度为0的状态。

按研究对象的不同，静力学可分为质点静力学、刚体静力学、流体静力学，机器人静力学属于刚体静力学的范畴。

静力学的研究方法分为图解法和解析法。

图解法是用几何作图的方法来研究静力学问题。图解法获得的结果精确度不高，但计算速度快，工程中应用较多。皮埃尔·伐里农做了大量开创性工作。

解析法是通过平衡条件式用代数的方法求解未知约束的反作用力。解析法一般以虚功原理为基础，以分析的方法为主要研究手段，是一种更为普遍的方法。拉格朗日在分析力学方面做了奠基性工作。

机器人静力学主要是研究机器人处于静平衡态时的力系简化和受力分析问题。在机器人静力学研究中主要采用解析法。

3.3.1　机械臂连杆受力与关节平衡驱动力

机械臂由连杆和关节依序串联而成，通过末端与外界发生力的相互作用，如搬运重物、打磨工件等。机械臂操作示意如图3.7所示。

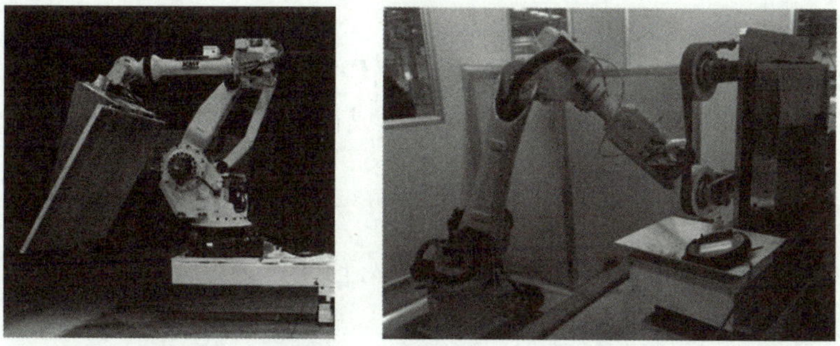

（a）　　　　（b）

图3.7　机械臂操作示意

（a）搬运重物；（b）打磨工件

静力学分析关注的是机械臂在静平衡态时的受力平衡问题，如机械臂末端与外界有力的作用时，力如何从末端向各连杆传递？各关节需要施加多大的驱动力才能保持末端与外界的静平衡态？

1. 机械臂连杆受力计算

这里将机械臂的连杆当成刚体，以其中一个连杆为对象进行静力分析，连杆 i 及其相邻连杆之间的作用力和作用力矩关系，如图3.8所示。图中，$\boldsymbol{F}_i$ 为连杆 $i-1$ 作用在连杆 i

上的力；$\boldsymbol{F}_{i+1}$为连杆 i 作用在连杆 i+1 上的力；$\boldsymbol{M}_i$ 为连杆 i−1 作用在连杆 i 上的力矩；$\boldsymbol{M}_{i+1}$为连杆 i 作用在连杆 i+1 上的力矩；$\boldsymbol{G}_i=m_i\boldsymbol{g}$ 为连杆 i 的重力，作用在质心上；${}^{ci}_{i}\boldsymbol{r}$ 为连杆 i 的质心在坐标系｛i｝中的位置向量；$-\boldsymbol{F}_{i+1}$为连杆 i+1 作用在连杆 i 上的反力；$-\boldsymbol{M}_{i+1}$为连杆 i+1 作用在连杆 i 上的反力矩；${}^{i+1}_{i}\boldsymbol{P}$ 表示坐标系｛i+1｝原点在坐标系｛i｝中的位置向量。

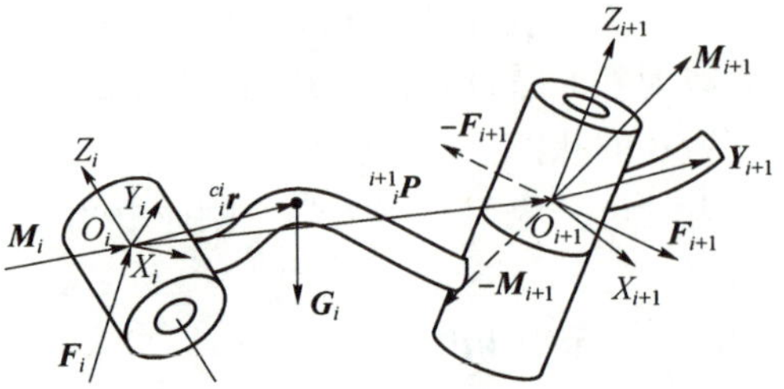

图 3.8　受力分析图

坐标系｛i｝中，以 O_i 为支点，连杆 i 处于静平衡态，所受合力为 0，所以：

力平衡方程为${}^{i}\boldsymbol{F}_i-{}^{i}\boldsymbol{F}_{i+1}+{}^{i}\boldsymbol{G}_i=\boldsymbol{0}$；

力矩平衡方程为${}^{i}\boldsymbol{M}_i-{}^{i}\boldsymbol{M}_{i+1}-{}^{i+1}_{i}\boldsymbol{P}\times{}^{i}\boldsymbol{F}_{i+1}+{}^{ci}_{i}\boldsymbol{r}\times{}^{i}\boldsymbol{G}_i=\boldsymbol{0}$。

由这两个方程可得连杆 i 受到连杆 i−1 作用的力和力矩的递推计算公式为

$$\begin{cases}{}^{i}\boldsymbol{F}_i={}^{i}\boldsymbol{F}_{i+1}-{}^{i}\boldsymbol{G}_i\\{}^{i}\boldsymbol{M}_i={}^{i}\boldsymbol{M}_{i+1}+{}^{i+1}_{i}\boldsymbol{P}\times{}^{i}\boldsymbol{F}_{i+1}-{}^{ci}_{i}\boldsymbol{r}\times{}^{i}\boldsymbol{G}_i\end{cases}$$

当机械臂的末端连杆与外界有作用力和力矩时，可以采用上式依次递推计算出从末端连杆到基座的运动链中，每个连杆关节处受到的作用力和力矩。

如果忽略连杆本身的质量，则上两平衡式可写成反向迭代的形式：

$$\begin{cases}{}^{i}\boldsymbol{F}_i={}^{i}\boldsymbol{F}_{i+1}\\{}^{i}\boldsymbol{M}_i={}^{i}\boldsymbol{M}_{i+1}+{}^{i+1}_{i}\boldsymbol{P}\times{}^{i}\boldsymbol{F}_{i+1}\end{cases}$$

根据此式，采用旋转矩阵，将力和力矩表示成在其各自坐标系中的形式，则机械臂各连杆关节处受力的递推计算公式为

$$\begin{cases}{}^{i}\boldsymbol{F}_i={}^{i+1}_{i}\boldsymbol{R}\cdot{}^{i+1}\boldsymbol{F}_{i+1}\\{}^{i}\boldsymbol{M}_i={}^{i+1}_{i}\boldsymbol{R}\cdot{}^{i+1}\boldsymbol{M}_{i+1}+{}^{i+1}_{i}\boldsymbol{P}\times{}^{i}\boldsymbol{F}_i\end{cases}$$

2. 关节平衡驱动力计算

1）旋转关节平衡驱动力计算

若不考虑关节中的摩擦，旋转关节除了需要输出绕转轴的转矩外，其余各方向的力和力矩都由机械构件承受，为保持连杆平衡，旋转关节 i 的平衡驱动力矩为

$$\boldsymbol{\tau}_i={}^{i}\boldsymbol{M}_i^{\mathrm{T}}\cdot{}^{i}\boldsymbol{Z}_i^{i},\boldsymbol{M}_i\in\mathbf{R}^{3\times1},{}^{i}\boldsymbol{Z}_i\in\mathbf{R}^{3\times1}$$

例 3.3：假设连杆 i 处于静平衡态，关节处所受的力矩为${}^{i}\boldsymbol{M}_i=\begin{bmatrix}m_{xi}\\m_{yi}\\m_{zi}\end{bmatrix}=\begin{bmatrix}10\\20\\30\end{bmatrix}$，求旋转关节 i 需施加的平衡驱动力矩。

解：平衡驱动力矩为

$$\boldsymbol{\tau}_i={}^i\boldsymbol{M}_i^{\mathrm{T}}\cdot{}^i\boldsymbol{Z}_i=\begin{bmatrix}10\\20\\30\end{bmatrix}^{\mathrm{T}}\cdot\begin{bmatrix}0\\0\\1\end{bmatrix}=[10\quad 20\quad 30]\cdot\begin{bmatrix}0\\0\\1\end{bmatrix}=30,\text{其中}{}^i\boldsymbol{Z}_i=\begin{bmatrix}0\\0\\1\end{bmatrix}$$

2）移动关节平衡驱动力计算

对于移动关节 i，除了沿 Z 轴方向的力之外，其余方向的力和力矩都由机械构件承受，移动关节 i 的平衡驱动力为

$$\boldsymbol{\tau}_i={}^i\boldsymbol{F}_i^{\mathrm{T}}\cdot{}^i\boldsymbol{Z},\ {}_i^i\boldsymbol{F}_i\in\mathbf{R}^{3\times1},\ {}^i\boldsymbol{Z}_i\in\mathbf{R}^{3\times1}$$

例 3.4：假设连杆 i 处于静平衡态，关节处所受的力为 ${}^i\boldsymbol{F}_i=\begin{bmatrix}F_{xi}\\F_{yi}\\F_{zi}\end{bmatrix}=\begin{bmatrix}10\\20\\30\end{bmatrix}$，求移动关节 i 需施加的平衡驱动力。

解：平衡驱动力为

$$\boldsymbol{\tau}_i={}^i\boldsymbol{F}_i^{\mathrm{T}}\cdot{}^i\boldsymbol{Z}_i=\begin{bmatrix}10\\20\\30\end{bmatrix}^{\mathrm{T}}\cdot\begin{bmatrix}0\\0\\1\end{bmatrix}=[10\quad 20\quad 30]\cdot\begin{bmatrix}0\\0\\1\end{bmatrix}=30$$

注意：对于旋转关节，计算出的是力矩，单位是 N · m；而对于移动关节，计算出的是力，单位是 N。

例 3.5：如图 3.9 所示，平面 2R 机器人末端受到外界的作用力为 $\boldsymbol{F}$，$\boldsymbol{F}$ 是在机器人末端坐标系中描述的，机械臂处于静平衡态，求各连杆受到的力和力矩及各关节需施加的平衡驱动力矩。

解：在机器人末端、两个关节及基座上建立坐标系 {3}、{2}、{1}、{0}，这里只画了 X 轴和 Y 轴，Z 轴由右手定则确定。

在坐标系 {3} 中：

$$\boldsymbol{F}={}^3\boldsymbol{f}_3=[f_x\quad f_y\quad 0]^{\mathrm{T}}$$

根据力传递公式 ${}^i\boldsymbol{F}_i={}_i^{i+1}\boldsymbol{R}\cdot{}^{i+1}\boldsymbol{F}_{i+1}$，可得连杆 2 所受的力为

$${}^2\boldsymbol{f}_2={}_2^3\boldsymbol{R}\cdot{}^3\boldsymbol{F}=\begin{bmatrix}1&0&0\\0&1&0\\0&0&1\end{bmatrix}\cdot\begin{bmatrix}f_x\\f_y\\0\end{bmatrix}=\begin{bmatrix}f_x\\f_y\\0\end{bmatrix}$$

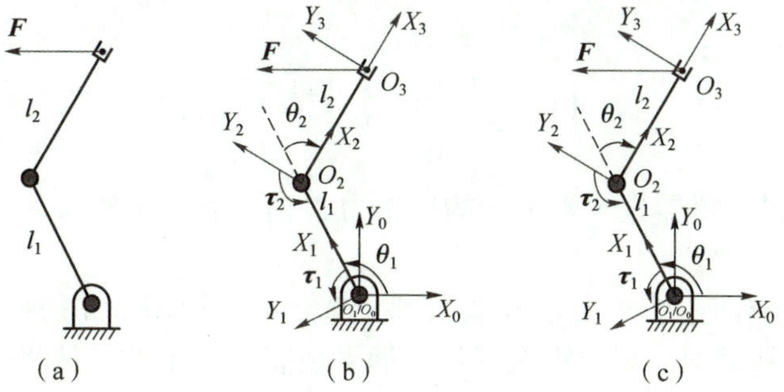

图 3.9　机器人 l_1 和 l_2 连杆图

根据力矩传递公式 ${}^i\boldsymbol{M}_i={}_i^{i+1}\boldsymbol{R}\cdot{}^{i+1}\boldsymbol{M}_{i+1}+{}_i^{i+1}\boldsymbol{P}\times{}^i\boldsymbol{F}_i$，可得连杆 2 所受的力矩为

$$^{2}\boldsymbol{M}_2={}_{2}^{3}\boldsymbol{P}\times{}^{2}\boldsymbol{f}_2=\begin{bmatrix}l_2\\0\\0\end{bmatrix}\times\begin{bmatrix}f_x\\f_y\\0\end{bmatrix}=\begin{bmatrix}0\\0\\l_2f_y\end{bmatrix}$$

看图可同样得出连杆 2 所受的力矩为

$$^{2}\boldsymbol{M}_2=l_2\boldsymbol{x}_2\times{}^{2}\boldsymbol{f}_2=\begin{bmatrix}0\\0\\l_2f_y\end{bmatrix}$$

为方便，令 $\cos\theta_2=\mathrm{c}_2$，$\sin\theta_2=\mathrm{s}_2$。再递推出连杆 1 所受的力和力矩：

$$^{1}\boldsymbol{f}_1={}_{1}^{2}\boldsymbol{R}\cdot{}^{2}\boldsymbol{f}_2=\begin{bmatrix}\mathrm{c}_2&-\mathrm{s}_2&0\\\mathrm{s}_2&\mathrm{c}_2&0\\0&0&1\end{bmatrix}\begin{bmatrix}f_x\\f_y\\0\end{bmatrix}=\begin{bmatrix}\mathrm{c}_2f_x-\mathrm{s}_2f_y\\\mathrm{s}_2f_x+\mathrm{c}_2f_y\\0\end{bmatrix}$$

$$^{1}\boldsymbol{M}_1={}_{1}^{2}\boldsymbol{R}\cdot{}^{2}\boldsymbol{M}_2+{}_{1}^{2}\boldsymbol{P}\times{}^{1}\boldsymbol{f}_1=\begin{bmatrix}\mathrm{c}_2&-\mathrm{s}_2&0\\\mathrm{s}_2&\mathrm{c}_2&0\\0&0&1\end{bmatrix}\begin{bmatrix}0\\0\\l_2f_y\end{bmatrix}+\begin{bmatrix}l_1\\0\\0\end{bmatrix}\times\begin{bmatrix}\mathrm{c}_2f_x-\mathrm{s}_2f_y\\\mathrm{s}_2f_x+\mathrm{c}_2f_y\\0\end{bmatrix}$$

$$=\begin{bmatrix}0\\0\\l_2f_y\end{bmatrix}+\begin{bmatrix}0\\0\\l_1\mathrm{s}_2f_x+l_1\mathrm{c}_2f_y\end{bmatrix}$$

$$=\begin{bmatrix}0\\0\\l_2f_y+l_1\mathrm{s}_2f_x+l_1\mathrm{c}_2f_y\end{bmatrix}$$

由于机器人的两个关节都是旋转关节，因此各连杆所受力矩分别为

$$^{1}\boldsymbol{M}_1=\begin{bmatrix}0\\0\\l_2f_y+l_1\mathrm{s}_2f_x+l_1\mathrm{c}_2f_y\end{bmatrix},\quad{}^{2}\boldsymbol{M}_2=\begin{bmatrix}0\\0\\l_2f_y\end{bmatrix}$$

由此求得各关节的平衡转矩：

$$\boldsymbol{\tau}_i={}^{i}\boldsymbol{M}_i^{\mathrm{T}}\cdot{}^{i}\boldsymbol{Z}_i\begin{cases}\tau_1=l_1\mathrm{s}_2f_x+l_1\mathrm{c}_2f_y+l_2f_y\\\tau_2=l_2f_y\end{cases}$$

写成矩阵形式：

$$\begin{bmatrix}\tau_1\\\tau_2\end{bmatrix}=\begin{bmatrix}l_1\mathrm{s}_2&l_1\mathrm{c}_2+l_2\\0&l_2\end{bmatrix}\begin{bmatrix}f_x\\f_y\end{bmatrix}$$

这样，就求得了在机器人末端施加的作用力 **F** 时，各关节需提供的平衡力矩。

例 3.6：外界的作用力 **F** 表示在坐标系｛3｝中，如图 3.10 所示。如果 **F** 表示在基系中，则求机械臂处于静平衡态时两个关节的平衡驱动力矩。

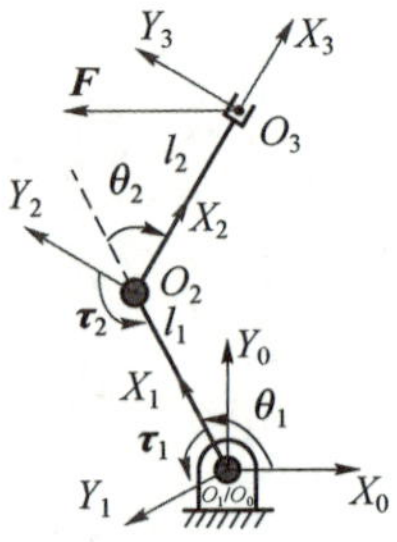

图 3.10　机器人 l_1 和 l_2 连杆图

解：假设基系中外界作用力为 $\boldsymbol{F}={}^{0}\boldsymbol{f}_3=[{}^{0}f_x\quad{}^{0}f_y\quad 0]^{\mathrm{T}}$。

假设该力在坐标系｛3｝中为 $^{3}\boldsymbol{f}_3=[f_x\quad f_y\quad 0]^{\mathrm{T}}$。

则它们之间的转换关系为

$$^{3}f_{3}={}_{3}^{0}\boldsymbol{R}\cdot{}^{0}f_{3}={}_{0}^{3}\boldsymbol{R}^{-1}\cdot{}^{0}f_{3}$$

坐标系 {0} 与坐标系 {3} 之间的姿态转换关系可描述如下：坐标系 {0} 绕 Z_0 轴旋转 θ_1 角，变为坐标系 {1}，坐标系 {1} 再绕 Z_1 轴旋转 θ_2 角，则与坐标系 {2} 姿态相同。因为坐标系 {3} 与坐标系 {2} 姿态相同，所以坐标系 {3} 到坐标系 {0} 的转换矩阵为

$${}_{0}^{3}\boldsymbol{R}={}_{0}^{2}\boldsymbol{R}=\begin{bmatrix}c_1 & -s_1 & 0\\ s_1 & c_1 & 0\\ 0 & 0 & 1\end{bmatrix}\cdot\begin{bmatrix}c_2 & -s_2 & 0\\ s_2 & c_2 & 0\\ 0 & 0 & 1\end{bmatrix}=\begin{bmatrix}c_{12} & -s_{12} & 0\\ s_{12} & c_{12} & 0\\ 0 & 0 & 1\end{bmatrix}$$

$${}_{0}^{3}\boldsymbol{R}^{-1}=\begin{bmatrix}c_{12} & s_{12} & 0\\ -s_{12} & c_{12} & 0\\ 0 & 0 & 1\end{bmatrix}$$

$$^{3}f_{3}={}_{0}^{3}\boldsymbol{R}^{-1}\cdot{}^{0}f_{3}=\begin{bmatrix}c_{12} & s_{12} & 0\\ -s_{12} & c_{12} & 0\\ 0 & 0 & 1\end{bmatrix}\cdot\begin{bmatrix}{}^{0}f_x\\ {}^{0}f_y\\ 0\end{bmatrix}=\begin{bmatrix}f_x\\ f_y\\ 0\end{bmatrix}$$

式中，$c_{12}=\cos(\theta_1+\theta_2)$，$s_{12}=\sin(\theta_1+\theta_2)$，其余以此类推。由上式求得

$$\begin{bmatrix}f_x\\ f_y\end{bmatrix}=\begin{bmatrix}c_{12} & s_{12}\\ -s_{12} & c_{12}\end{bmatrix}\cdot\begin{bmatrix}{}^{0}f_x\\ {}^{0}f_y\end{bmatrix}$$

求得

$$\begin{bmatrix}\tau_1\\ \tau_2\end{bmatrix}=\begin{bmatrix}l_1 s_2 & l_1 c_2+l_2\\ 0 & l_2\end{bmatrix}\begin{bmatrix}f_x\\ f_y\end{bmatrix}$$

2R 机械臂在末端受到作用力 $\boldsymbol{F}$（基系下描述）时，为保持静态平衡，各关节需提供的平衡驱动力矩为

$$\begin{bmatrix}\tau_1\\ \tau_2\end{bmatrix}=\begin{bmatrix}l_1 s_2 & l_1 c_2+l_2\\ 0 & l_2\end{bmatrix}\begin{bmatrix}f_x\\ f_y\end{bmatrix}=\begin{bmatrix}l_1 s_2 & l_1 c_2+l_2\\ 0 & l_2\end{bmatrix}\cdot\begin{bmatrix}c_{12} & s_{12}\\ -s_{12} & c_{12}\end{bmatrix}\cdot\begin{bmatrix}{}^{0}f_x\\ {}^{0}f_y\end{bmatrix}$$

$$=\begin{bmatrix}-l_1 s_1-l_2 s_{12} & l_1 c_1+l_2 c_{12}\\ -l_2 s_{12} & l_2 c_{12}\end{bmatrix}\cdot\begin{bmatrix}{}^{0}f_x\\ {}^{0}f_y\end{bmatrix}$$

$\begin{bmatrix}-l_1 s_1-l_2 s_{12} & l_1 c_1+l_2 c_{12}\\ -l_2 s_{12} & l_2 c_{12}\end{bmatrix}$被称为“力雅可比矩阵”，它的数学意义是建立了机器人工作空间（基系下）中的外界作用力与关节空间的各关节平衡驱动力/力矩之间的映射关系。

3.3.2　静力平衡方程与静力映射分析

1. 静力平衡方程

虚功原理是分析静力学的重要原理，也被称为虚位移原理，是拉格朗日于 1764 年建立的，他当时才 28 岁。

虚功原理：一个原为静止的质点系，如果约束是理想双面定常约束，则系统继续保持静止的条件是所有作用于该系统的主动力对作用点的虚位移所做的功的和为 0。

虚位移指的是物体被附加的满足约束条件及连续条件的无限小可能位移。虚位移不会

改变受力平衡体力的作用方向、大小及其平衡状态。

真实力在虚位移上做的功称为虚功。数学表示上，虚功是力矩或力与虚位移的点积，如

$$W=\boldsymbol{\tau}^{\mathrm{T}}\cdot\boldsymbol{\delta q},W=\boldsymbol{F}^{\mathrm{T}}\cdot\boldsymbol{D}$$

针对不同的对象，虚功原理演变出不同的细分原理，如刚体体系的虚功原理、变形体系的虚功原理等。机器人静力学分析中采用的虚功原理属于刚体体系的虚功原理。

刚体体系的虚功原理：设满足理想约束的刚体体系上作用任意的平衡力系，假设体系发生满足约束条件的无限小的刚体位移，则主动力在位移上所做的虚功总和恒为0。

功是有计量单位（焦耳，J）的，因此静力平衡系统中各分系统所做的虚功必须单位一致。

“功”一词最初是由法国数学家贾斯帕-古斯塔夫·科里奥利（Gaspard de-Gustave Coriolis，1792—1843）提出，以对科里奥利力的研究而闻名。他也是首位将力在一段距离内对物体的作用称为“功”的科学家，是72位名字被刻在巴黎埃菲尔铁塔之上的法国科学家之一。

“焦耳”是为纪念英国物理学家詹姆斯·普雷斯科特·焦耳（James Prescott Joule，1818—1889）而命名的。焦耳发现了热和功之间的转换关系，由此得到了能量守恒定律，最终发展出热力学第一定律；还观测过磁致伸缩效应，发现了导体电阻、通过导体电流及其产生热能之间的关系，也就是常称的焦耳定律。他和开尔文合作发展了温度的绝对尺度。

机器人静力学中，将机器人操作空间中做的虚功与机器人关节空间中做的虚功建立等价关系，由此可推导机械臂的静力平衡方程。

假设有一个 n 关节的串联机械臂，将机械臂末端受到的力和力矩用一个六维向量表示：

$$\boldsymbol{F}=\begin{bmatrix}\boldsymbol{f}\\\boldsymbol{m}\end{bmatrix}=[f_x\quad f_y\quad f_z\quad m_x\quad m_y\quad m_z]^{\mathrm{T}}$$

$\boldsymbol{F}$ 被称为广义力，不细究它是力、力矩还是力和力矩的组合。

将各关节的驱动力/力矩表示为 n 维向量：$\boldsymbol{\tau}=[\tau_1\quad\tau_2\quad\cdots\quad\tau_n]^{\mathrm{T}}$。

同样，不关注 $\boldsymbol{\tau}$ 是力、力矩还是力和力矩的组合。

将关节驱动力矩看成机械臂驱动装置的输入，末端产生的广义力作为机械臂的输出。采用虚功原理推导它们之间的关系。

在虚功原理中，虚位移是满足机械系统的几何约束条件的无限小位移。

令各关节的虚位移为 δq_i，各关节所做的虚功之和为

$$W=\boldsymbol{\tau}^{\mathrm{T}}\cdot\boldsymbol{\delta q}=\tau_1\delta q_1+\cdots+\tau_n\delta q_n$$

机械臂末端的虚位移为

$$\boldsymbol{D}=[d_x\quad d_y\quad d_z\quad\delta_x\quad\delta_y\quad\delta_z]^{\mathrm{T}}$$

机械臂末端所做的虚功为

$$W=\boldsymbol{F}^{\mathrm{T}}\cdot\boldsymbol{D}=f_x\mathrm{d}x+f_y\mathrm{d}y+f_z\mathrm{d}z+m_x\delta_x+m_y\delta_y+m_z\delta_z$$

根据虚功原理，在机械臂静平衡情况下，由任意虚位移产生的虚功和为0，即关节空间虚位移产生的虚功等于操作空间虚位移产生的虚功：

$$\boldsymbol{\tau}^{\mathrm{T}}\cdot\boldsymbol{\delta q}=\boldsymbol{F}^{\mathrm{T}}\cdot\boldsymbol{D}$$

在机器人运动学中：

$$\boldsymbol{D}=\boldsymbol{J}\cdot\boldsymbol{\delta q}$$

上式可转变为

$$\boldsymbol{\tau}^{\mathrm{T}}\cdot\boldsymbol{\delta q}=\boldsymbol{F}^{\mathrm{T}}\cdot\boldsymbol{J}\cdot\boldsymbol{\delta q},\ \boldsymbol{\tau}^{\mathrm{T}}=\boldsymbol{F}^{\mathrm{T}}\cdot\boldsymbol{J}$$

关节驱动力为

$$\boldsymbol{\tau}=\boldsymbol{J}^{\mathrm{T}}\boldsymbol{F}$$

结论：

（1）在仅考虑关节驱动力和末端作用力的情况下，机械臂保持静平衡态的条件是关节驱动力满足上述公式；

（2）在机器人静平衡态下，机器人的力雅可比矩阵是它运动雅可比矩阵的转置。

例 3.7：如图 3.11 所示的 2R 机械臂，其末端受到外界施加的作用力为 $\boldsymbol{F}$，$\boldsymbol{F}$ 是在基系中描述的，该机械臂处于静平衡态，求各个关节的平衡驱动力矩。

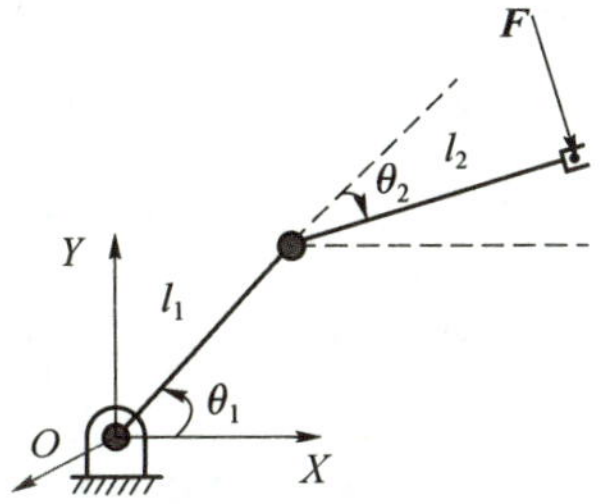

图 3.11　机器人连杆图

解：首先建立基系，两个关节角为 θ_1、θ_2。如图 3.11 所示，定义顺时针方向为负，逆时针方向为正。

建立该机器人的运动学方程：

$$\begin{cases}x=l_1\cos\theta_1+l_2\cos(\theta_1+\theta_2)\\y=l_1\sin\theta_1+l_2\sin(\theta_1+\theta_2)\end{cases}$$

为方便，令 $\sin(\theta_1+\theta_2)=\mathrm{s}_{12}$，$\cos(\theta_1+\theta_2)=\mathrm{c}_{12}$，其他以此类推。微分后求得运动雅可比矩阵为

$$\boldsymbol{J}=\begin{bmatrix}-l_1\mathrm{s}_1-l_2\mathrm{s}_{12} & -l_2\mathrm{s}_{12}\\ l_1\mathrm{c}_1+l_2\mathrm{c}_{12} & l_2\mathrm{c}_{12}\end{bmatrix}$$

力雅可比矩阵为

$$\boldsymbol{J}^{\mathrm{T}}=\begin{bmatrix}-l_1\mathrm{s}_1-l_2\mathrm{s}_{12} & l_1\mathrm{c}_1+l_2\mathrm{c}_{12}\\ -l_2\mathrm{s}_{12} & l_2\mathrm{c}_{12}\end{bmatrix}$$

各关节的平衡驱动力矩为

$$\boldsymbol{\tau}=\boldsymbol{J}^{\mathrm{T}}\cdot\boldsymbol{F}=\begin{bmatrix}-l_1\mathrm{s}_1-l_2\mathrm{s}_{12} & l_1\mathrm{c}_1+l_2\mathrm{c}_{12}\\ -l_2\mathrm{s}_{12} & l_2\mathrm{c}_{12}\end{bmatrix}\cdot\boldsymbol{F}$$

例 3.6、例 3.7 求的都是 2R 机械臂的关节平衡驱动力矩，所用的方法不同，但结果是相同的。

2. 静力映射分析

力雅可比矩阵是运动雅可比矩阵的转置：$\boldsymbol{\tau}=\boldsymbol{J}^{\mathrm{T}}\boldsymbol{F}$。

假设机器人操作空间是 m 维的，机器人关节空间是 n 维的，如图 3.12 所示。图中，$\boldsymbol{F}_1$ 为 $\boldsymbol{F}$ 的值域空间的子集，是一个特殊的力空间，与机器人的奇异位形相对应；$\boldsymbol{\tau}_2$ 为关节驱动力的余量。

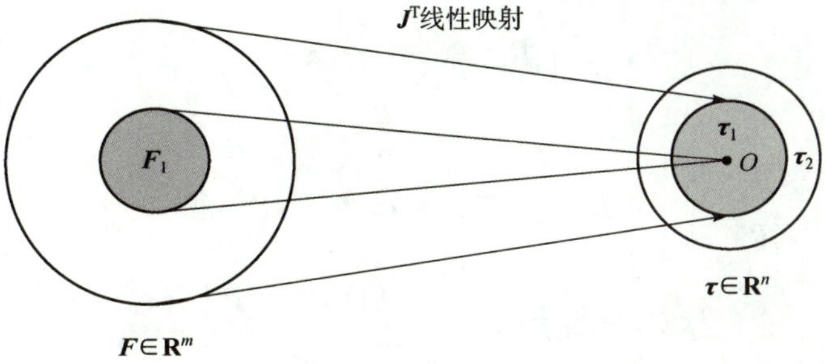

图 3.12　关系图

机器人处于奇异状态时，机器人末端作用力都被机器人机构本体承受了，并不需要关节产生平衡驱动力，于是有

雅可比 $\boldsymbol{J}$ 不满秩⇒奇异状态

推论：如果雅可比矩阵 $\boldsymbol{J}$ 不满秩，则机器人末端的广义力可随意变化，而不会对关节力矩的大小产生影响。

图 3.13 所示的平面两杆机器人处于奇异状态，则此时可以用很小的关节力矩平衡非常大的末端作用力 $\boldsymbol{F}$，而且 $\boldsymbol{F}$ 的增大并不会导致关节力矩的增大。

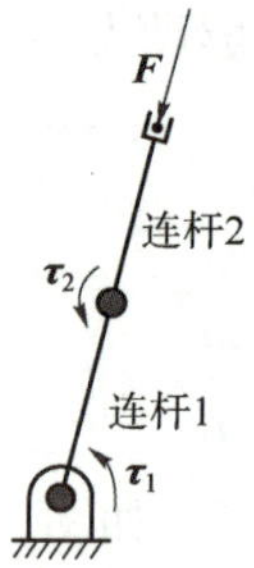

图 3.13 处于奇异状态的平面两杆机器人

3.3.3 静力学的逆问题

在静平衡态下，关节驱动力 $\boldsymbol{\tau}$ 和外界作用力 $\boldsymbol{F}$ 之间的关系：

$$\boldsymbol{\tau}=\boldsymbol{J}^{\mathrm{T}}\boldsymbol{F}\text{（静力学原问题）}$$

静力学的逆问题是：如果已知 $\boldsymbol{\tau}$，如何求 $\boldsymbol{F}$？

（1）如果雅可比矩阵 $\boldsymbol{J}$ 是方阵且 $\boldsymbol{J}^{\mathrm{T}}$ 的逆存在，则可直接求出静力学的逆解：

$$\boldsymbol{F}=(\boldsymbol{J}^{\mathrm{T}})^{-1}\cdot\boldsymbol{\tau}$$

（2）如果 $\boldsymbol{J}$ 不是方阵，或 $\boldsymbol{J}^{\mathrm{T}}$ 的逆不存在，则 $\boldsymbol{F}$ 的值不确定，即 $\boldsymbol{\tau}$ 与 $\boldsymbol{F}$ 之间无法建立直接映射关系。可采用最小二乘的方法求得 $\boldsymbol{F}$ 的一个特解：

$$\boldsymbol{F}=(\boldsymbol{J}\boldsymbol{J}^{\mathrm{T}})^{-1}\boldsymbol{J}\boldsymbol{\tau}$$

3.3.4 力与力矩的坐标转换

假设六维力与力矩（广义力）向量表示为

$$\boldsymbol{F}=\begin{bmatrix}\boldsymbol{f}\\\boldsymbol{m}\end{bmatrix}_{6\times1}$$

如果已知某广义力 $\boldsymbol{F}$ 在一个坐标系 $\{j\}$ 中的值 ${}^{j}\boldsymbol{F}$，那么如何表示它在另外一个坐标系 $\{i\}$ 中的值 ${}^{i}\boldsymbol{F}$ 呢？

利用虚功原理推导广义力从坐标系 $\{j\}$ 到 $\{i\}$ 的转换，坐标系 $\{j\}$ 中的虚位移、作用力为 ${}^{j}\boldsymbol{D}$、${}^{j}\boldsymbol{F}$，坐标系 $\{i\}$ 中对应的虚位移、作用力为 ${}^{i}\boldsymbol{D}$、${}^{i}\boldsymbol{F}$。

根据虚功原理（外力和等效力所做的虚功之和为 0），可得

$${}^{i}\boldsymbol{F}^{\mathrm{T}}\cdot{}^{i}\boldsymbol{D}={}^{j}\boldsymbol{F}^{\mathrm{T}}\cdot{}^{j}\boldsymbol{D}$$

由微分运动的坐标变换公式可得 ${}^{j}\boldsymbol{D}$ 到 ${}^{i}\boldsymbol{D}$ 的转换关系为

$${}^{i}\boldsymbol{D}=\begin{bmatrix}{}^{i}_{j}\boldsymbol{R} & -{}^{i}_{j}\boldsymbol{R}\cdot\boldsymbol{S}({}^{O}_{i}\boldsymbol{P})\\\boldsymbol{O} & {}^{i}_{j}\boldsymbol{R}\end{bmatrix}\cdot{}^{j}\boldsymbol{D}$$

则

$${}^{j}\boldsymbol{D}=\begin{bmatrix}{}^{j}_{i}\boldsymbol{R} & \boldsymbol{S}({}^{O}_{i}\boldsymbol{P})\cdot{}^{j}_{i}\boldsymbol{R}\\\boldsymbol{O} & {}^{j}_{i}\boldsymbol{R}\end{bmatrix}\cdot{}^{i}\boldsymbol{D}$$

将 ${}^{j}\boldsymbol{D}=\begin{bmatrix}{}^{j}_{i}\boldsymbol{R} & \boldsymbol{S}({}^{O}_{i}\boldsymbol{P})\cdot{}^{j}_{i}\boldsymbol{R}\\\boldsymbol{O} & {}^{j}_{i}\boldsymbol{R}\end{bmatrix}\cdot{}^{i}\boldsymbol{D}$ 代入 ${}^{i}\boldsymbol{F}^{\mathrm{T}}\cdot{}^{i}\boldsymbol{D}={}^{j}\boldsymbol{F}^{\mathrm{T}}\cdot{}^{j}\boldsymbol{D}$，得

$${}^{i}\boldsymbol{F}^{\mathrm{T}}\cdot{}^{i}\boldsymbol{D}={}^{j}\boldsymbol{F}^{\mathrm{T}}\cdot\begin{bmatrix}{}^{j}_{i}\boldsymbol{R} & \boldsymbol{S}({}^{O}_{i}\boldsymbol{P})\cdot{}^{j}_{i}\boldsymbol{R}\\\boldsymbol{O} & {}^{j}_{i}\boldsymbol{R}\end{bmatrix}\cdot{}^{i}\boldsymbol{D}$$

将上式两边消去${}^{i}\boldsymbol{D}$并转置得作用力从坐标系$\{j\}$到坐标系$\{i\}$的转换为

$$ {}^{i}\boldsymbol{F}=\begin{bmatrix} {}^{i}_{j}\boldsymbol{R} & \boldsymbol{O} \\ \boldsymbol{S}({}^{O_j}_{i}\boldsymbol{P}){}^{i}_{j}\boldsymbol{R} & {}^{j}_{i}\boldsymbol{R} \end{bmatrix}\cdot {}^{j}\boldsymbol{F} \quad \text{（两坐标系的力和力矩变换公式）} $$

上式也可简写成

$$ {}^{i}\boldsymbol{F}={}^{j}_{i}\boldsymbol{T}_{f}\cdot {}^{j}\boldsymbol{F} \quad \text{（广义力转换矩阵）} $$

例 3.8：如图 3.14 所示，一个带有腕部六维力传感器的机器人通过工具打磨工件，传感器检测出的六维力为${}^{W}\boldsymbol{F}$，计算工具与工件之间的作用力。

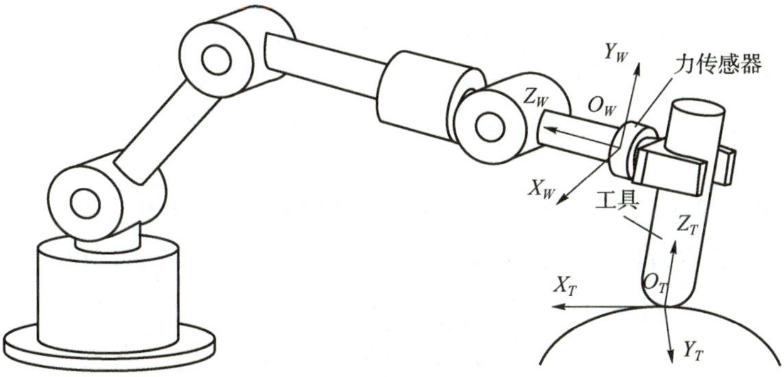

图 3.14 机器人状态示意

解：令腕力坐标系$\{W\}$到工具顶端坐标系$\{T\}$的齐次变换矩阵为

$$ {}^{W}_{T}\boldsymbol{T}=\begin{bmatrix} {}^{W}_{T}\boldsymbol{R} & {}^{WO}_{T}\boldsymbol{P} \\ \boldsymbol{O} & 1 \end{bmatrix} $$

由矩阵${}^{W}_{T}\boldsymbol{T}$可得到${}^{W}_{T}\boldsymbol{R}$和${}^{WO}_{T}\boldsymbol{R}$，由${}^{WO}_{T}\boldsymbol{R}$可得到$\boldsymbol{S}({}^{WO}_{T}\boldsymbol{R})$，再根据广义力坐标变换公式：

$$ {}^{j}\boldsymbol{D}=\begin{bmatrix} {}^{j}_{i}\boldsymbol{R} & \boldsymbol{S}({}^{O_j}_{i}\boldsymbol{P})\cdot {}^{j}_{i}\boldsymbol{R} \\ \boldsymbol{O} & {}^{j}_{i}\boldsymbol{R} \end{bmatrix}\cdot {}^{i}\boldsymbol{D} $$

可得工具与工件之间的作用力为

$$ {}^{T}\boldsymbol{F}=\begin{bmatrix} {}^{T}_{W}\boldsymbol{R} & \boldsymbol{O} \\ \boldsymbol{S}({}^{WO}_{T}\boldsymbol{P}){}^{T}_{W}\boldsymbol{R} & {}^{T}_{W}\boldsymbol{R} \end{bmatrix}\cdot {}^{W}\boldsymbol{F} $$

这种广义力的坐标变换方法可间接测量机器人与外界的作用力，对于无法直接安装力传感器的部位的力测量非常有用。

3.4 拉格朗日动力学方法

3.4.1 拉格朗日动力学建模

约瑟夫·拉格朗日（Joseph-Louis Lagrange，1736—1813），法国著名数学家、物理学家，1736 年 1 月 25 日生于意大利都灵，1813 年 4 月 10 日卒于巴黎，他在数学、力学和天文学 3 个学科领域中都有历史性的贡献。

拉格朗日是分析力学的创立者。1788 年，拉格朗日出版了其著作《分析力学》，在总结历史上各种力学基本原理的基础上，引进广义坐标的概念，建立了拉格朗日方程，把力学体系的运动方程从以力为基本概念的牛顿形式，改变为以能量为基本概念的分析力学形式，奠定了分析力学的基础。

拉格朗日方程是运用达朗贝尔原理得到的力学方程，和牛顿第二运动定律等价，但拉格朗日方程具有更普遍的意义，适用范围更广泛，而且选取恰当的广义坐标，可以使拉格朗日方程的求解大大简化。

拉格朗日动力学有一个基本假设：具有 n 个自由度的系统，其运动状态完全由 n 个广义坐标及它们的微商（广义速度）决定。或者说，力学系统的运动状态由一个含有广义坐标和广义速度的函数描述。

拉格朗日动力学方法就是基于该假设，能以最简单的形式求得非常复杂系统的动力学方程，而且具有显式结构，是一种很实用的动力学建模方法。下面对拉格朗日方法进行详细介绍。

拉格朗日函数 L 定义为任何机械系统的动能 E_k 和势能 E_p 之差：

$$L=E_k-E_p$$

动能和势能可以用任意选取的坐标系来表示，不局限于笛卡儿坐标系。

假设 n 自由度机器人的广义坐标为 $q_i(i=1,2,\cdots,n)$，则该机器人的动力学方程为

$$f_i=\frac{\mathrm{d}}{\mathrm{d}t}\cdot\frac{\partial L}{\partial \dot{q}_i}-\frac{\partial L}{\partial q_i} \tag{3.3}$$

q_i是直线坐标，f_i是力
q_i是角度坐标，f_i是力矩
} 广义力

广义速度

将 $L=E_k-E_p$ 代入式（3.3）中得

$$f_i=\left(\frac{\mathrm{d}}{\mathrm{d}t}\cdot\frac{\partial E_k}{\partial \dot{q}_i}-\frac{\partial E_k}{\partial q_i}\right)-\left(\frac{\mathrm{d}}{\mathrm{d}t}\cdot\frac{\partial E_p}{\partial \dot{q}_i}-\frac{\partial E_p}{\partial q_i}\right)$$

由于势能 E_p 不显含 $\dot{q}_i(i=1,2,\cdots,n)$，因此拉格朗日动力学方程也可以写成

$$f_i=\frac{\mathrm{d}}{\mathrm{d}t}\cdot\frac{\partial E_k}{\partial \dot{q}_i}-\frac{\partial E_k}{\partial q_i}+\frac{\partial E_p}{\partial q_i} \tag{3.4}$$

从上式可以看出，拉格朗日动力学方程是基于能量的，与纯基于力的牛顿第二运动定律的方程是完全不同的形式。

例 3.9：图 3.15 是一个 R-P 机器人的结构简图，每个连杆的质心皆位于连杆末端，求其拉格朗日动力学方程。

解：首先，分析该机器人。它有两个带有质量的运动连杆，其自由度为 2，有两个广义坐标 θ 和 r。为求该机器人的拉格朗日动力学方程，需要计算其动能和势能，而动能和势能是与两个质心的位置和速度相关的。

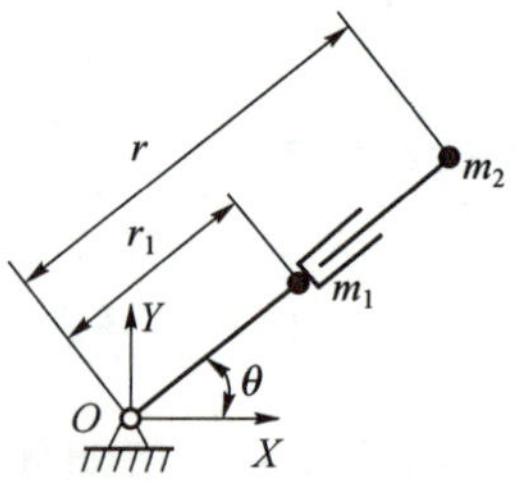

图 3.15　R-P 机器人结构简图

（1）求连杆质心的位置和速度。

为了写出连杆 1 和连杆 2（质量 m_1 和 m_2）的动能和势能，需要知道它们的质心在基座的笛卡儿坐标系 XOY 中的位置和速度。

连杆 1 的质心的位置是$\begin{cases}x_1=r_1\cos\theta\\y_1=r_1\sin\theta\end{cases}$　$r_1\in C$（常数）。

上式对时间 t 求导，可得$\begin{cases}\dot{x}_1=-r_1\dot{\theta}\sin\theta\\\dot{y}_1=r_1\dot{\theta}\cos\theta\end{cases}$。

连杆 1 的质心的速度模的平方是 $v_1^2=\dot{x}_1^2+\dot{y}_1^2=r_1^2\dot{\theta}^2$。

连杆 2 的质心的位置是$\begin{cases}x_2=r\cos\theta\\y_2=r\sin\theta\end{cases}$　$r\notin C$（常数）。

上式对时间 t 求导，可得$\begin{cases}\dot{x}_2=\dot{r}\cos\theta-r\dot{\theta}\sin\theta\\\dot{y}_2=\dot{r}\sin\theta+r\dot{\theta}\cos\theta\end{cases}$。

连杆 2 的质心的速度模的平方是 $v_2^2=\dot{x}_2^2+\dot{y}_2^2=\dot{r}^2+r^2\dot{\theta}^2$。

(2) 求机器人的总动能。

质量为 m，速度为 v 的质点的动能定义为 $E_\mathrm{k}=\frac{1}{2}mv^2$。

则连杆 1 和连杆 2 的动能为$\begin{cases}E_\mathrm{k1}=\frac{1}{2}m_1v_1^2=\frac{1}{2}m_1r_1^2\dot{\theta}^2\\E_\mathrm{k2}=\frac{1}{2}m_2v_2^2=\frac{1}{2}m_2[\dot{r}^2+r^2\dot{\theta}^2]\end{cases}$。

机器人的总动能为 $E_\mathrm{k}=E_\mathrm{k1}+E_\mathrm{k2}=\frac{1}{2}m_1r_1^2\dot{\theta}^2+\frac{1}{2}m_2\dot{r}^2+\frac{1}{2}m_2r^2\dot{\theta}^2$。

(3) 求机器人的总势能。

质量为 m、高度为 h 的质点的势能定义为 $E_\mathrm{p}=mgh$。

连杆 1 和连杆 2 的势能为

$$\begin{cases}E_\mathrm{p1}=m_1gr_1\sin\theta\\E_\mathrm{p2}=m_2gr\sin\theta\end{cases}$$

机器人的总势能为

$$E_\mathrm{p}=E_\mathrm{p1}+E_\mathrm{p2}=m_1gr_1\sin\theta+m_2gr\sin\theta。$$

(4) 求机器人的拉格朗日动力学方程。

机器人的总动能为

$$E_\mathrm{k}=\frac{1}{2}m_1r_1^2\dot{\theta}^2+\frac{1}{2}m_2\dot{r}^2+\frac{1}{2}m_2r^2\dot{\theta}^2$$

机器人的总势能为

$$E_\mathrm{p}=m_1gr_1\sin\theta+m_2gr\sin\theta$$

根据式 (3.4)，分别计算关节 1 和关节 2 上的驱动力/力矩。

关节 1 上的驱动力为

$$\begin{aligned}f_1&=\frac{\mathrm{d}}{\mathrm{d}t}\cdot\frac{\partial E_\mathrm{k}}{\partial\dot{q}_1}-\frac{\partial E_\mathrm{k}}{\partial q_1}+\frac{\partial E_\mathrm{p}}{\partial q_1}\\&=\frac{\mathrm{d}}{\mathrm{d}t}(m_1r_1^2\dot{\theta}+m_2r^2\dot{\theta})-0+(m_1r_1g\cos\theta+m_2rg\cos\theta)\end{aligned}$$

$$=m_1r_1^2\ddot{\theta}+m_2r^2\ddot{\theta}+2m_2r\dot{r}\dot{\theta}+(m_1r_1+m_2r)g\cos\theta$$

因为关节 1 是旋转关节，所以 f_1 是转矩，即

$$\underbrace{\tau_1=(m_1r_1^2+m_2r^2)\ddot{\theta}}_{\text{加速度项}}+\underbrace{2m_2r\dot{r}\dot{\theta}}_{\text{速度项}}+\underbrace{(m_1r_1+m_2r)g\cos\theta}_{\text{位置项}}$$

关节2上的驱动力为

$$f_2=\underbrace{m_2\ddot{r}}_{\text{加速度项}}-\underbrace{m_2r\dot{\theta}^2}_{\text{速度项}}+\underbrace{m_2g\sin\theta}_{\text{位置项}}$$

因为关节 2 是移动关节，所以 f_2 是力。

该 R-P 机器人的动力学方程为

$$\begin{cases}\tau_1=(m_1r_1^2+m_2r^2)\ddot{\theta}+2m_2r\dot{r}\dot{\theta}+(m_1r_1+m_2r)g\cos\theta\\ f_2=m_2\ddot{r}-m_2r\dot{\theta}^2+m_2g\sin\theta\end{cases}\tag{3.5}$$

该方程表示关节上的作用力与各连杆运动之间的复杂耦合关系。

关节 1 的驱动力矩不仅与关节 1 的变量 θ 及其微分相关，而且与关节 2 的变量 r 及其微分相关；关节 2 的驱动力不仅与关节 2 的变量 r 及其微分相关，而且与关节 1 的变量 θ 及其微分相关。

综上，采用拉格朗日方法建立机器人动力学模型的基本步骤为

（1）计算各连杆的质心位置和速度；

（2）计算机器人的总动能；

（3）计算机器人的总势能；

（4）构造拉格朗日函数 L；

（5）推导动力学方程。

上面介绍的拉格朗日方程也被称为第二类拉格朗日方程，仅适用于用动能、势能及广义主动力等标量就能描述的质点系统，而且只适用于完整约束系统，对于非完整约束系统，如图 3.16 所示，需采用改进的拉格朗日方程。

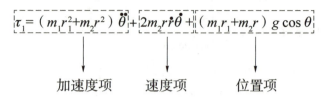

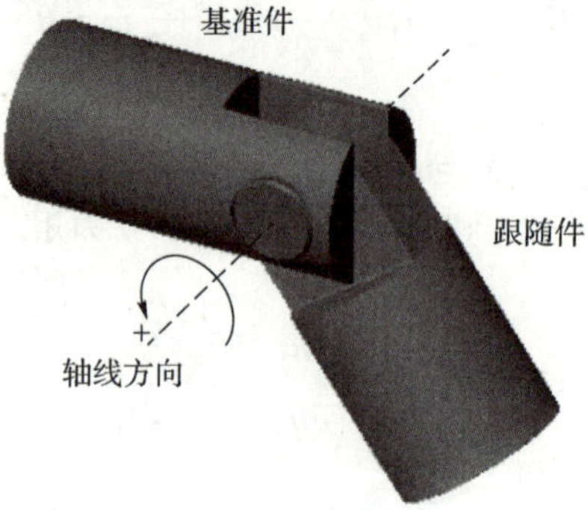

图 3.16　非完整约束系统

3.4.2 拉格朗日动力学方程分析

将前面小节提到对动力学方程所有的变量项的系数进行分类简化，可得拉格朗日动力学方程的一般形式：

$$f_1=D_{11}\ddot{\theta}+D_{12}\ddot{r}+D_{111}\dot{\theta}^2+D_{122}\dot{r}^2+D_{112}\dot{\theta}\dot{r}+D_{121}\dot{r}\dot{\theta}+D_1 \tag{3.6}$$

$$f_2=D_{21}\ddot{\theta}+D_{22}\ddot{r}+D_{211}\dot{\theta}^2+D_{222}\dot{r}^2+D_{212}\dot{\theta}\dot{r}+D_{221}\dot{r}\dot{\theta}+D_2 \tag{3.7}$$

式中，D_{ii}为关节 i 的有效惯量；$D_{ii}\ddot{q}_i$ 为关节 i 的加速度在关节 i 上产生的惯性力；$D_{ij}(i\neq j)$为关节 j 对 i 的耦合惯量；$D_{ij}\ddot{q}_i$ 为关节 j 的加速度在关节 i 上产生的耦合力；$D_{ijj}\dot{q}_j^2$ 为关节 j 的速度在关节 i 上产生的向心力；$D_{ijk}\dot{q}_j\dot{q}_k$、$D_{ikj}\dot{q}_k\dot{q}_j$ 为作用在关节 i 上的科氏力；D_i 为作用在关节 i 上的重力。从而有

$$f_1=\boxed{D_{11}\ddot{\theta}+D_{12}\ddot{r}}+\boxed{D_{111}\dot{\theta}^2+D_{122}\dot{r}^2}+\boxed{D_{112}\dot{\theta}\dot{r}+D_{121}\dot{r}\dot{\theta}}+\boxed{D_1}$$

$$f_2=\boxed{D_{21}\ddot{\theta}+D_{22}\ddot{r}}+\boxed{D_{211}\dot{\theta}^2+D_{222}\dot{r}^2}+\boxed{D_{212}\dot{\theta}\dot{r}+D_{221}\dot{r}\dot{\theta}}+\boxed{D_2}$$

惯性力项　向心力项　科氏力项　重力项

与式（3.5）对照可得表 3.1。

表 3.1　关节对照表

名称	关节 1	关节 2
惯性力项	$D_{11}=m_1r_1^2+m_2r^2$；$D_{12}=0$	$D_{21}=0$；$D_{22}=m_2$
向心力项	$D_{111}=0$；$D_{122}=0$	$D_{211}=-m_2r$；$D_{222}=0$
科氏力项	$D_{112}=m_2r$；$D_{121}=m_2r$	$D_{212}=0$；$D_{221}=0$
重力项	$D_1=g\cos\theta(m_1r_1+m_2r)$	$D_2=m_2g\sin\theta$

结论（如图 3.17 所示）：

（1）关节 1 和关节 2 之间没有耦合惯性力；

（2）关节 1 没有向心力作用，关节 2 受到关节 1 作用的向心力；

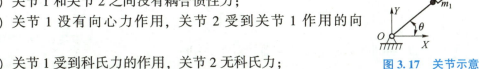

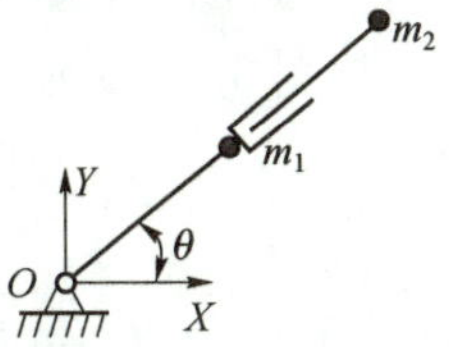

图 3.17　关节示意

（3）关节 1 受到科氏力的作用，关节 2 无科氏力；

（4）关节 1 和关节 2 都受到重力作用；

（5）有效惯量对于移动关节是质量，对于旋转关节是转动惯量。

科氏力：亦称为科里奥利力，是以法国物理学家古斯塔夫·科里奥利的名字命名的一种力。科里奥利力是以牛顿力学为基础的。

1835 年，科里奥利在《物体系统相对运动方程》中指出，如果物体在匀速转动的参考系中作相对运动，则有一种不同于通常离心力的惯性力作用于物体，他称这种力为复合离心力，其大小可用 $2mv\omega$ 表示，m 为物体质量，v 为相对速度，ω 为参考系角速度。

推论：重力负载对驱动力的影响极大，在垂直位置时对驱动力的影响是 0，在水平位置时达到最大。

重力负载对机器人控制影响很大，如图 3.18 所示，在实际中可采用平衡或前馈补偿的方法。

（a）

（b）

图 3.18　机械臂示意

（a）配重方式（简单、成本低，平衡能力有限）；

（b）弹簧缸方式（结构紧凑、平衡效果好，但成本高）

3.5　牛顿-欧拉动力学方法

3.5.1　惯性张量

在 R-P 机器人的例子中假设各连杆的质量集中在一点，实际上各连杆的质量是均匀分布的，对于这种情况存在几个特殊的公式。

（1）惯性矩。惯性矩也被称为面积惯性矩，是刚体的质量微元与其到某坐标轴距离平方乘积的积分，表示刚体抵抗扭动、扭转的能力，通常表示截面抗弯曲能力。

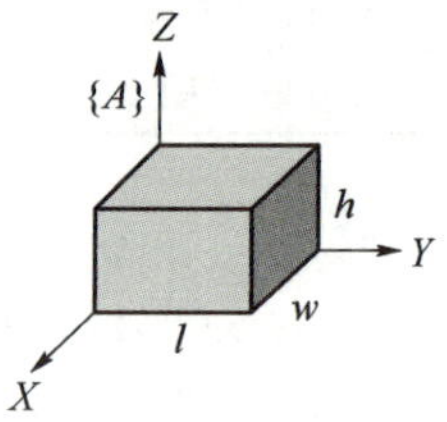

图 3.19　刚体示意

如图 3.19 所示，一均质刚体绕 X、Y、Z 轴的惯性矩定义为

$$I_{xx}=\iiint_V (y^2+z^2)\rho \mathrm{d}V=\iiint_m (y^2+z^2)\mathrm{d}m$$

$$I_{yy}=\iiint_V (x^2+z^2)\rho \mathrm{d}V=\iiint_m (x^2+z^2)\mathrm{d}m$$

$$I_{zz}=\iiint_V (x^2+y^2)\rho \mathrm{d}V=\iiint_m (x^2+y^2)\mathrm{d}m$$

$\mathrm{d}m=\rho \mathrm{d}V\leftarrow$体积微元的质量

（2）惯性积。惯性积也被称为质量惯性积，是刚体的质量微元与其两个直角坐标乘积的积分总和。定义为

$$I_{xy}=\iiint_V xy\rho \mathrm{d}V=\iiint_m xy\mathrm{d}m$$

$$I_{yz}=\iiint_V yz\rho \mathrm{d}V=\iiint_m yz\mathrm{d}m$$

$$I_{zx}=\iiint_V zx\rho \mathrm{d}V=\iiint_m zx\mathrm{d}m$$

（3）惯性张量。惯性张量是描述刚体作定点转动时转动惯性的一种度量，描述了刚体

的质量分布，用包含惯性矩与惯性积的 9 个分量构成的对称矩阵表示。以坐标系 $\{A\}$ 为参考系，刚体相对于参考系 $\{A\}$ 的惯性张量定义为

$$^{A}\boldsymbol{I}=\begin{bmatrix} I_{xx} & -I_{xy} & -I_{xz} \\ -I_{xy} & I_{yy} & -I_{yz} \\ -I_{xz} & -I_{yz} & I_{zz} \end{bmatrix}$$

惯性张量跟坐标系的选取有关，如果选取的坐标系使各惯性积为 0，则此坐标系下的惯性张量是对角型的，此坐标系的各轴称为惯性主轴，质量矩称为主惯性矩。

与惯性张量不同，转动惯量是表示刚体绕定轴转动时转动惯性的一种度量。在经典力学中，转动惯量又称质量惯性矩，用 $J=mr^2$ 表示，其中 m 是质点的质量，r 是质点到转轴的距离。刚体作定点转动的力学情况要比绕定轴转动复杂。

3.5.2　牛顿方程与欧拉方程

任意刚体的运动可分解为质心的平动与绕质心的转动。质心的平动可用牛顿方程描述，绕质心的转动可用欧拉方程描述。

如图 3.20 所示，对于质量为 m 的刚性连杆，力 F_C 作用在连杆质心上使它作直线运动，依据牛顿第二运动定律，可建立如下力平衡方程（牛顿方程）：

$$F_C=m\dot{v}_C \quad (3.8)$$

（$\dot{v}_C$ ← 连杆质心的线加速度）

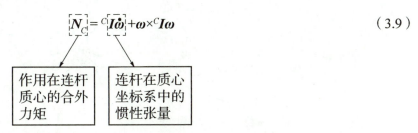

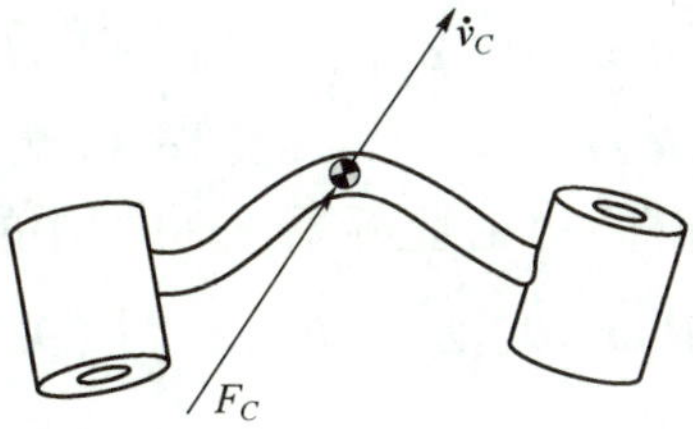

图 3.20　受力分析图

欧拉方程是欧拉运动定律的定量描述，而欧拉运动定律是牛顿运动定律的延伸。欧拉方程建立在角动量定理的基础上，描述刚体旋转运动时所受外力矩与角速度、角加速度之间的关系。

如图 3.21 所示，对于绕质心旋转角速度为 $\boldsymbol{\omega}$，角加速度为 $\dot{\boldsymbol{\omega}}$ 的刚性连杆，可以采用欧拉方程建立如下的力矩平衡方程：

$$\boldsymbol{N}_C={}^{C}\boldsymbol{I}\dot{\boldsymbol{\omega}}+\boldsymbol{\omega}\times{}^{C}\boldsymbol{I}\boldsymbol{\omega} \quad (3.9)$$

$\boldsymbol{N}_C$：作用在连杆质心的合外力矩

$^{C}\boldsymbol{I}$：连杆在质心坐标系中的惯性张量

注意：刚体绕定轴转动时，角速度向量 $\boldsymbol{\omega}$ 和角加速度向量 $\dot{\boldsymbol{\omega}}$ 都是绕着固定轴线的；而

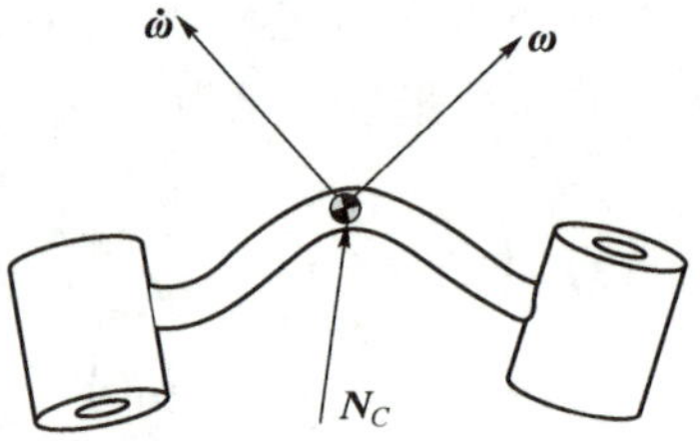

图 3.21　受力分析图

刚体绕定点运动时，角速度向量 ω 的大小和方向都在不断变化，角加速度向量 $\dot{\omega}$ 的方向是沿着 ω 的向量曲线的切线。一般情况下，角加速度向量与角速度向量不重合。

式（3.8）和式（3.9）组合起来被称为牛顿–欧拉方程，它是牛顿–欧拉动力学方法的基础。

3.5.3　递推的牛顿–欧拉动力学方法

如果已知机器人关节的位置、速度和加速度以及机器人的运动学和质量分布信息，则可以采用牛顿–欧拉动力学方法求出关节需要提供的驱动力/力矩。

牛顿–欧拉动力学方法主要包括速度和加速度的递推计算及力和力矩的递推计算两个步骤。

（1）速度和加速度的外推公式。

连杆 i+1 在坐标系｛i+1｝中的角速度为

$$
{}^{i+1}\boldsymbol{\omega}_{i+1}=\begin{cases}{}_{i+1}^{\ i}\boldsymbol{R}\,{}^{i}\boldsymbol{\omega}_i+\dot{\boldsymbol{\theta}}{}_{i+1}^{i+1}\boldsymbol{Z}_{i+1} & (\text{关节 } i+1 \text{ 为旋转关节})\\ {}_{i+1}^{\ i}\boldsymbol{R}\,{}^{i}\boldsymbol{\omega}_i & (\text{关节 } i+1 \text{ 为移动关节})\end{cases} \tag{3.10}
$$

上式对时间 t 求导，可得连杆 i+1 在坐标系｛i+1｝中的角加速度为

$$
{}^{i+1}\dot{\boldsymbol{\omega}}_{i+1}=\begin{cases}{}_{i+1}^{\ i}\boldsymbol{R}\,{}^{i}\dot{\boldsymbol{\omega}}_i+{}_{i+1}^{\ i}\boldsymbol{R}\,{}^{i}\boldsymbol{\omega}_i\times\dot{\boldsymbol{\theta}}{}_{i+1}^{i+1}\boldsymbol{Z}_{i+1}+\ddot{\boldsymbol{\theta}}{}_{i+1}^{i+1}\boldsymbol{Z}_{i+1} & (\text{关节 } i+1 \text{ 为旋转关节})\\ {}_{i+1}^{\ i}\boldsymbol{R}\,{}^{i}\dot{\boldsymbol{\omega}}_i & (\text{关节 } i+1 \text{ 为移动关节})\end{cases} \tag{3.11}
$$

对于关节 i+1 的线速度和线加速度，如图 3.22 所示，令 ${}^{0}\boldsymbol{p}_i$ 和 ${}^{0}\boldsymbol{p}_{i+1}$ 分别为坐标系｛i｝和｛i+1｝的原点在坐标系｛0｝中的位置向量，令 ${}^{i}\boldsymbol{p}_{i+1}$ 为坐标系｛i+1｝的原点在坐标系｛i｝中的位置向量，则在坐标系｛0｝、｛i｝和｛i+1｝中，3 个位置向量关系为

$$
{}^{0}\boldsymbol{p}_{i+1}={}^{0}\boldsymbol{p}_i+{}_{0}^{i}\boldsymbol{R}\,{}^{i}\boldsymbol{p}_{i+1}
$$

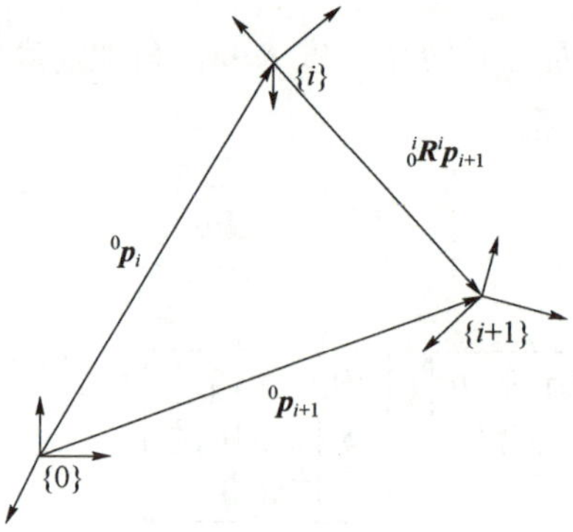

图 3.22　空间向量图

上式对时间 t 求导，可得坐标系 $\{i+1\}$ 的原点在基坐标系 $\{0\}$ 中的线速度为

$$ {}^{0}\boldsymbol{v}_{i+1} = {}^{0}\boldsymbol{v}_i + {}^{i}_{0}\boldsymbol{R}\,{}^{i}\boldsymbol{v}_{i+1} + {}^{0}\boldsymbol{\omega}_i \times {}^{i}_{0}\boldsymbol{R}\,{}^{i}\boldsymbol{p}_{i+1} $$

$$ {}^{i+1}\boldsymbol{v}_{i+1} = {}^{i}_{i+1}\boldsymbol{R}\,{}^{i}\boldsymbol{v}_i + {}^{i}_{i+1}\boldsymbol{R}\,{}^{i}\boldsymbol{v}_{i+1} + {}^{i}_{i+1}\boldsymbol{R}({}^{i}\boldsymbol{\omega}_i \times {}^{i}\boldsymbol{p}_{i+1}) \tag{3.12} $$

(2) 当关节 $i+1$ 是旋转关节时，${}^{i}\boldsymbol{v}_{i+1}=\boldsymbol{0}$，式（3.12）可简化为

$$ {}^{i+1}\boldsymbol{v}_{i+1} = {}^{i}_{i+1}\boldsymbol{R}\,{}^{i}\boldsymbol{v}_i + {}^{i}_{i+1}\boldsymbol{R}({}^{i}\boldsymbol{\omega}_i \times {}^{i}\boldsymbol{p}_{i+1}) $$

上式对时间 t 求导，可得坐标系 $\{i+1\}$ 的原点的线加速度为

$$ {}^{i+1}\dot{\boldsymbol{v}}_{i+1} = {}^{i}_{i+1}\boldsymbol{R}[\,{}^{i}\dot{\boldsymbol{v}}_i + {}^{i}\dot{\boldsymbol{\omega}}_i \times {}^{i}\boldsymbol{p}_{i+1} + {}^{i}\boldsymbol{\omega}_i \times ({}^{i}\boldsymbol{\omega}_i \times {}^{i}\boldsymbol{p}_{i+1})\,] $$

(3) 当关节 $i+1$ 是移动关节时，${}^{i}\boldsymbol{v}_{i+1} = \boldsymbol{d}_{i+1}\,{}^{i}\boldsymbol{Z}_{i+1}$，式（3.12）可简化为

$$ {}^{i+1}\boldsymbol{v}_{i+1} = {}^{i}_{i+1}\boldsymbol{R}\,{}^{i}\boldsymbol{v}_i{}^{i} + {}^{i}_{i+1}\boldsymbol{R}({}^{i}\boldsymbol{\omega}_i \times {}^{i}\boldsymbol{p}_{i+1}) + \dot{\boldsymbol{d}}_{i+1}\,{}^{i+1}\boldsymbol{Z}_{i+1} $$

上式对时间 t 求导，可得坐标系 $\{i+1\}$ 的原点的线加速度为

$$ {}^{i+1}\dot{\boldsymbol{v}}_{i+1} = {}^{i}_{i+1}\boldsymbol{R}[\,{}^{i}\dot{\boldsymbol{v}}_i + {}^{i}\dot{\boldsymbol{\omega}}_i \times {}^{i}\boldsymbol{p}_{i+1} + {}^{i}\boldsymbol{\omega}_i \times ({}^{i}\boldsymbol{\omega}_i \times {}^{i}\boldsymbol{p}_{i+1})\,] + $$
$$ \ddot{\boldsymbol{d}}_{i+1}\,{}^{i+1}\boldsymbol{Z}_{i+1} + 2\,{}^{i+1}\boldsymbol{\omega}_i + 1 \times \dot{\boldsymbol{d}}_{i+1}\,{}^{i+1}\boldsymbol{Z}_{i+1} $$

因此，求坐标系 $\{i+1\}$ 的原点的线加速度的递推公式为

$$ {}^{i+1}\dot{\boldsymbol{v}}_{i+1} = \begin{cases} {}^{i}_{i+1}\boldsymbol{R}[\,{}^{i}\dot{\boldsymbol{v}}_i + {}^{i}\dot{\boldsymbol{\omega}}_i \times {}^{i}\boldsymbol{p}_{i+1} + {}^{i}\boldsymbol{\omega}_i \times ({}^{i}\boldsymbol{\omega}_i \times {}^{i}\boldsymbol{p}_{i+1})\,] & \text{（关节 } i+1 \text{ 为旋转关节）} \\ {}^{i}_{i+1}\boldsymbol{R}[\,{}^{i}\dot{\boldsymbol{v}}_i + {}^{i}\dot{\boldsymbol{\omega}}_i \times {}^{i}\boldsymbol{p}_{i+1} + {}^{i}\boldsymbol{\omega}_i \times ({}^{i}\boldsymbol{\omega}_i \times {}^{i}\boldsymbol{p}_{i+1})\,] + & \\ \ddot{\boldsymbol{d}}_{i+1}\,{}^{i+1}\boldsymbol{Z}_{i+1} + 2\,{}^{i+1}\boldsymbol{\omega}_{i+1} \times \dot{\boldsymbol{d}}_{i+1}\,{}^{i+1}\boldsymbol{Z}_{i+1} & \text{（关节 } i+1 \text{ 为移动关节）} \end{cases} \tag{3.13} $$

同样，我们可以得到每个连杆质心的加速度为

$$ {}^{i}\dot{\boldsymbol{v}}_{C_i} = {}^{i}\dot{\boldsymbol{\omega}}_i \times {}^{i}\boldsymbol{p}_{C_i} + {}^{i}\boldsymbol{\omega}_i \times ({}^{i}\boldsymbol{\omega}_i + {}^{i}\boldsymbol{p}_{C_i}) + {}^{i}\dot{\boldsymbol{v}}_i \tag{3.14} $$

无论关节 i 是旋转关节还是移动关节，式（3.14）都适用。

由计算出的连杆线加速度、角速度和角加速度，我们可以通过牛顿-欧拉方程计算出施加在连杆质心的惯性力和惯性转矩：

$$ {}^{i}\boldsymbol{F}_i = m_i\,{}^{i}\dot{\boldsymbol{v}}_{C_i}, \quad {}^{i}\boldsymbol{N}_i = {}^{C_i}\boldsymbol{I}\,{}^{i}\dot{\boldsymbol{\omega}}_i + {}^{i}\boldsymbol{\omega}_i \times {}^{C_i}\boldsymbol{I}\,{}^{i}\boldsymbol{\omega}_i $$

3.5.4　力和力矩的内推迭代公式

在静力学分式中得到了力和力矩的平衡方程式，如图 3.23 所示。

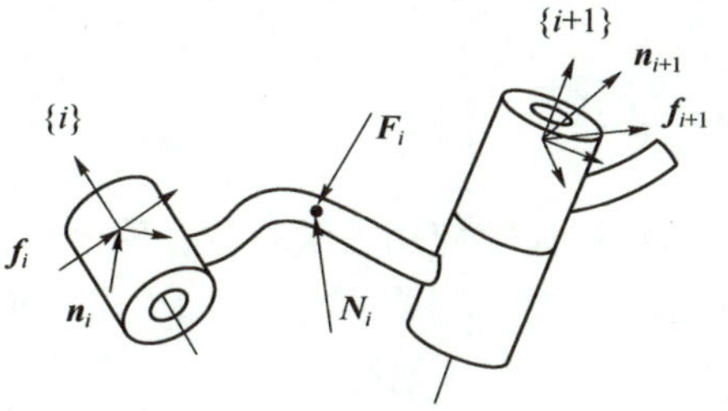

图 3.23　受力分析图

连杆 i 处于平衡状态时，所受合力为 0，力和力矩平衡方程分别为

连杆i-1作用于连杆i的力在坐标系$\{i\}$中的表达

$${}^i\!f_i - {}^{i+1}_iR^{i+1}f_{i+1} - {}^i\!F_i = 0$$

连杆i+1作用于连杆i的力在坐标系$\{i\}$中的表达

连杆i-1作用于连杆i的力矩在坐标系$\{i\}$中的表达

$${}^i\!n_i - {}^i\!n_{i+1} + (-{}^i\!P_{C_i}) \times {}^i\!f_i - ({}^i\!P_{i+1} - {}^i\!P_{C_i}) \times {}^i\!f_{i+1} - {}^i\!N_i = 0$$

连杆i+1作用于连杆i的力矩在坐标系$\{i\}$中的表达

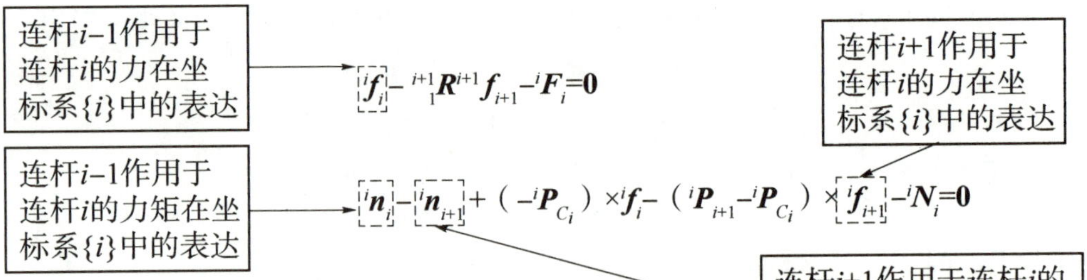

连杆在运动的情况下，作用在i的合力为0，得力平衡式（不考虑重力）：

$${}^iF = {}^i\!f_i - {}^{i+1}_iR \cdot {}^{i+1}f_{i+1} \quad （坐标系\{i\}）$$

作用在质心上的外力矩矢量合为0，得力矩平衡式（不考虑重力）：

$${}^iN_i = {}^i\!n_i - {}^i\!n_{i+1} + (-{}^i\!P_{C_i}) \times {}^i\!f_i - ({}^i\!P_{i+1} - {}^i\!P_{C_i}) \times {}^i\!f_{i+1}$$

写成从末端连杆向内迭代（连杆 i+1 作用于连杆 i 的力和力矩）形式：

$$\begin{cases} {}^i\!f_i = {}^{i+1}_iR\,{}^{i+1}f_{i+1} + {}^i\!F_i \\ {}^i\!n_i = {}^i\!N_i + {}^{i+1}_iR\,{}^{i+1}n_{i+1} + {}^i\!P_{C_i} \times {}^i\!F_i + {}^i\!P_{i+1} \times {}^{i+1}_iR\,{}^{i+1}f_{i+1} \end{cases} \tag{3.15}$$

通过上式，可以从机器人末端连杆 n 开始计算，依次递推，直至机器人基座，从而得到机器人各连杆对相邻连杆施加的力和力矩。

各关节上所需的转矩等于连杆作用在它相邻连杆的力矩的 Z 轴分量。

对于旋转关节，关节驱动力为 $\tau_i = {}^i\!n_i^T \cdot {}^i\!Z_i$。

对于移动关节，关节驱动力为 $\tau_i = {}^i\!f_i^T \cdot {}^i\!Z_i$。

操作臂在自由空间运动时，末端力的初值选择为

$$^{n+1}f_{n+1} = 0$$

$$^{n+1}n_{n+1} = 0$$

操作臂与外部环境有接触时，末端力的初值选择为

$$^{n+1}f_{n+1} \neq 0$$

$$^{n+1}n_{n+1} \neq 0$$

3.6　凯恩动力学方法

Thomas R. Kane 是美国斯坦福大学应用力学教授，他于 20 世纪 60 年代提出了分析系统动力学的凯恩（Kane）方法。凯恩方法综合了分析力学和向量力学的优点，采用广义速率作为广义坐标的独立变量，通过引入偏速度、偏角速度的概念，建立了代数方程形式的动力学方程。凯恩方法是建立一般多自由度离散系统动力学方程的一种普遍方法，既适用于完整系统，又适用于非完整系统。在建立动力学方程过程中不出现理想约束反力，也不必计算动能等动力学函数及其导数。凯恩方法涉及的主要概念有：广义速率、偏速度、偏角速度、广义主动力和广义惯性力。

1. 广义速率

设一个完整力学系统 s 由 N 个质点组成，它在惯性坐标系中的自由度数目为 n，其位形可以用 n 个广义坐标 $\boldsymbol{q}_s(s=1,2,\cdots,n)$ 来描述。假定系统中第 i 个质点相对惯性系原点的矢径为 $\boldsymbol{r}_i$，它是广义坐标 $\boldsymbol{q}_s$ 和时间 t 的函数，即

$$\boldsymbol{r}_i=\boldsymbol{r}_i(\boldsymbol{q}_1,\boldsymbol{q}_2,\cdots,\boldsymbol{q}_n,t) \tag{3.16}$$

上式两端对时间 t 求导，可得

$$\boldsymbol{v}_i=\boldsymbol{r}_i=\sum_{s=1}^{n}\frac{\partial \boldsymbol{r}_i}{\partial \boldsymbol{q}_s}\boldsymbol{q}_s+\frac{\partial \boldsymbol{r}_i}{\partial t} \tag{3.17}$$

定义变量：

$$\boldsymbol{u}_r(r=1,2,\cdots,n):\boldsymbol{u}_r=\sum_{s=1}^{n}\boldsymbol{a}_{rs}\boldsymbol{q}_s+\boldsymbol{b}_r \tag{3.18}$$

式中，$\boldsymbol{a}_{rs}$和 $\boldsymbol{b}_r$ 都是广义坐标 $\boldsymbol{q}_s$ 和时间 t 的函数，$\boldsymbol{a}_{rs}$和 $\boldsymbol{b}_r$ 的选取要能唯一求解出$\dot{\boldsymbol{q}}_s$，即系数 $\boldsymbol{a}_{rs}$构成的矩阵非奇异。$\boldsymbol{u}_r$ 是$\dot{\boldsymbol{q}}_s$ 的线性组合，类似广义速度，但一般不可积，其本质上是一个伪速度，在凯恩方法中称为广义速率。

2. 偏速度

由式（3.18）定义的广义速率可得

$$\boldsymbol{q}_s=\sum_{r=1}^{n}\boldsymbol{w}_{sr}\boldsymbol{u}_r+\boldsymbol{y}_s \tag{3.19}$$

式中，w_{sr}所构成的矩阵是式（3.18）中 a_{rs}所构成矩阵的逆矩阵，y_s 所构成的向量是 a_{rs}所构成矩阵的逆矩阵与由系数 b_r 所构成向量的积。

于是有：

$$\boldsymbol{v}_i=\boldsymbol{r}_i=\sum_{r=1}^{n}\left(\sum_{s=1}^{n}\frac{\partial \boldsymbol{r}_i}{\partial \boldsymbol{q}_s}\boldsymbol{w}_{sr}\right)\boldsymbol{u}_r+\left(\sum_{s=1}^{n}\frac{\partial \boldsymbol{r}_i}{\partial \boldsymbol{q}_s}\boldsymbol{y}_s+\frac{\partial \boldsymbol{r}_i}{\partial t}\right) \tag{3.20}$$

将其写为

$$\boldsymbol{v}_i=\boldsymbol{r}_i=\sum_{r=1}^{n}\boldsymbol{v}_{ir}\boldsymbol{u}_r+\boldsymbol{v}_{it}$$

其中

$$\boldsymbol{v}_{ir}=\sum_{s=1}^{n}\frac{\partial \boldsymbol{r}_i}{\partial \boldsymbol{q}_s}\boldsymbol{w}_{sr}\boldsymbol{v}_{it}=\sum_{s=1}^{n}\frac{\partial \boldsymbol{r}_i}{\partial \boldsymbol{q}_s}\boldsymbol{y}_s+\frac{\partial \boldsymbol{r}_i}{\partial t}$$

那么

$$\boldsymbol{v}_{ir}=\frac{\partial \boldsymbol{v}_i}{\partial \boldsymbol{u}_r} \tag{3.21}$$

向量系数 $\boldsymbol{v}_{ir}$称为第 i 个质点的第 r 个偏速度，或者称为第 i 个质点对应于广义速率 $\boldsymbol{u}_r$ 的偏速度。偏速度是一个向量，它的主要作用是赋予广义速率以方向性。

广义速率可以看成是真实速度在偏速度上的投影。

3. 偏角速度

假定机器人系统中第 i 个连杆上的坐标系为 $\{O_iX_iY_iZ_i\}$，其基向量为 $\boldsymbol{i}$、$\boldsymbol{j}$、$\boldsymbol{k}$，则该连杆的角速度向量在连杆坐标系中可以表示为

$$\boldsymbol{\omega}_i = \omega_1 \boldsymbol{i} + \omega_2 \boldsymbol{j} + \omega_3 \boldsymbol{k} \tag{3.22}$$

由向量混合积公式可得：

$$\boldsymbol{\omega}_1 = \boldsymbol{k}\frac{\mathrm{d}\boldsymbol{j}}{\mathrm{d}t}, \boldsymbol{\omega}_2 = i\frac{\mathrm{d}\boldsymbol{k}}{\mathrm{d}t}, \boldsymbol{\omega}_3 = \boldsymbol{j}\frac{\mathrm{d}\boldsymbol{i}}{\mathrm{d}t} \tag{3.23}$$

由于 $\boldsymbol{i}$、$\boldsymbol{j}$、$\boldsymbol{k}$ 是广义坐标 $\boldsymbol{q}_s(s=1, 2, \cdots, n)$ 和时间 t 的函数，因此有

$$\begin{aligned}
\frac{\mathrm{d}\boldsymbol{i}}{\mathrm{d}t} &= \sum_{s=1}^{n} \frac{\partial \boldsymbol{i}}{\partial \boldsymbol{q}_s}\boldsymbol{q}_s + \frac{\partial \boldsymbol{i}}{\partial t} \\
\frac{\mathrm{d}\boldsymbol{j}}{\mathrm{d}t} &= \sum_{s=1}^{n} \frac{\partial \boldsymbol{j}}{\partial \boldsymbol{q}_s}\boldsymbol{q}_s + \frac{\partial \boldsymbol{j}}{\partial t} \\
\frac{\mathrm{d}\boldsymbol{k}}{\mathrm{d}t} &= \sum_{s=1}^{n} \frac{\partial \boldsymbol{k}}{\partial \boldsymbol{q}_s}\boldsymbol{q}_s + \frac{\partial \boldsymbol{k}}{\partial t}
\end{aligned} \tag{3.24}$$

将式（3.19）代入式（3.24），可得

$$\begin{aligned}
\frac{\mathrm{d}\boldsymbol{i}}{\mathrm{d}t} &= \sum_{r=1}^{n}\left(\sum_{s=1}^{n} \frac{\partial \boldsymbol{i}}{\partial \boldsymbol{q}_s}\boldsymbol{\omega}_{sr}\right)\boldsymbol{u}_r + \left(\sum_{s=1}^{n} \frac{\partial \boldsymbol{i}}{\partial \boldsymbol{q}_s}\boldsymbol{y}_s + \frac{\partial \boldsymbol{i}}{\partial t}\right) \\
\frac{\mathrm{d}\boldsymbol{j}}{\mathrm{d}t} &= \sum_{r=1}^{n}\left(\sum_{s=1}^{n} \frac{\partial \boldsymbol{j}}{\partial \boldsymbol{q}_s}\boldsymbol{\omega}_{sr}\right)\boldsymbol{u}_r + \left(\sum_{s=1}^{n} \frac{\partial \boldsymbol{j}}{\partial \boldsymbol{q}_s}\boldsymbol{y}_s + \frac{\partial \boldsymbol{j}}{\partial t}\right) \\
\frac{\mathrm{d}\boldsymbol{k}}{\mathrm{d}t} &= \sum_{r=1}^{n}\left(\sum_{s=1}^{n} \frac{\partial \boldsymbol{k}}{\partial \boldsymbol{q}_s}\boldsymbol{\omega}_{sr}\right)\boldsymbol{u}_r + \left(\sum_{s=1}^{n} \frac{\partial \boldsymbol{k}}{\partial \boldsymbol{q}_s}\boldsymbol{y}_s + \frac{\partial \boldsymbol{k}}{\partial t}\right)
\end{aligned} \tag{3.25}$$

考虑式（3.23），可将式（3.25）代入式（3.22），得

$$\begin{aligned}
\boldsymbol{\omega}_i = & \sum_{r=1}^{n}\sum_{s=1}^{n}\left[\left(\boldsymbol{k}\cdot\frac{\partial \boldsymbol{j}}{\partial \boldsymbol{q}_s}\right)\boldsymbol{i} + \left(\boldsymbol{i}\cdot\frac{\partial \boldsymbol{k}}{\partial \boldsymbol{q}_s}\right)\boldsymbol{j} + \left(\boldsymbol{j}\cdot\frac{\partial \boldsymbol{i}}{\partial \boldsymbol{q}_s}\right)\boldsymbol{k}\right]\boldsymbol{\omega}_{sr}\boldsymbol{u}_r + \\
& \sum_{s=1}^{n}\left[\left(\boldsymbol{k}\cdot\frac{\partial \boldsymbol{j}}{\partial q_s}\right)\boldsymbol{i} + \left(\boldsymbol{i}\cdot\frac{\partial \boldsymbol{k}}{\partial \boldsymbol{q}_s}\right)\boldsymbol{j} + \left(\boldsymbol{j}\cdot\frac{\partial \boldsymbol{i}}{\partial \boldsymbol{q}_s}\right)\boldsymbol{k}\right]\boldsymbol{y}_s + \left(\boldsymbol{k}\cdot\frac{\partial \boldsymbol{j}}{\partial t}\right)\boldsymbol{i} + \left(\boldsymbol{i}\cdot\frac{\partial \boldsymbol{k}}{\partial t}\right)\boldsymbol{j} + \left(\boldsymbol{j}\cdot\frac{\partial \boldsymbol{i}}{\partial t}\right)\boldsymbol{k}
\end{aligned}$$

上式可以改写为

$$\boldsymbol{\omega}_i = \sum_{r=1}^{n}\boldsymbol{\omega}_{ir}\boldsymbol{u}_r + \boldsymbol{\omega}_{it} \tag{3.26}$$

式中，

$$\boldsymbol{\omega}_{ir} = \sum_{s=1}^{n}\left[\left(\boldsymbol{k}\cdot\frac{\partial \boldsymbol{j}}{\partial \boldsymbol{q}_s}\right)\boldsymbol{i} + \left(\boldsymbol{i}\cdot\frac{\partial \boldsymbol{k}}{\partial \boldsymbol{q}_s}\right)\boldsymbol{j} + \left(\boldsymbol{j}\cdot\frac{\partial \boldsymbol{i}}{\partial \boldsymbol{q}_s}\right)\boldsymbol{k}\right]\boldsymbol{\omega}_{sr}$$

$$\boldsymbol{\omega}_{it} = \sum_{s=1}^{n}\left[\left(\boldsymbol{k}\cdot\frac{\partial \boldsymbol{j}}{\partial \boldsymbol{q}_s}\right)\boldsymbol{i} + \left(\boldsymbol{i}\cdot\frac{\partial \boldsymbol{k}}{\partial \boldsymbol{q}_s}\right)\boldsymbol{j} + \left(\boldsymbol{j}\cdot\frac{\partial \boldsymbol{i}}{\partial \boldsymbol{q}_s}\right)\boldsymbol{k}\right]\boldsymbol{y}_s + \left(\boldsymbol{k}\cdot\frac{\partial \boldsymbol{j}}{\partial t}\right)\boldsymbol{i} + \left(\boldsymbol{i}\cdot\frac{\partial \boldsymbol{k}}{\partial t}\right)\boldsymbol{j} + \left(\boldsymbol{j}\cdot\frac{\partial \boldsymbol{i}}{\partial t}\right)\boldsymbol{k}$$

$\boldsymbol{\omega}_{ir}$ 和 $\boldsymbol{\omega}_{it}$ 只是广义坐标 $\boldsymbol{q}_s$ 和时间 t 的函数，与广义速率无关。由式（3.26）可得

$$\boldsymbol{\omega}_{ir} = \frac{\partial \boldsymbol{\omega}_i}{\partial \boldsymbol{u}_r}$$

上式给出的向量系数 $\boldsymbol{\omega}_{ir}$ 被称为第 i 个质点的第 r 个偏角速度，或者称为第 i 个质点对应于广义速率 $\boldsymbol{u}_r$ 的偏角速度。

由式（3.20）可得，系统中任一质点 P 相对于参考系 $\{OXYZ\}$ 运动的速度可以表示成

$$\boldsymbol{v} = \sum_{r=1}^{N}\boldsymbol{v}_r\boldsymbol{u}_r + \boldsymbol{v}_t \tag{3.27}$$

由式（3.26）可得，系统中任一刚体相对于参考系 $\{OXYZ\}$ 运动的角速度可以表示成

$$\boldsymbol{\omega}=\sum_{r=1}^{N}\boldsymbol{\omega}_r\boldsymbol{u}_r+\boldsymbol{\omega}_t \tag{3.28}$$

在上两式中，$\boldsymbol{v}_r$、$\boldsymbol{\omega}_r(r=1,2,\cdots,N)$ 和 $\boldsymbol{v}_t$、$\boldsymbol{\omega}_t$ 都是 $\boldsymbol{q}_s(s=1,2,\cdots,n)$ 和 t 的函数。$\boldsymbol{v}_r$ 称为质点 P 在参考系 $\{OXYZ\}$ 中的第 r 个完整偏速度，$\boldsymbol{\omega}_r$ 称为刚体在参考系 $\{OXYZ\}$ 中的第 r 个完整偏角速度。它们是速度和角速度相对某个广义速率的偏导数。

偏速度和偏角速度是凯恩方法中非常重要的参数。广义速率 $\boldsymbol{u}_r$ 的选取应当在满足系数 $\boldsymbol{a}_{rs}$ 构成矩阵非奇异的条件下，使偏速度和偏角速度的表达式尽量简单。由于广义速率的选取不唯一，所以同一质点或刚体可以有不同形式的偏速度和偏角速度。但是，对于质点系中每一个质点和刚体系中每一个刚体，都分别有与系统自由度数相同数目的偏速度和偏角速度。因此，在求解偏速度和偏角速度时，需要指明是哪个质点或刚体对应哪个独立速度的偏速度或偏角速度。

上述推导是针对完整力学系统的。对于非完整力学系统，可以假定非完整力学系统在参考系 $\{OXYZ\}$ 中的运动能用 n 个广义速率 $\boldsymbol{u}_r(r=1,2,\cdots,n)$ 来表示，该系统受 m 个非完整约束，则系统的自由度数目为 $k=n-m$。同时，可以假定在 n 个广义速率 $\boldsymbol{u}_r(r=1,2,\cdots,n)$ 中的前 k 个 $\boldsymbol{u}_r(r=1,2,\cdots,k)$ 是独立的，则后面的 m 个 $\boldsymbol{u}_r(r=k+1,k+2,\cdots,n)$ 可以用前 k 个 $\boldsymbol{u}_r(r=1,2,\cdots,k)$ 表示：

$$\boldsymbol{u}_r=\sum_{s=1}^{n-m}\boldsymbol{a}_{rs}\boldsymbol{u}_s+\boldsymbol{b}_r \tag{3.29}$$

式（3.29）是系统的非完整约束方程。非完整系统中的任一质点 P 相对参考系 $\{OXYZ\}$ 运动的速度及任一刚体相对参考系 $\{OXYZ\}$ 运动的角速度分别可以表示为

$$\boldsymbol{v}=\sum_{r=1}^{n-m}\boldsymbol{v}_r\boldsymbol{u}_r+\boldsymbol{v}_t\boldsymbol{\omega}=\sum_{r=1}^{n-m}\boldsymbol{\omega}_r\boldsymbol{u}_r+\boldsymbol{\omega}_t$$

4. 广义主动力

广义主动力是指机器人系统每一个质点上作用的主动力 F_i 与该点对应于广义速率 u_r 的偏速度 v_{ir} 的标量积之和，可以用 K_r 表示，即

$$K_r=\sum_{i=1}^{n}F_i\cdot v_{ir} \tag{3.30}$$

对于刚体，广义主动力可表述为：作用于刚体简化中心上的主矢和主矩分别与该点对应于某一广义速率的偏速度与偏角速度的标量积之和，称为刚体对应于该广义速率的广义主动力。假设 O 点为刚体的简化中心，则有

$$K_r=F_O\cdot v_{Or}+M_O\cdot\omega_r \tag{3.31}$$

5. 广义惯性力

广义惯性力是指系统中每一个质点的惯性力与该点对应于广义速率 u_r 的偏速度 v_{ir} 的标量积之和：

$$K_r^*=\sum_{i=1}^{n}F_i^*\cdot v_{ir} \tag{3.32}$$

对于刚体，与计算广义主动力的推导方法相同，得

$$K_r^*=\sum_{i=1}^{n}\left(-m_ia_i\right)\cdot v_{ir}=-\left(\sum_{i=1}^{n}m_ia_i\right)\cdot v_{Or}-\sum_{i=1}^{n}(r_{iO}\times m_ia_i)\cdot\omega_r \tag{3.33}$$

凯恩方程：

对应于每一个广义速率的广义主动力与广义惯性力之和等于0，即

$$K_r+K_r^*=0 \tag{3.34}$$

例 3.10：图 3.24 所示是一个双摆机构，由两根杆组成，杆长分别为 l_1 和 l_2，杆件与竖直方向的夹角分别为 φ_1 和 φ_2，求双摆机构的偏速度。

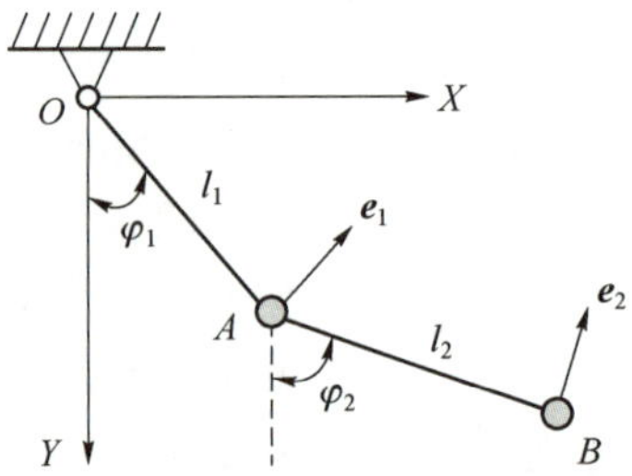

图 3.24　连杆示意

解：取 $\boldsymbol{\varphi}_1$ 和 $\boldsymbol{\varphi}_2$ 为广义坐标，则 $\boldsymbol{\varphi}_1$ 和 $\boldsymbol{\varphi}_2$ 均为广义速度。作单位向量 $\boldsymbol{e}_1$ 和 $\boldsymbol{e}_2$ 分别垂直于 OA 和 AB，则质点 A 和 B 的速度可分别表示为

$$\boldsymbol{v}_A=l_1\boldsymbol{\varphi}_1\boldsymbol{e}_1$$

$$\boldsymbol{v}_B=\boldsymbol{v}_A+\boldsymbol{v}_B=l_1\boldsymbol{\varphi}_1\boldsymbol{e}_1+l_2\boldsymbol{\varphi}_2\boldsymbol{e}_2$$

质点 A 相对于 $\boldsymbol{\varphi}_1$ 和 $\boldsymbol{\varphi}_2$ 的偏速度为

$$\boldsymbol{v}_{A\varphi_1}=l_1\boldsymbol{e}_1\boldsymbol{v}_{A\varphi_2}=0$$

质点 B 相对于 $\boldsymbol{\varphi}_1$ 和 $\boldsymbol{\varphi}_2$ 的偏速度为

$$\boldsymbol{v}_{A\varphi_1}=l_1\boldsymbol{e}_1\boldsymbol{v}_{\varphi_2}=l_2\boldsymbol{e}_2$$

考虑到 $\boldsymbol{e}_1=\cos\boldsymbol{\varphi}_1\boldsymbol{i}-\sin\boldsymbol{\varphi}_1\boldsymbol{j}$ 和 $\boldsymbol{e}_2=\cos\boldsymbol{\varphi}_2\boldsymbol{i}-\sin\boldsymbol{\varphi}_2\boldsymbol{j}$，其中，$\boldsymbol{i}$ 和 $\boldsymbol{j}$ 分别为 X 和 Y 方向的单位向量。因此，可以将 $\boldsymbol{v}_A$ 和 $\boldsymbol{v}_B$ 用（$\boldsymbol{i},\boldsymbol{j}$）表示为

$$\boldsymbol{v}_A=l_1\boldsymbol{\varphi}_1\boldsymbol{e}_1=l_1\varphi_1(\cos\boldsymbol{\varphi}_1\boldsymbol{i}-\sin\boldsymbol{\varphi}_1\boldsymbol{j})$$

$$\boldsymbol{v}_B=l_1\boldsymbol{\varphi}_1\boldsymbol{e}_1+l_2\boldsymbol{\varphi}_2\boldsymbol{e}_2=l_1\varphi_1(\cos\boldsymbol{\varphi}_1\boldsymbol{i}-\sin\boldsymbol{\varphi}_1\boldsymbol{j})+l_2\varphi_2(\cos\boldsymbol{\varphi}_2\boldsymbol{i}-\sin\boldsymbol{\varphi}_2\boldsymbol{j})$$

因此，质点 A 和 B 各自相对于 $\boldsymbol{\varphi}_1$ 和 $\boldsymbol{\varphi}_2$ 的偏速度可以写成

$$\boldsymbol{v}_{A\varphi_1}=l_1\left(\cos\boldsymbol{\varphi}_1 i-\sin\boldsymbol{\varphi}_1\boldsymbol{j}\right)\boldsymbol{v}_{A\varphi_2}=0$$

$$\boldsymbol{v}_{B\varphi_1}=l_1\left(\cos\boldsymbol{\varphi}_1\boldsymbol{i}-\sin\boldsymbol{\varphi}_1\boldsymbol{j}\right)\boldsymbol{v}_{B\varphi_2}=l_2\left(\cos\boldsymbol{\varphi}_2 i-\sin\boldsymbol{\varphi}_2\boldsymbol{j}\right)$$

课后习题

1. 以机器人关节建立坐标系，可用齐次变换来描述机器人相邻关节坐标系之间的________和________。
2. 机器人连杆坐标系中的4个参数分别为连杆长度、扭角、连杆距离和________。
3. 常用的建立机器人动力学方程的方法有________和________。
4. 对于旋转关节而言，关节变量是（　　）。
A. 关节转角　　B. 连杆长度　　C. 连杆距离　　D. 扭角
5. 对于移动关节而言，关节变量是（　　）。
A. 关节转角　　B. 连杆长度　　C. 连杆距离　　D. 扭角
6. 动力学的研究内容是将机器人的（　　）联系起来。
A. 运动与控制　　B. 传感器与控制　　C. 结构与运动　　D. 传感器与运动
7. 什么是齐次坐标？其与直角坐标有什么区别？
8. 机器人动力学分析常用的方法有哪些？

第 4 章 机器人控制

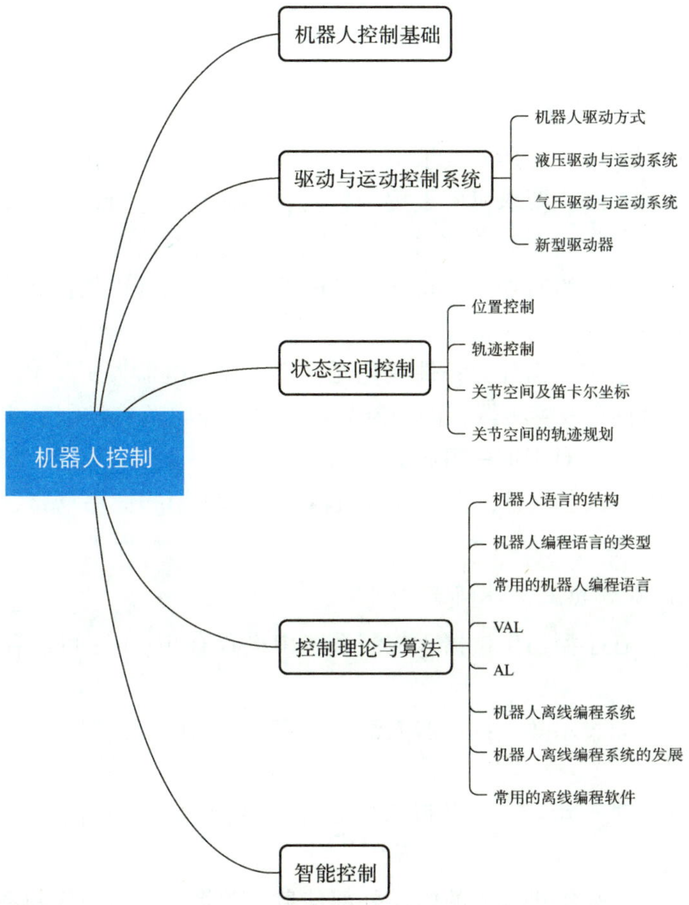

机器人控制系统是指由控制主体、控制客体和控制媒体组成的具有自身目标和功能的管理系统。驱动与运动控制系统、状态空间控制、控制理论与算法是本章的主要学习内容。驱动与运动控制系统是促使机器人进行某项有目的、有结果的运动的系统。状态空间控制描述机器人不仅需要位置、轨迹的控制，还需要在建立坐标系的前提下进行关节运动的空间轨迹规划。控制理论与算法介绍机器人实现所需要的运动方式，可采用多种语言命令达到预计的效果。本章会介绍这几种方式方法的特点及其应用方向，使学生加强对专业知识的掌握。

4.1 机器人控制基础

1. 机器人控制系统的基本组成

机器人控制系统的基本组成如图 4.1 所示。

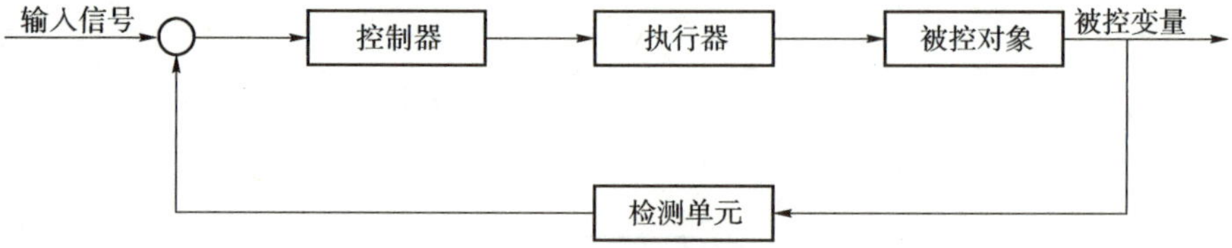

图 4.1 机器人控制系统的基本组成

2. 控制系统的工作原理

（1）点位式控制系统：适用于要求机器人能够准确控制末端执行器位姿的应用场合。

（2）轨迹式控制系统：要求机器人按示教的轨迹和速度进行运动，主要应用在示教机器人上。

（3）程序控制系统：给机器人的每一个自由度施加一定规律的控制作用，机器人就可实现要求的空间轨迹。

（4）自适应控制系统：当外界条件变化时，为了保证机器人所要求的控制品质，或为了随着经验的积累而自行改善机器人的控制品质，可采用自适应控制系统。

（5）人工智能系统：对于那些事先无法编制运动程序，但又要求在机器人运动过程中能够根据所获得的周围状态信息，实时确定机器人控制作用的应用场合，就可采用人工智能控制系统。

3. 机器人控制系统的主要作用

（1）记忆功能：在小型仿生机器人控制系统中设置有 SD 卡，可以存储机器人的相关运行信息。

（2）示教功能：通过示教，找机器人最优的姿态，如仿生机器人控制系统配有示教装置实现。

（3）与外围设备联系功能：这些联系功能主要通过输入和输出接口、通信接口予以实现。

（4）传感器接口：采集机器人的内、外部信息，并将其传送到控制系统中。

（5）位置伺服功能：机器人的多轴联动、运动控制、速度和加速度控制等工作都与位置伺服功能相关，这些都是在程序中进行实现的。

（6）故障诊断安全保护功能：机器人的控制系统时刻监视着机器人运行时的状态，并完成故障状态下的安全保护。一旦机器人发生故障，就停止其工作以保护机器人。

4.2 驱动与运动控制系统

4.2.1 机器人驱动方式

1. 机器人驱动方式的概述

1）液压驱动的特点及应用

优点：

(1) 液压驱动所用的压力为5~320 kPa，能够以较小的驱动器输出较大的驱动力或力矩，即获得较大的功率质量比；

(2) 可以把驱动油缸直接做成关节的一部分，结构简单紧凑，刚性好；

(3) 由于液体的不可压缩性，液压驱动定位精度比气压驱动高，并可实现任意位置的开停；

(4) 液压驱动调速比较简单和平稳，能在很大调整范围内实现无级调速；

(5) 使用安全阀可简单而有效地防止过载现象发生；

(6) 液压驱动润滑性能好、寿命长。

缺点：

(1) 油液容易泄漏，这不仅影响工作的稳定性与定位精度，而且会造成环境污染；

(2) 油液黏度随温度而变化，且在高温与低温条件下很难应用；

(3) 油液中容易混入气泡、水分等，使系统的刚性降低，速度特性及定位精度变坏；

(4) 需配备压力源及复杂的管路系统，因此成本较高；

(5) 液压驱动方式大多用于要求输出力较大而运动速度较低的场合。

2）气压驱动的特点及应用

优点：

(1) 使用的压力通常为0.4~0.6 MPa，最高可达1 MPa，快速性好；

(2) 气源方便，一般工厂都有压缩空气站供应压缩空气，亦可由空气压缩机取得；

(3) 废气可直接排入大气不会造成污染，因而在任何位置只需一根高压管连接即可工作，所以比液压驱动干净、简单；

(4) 通过调节气量可实现无级变速，且由于空气的可压缩性，具有较好的缓冲作用；

(5) 可以把驱动器做成关节的一部分，因而结构简单、刚性好、成本低。

缺点：

(1) 气压驱动因为工作压力偏低，所以功率质量比小、驱动装置体积大；

(2) 基于气体的可压缩性，气压驱动很难保证较高的定位精度；

(3) 使用后的压缩空气向大气排放时，会产生噪声；

(4) 压缩空气含冷凝水，使气压系统易锈蚀，在低温下易结冰。

3）电气驱动的特点及应用

电气驱动大致可分为普通电动机驱动、步进电动机驱动和直线电动机驱动3类。

（1）普通电动机包括交流电动机、直流电动机及伺服电动机。交流电动机一般不能进行调速或难以进行无级调速，即使是多速电动机，也只能进行有限的有级调速。直流电动机能够实现无级调速，但直流电源价格较高，因而限制了它在大功率机器人上的应用。

（2）步进电动机驱动的速度和位移大小，可由电气控制系统发出的脉冲数加以控制。由于步进电动机的位移量与脉冲数严格成正比，故步进电动机驱动可以达到较高的重复定位精度，但是步进电动机的速度不能太高，控制系统也比较复杂。

（3）直线电动机结构简单、成本低，其动作速度与行程主要取决于其定子与转子的长度，反接制动时，定位精度较低，必须增设缓冲及定位机构。

4）新型驱动装置的特点及应用

（1）磁致伸缩驱动器。磁性体的外部一旦加上磁场，其外形尺寸将发生变化（焦耳效应），这种现象称为磁致伸缩现象。此时，如果磁性体在磁化方向的长度增大，则称为正磁致伸缩；反之，则称为负磁致伸缩。如果从外部对磁性体施加压力，则磁性体的磁化状态会发生变化（维拉利效应），称为逆磁致伸缩现象。这种驱动器主要用于微小驱动场合。

（2）压电驱动器。压电材料是一种受到外力作用时其表面出现与外力成比例电荷的材料，又称压电陶瓷。反过来，如果把电场加到压电材料上，则压电材料产生应变，输出力或变位。利用这一特性可以制成压电驱动器，这种驱动器可以达到亚微米级的精度。

（3）静电驱动器。静电驱动器利用电荷间的吸力和排斥力互相作用，顺序驱动电极而产生平移或旋转的运动。静电作用属于表面力，它和元件尺寸的二次方成正比，在微小尺寸变化时，能够产生很大的能量。

（4）形状记忆合金驱动器。形状记忆合金是一种特殊的合金，一旦使它记忆了任意形状，即使发生变形，当加热到某一适当温度时，也能恢复为变形前的形状。已知的形状记忆合金有 Au-Cd、In-Tl、Ni-Ti，Cu-Al-Ni、Cu-Zn-Al 等几十种。

（5）超声波驱动器。超声波驱动器就是利用超声波振动作为驱动力的一种驱动器，即由振动部分和移动部分组成，靠振动部分和移动部分之间的摩擦力来驱动。

（6）人工肌肉。为了更好地模拟生物体的运动功能或在机器人上应用，已研制出了多种不同类型的人工肌肉，如利用机械化学物质的高分子凝胶、形状记忆合金制作的人工肌肉。

（7）光驱动器。光驱动器采用某种强电介质制成，受光照射时会产生几千伏/厘米的光感应电压，这种现象是压电效应和光致伸缩效应的结果。

2. 机器人驱动与运动方式

机器人驱动与运动方式在坐标下主要有直角坐标型、球坐标型、圆柱坐标型和关节型 4 种，如图 4.2 所示。

1）直线驱动方式

常见的直线驱动方式有双杆活塞缸和双螺母滚珠丝杠，如图 4.3 所示。

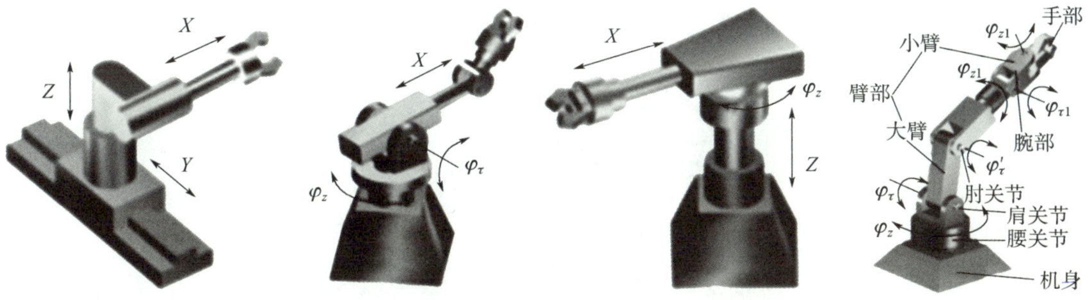

（a）　（b）　（c）　（d）

图 4.2　机器人驱动与运动方式

（a）直角坐标型；（b）球坐标型；（c）圆柱坐标型；（d）关节型

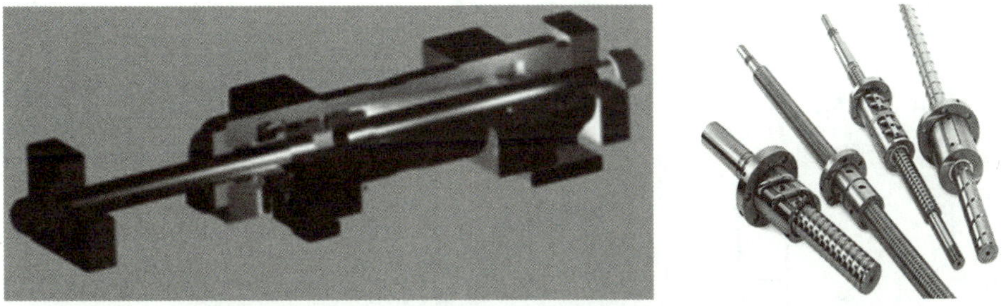

（a）　（b）

图 4.3　直线驱动方式

（a）双杆活塞缸；（b）双螺母滚珠丝杠

2）旋转驱动方式

（1）同步带传动，也称啮合型带传动。它通过传动带内表面上等距分布的横向齿和带轮上的相应齿槽的啮合来传递运动，如图 4.4 所示。

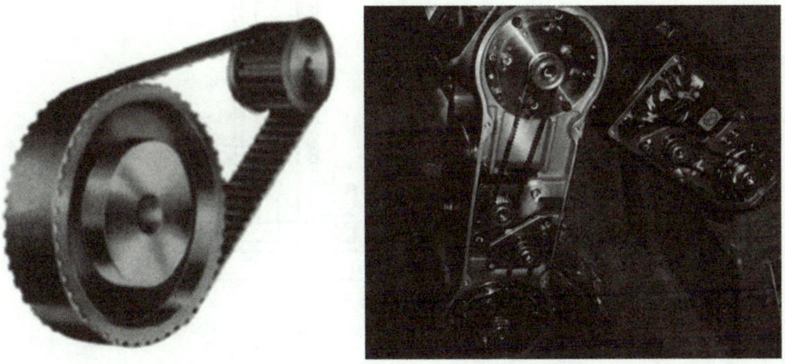

（a）　（b）

图 4.4　同步带传动

（a）结构示意；（b）实例

（2）谐波齿轮传动是谐波齿轮行星传动的简称，是一种少齿差行星齿轮传动，如图 4.5 所示。谐波齿轮传动系统通常由刚性圆柱齿轮（刚轮）、柔性圆柱齿轮（柔轮）、波发生器和柔性轴承等零部件构成。

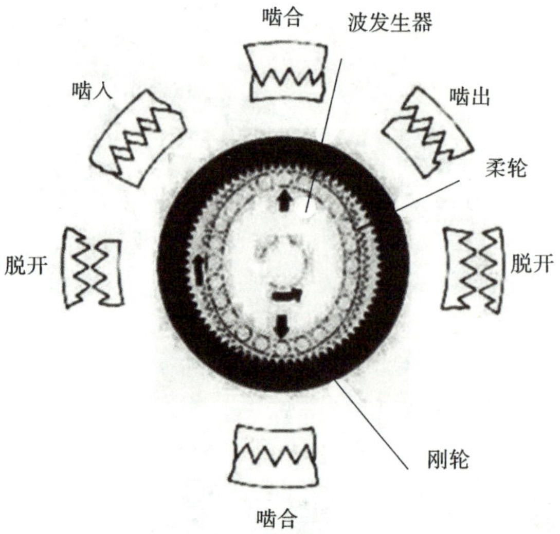

图 4.5　谐波齿轮传动

旋转驱动实例如图 4.6 所示。

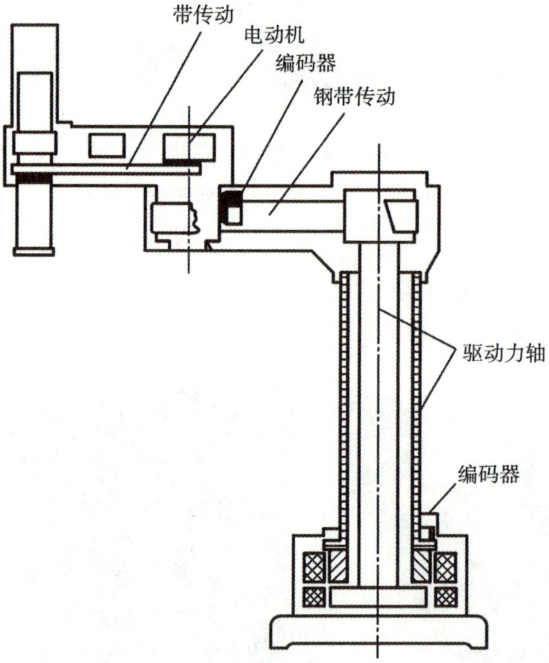

图 4.6　ADEPT_cobra800 机器人结构示意

由于旋转轴具有强度高、摩擦小、可靠性好等优点，因此在结构设计中应尽量多采用。但是，在行走机构关节中，完全采用旋转驱动实现关节伸缩有如下缺点：

(1) 旋转运动虽然也能通过转化得到直线运动，但在高速运动时，关节伸缩的加速度不能忽视，它可能产生振动；

(2) 为了提高着地点选择的灵活性，必须增加直线驱动系统，有些要求精度高的地方也要选用直线驱动。

4.2.2 液压驱动与运动系统

1. 液压伺服系统的组成

液压伺服系统的组成如图 4.7 所示。

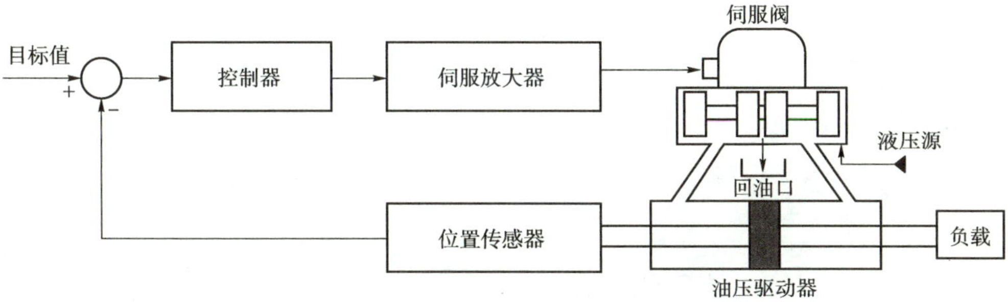

图 4.7 液压伺服系统的组成

2. 液压伺服系统的特点

(1) 系统输出与输入之间有反馈连接，构成闭环控制系统。

(2) 系统的主反馈是负反馈，使其向减小偏差的方向移动。

(3) 系统是一个功率放大装置（即系统的输入信号功率很小，而输出功率可以很大)，功率放大所需的能量由液压能源提供。

4.2.3 气压驱动与运动系统

1. 气源装置

1) 空气压缩机

空气压缩机按其压力大小分为低压（0.2~1.0 MPa)、中压（1.0~10 MPa)、高压(>10 MPa) 3 类；按其工作原理分为容积式（通过缩小单位质量气体体积的方法获得压力）和速度式（通过提高单位质量气体的速度并使动能转化为压力能来获得压力)。

2) 气源净化装置

气源净化装置包括后冷却器、油水分离器、储气罐等。

(1) 后冷却器安装在空气压缩机出口处的管道上，它将 150 ℃左右的压缩空气降温至 40~50 ℃，并使混入压缩空气的水蒸气和油蒸气凝聚成水滴和油滴。

(2) 油水分离器主要用来压缩空气中凝聚的水分、油分和灰尘等杂质，使压缩空气得到初步净化。其按结构形式分为环形回转式、撞击折回式、离心旋转式、水浴式及以上形式的组合等。

(3) 储气罐用来储存一定数量的压缩空气，以备发生故障或临时需要应急使用；消除由于空气压缩机断续排气而对系统引起的压力脉动，保证输出气流的连续性和平稳性；进一步分离压缩空气中的油、水等杂质。

2. 气动驱动器

1) 气缸

气缸是气动系统的执行元件之一，如图 4.8 所示。除几种特殊气缸外，普通气缸种类及结构形式与液压缸基本相同。目前最常选用的是标准气缸，其结构和参数都已系列化、标准化、通用化。通常有无缓冲普通气缸、有缓冲普通气缸等。

2）气动马达

气动马达也是气动执行元件的一种，它的作用相当于电动机或液压马达，即输出力矩，拖动机构作旋转运动。气动马达是以压缩空气为工作介质的原动机，如图 4.9 所示。

图 4.8　气缸

图 4.9　气动马达

3. 气动伺服技术

气动伺服系统以空气压缩机为驱动源，以压缩空气为工作介质，进行能量传递。气动伺服系统是使物体的位置、方位、状态等输出被控量能够跟随输入目标（或给定值）的任意变化而变化的自动控制系统。

气动伺服系统的组成形式同一般伺服系统没有区别，它的各个环节不一定全是气动的。气动伺服系统的执行机构一般采用活塞式气缸。气动装置的结构比较简单，性能稳定可靠，且具有良好的防火防爆性能，应用于特种机器人各种过程控制系统。

在过程控制系统中，由气动执行机构和调节阀组成的气动调节阀，是目前使用较多的一种调节阀。但是，由于气体的可压缩性，气动伺服系统的伺服刚度常比液压伺服系统低得多。

4. 步进电动机

1）分类

工业机器人电动机驱动原理如图 4.10 所示。步进电动机的种类有很多，从广义上讲，步进电动机的类型分为机械式、电磁式和组合式三大类型。电磁式步进电动机按结构特点可分为反应式（VR）、永磁式（PM）和混合式（HB）三大类；按相数则可分为单相、两相和多相 3 种。目前使用最为广泛的为反应式和混合式步进电动机。

（1）反应式步进电动机：转子是由软磁材料制成的，转子中没有绕组；结构简单，成本低，步距角可以做得很小，但动态性能较差。反应式步进电动机有单段式和多段式两种类型。

（2）永磁式步进电动机：转子是用永磁材料制成的，转子本身就是一个磁源；转子的极数和定子的极数相同，步距角比较大；输出转矩大，动态性能好，消耗功率小，但启动运行频率较低，还需要正负脉冲供电。

（3）混合式步进电动机：综合了反应式和永磁式两者的优点。

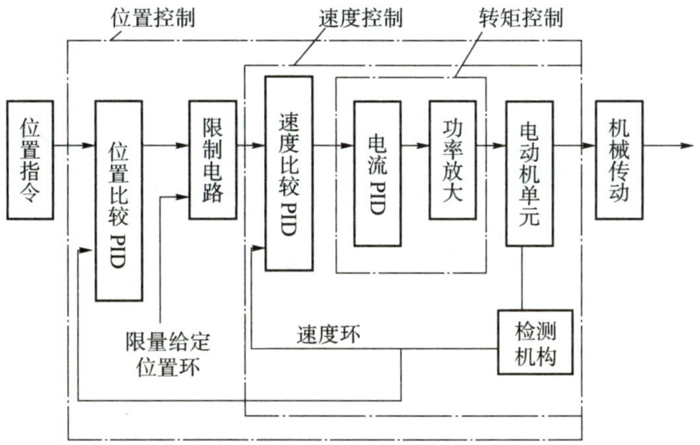

图 4.10　工业机器人电动机驱动原理

2）工作原理

四相步进电动机结构示意如图 4.11 所示，步进电动机工作时序波形如图 4.12 所示。

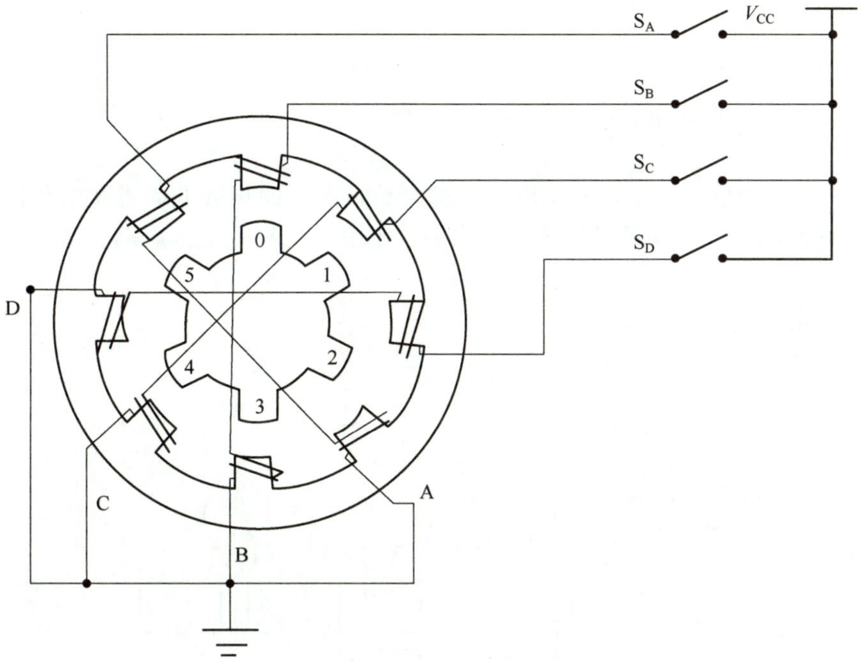

图 4.11　四相步进电动机结构示意

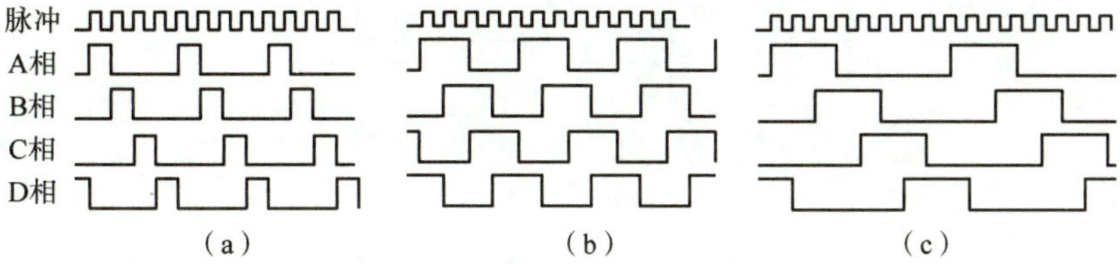

图 4.12　步进电动机工作时序波形

3）特点

（1）步进电动机的角位移与输入脉冲数严格成正比。因此，当它转一圈后，没有累计误差，具有良好的跟随性。

（2）由步进电动机与驱动电路组成的开环数控系统，既简单、廉价，又非常可靠，同时，它也可以与角度反馈环节组成高性能的闭环数控系统。

（3）步进电动机的动态响应快，易于启停、正反转及变速。

（4）速度可在相当宽的范围内平稳调整，低速下仍能获得较大转矩，因此一般可以不用减速器而直接驱动负载。

（5）步进电动机只能通过脉冲电源供电才能运行，不能直接使用交流电源和直流电源。

（6）步进电动机存在振荡和失步现象，必须对控制系统和机械负载采取相应措施。

（7）一般步进电动机的精度为步进角的 3%~5%，且不累积。

（8）若步进电动机温度过高，那么首先会使电动机的磁性材料退磁，从而导致力矩下降乃至失步，所以电动机外表允许的最高温度应取决于不同电动机磁性材料的退磁点；一般来讲，磁性材料的退磁点都在 130 ℃以上，有的甚至在 200 ℃以上，所以步进电动机外表温度为 80~90 ℃完全正常。

（9）当步进电动机转动时，各相绕组的电感将形成一个反向电动势；频率越高，反向电动势越大。在它的作用下，电动机随频率（或速度）的增大而相电流减小，从而导致力矩下降。

（10）步进电动机有一个技术参数：空载启动频率，即步进电动机在空载情况下能够正常启动的脉冲频率。如果脉冲频率高于该值，则电动机不能正常启动，可能发生丢步或堵转。

4）驱动原理

步进电动机驱动原理如图 4. 13 所示。

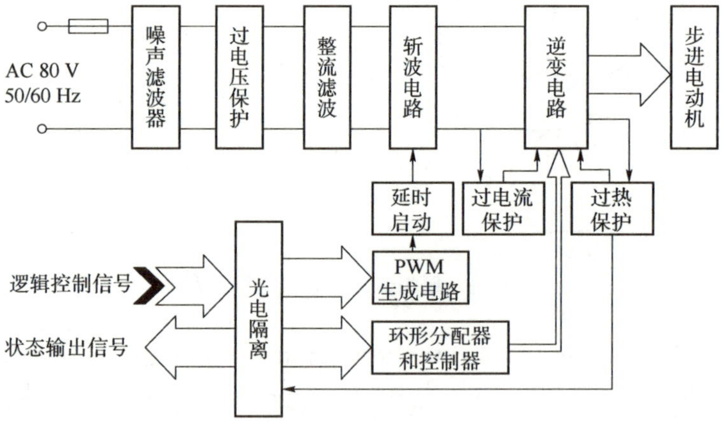

图 4. 13　步进电动机驱动原理

5）主要技术指标

（1）步距角：每给一个电脉冲信号，电动机转子所应转过的角度的理论值。

（2）齿距角：相邻两齿中心线间的夹角，定子和转子通常具有相同的齿距角。

（3）失调角：指转子偏离零位的角度。

（4）精度：一种用步距误差最大值来表示，另一种用步距累计误差最大值来表示。

（5）转矩：包括定位转矩、静转矩、动转矩。

（6）响应频率：在某一频率范围内步进电动机可以任意运行而不会丢失一步，该频率范围称为响应频率。

（7）运行频率：指拖动一定负载使频率连续上升时，步进电动机能不失步运行的极限频率。

5. 伺服电动机

伺服电动机是指在伺服系统中控制机械元件运转的发动机，是一种位置电动机，常在非标设备中用来控制运动件的精确位置。

伺服电动机可控制的速度位置精度非常准确，可以将电压信号转化为转矩和转速以驱动控制对象。伺服电动机转子转速受输入信号控制，并能快速反应，在自动控制系统中，用作执行元件，且具有机电时间常数小、线性度高等特性，可把所收到的电信号转换成电动机轴上的角位移或角速度输出。

1）分类

伺服电动机的基本分类：直流伺服电动机和交流伺服电动机。通常自动控制应用场合应尽可能选用交流伺服电动机；调速和控制精度很高的场合选用直流伺服电动机。

直流伺服电动机分为有刷电动机和无刷电动机。有刷电动机成本低、结构简单、启动转矩大、调速范围宽、控制容易，但需要维护，且维护不方便（换碳刷），会产生电磁干扰，对环境有要求。因此，它可以用于对成本敏感的普通工业和民用场合。

2）伺服电动机内部结构及增量式编码器工作原理

伺服电动机内部结构如图 4. 14 所示。增量式编码器工作原理如图 4. 15 所示。

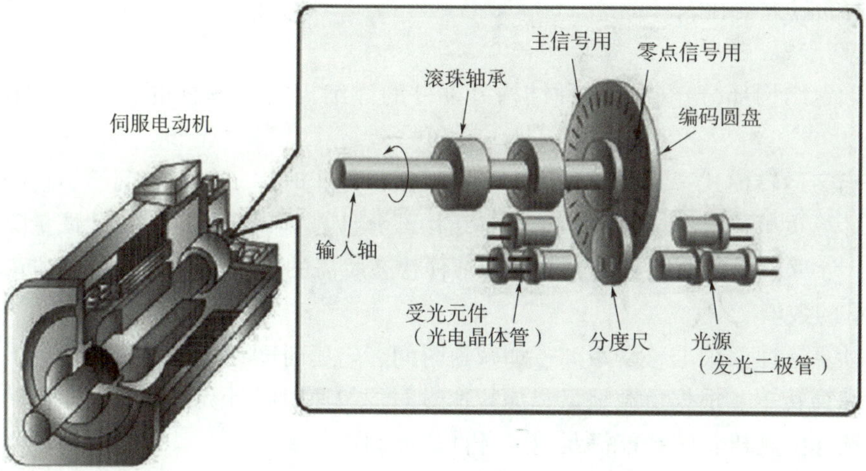

图 4. 14　伺服电动机内部结构

3）特点

（1）精度：实现了位置、速度和力矩的闭环控制；克服了步进电动机失步的问题。

（2）转速：高速性能好，一般额定转速能达到 2 000~3 000 r/min。

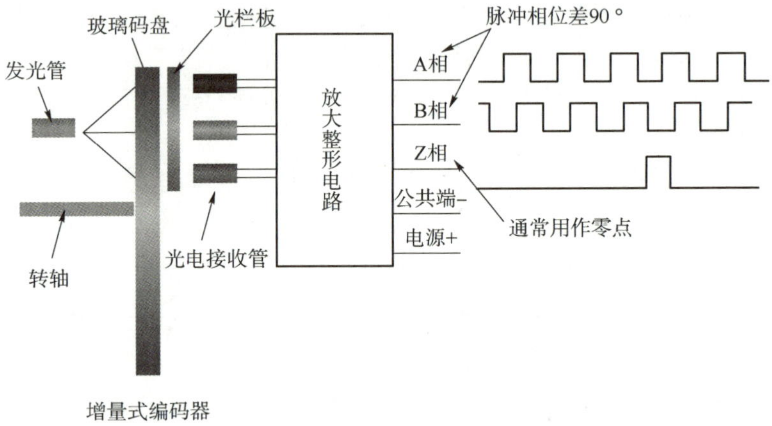

图 4.15　增量式编码器工作原理

（3）适应性：抗过载能力强，能承受 3 倍于额定转矩的负载，适用于有瞬间负载波动和要求快速启动的场合。

（4）稳定性：低速运行平稳，不会产生类似于步进电动机的步进运行现象，适用于有高速响应要求的场合。

（5）及时性：电动机加减速的动态响应时间短，一般在几十毫秒之内。

（6）舒适性：发热和噪声明显降低。

（7）过载能力：伺服电动机在运行中，瞬时过载能力强，基本可以达到 3 倍左右的过载。

（8）转矩与速度：伺服电动机在 0~3 000 r/min 之间的转矩平稳，不会因速度的变化而出现转矩的过大变化。

4）选型步骤

（1）确定结构部分：确定各种结构零部件的详细规格（丝杆的长度、螺距和滑轮的直径等）。

（2）确定运转模式：加减速时间、匀速时间、停止时间、循环时间、移动距离。

（3）计算负载惯量和惯量比：结合各结构部分计算负载惯量。用负载惯量除以电动机转子惯量，计算惯量比。惯量相当于保持某种状态所需的力。惯量比是负载惯量除以电动机转子惯量的数值。

（4）计算转速：根据移动距离、加减速时间、匀速时间计算电动机转速。

（5）计算转矩：根据负载惯量和加减速时间、匀速时间计算所需的电动机转矩。

（6）选择电动机：选择能满足以上条件的电动机。

6. 舵机

1）常用的舵机和分类

为了适应不同的工作环境，舵机设计有防水或防尘功能。应不同的负载需求，舵机的齿轮有塑料及金属之分，塑料齿轮舵机的扭力参数通常比较小，产生很少的无线电干扰，如图 4.16 所示。

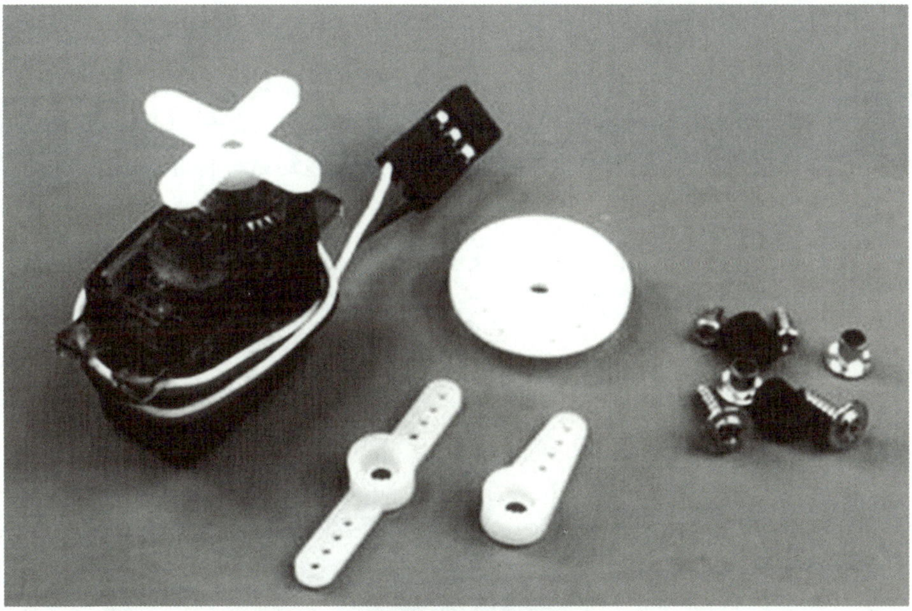

图 4.16 塑料齿轮舵机

金属齿轮舵机一般为大扭力及高速型，具有齿轮不会因负载过大而崩牙的优点。较高级的舵机会装置滚珠轴承，使转动时能更轻快精准。滚珠轴承有一颗及两颗的区别，两颗的比较好。

2）舵机的结构及工作原理

（1）结构：舵机的结构主要有舵盘、外壳（上壳、中壳、下壳）、齿轮组、电动机、控制线、控制电路等，如图 4.17 所示。

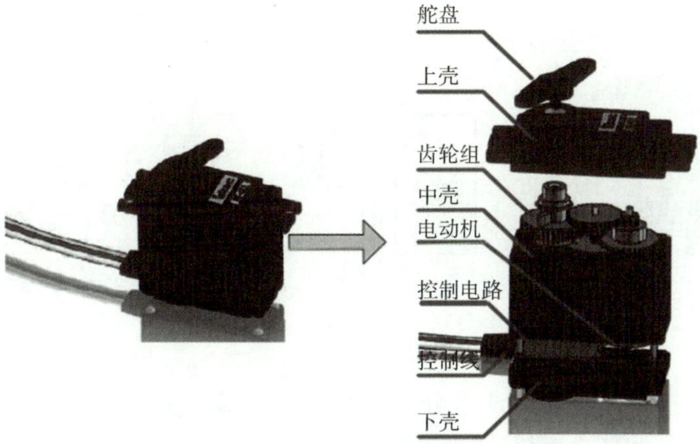

图 4.17 舵机的结构

（2）工作原理：控制电路接收信号源的控制信号，并驱动电动机转动；齿轮组将电动机的速度成比例缩小，并将电动机的输出转矩放大响应倍数，然后输出；可调电位器和齿轮组的末级一起转动，测量舵机轴转动角度；控制电路板检测并根据可调电位器判断舵机转动角度，然后控制舵机转动到目标角度或保持在目标角度。

3）舵机驱动与运动系统

控制电路接受来自信号线的控制信号，控制电动机转动，电动机带动一系列齿轮组，减速后传动至输出舵盘。舵机的输出轴和可调电位器是相连的，舵盘转动的同时，带动可调电位器，可调电位器将输出一个电压信号到控制电路板进行反馈，然后控制电路板根据所在位置决定电动机的转动方向和速度，从而达到目标停止。舵机驱动与运动系统如图 4. 18 所示，舵机的输出线如图 4. 19 所示，舵机输出角与输入脉冲的关系如图 4. 20 所示。

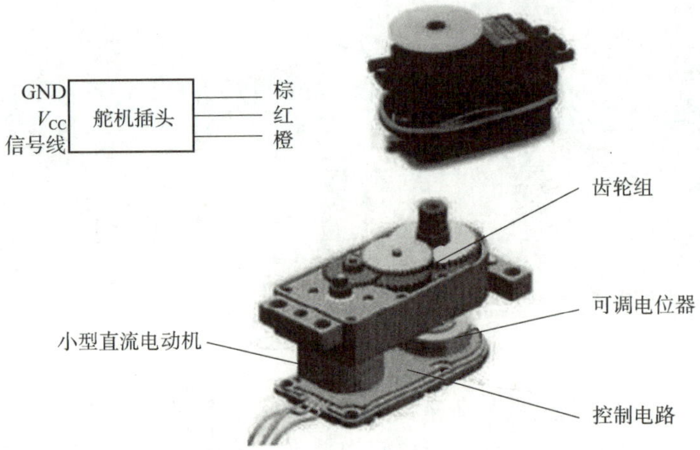

图 4. 18　舵机驱动与运动系统

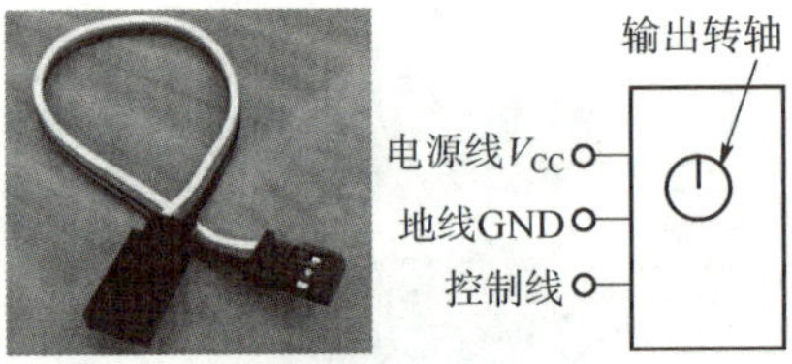

图 4. 19　舵机的输出线

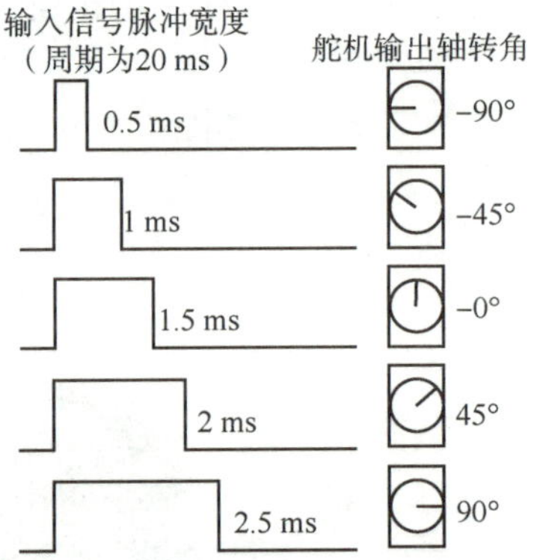

图 4. 20　舵机输出角与输入脉冲的关系

4）舵机选型

市场上的舵机按不同分类方法可分为塑料齿、金属齿、小尺寸、标准尺寸、大尺寸、薄的标准尺寸，以及低重心舵机。小尺寸舵机一般称为微型舵机，扭力都比较小，市面上 2. 5 g、3. 7 g、4. 4 g、7 g、9 g 等舵机指的是舵机的质量，其体积和扭力也是逐渐增大的。微型舵机内部多数是塑料齿，9 g 舵机有金属齿的型号，扭力也比塑料齿的要大些。

除了体积、外形和扭力的不同选择，舵机的反应速度和虚位也要考虑。舵机的标称反应速度常见为 0. 22 s/60°、0. 18 s/60°，好些舵机有达 0. 12 s/60°的，数值小反应就快。

5）使用注意事项

常用舵机的额定工作电压为 6 V，可以使用 LM1117 等芯片提供 6 V 的电压，如果为了简化硬件设计，则直接使用 5 V 的供电，影响也不是很大，但最好和单片机分开供电，否则会造成单片机无法正常工作。

一般来说，可以将来信号线连接至单片机的任意引脚，对于 51 单片机，需通过定时器模块输出 PWM 信号才能进行控制。但是，如果连接像飞思卡尔之类的芯片，由于飞思卡尔内部带有 PWM 模块，因此可以直接输出 PWM 信号，此时应将来信号线连于专用的 PWM 输出引脚上。

4.2.4　新型驱动器

1. 压电驱动器

压电效应的原理是，如果对压电材料施加压力，那么它便会产生电位差（称为正压电效应）；反之，施加电压，则产生机械应力（称为逆压电效应）。

一种典型的应用于微型管道机器人的足式压电微执行器如图 4.21 所示，由一个压电双晶片及其上两侧分别贴置的两片类鳍型弹性足构成。压电双晶片在电压信号作用下产生周期性的定向弯曲，使弹性体与管道两侧接触处的动态摩擦力不同，从而推动执行器向前运动。

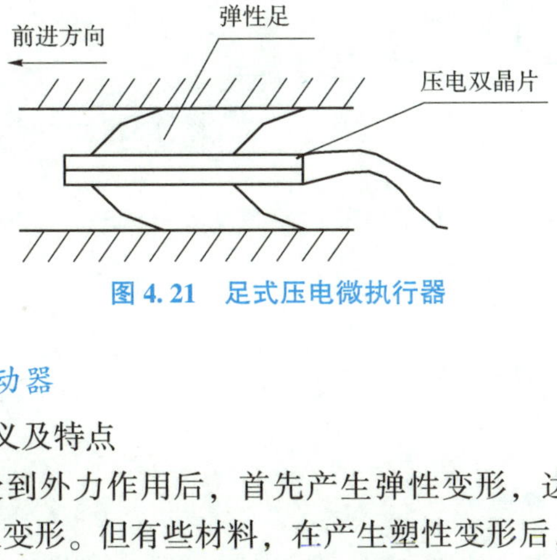

图 4.21　足式压电微执行器

2. 形状记忆合金驱动器

1）形状记忆合金定义及特点

一般地，金属材料受到外力作用后，首先产生弹性变形，达到屈服点就产生塑性变形，应力消除后留下永久变形。但有些材料，在产生塑性变形后，经过合适的热过程，能够恢复到变形前的形状，这种现象称为形状记忆效应。

具有形状记忆效应的金属一般是由两种以上金属元素组成的合金，称为形状记忆合金。形状记忆合金是一种特殊的合金，一旦使它记忆了任何形状，即使产生变形，当加热到某一适当温度时，它也能恢复到变形前的形状。利用这种效应制作驱动器的技术即为形状记忆合金驱动技术。

形状记忆合金具有位移较大、功率质量比高、变位迅速、方向自由的特点，特别适用于小负载高速度、高精度的机器人装配作业，以及显微镜内样品移动装置、反应堆驱动装置、医用内窥镜、人工心脏、探测器、保护器等产品。

2）形状记忆合金驱动器的特点

形状记忆合金驱动器除具有高的功率质量比这一特点外，还具有结构简单、无污染、无噪声、便于控制等特点。形状记忆合金驱动器在使用中主要存在两个问题，即效率较低、寿命较短。利用形状记忆合金制作的微型机械手如图 4.22 所示。

3. 人工肌肉驱动器

人工肌肉驱动器的传动方式为采用人工腱传动，如图 4.23 所示。所有手指由柔索驱动，而人工肌肉则固定于前臂上，柔索穿过手掌与人工肌肉相连。驱动手腕动作的人工肌肉固定于大臂上。

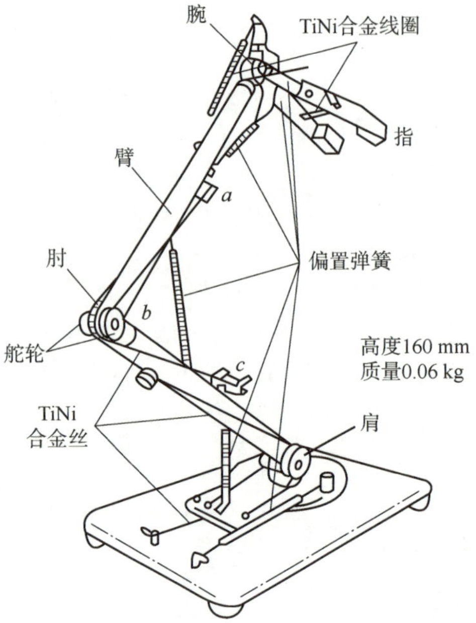

图 4.22　利用形状记忆合金制作的微型机械手

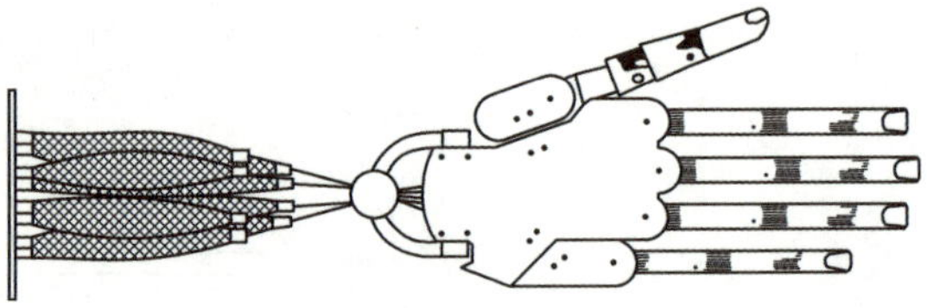

图 4.23　Mckibben 型人工肌肉驱动器结构示意

4.3　状态空间控制

4.3.1　位置控制

机器人位置控制分为点位控制和连续轨迹控制两类，如图 4.24 所示。

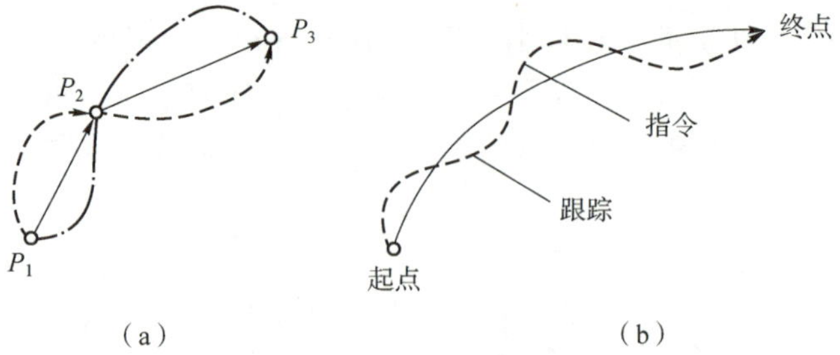

图 4.24　位置控制

(a) 点位控制；(b) 连续轨迹控制

（1）点位控制的特点是仅控制在离散点上机器人末端的位置和姿态，要求尽快且无超调地实现机器人在相邻点之间的运动，但对相邻点之间的运动轨迹一般不作具体规定。

（2）连续轨迹控制的特点是连续控制机器人末端的位置和姿态轨迹，一般要求速度可控、运动轨迹光滑且运动平稳。

机器人的位置控制方式主要有直角坐标空间控制和关节坐标空间控制两种。

（1）直角坐标空间控制：对机器人末端执行器坐标在参考坐标系中的位置和姿态的控制，如图 4.25（a）所示。通过解逆运动方程，求出对应直角坐标位姿的各关节位移量，然后驱动伺服机构使末端执行器到达指定的目标位置和姿态。

（2）关节坐标空间控制：直接输入关节位移给定值，控制伺服机构，如图 4.25（b）所示。现有的工业机器人一般采用此控制方式。此控制方式的期望轨迹是关节的位置、速度和加速度，因此易于实现关节的伺服控制。

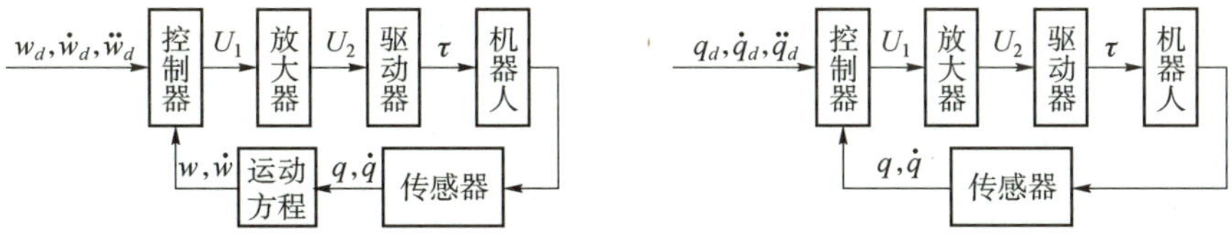

（a）　　　　　　（b）

图 4.25　机器人的位置控制方式

（a）直角坐标空间控制；（b）关节坐标空间控制

关节坐标位置的控制方式的主要问题：

（1）控制过程中忽略了各关节间的安装制造误差；

（2）为实现轨迹跟踪，需将机械手末端的期望轨迹经逆运动学计算变换为关节空间期望轨迹。

具有轨迹变换的直角坐标控制如图 4.26 所示，检测机器人各关节位置的直角坐标控制如图 4.27 所示。

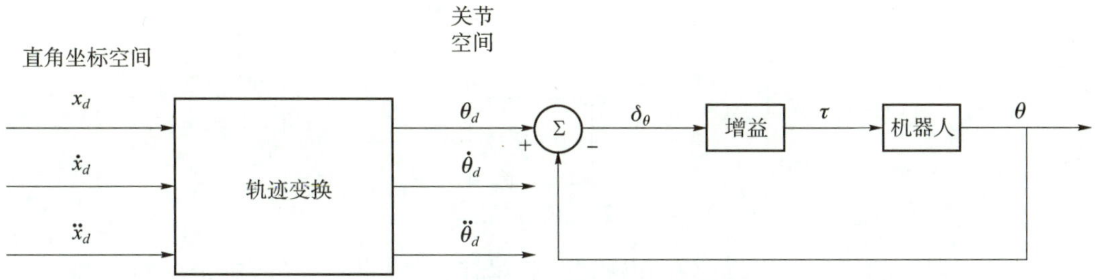

图 4.26　具有轨迹变换的直角坐标控制

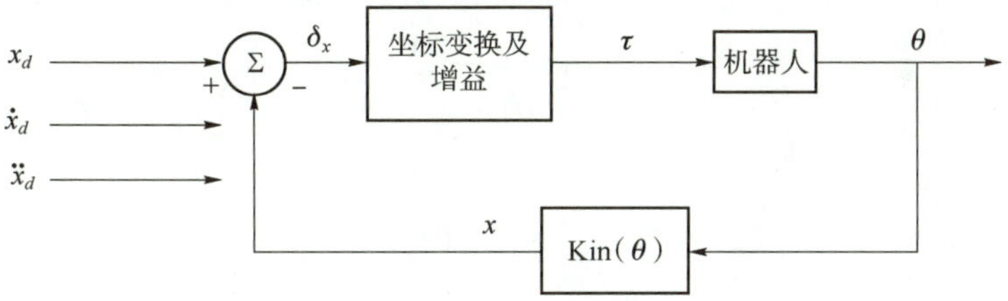

图 4.27　检测机器人各关节位置的直角坐标控制

单关节状态空间控制如图 4.28 所示。

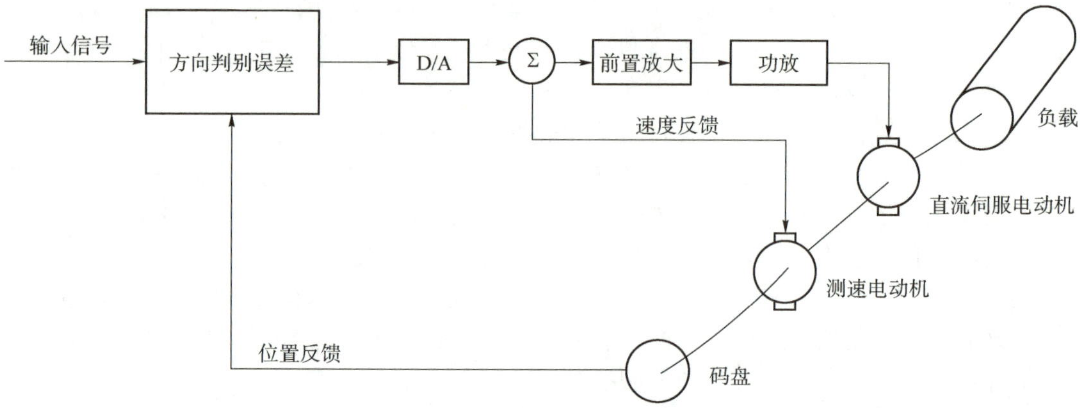

图 4.28 单关节状态空间控制

4.3.2 轨迹控制

轨迹控制是将操作人员输入的简单的任务描述变为详细的运动轨迹描述。对一般的机器人来说，操作员可能只输入机械手末端的目标位置和方位，而规划的任务便是要确定出达到目标的关节轨迹的形状、运动的时间和速度等。图 4.29 为任务规划器。

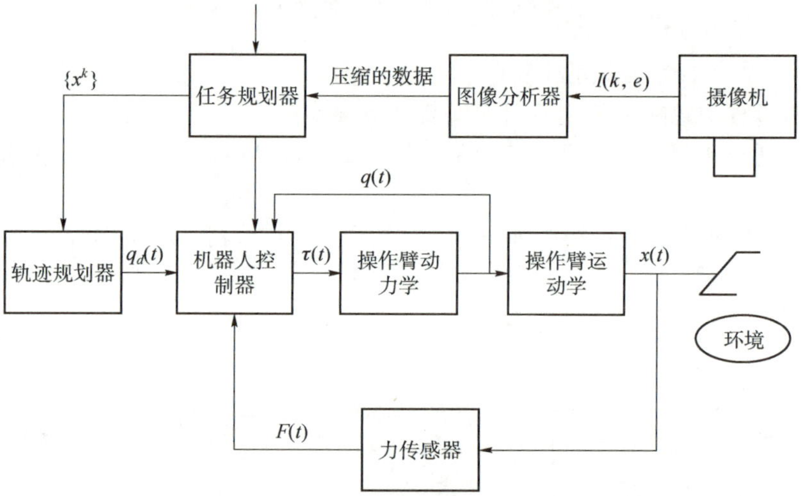

图 4.29 任务规划器

首先对机器人的任务、运动路径和轨迹进行描述；然后根据已经确定的轨迹参数，在计算机上模拟所要求的轨迹；最后对轨迹进行实际计算，即在运行时间内按一定的速率计算出位置、速度和加速度，从而生成运动轨迹。机器人轨迹规划框图如图 4.30 所示。

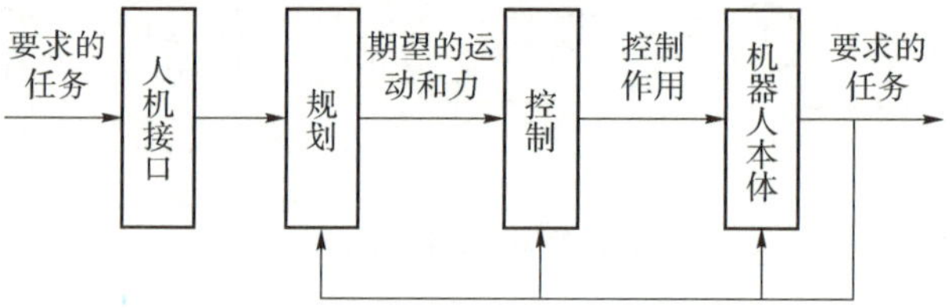

图 4.30 机器人轨迹规划框图

4.3.3 关节空间及笛卡儿坐标

机器人的轨迹规划既可以在关节空间中进行也可以在笛卡儿空间中进行。

对于一个具有 n 个自由度的机器人来说，它的所有连杆位置可由一组 n 个关节变量来确定。这样的一组变量通常被称为 $n\times1$ 的关节向量。所有关节向量组成的空间称为关节空间。

1. 笛卡儿坐标系

相交于原点的两条数轴，构成了平面放射坐标系，如果两条数轴上的度量单位相等，则称此放射坐标系为笛卡儿坐标系。

两条数轴相互垂直的笛卡儿坐标系，称为笛卡儿直角坐标系，否则称为笛卡儿斜角坐标系。

2. 笛卡儿空间

笛卡儿空间指位置在空间相互正交的轴上定位的、姿态按照空间描述规定的方法测量的空间，有时也称为任务空间或操作空间，一般简单地理解成空间直角坐标系。

3. 空间笛卡儿坐标系

相交于原点的 3 条不共面的数轴构成空间放射坐标系。3 条数轴上度量单位相等的空间放射坐标系被称为空间笛卡儿坐标系。

3 条数轴互相垂直的笛卡儿坐标系被称为空间笛卡儿直角坐标系，简称为空间直角坐标系，否则称为空间笛卡儿斜角坐标系。

路径规划中最常用的是空间笛卡儿直角坐标系，即空间直角坐标系。

关节空间中轨迹规划是以关节角度的函数来描述机器人手臂关节的轨迹。空间笛卡儿坐标系的特点如下。

优点：

（1）在线运算量小、效率高，无须进行机器人的逆解或正解解算；

（2）因其仅受关节速度及加速度的限制，故不会发生机构的奇异性问题（奇异性就是指函数的不连续或导数不存在）。

缺点：

由于约束的设定和轨迹规划在关节空间进行时，对机器人手臂关节（直角坐标位姿）没有施加任何约束，对应操作空间的轨迹无法预测，因此很难弄清机器人手臂关节的实际路径，增加了机器人手臂关节与环境碰撞的可能。

关节空间中轨迹规划特别适合机器人手臂关节运动不要求规定路径的、进入空间行程大范围内快速移动的轨迹段。

在笛卡儿空间中进行规划时，相应的关节位移、速度和加速度由机器人手臂关节的信息导出，通常通过反复求解逆运动方程来计算关节角。笛卡儿空间的特点如下。

优点：概念直观，分段点之间的运动能被很好地确定，非常适合已定义的函数轨迹的规划。

缺点：笛卡儿空间路径规划的结果需要实时变换为相应的关节坐标，这是一个计算量很大的任务，常常导致较长的控制间隔；另一个主要的问题是，会有不连续问题。

通常会用关节空间和笛卡儿空间规划混合的方法，来减少计算量。此外，也要确保在运动过程中不会碰到任何障碍物。关节空间和笛卡儿空间本身就有运动学上的对应关系，我们不可能同时作两类插补。

4.3.4 关节空间的轨迹规划

需要将每个作业路径点向关节空间变换，即用逆运动学方法把路径点转换成关节角度值，或称关节路径点。

然后为每个关节相应的关节路径点拟合光滑函数。以关节角度（位置）函数描述机器人轨迹的优点：计算简单、无奇异性。

关键要使关节轨迹满足约束条件，如各点上的位姿、速度和加速度要求和连续性要求等，在满足约束条件下选取不同的插值函数。

当已知末端执行器的起始位姿和终止位姿时，由逆运动学，即可求出对应于两位姿的各个关节角度。因此，末端操作器实现两位姿的运动轨迹描述，可在关节空间中用通过起点关节角和终点关节角的一个平滑轨迹函数 $\theta(t)$ 来表示。

为了实现关节的平稳运动，每个关节的轨迹函数 $\theta(t)$ 至少需要满足 4 个约束条件：两端点位置约束和两端点速度约束。

考虑机械手末端在一定时间内从初始位置和姿态移动到目标位置和姿态的问题。利用逆运动学计算，可以首先求出一组起点和终点的关节位置。现在的问题是求出一组通过起点和终点的光滑函数。如图 4.31 所示，满足这个条件的光滑函数可以有许多个。

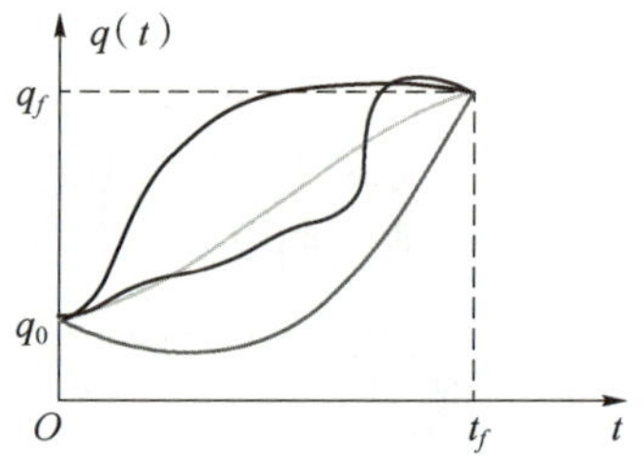

图 4.31 单个关节不同轨迹曲线

显然，这些光滑函数必须满足以下条件：

$$\left.\begin{array}{l}\theta(0)=\theta_0\\ \theta(t_f)=\theta_f\end{array}\right\}\text{（起点和终点的关节角度约束）}$$

同时，若要求在起点和终点的速度为 0，即

$$\begin{cases}\dot{\theta}(0)=\omega_0\\ \dot{\theta}(t_f)=\omega_f\end{cases}\text{（起点和终点的关节速度约束）}$$

那么可以选择如下的三次多项式：

$$\theta(t)=a_0+a_1t+a_2t^2+a_3t^3$$

式中，a_0、a_1、a_2、a_3 为 4 个待定系数。

4 个约束条件，可以唯一地解出这些系数。

利用约束条件确定三次多项式系数，有下列方程组：

$$\begin{cases}\theta_0=a_0\\ \theta_f=a_0+a_1t_f+a_2t_f^2+a_3t_f^3\\ \dot{\theta}_0=a_1\\ \dot{\theta}_f=a_1+2a_2t_f+3a_3t_f^2\end{cases}$$

求解方程组得

$$\begin{cases}a_0=\theta_0\\ a_1=\dot{\theta}_0\\ a_2=\dfrac{3}{t_f^2}(\theta_f-\theta_0)-\dfrac{2}{t_f}\dot{\theta}_0-\dfrac{1}{t_f}\dot{\theta}_f\\ a_3=-\dfrac{2}{t_f^3}\left(\theta_f-\theta_0\right)+\dfrac{1}{t_f^2}(\dot{\theta}_0+\dot{\theta}_f)\end{cases}$$

由上式确定的三次多项式描述了起点和终点具有任意给定位置和速度的运动轨迹。剩下的问题就是如何确定路径点上的期望关节速度。

例 4.1： 设机械手某个关节的起始关节角 $\theta_0=15°$，并且机械手原来是静止的。要求在 3 s 内平滑地运动到 $\theta_f=75°$停下来（即要求在终点时速度为 0）。规划出满足上述条件的平滑运动的轨迹，并求出关节角位置、角速度及角加速度随时间变化的方程。

解： 根据所给约束条件，直接代入公式，可得

$$a_0=15,\ a_1=0,\ a_2=20,\ a_3=-4.44$$

所求关节角的位置函数为

$$\theta(t)=15+20t^2-4.44t^3$$

对上式求导，可以得到角速度和角加速度：

$$\dot{\theta}(t)=40t-13.33t^2$$

$$\ddot{\theta}(t)=40-26.66t$$

例 4.2： 设有一个旋转关节的单自由度关节机器人，当机器人手臂关节处于静止状态时，$\theta_0=20°$，要在 3 s 内平稳运动到 $\theta_f=60°$停下来（即要求在终点时速度为 0）。规划出满足上述条件的平滑运动的轨迹，计算出第 1 s 和第 2 s 时的关节角度，并画出关节角位移、角速度及角加速度随时间变化的曲线。

解： 由题目可知，两端点位置约束为

$$\begin{cases}\theta(0)=\theta_0=20°\\ \theta(t_f)=\theta_f=60°\end{cases}$$

两端点速度约为

$$\begin{cases}\dot{\theta}(0)=\dot{\theta}_0=0°/\mathrm{s}\\ \dot{\theta}(t_f)=\dot{\theta}_f=0°/\mathrm{s}\end{cases}$$

把约束条件代入公式，即可求得三次多项式的系数：

$$a_0=20,\ a_1=0,\ a_2=13.33,\ a_3=-2.96$$

如图 4.32 所示，可得

角位移函数：

$$\theta(t)=20+13.33t^2-2.96t^3$$

角速度函数：

$$\dot{\theta}(t)=26.66t-8.88t^2$$

角加速度函数：

$$\ddot{\theta}(t)=26.66-17.76t$$

将 $t=1$，$t=2$ 代入 $\theta(t)=20+13.33t^2-2.96t^3$，求得第 1 s 和第 2 s 时的关节角度分别为

$$\theta(1)=30.37°,\quad \theta(2)=49.64°$$

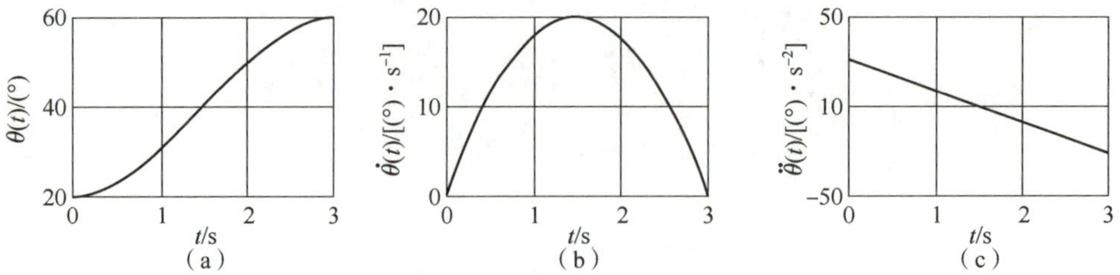

图 4.32　三次多项式插值的关节运动轨迹

(a) 角位移；(b) 角速度；(c) 角加速度

可以看出，三次多项式插值的关节运动轨迹角速度曲线为一抛物线，角加速度曲线为一直线。

方法：把所有路径点都看成是“起点”或“终点”，求解逆运动学，得到相应的关节向量值。然后确定所要求的三次多项式插值函数，如图 4.33 所示，把路径点平滑地连接起来。不同的是，这些“起点”和“终点”的关节速度不再是 0。

把每个关节上相邻的两个路径点分别看作起点和终点，再确定相应的三次多项式插值函数，把路径点平滑地连接起来，如图 4.34 所示。

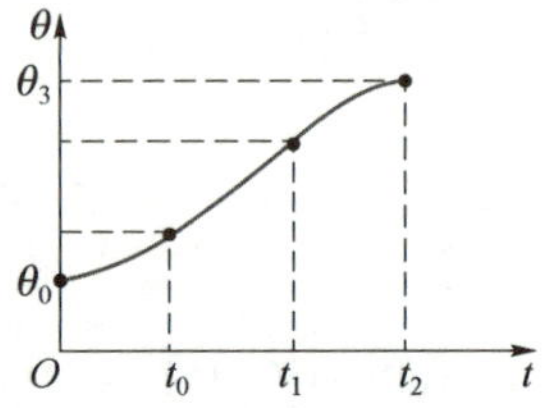

图 4.33　过路径点的三次多项式

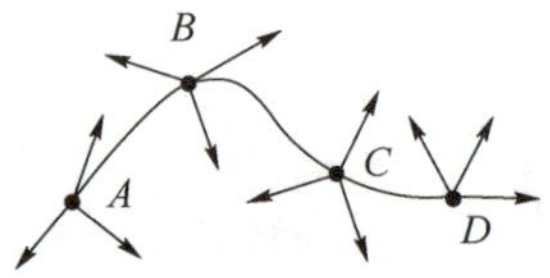

图 4.34　路径点连线

其约束条件是：连接处不仅速度连续，而且加速度也连续。

速度约束条件：

$$\dot{\theta}(0)=\dot{\theta}_0$$

$$\dot{\theta}(t_f)=\dot{\theta}_f$$

如果对于运动轨迹的要求更为严格，约束条件增多，那么三次多项式就不能满足需要，必须用更高阶的多项式对运动轨迹的路径段进行插值。

例如，对某段路径的起点和终点都规定了关节的位置、速度和加速度（有 6 个未知的系数），则要用一个五次多项式进行插值：

$$\theta(t)=a_0+a_1t+a_2t^2+a_3t^3+a_4t^4+a_5t^5$$

约束条件是关节在初始和终止位置处的位移、速度及加速度，引入加速度约束，有利于机构平稳运行。

多项式系数要满足以下 6 个约束条件：

$$\begin{cases}\theta(0)=\theta_0\\ \dot{\theta}(0)=\dot{\theta}_0\\ \ddot{\theta}(0)=\ddot{\theta}_0\\ \theta(t_f)=\theta_f\\ \dot{\theta}(t_f)=\dot{\theta}_f\\ \ddot{\theta}(t_f)=\ddot{\theta}_f\end{cases}$$

这些约束条件确定了一个具有6个方程和6个未知数的线性方程组，通过求解得

$$
\begin{cases}
a_0=\theta_0 \\
a_1=\dot{\theta}_0 \\
a_2=\dfrac{\ddot{\theta}_0}{2} \\
a_3=\dfrac{20\theta_f-20\theta_0-8(12\dot{\theta}_0+\dot{\theta}_f)t_f-(3\ddot{\theta}_0-\ddot{\theta}_f)t_f^2}{2t_f^3} \\
a_4=\dfrac{30\theta_0-30\theta_f+(16\dot{\theta}_0+14\dot{\theta}_f)t_f+(3\ddot{\theta}_0-2\ddot{\theta}_f)t_f^2}{2t_f^4} \\
a_5=\dfrac{12\theta_f-12\theta_0-6(\dot{\theta}_0+\dot{\theta}_f)t_f+(\ddot{\theta}_f-\ddot{\theta}_0)t_f^2}{2t_f^5}
\end{cases}
$$

4.4　控制理论与算法

4.4.1　机器人语言的结构

机器人语言实际上是一个编程语言系统，机器人语言系统既包括语言本身——给出作业指示和动作指示；同时还包含进行处理的操作系统——根据上述指示来控制机器人系统，这个系统能支持机器人编程、控制，以及与外围设备、传感器和机器人连接的接口，还能支持和计算机系统的通信。机器人语言系统结构如图4.35所示。

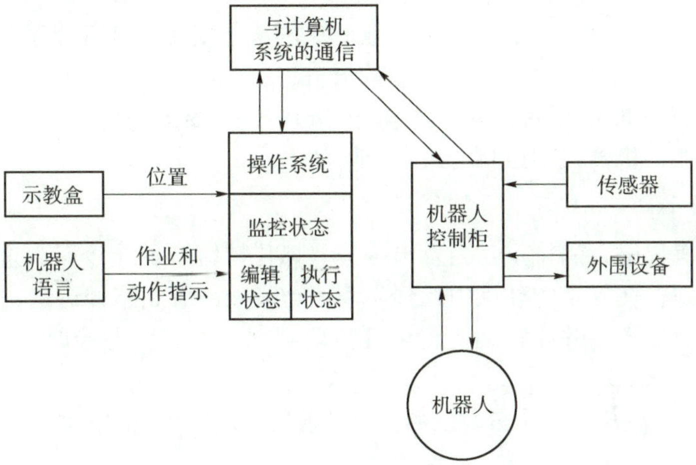

图4.35　机器人语言系统结构

机器人语言系统包括以下3个基本的操作状态。

(1) 监控状态。监控状态是用来进行整个系统的监督控制的。在监控状态，操作者可以用示教盒（运动控制系统移动显示终端）定义机器人在空间的位置，设置机器人的运动速度、存储和调出程序等。

（2）编辑状态。编辑状态是供操作者编辑程序的。尽管不同语言的编辑操作不同，但一般包括：写入指令、修改和删去指令以及插入指令等。

（3）执行状态。执行状态是用来执行机器人程序的。在执行状态，机器人执行程序的每一条指令，操作者可通过调试程序来修改错误。

4.4.2 机器人编程语言的类型

1. 面向点位控制的编程语言

示教方式编程一般可分为手把手示教编程和示教盒示教编程两种方式。

（1）手把手示教编程：主要用于喷漆、弧焊等要求实现连续轨迹控制的工业机器人示教编程中。具体的方法是，利用示教手柄引导末端执行器经过所要求的位置，同时由传感器检测出工业机器人关节处的坐标值，并由控制系统记录、存储下这些数据信息。

（2）示教盒示教编程：主要是人工利用示教盒上所具有的各种功能的按钮来驱动工业机器人的各关节轴，按作业所需要的顺序单轴运动或多关节协调运动，完成位置和功能的示教编程。

2. 面向运动的编程语言

面向运动的编程语言包括 VAL、EMUY 等，特点如下：

（1）以机器人手爪的运动作为作业描述的中心；

（2）用该级语言编写的作业程序，通常由使机器人手爪从一个位置到另一个位置的一系列运动语句组成；

（3）每一条语句对应一个机器人动作。

3. 面向对象结构化编程语言

面向对象结构化编程语言包括 AUTOPASS、AML 等，特点如下：

（1）以近似自然语言的方式，按照作业对象的状态变化来进行程序设计；

（2）以描述操作物体之间关系为中心的语言；

（3）不需要描述机器人手爪如何动作，只要由操作者给出作业本身的顺序过程的描述及环境模型的描述，机器人即可自行决定如何动作。

4. 面向任务的编程语言

面向任务的编程语言的特点：当发出一条“抓住螺钉”的指令时，这种语言系统要能进行路径寻找规划，在复杂的环境中找到一条运动路径，沿此路径运动，机器人不会与周围任何障碍物发生碰撞，并能自动进行工件抓取规划，在螺钉上选取一个好的抓取位置，并把螺钉抓起。

显然，这种语言的构成是十分复杂的，它必须具有人工智能的推理系统和大型知识库。

4.4.3 常用的机器人编程语言

1. Python

Python 语言是一门跨平台、开源、免费的解释型高级动态编程语言，由于简单易用，已成为机器人、人工智能领域中使用最广泛的编程语言之一。Python 既支持面向过程，也支持面向对象编程。

优点：

更易入门、语言高级、具有可移植性和可扩展性。

缺点：

线程不能利用多 CPU、运行速度慢。

2. C/C++

由于机器人非常依赖实时性能，因此 C 和 C++是最接近我们机器人专家“标准语言”的编程语言。

优点：

跨平台性好、运行效率高、语言简洁，编写风格自由。

缺点：

无垃圾回收机制、学习较困难、数据安全性上有缺陷。

C 语言的缺点主要表现在数据的封装性上，缺少数据封装，因此在数据的安全性上有很大缺陷，这也是其和 C++的一大区别。

3. Java

Java 是一门面向对象编程语言，其在机器人研究中也非常流行。Java 语言具有功能强大和简单易用两个特征。

优点：

更易学习、支持动态绑定、支持 Internet 应用开发、更安全、具有可移植性。

缺点：

运行需要安装 Java 虚拟机、运行成本较高。

4. MATLAB

MATLAB 是 Matrix 和 Laboratory 两个词的组合，意为矩阵工厂（矩阵实验室），代表了国际科学计算软件的先进水平。

MATLAB 的基本数据单位是矩阵，它的指令表达式与数学、工程中常用的形式十分相似，故用 MATLAB 来解算问题要比用 C、FORTRAN 等语言完成相同的事情简捷得多。

优点：

编程效率高、矩阵和数组运算高效方便。

缺点：

循环运算效率低、封装性不好。

4.4.4 可变汇编语言

VAL（Variable Assembly Language，可变汇编语言）是在 BASIC 语言的基础上扩展的机器人语言，它具有 BASIC 式的结构，在此基础上添加了一批机器人编程指令和 VAL 监控操作系统。此操作系统包括用户交联、编辑和磁盘管理等部分。VAL 语言可连续实时运算，迅速实现复杂的运动控制。

VAL Ⅱ一般包括监控指令和程序指令两部分。

1）监控指令

工业机器人 VAL Ⅱ的监控指令共有六类，分别为位置及姿态定义指令、程序编辑指令、列表指令、存储指令、控制程序执行指令和系统状态控制指令。

2）程序指令

（1）描述基本运动的运动指令有：GO、MOVE、MOVET、MOVES、MOVEST、DRAW、APPRO、APPROS、DEPART、DRIVE 等。这些指令大部分具有使机器人按照特定的方式从一个位姿运动到另一个位姿的功能。

（2）手爪控制基本指令有：READY、OPEN、OPENI、CLOSE、CLOSEI、RELAX、GRASP 及 DELAY 等。

（3）程序控制指令有：GOTO、GOSUB、RETURN、IF、IFSIG、REACT、REACTI、IGNORE、SIGNAL、WAIT、PAUSE 及 STOP 等。

（4）位姿控制指令有：RIGHTY、LEFTY、ABOVE、BELOW、FLIP 及 NOFLIP 等。

（5）赋值指令有：SETI、TYPEI、HERE、SET、SHIFT、TOOL、INVERSE 及 FRAME 等。

（6）控制方式指令有：SPEED、COARSE、FINE、NONULL、NULL、INTON 及 INTOFF 等。

（7）其他指令：REMARK 及 TYPE 等。

VAL Ⅱ的程序实例如下。

将物体从一个位置 PICK 搬运至另一个位置 PLACE，程序代码如下：

```
EDIT  EXAMT                          /*  启动编辑状态,文件名为:EXAMT */
PROGRAM  EXAMT
1.  SET PICK=TRANS(-400,400,250,-90,90,0) /* 点的位置 */
2.  SET PLACE=TRANS(-50,600,250,-90,90,0) /* 点的位置 */
3.  OPEN                             /*  下一步手张开 */
4.  APPRO  PICK , 50                 /*  运动至距 PICK 位置 50 mm 处  */
5.  SPEED  30                        /*  下一步将速度提升至 30% 满速  */
6.  MOVE  PICK                       /*  运动至 PICK 位置 */
7.  CLOSEI                           /*  闭合手  */
8.  DEPAT 70                         /*  沿向量方向后退 70 cm  */
9.  APPROS  PLACE , 75               /*  沿直线运动至 PLACE 位置 75 mm 处  */
10. SPEED  20                        /*  下一步将速度降至 20% 满速  */
11. MOVES  PLACE                     /*  沿直线运动至 PLACE 位置上  */
12. OPENI                            /*  在下一步之前手张开  */
13. DEPART 50                        /*  自 PLACE 位置后退 50 cm  */
14. E                                /*  退出编辑状态,返回监控状态  */
```

4.4.5 汇编语言

1. AL 的基本功能语句

（1）标量（SCALAR）：这是 AL（Assembly Language，汇编语言）的基本数据形式，可进行加、减、乘、除、指数运算，并能进行三角函数及自然对数、指数的变换。AL 中的标量可为时间（TIME）、距离（DISTANCE）、角度（ANGLE）、力（FORCE）及其组合。

(2) 向量（VECTOR）：用来描述位置，与数学中的向量类似，可以由若干个量纲相同的标量来构造一个向量。可进行加减、内积、外积及与标量相乘、相除等运算。

(3) 旋转（ROT）：用来描述一个轴的旋转或某物绕某个轴的旋转以表示姿态，其数据形式是向量。旋转变量有两个参数，一个代表旋转轴的简单向量，另一个表示旋转角度。

(4) 坐标系（FRAME）：用来建立坐标系，描述操作空间中物体的位置和姿态。变量的值表示物体固连坐标系与空间作业的参考坐标系之间的相对位置与姿态。

(5) 变换（TRANS）：用来进行坐标变换，包括向量和旋转两个因素，执行时先旋转再平移。

(6) 块结构形式：用 BEGIN 和 END 作一串语句的首尾，组成程序块，描述作业情况。

(7) 运动语句（MOVE）：描述手的运动，如从一个位置移动到另一个位置。

(8) 手的开合运动（OPEN，CLOSE）。

(9) 两物体结合的操作（AFFIX，UNFIX）。

(10) 力觉的处理功能。

(11) 力的稳定性控制：主要用于装配作业中，如对销钉插入销孔这种典型操作应控制销钉与孔的接触力。

(12) 同时控制多台机器人的运动语句（COBEGIN，COEND）：此时，多台机器人同时执行上述语句所包括的程序。

(13) 可使用子程序及数组（PROCEDURE，ARRAY）。

(14) 可与 VAL 进行信息交流。

2. AL 的编程格式

(1) 程序以 BEGIN 开始，由 END 结束。

(2) 语句与语句之间用分号隔开。

(3) 变量先定义说明其类型，后使用。变量名以英文字母开头，由字母、数字和下划线组成，字母大、小写不分。

(4) 程序的注释用大括号括起来。

(5) 变量赋值语句中如果所赋的内容为表达式，则先计算表达式的值，再把该值赋给等式左边的变量。

AL 的程序实例如下。

要实现机器人 GARM 运动如下：移动到指定位置 PACK1，再沿直线移动到位置 PACK2，不停顿继续移动到位置 PACK3（要求经过 PLACE）。程序代码如下：

```
BEGIN
        MOVE GRAM TO PACK1;
        MOVE GRAM TO PACK2 LINEARLY;
        MOVE GRAM TO PACK3 VIA PLACE;
END
```

注意：在程序执行前，可利用示教盒，在 JOINT 模式下定义 4 个坐标变量，PICK1、PICK2、PICK3 和 PLACE。或者，也可以通过指令 SET 来设置这 4 个点的位置。

4.4.6 机器人离线编程系统

机器人离线编程，是指操作者在编程软件里构建整个机器人工作应用场景的三维虚拟环境；然后对机器人所要完成的任务进行离线规划和编程，并对编程结果进行动态图形仿真；最后生成机器人执行程序传输给机器人。

优点：

（1）可减少机器人的停机时间；

（2）可使编程者远离危险的作业环境；

（3）适用范围广；

（4）便于构建 FMS（柔性制造系统）和 CHMS（内容管理系统）；

（5）可使用高级机器人语言对复杂系统及任务进行编程；

（6）便于修改程序。

缺点：

（1）部分软件还不支持多台机器人同时模拟仿真，只能对单个工作站进行离线编程；

（2）基于 MasterCAM 进行的二次开发，价格都比较昂贵，企业版基本在 20 万元左右，有的软件按节点数报价，价格更昂贵；

（3）在计算机上模拟仿真编程，精度得不到保证。

离线编程系统的一般要求：

（1）全面了解将要编程的生产系统的工作过程；

（2）掌握机器人和工作环境三维实体模型；

（3）掌握机器人几何学、运动学和动力学的知识；

（4）能用专门语言或通用语言编写出基于（1）~（3）的软件系统，要求该系统是基于图形显示的；

（5）能用计算机构型系统进行动态模拟仿真，对运动程序进行测试，并检测算法，如检查机器人关节角超限，运动轨迹是否正确，以及进行碰撞的检测；

（6）具有传感器的接口和仿真功能，以利用传感器的信息进行决策和规划；

（7）具有通信功能，从离线编程系统所生成的运动代码到各种机器人控制柜的通信；

（8）具有用户接口，提供友好的人机界面，并要解决好计算机与机器人的接口问题，以便人工干预和进行系统的操作。

离线编程系统是基于机器人系统的图形模型，通过仿真模拟机器人在实际环境中的运动而进行编程的，存在着仿真模型与实际情况的误差。

20 世纪 80 年代，机器人应用的早期与数控机床和 CAM 软件的发展规律类似，开始出现离线编程软件的概念。

近年来，伴随工业机器人的大规模应用，各家工业机器人企业（如 ABB、FANUC、Yaskawa、KUKA 等）均开发了适用于自家品牌的机器人离线编程软件，这些软件可以和各自的产品设备直连，做到准确的节拍仿真。但这些软件对于轨迹的计算大多数以离线示教为主，而根据三维模型计算轨迹的能力则稍显不足。

数控加工领域中应用成熟的各大 CAM 软件厂商（如 NX/UG、达索、Delcam、MasterCAM 等），利用自身在 CAM 功能上的多年积累，通过收购等方式，也提供了通用机器人 CAM 离线编程软件。

国内的一些科研团队及公司也推出了国产的离线编程软件。

在上述离线编程系统的基础上，还可进一步集成某些更加先进的功能，如机器人作业总体布局、避免碰撞和路径规划、协调运动的自动规划、力控制系统的仿真、自动调度，以及误差和公差的自动评估等。

1）机器人作业总体布局

离线编程系统的基本任务之一是确定作业单元的总体布局，机器必须到达全部工作点，其中包含选用适当的机器人、工件和夹具的布置。这一工作在仿真环境下反复试验完成，比在真实环境下更加有效和省力，并且节约资源。

2）避免碰撞和路径规化

无碰撞路径规划和时间最优路径规划是离线编程最为重要的部分，与之相关的问题有：利用六自由度的机器人进行仅有 5 个自由度几何规定的弧焊作业，冗余度机器人进行避免碰撞和回避奇异性的自动规划等。

3）协调运动的自动规划

在实际工作中，如在许多弧焊作业中要求工件与重力向量在焊接过程中要保持一定的关系，因而需要把工件安装在具有 2~3 个自由度的定向系统上，并与机器人同时协调运动。

4）力控制系统的仿真

力控制系统的仿真是建立对各种机器人力控制策略进行仿真的仿真环境。这个问题的难点在于，某些表面性质的建模，以及各种接触情况所引起的约束状态的动态仿真。在局部约束环境下，需要用离线编程系统评估各种力控制装配操作的可行性。

5）自动调度

机器人编程中存在许多几何问题，同时还经常碰到更为复杂的调度和通信问题。特别是将单作业单元扩展到多作业单元进行仿真时更为如此，规划相互作用过程的调度问题是十分困难的，目前也是重要的研究领域，离线编程将成为这一领域研究的理想检验手段。

6）误差和公差的自动评估

离线编程系统可对定位误差源进行建模，可对带缺陷传感器的数据影响进行建模，使环境模型包含各种误差界限和公差信息，用该系统可以评估不同的定位和装配任务成功的或然率，即成功的概率。同时，可以提示采用何种传感器，以及如何布置有关传感器，以纠正可能出现的各种问题。

4.4.7　常用的离线编程软件

1. Robot Master

Robot Master 是目前全球离线编程软件中的顶尖软件，几乎支持市场上绝大多数工业机器人品牌（KUKA、ABB、FANUC、Yaskawa、史陶比尔、珂玛、三菱、DENSO、松下等），Robot Master 在 MasterCam 中无缝集成了工业机器人编程、仿真和代码生成功能，提高了工业机器人的编程速度。

优点：

（1）支持绝大多数工业机器人品牌；

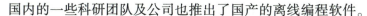

(2) 可以按照产品数模生成程序，适用于切割、铣削、焊接、喷涂等；

(3) 优化功能强，运动学规划和碰撞检测非常精确；

(4) 支持外部轴（直线导轨系统、旋转系统），并支持复合外部轴组合系统。

缺点：

(1) 暂时不支持多台工业机器人同时模拟仿真，只能做单个工作站；

(2) 基于 MasterCAM 进行的二次开发，价格昂贵，企业版在 20 万元左右。

2. PQArt

PQArt 是目前国内品牌离线编程软件中最顶尖的软件，广泛应用于打磨、去毛刺、焊接、激光切割、数控加工等领域。

优点：

(1) 支持多种格式的三维 CAD 模型；

(2) 支持多种品牌工业机器人离线编程操作；

(3) 拥有大量航空航天高端应用经验；

(4) 可自动识别与搜索 CAD 模型的点、线、面信息生成轨迹，轨迹与 CAD 模型特征关联，模型移动或变形，轨迹自动变化，一键优化轨迹与几何级别的碰撞检测；

(5) 支持多种工艺包，如切割、焊接、喷涂、去毛刺、数控加工；

(6) 支持将整个工作站仿真动画发布到网页、手机端。

缺点：

(1) 不支持整个生产线仿真；

(2) 不支持国外小品牌工业机器人。

3. Robot Works

Robot Works 是来自以色列的工业机器人离线编程软件，与 Robot Master 类似，是基于 Solid Works 进行的二次开发。使用时，需要先购买 Solid Works。

优点：

(1) 全面的数据接口；

(2) 强大的编程能力；

(3) 强大的工业机器人数据库；

(4) 完美的仿真模拟；

(5) 开放的工艺库定义；

(6) 生成轨迹方式多样，支持多种工业机器人，支持外部轴。

缺点：

(1) Robot Works 基于 Solid Works，Solid Works 本身不带 CAM 功能，编程烦琐，工业机器人运动学规划策略智能化程度低；

(2) 如果没学过 Solid Works，则使用该软件会比较困难。

4. ROBCAD

ROBCAD 是西门子旗下的软件，重点在生产线仿真，价格是同软件中最贵的。ROBCAD 支持离线点焊、支持多台工业机器人仿真、支持非工业机器人运动机构仿真、支持精确的节拍仿真，ROBCAD 主要应用于产品生命周期中的概念设计和结构设计两个前期阶段。

优点：

（1）与主流的 CAD 软件（如 NX、CATIA、IDEAS）无缝集成；

（2）实现工具工装、工业机器人和操作者的三维可视化；

（3）支持制造单元、测试以及编程的仿真。

缺点：

（1）价格昂贵，离线功能较弱；

（2）人机界面不友好。

4.5　智能控制

1. 控制理论和应用发展的概况

控制理论的发展始于 Watt 飞球调节蒸汽机之后的 100 年。

（1）20 世纪 20 年代以反馈控制理论为代表，形成经典控制理论，著名的控制科学家有：Black、Nyquist、Bode。

（2）随着航空航天事业的发展，20 世纪五六十年代形成以多变量控制为特征的现代控制理论，主要代表有：Kalman 的滤波器、Pontryagin 的极大值原理、Bellman 的动态规划，以及 Lyapunov 的稳定性理论。

（3）20 世纪 70 年代初，以分解和协调为基础，形成了大系统控制理论，用于复杂系统的控制，重要理论有递阶控制理论、分散控制理论、队论等，主要应用于资源管理、交通控制、环境保护等领域。

传统控制方法包括经典控制和现代控制，是基于被控对象精确模型的控制方式，缺乏灵活性和应变能力，适合解决线性、时不变性等相对简单的控制问题，难以解决对复杂系统的控制问题。

2. 传统控制理论的局限性

随着复杂系统的不断涌现，传统控制理论越来越多地显示出它的局限性。

复杂系统的特征如下。

1）控制对象的复杂性

（1）模型的不确定性。

（2）高度非线性。

（3）分布式的传感器和执行机构。

（4）动态突变。

（5）多时间标度。

（6）复杂的信息模式。

（7）庞大的数据量和严格的性能指标。

2）环境的复杂性

（1）环境变化的不确定性。

（2）难以辨识。

（3）必须与被控对象集合起来作为一个整体来考虑。

3）控制任务或目标的复杂性

（1）控制目标和任务的多重性。

（2）时变性。

（3）任务集合处理的复杂性。

对于以复杂系统为被控对象，传统控制的实际应用遇到很多难以解决的问题，主要表现为以下 4 点：

（1）实际系统由于存在复杂性、非线性、时变性、不确定性和不完全性等，无法获得精确的数学模型；

（2）某些复杂的和包含不确定性的控制过程无法用传统的数学模型来描述，即无法解决建模问题；

（3）传统控制理论的推导往往需要进行一些比较苛刻的线性化假设，而这些假设往往与实际系统不符合；

（4）实际控制任务复杂，而传统的控制任务要求低，对复杂的控制任务，如机器人控制、CIMS、社会经济管理系统等无能为力。

3. 智能控制定义

在生产实践中，复杂控制问题可通过操作人员的经验和控制理论相结合去解决，由此产生了智能控制。智能控制将控制理论的方法和人工智能技术灵活地结合起来，其控制方法适应对象的复杂性和不确定性。

智能控制是一门交叉学科，著名美籍华人傅京逊教授于 1971 年首先提出了智能控制是人工智能与自动控制的交叉，即二元论。

美国学者 G. N. Saridis 于 1977 年在此基础上引入运筹学，提出了三元论的智能控制概念。

4. 智能控制系统的基本组成框架

所谓智能控制，即设计一个控制器（或系统），使之具有学习、抽象、推理、决策等功能，并能根据环境（包括被控对象或被控过程）信息的变化作出适应性反应，从而完成由人来完成的任务。智能控制系统的基本组成结构如图 4.36 所示。

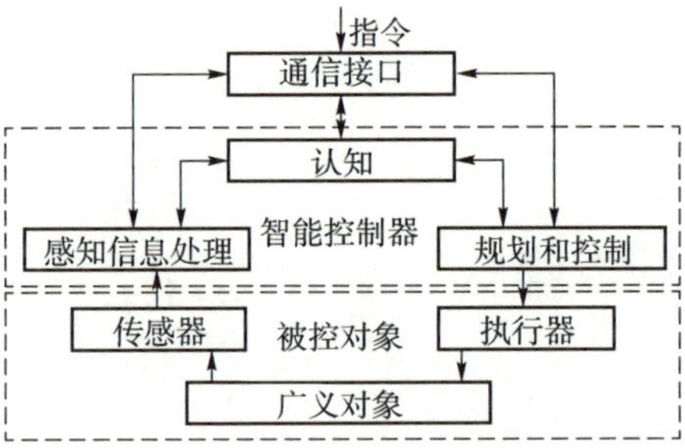

图 4.36　智能控制系统的基本组成结构

5. 智能控制系统的类型

按照智能控制系统构成的原理进行分类，大致可分为递阶控制系统、专家控制系统（直接专家控制系统，直接输出控制信号；间接专家控制系统，输出控制器的结构和参数）、模糊控制系统、学习控制系统、神经网络控制系统、进化控制系统（遗传算法等软计算优化控制系统）。

1）递阶控制系统

当系统由若干个可分的相互关联的子系统构成时，可将系统所有决策单元按照一定优先级和从属关系递阶排列，同一级各单元受到上一级的干预，同时又对下一级单元施加影响。若同一级各单元目标相互冲突，则由上一级单元协调。这是一种多级、多目标的结构，各单元在不同级间递阶排列，形成金字塔形结构。分级递阶智能控制系统结构如图4.37所示。

优点：全局与局部控制性能都较高，灵活性与可靠性好，任何子过程的变化对决策的影响都是局部性的。

缺点：系统设计比较复杂。

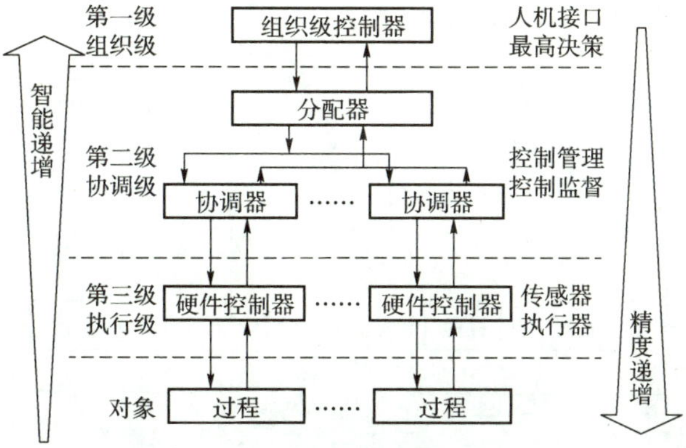

图4.37　分级递阶智能控制系统结构

2）专家控制系统

专家控制系统是一个应用专家系统技术的控制系统，也是一个典型的、广泛应用的基于知识的控制系统。几乎所有的专家控制系（控制器）都包含知识库、推理机、控制规则集和（或）控制算法等。专家控制器的典型结构如图4.38所示。

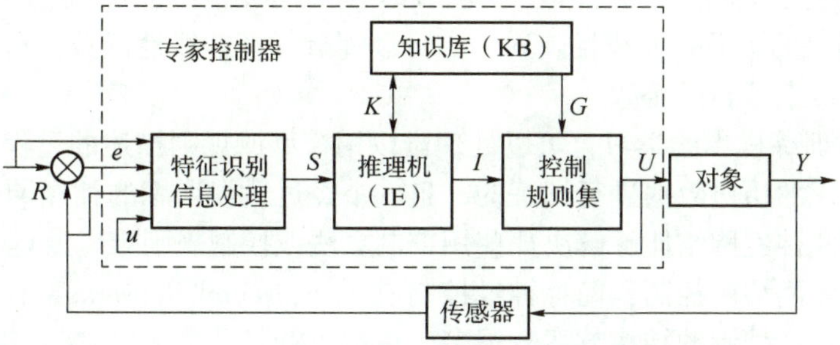

图4.38　专家控制器的典型结构

3）模糊控制系统

模糊控制系统的核心就是模糊控制器，一个模糊控制系统性能的优劣，主要取决于模糊控制器的结构、所采用的隶属函数、模糊规则、推理方法以及解模糊算法等。模糊控制系统的基本结构如图4.39所示。

4）学习控制系统

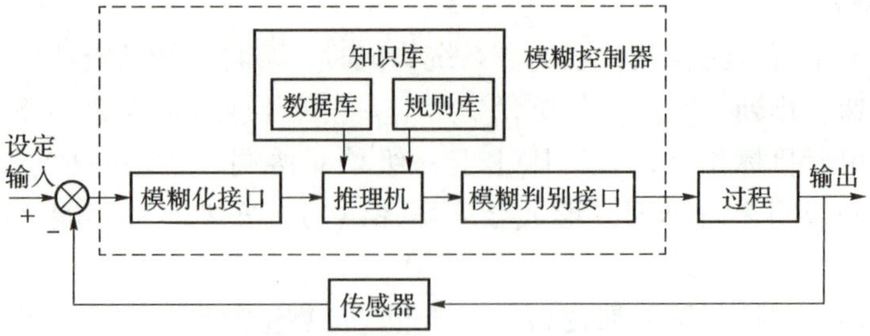

图 4.39　模糊控制系统的基本结构

学习控制具有 4 个主要功能：搜索、识别、记忆和推理。在线学习控制系统和离线学习控制系统的基本结构如图 4.40 所示。

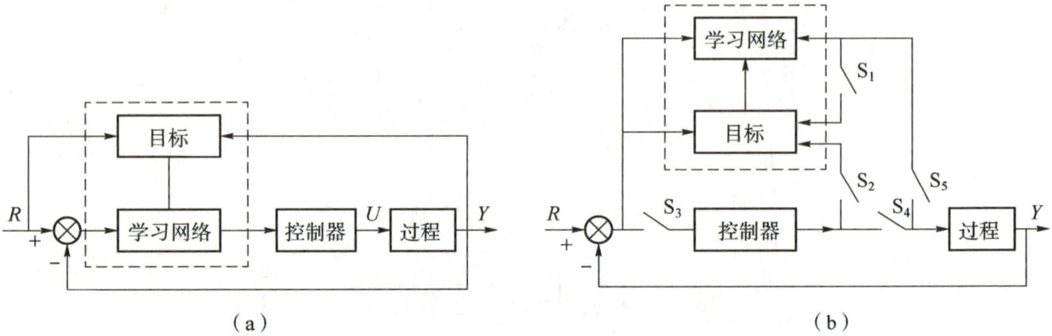

图 4.40　学习控制系统的基本结构

(a) 在线学习控制系统；(b) 离线学习控制系统

5）神经网络控制系统

神经网络用于控制的优越性主要表现在以下 3 个方面。

(1) 采用并行分布信息处理方式，具有很强的容错性。神经网络具有高度的并行结构和并行实现能力，因而具有较快的总体处理能力和较好的容错能力，特别适用于实时控制。

(2) 神经网络的本质是非线性映射，它可以逼近任意非线性函数，这一特性给非线性控制问题的解决带来了新的希望。

(3) 通过对训练样本的学习，可以处理难以用模型或规则描述的过程和系统。由于神经网络是根据系统的历史数据进行训练的，且一个经过适当训练的神经网络具有归纳全部数据的能力，因此神经网络能够解决那些用控制算法或控制规则难以处理的控制问题。

基于人工神经网络的控制，简称神经控制或 NN（Neural Networks，神经网络）控制。

目前提出的神经控制的结构方案有很多，包括 NN 学习控制、NN 直接逆控制、NN 自适应控制、NN 内模控制、NN 预测控制、NN 最优决策控制、NN 强化控制、CMAC（Control Mobile Attenuation Code，控制移动衰减码）控制、分级 NN 控制和多层 NN 控制等。图 4.41 为监督式学习 NN 控制器的结构。

6）进化控制系统

进化与反馈作为自然界存在的两种基本调节机制，具有明显的互补性。把进化思想与反馈控制理论相结合，产生了一种新的智能控制方法——进化控制。

进化控制是综合考察了几种典型智能控制方法的思想起源、组成结构、实现方法和技

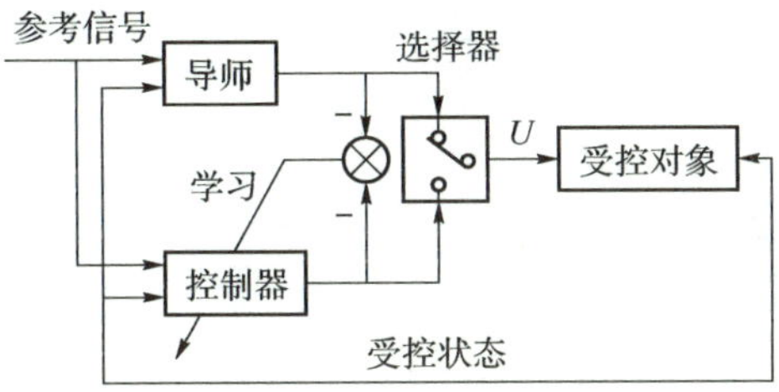

图 4.41 监督式学习 NN 控制器的结构

术等之后提出来的，它模拟生物界演化的进化机制，提高了系统在复杂环境下的自主性、创造性和学习能力。

课后习题

1. 机器人轨迹是指工业机器人在工作过程中的运动轨迹，即运动点的________和________。

2. 按照智能控制系统构成的原理进行分类，大致可分为________、________、________、________、________这几类。

3. 机器人编程语言的类型为________、________、________、________。

4. 机器人轨迹控制过程中，需要通过求解（　　）获得各个关节角的位置。

A. 运动学正问题　B. 运动学逆问题　C. 动力学正问题　D. 动力学逆问题

5. 机器人状态空间控制主要是（　　）。

A. 位置控制和轨迹控制　B. 点位控制和连续轨迹控制

C. 直角坐标控制和单关节状态空间控制　D. 点位控制和位置控制

6. 工业机器人所使用的控制电动机主要有交流伺服电动机、直流伺服电动机和（　　）。

A. 步进电动机　B. 直流电动机　C. 三相异步电动机

7. 机器人控制的基本要求有哪些？

8. 轨迹规划的一般问题有哪 3 个？

9. 机器人的驱动与运动控制系统有哪些？各自有何特点？

10. 简单介绍舵机的工作原理，说明其主要应用的场合。

第 5 章 机器人感知

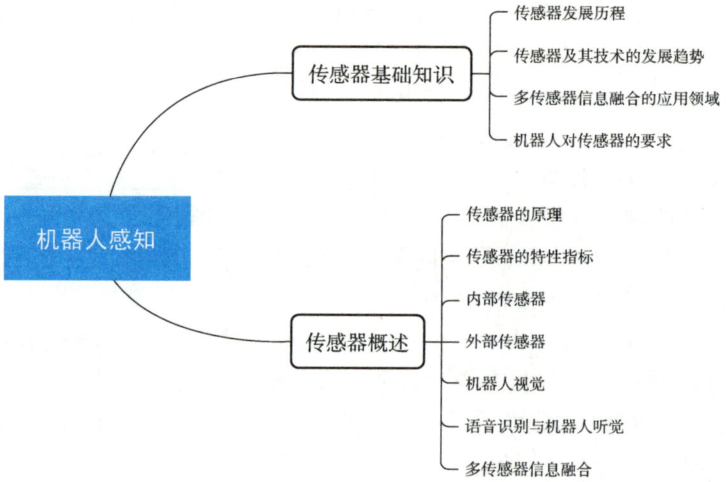

机器人感知属于机器感知（Machine Perception）研究范畴，主要研究如何用机器或计算机模拟、延伸和扩展人的感知或认知能力，包括机器视觉、机器听觉、机器触觉等。计算机视觉（Computer Vision）、模式（文字、图像、声音等）识别（Pattern Recognition）、自然语言理解（Natural Language Understanding）等，都是人工智能领域的重要研究内容，也是在机器感知或机器认知方面高智能水平的计算机应用。

智能机器人包括三大核心技术模块，即感知模块、交互模块和运动控制模块，其中感知模块借助各种传感器，如陀螺仪、激光雷达、相机等，相当于人的眼、耳、鼻、皮肤等，实现机器人对内部和外部信息的感知。没有感知模块的机器人充其量只是一种机器设备，只能诠释机器人中的前两个字——机器。将听觉、视觉、嗅觉、触觉等感知技术加入机器人，强化在非结构环境下的适应能力，使传感器获取的数据形成完整的系统，是智能机器人领域研究的重点和难点。

本章主要介绍机器人上常见的传感器、机器人视觉和听觉相关基础理论，以及多传感器信息融合相关知识。

5.1 传感器基础知识

5.1.1 传感器发展历程

自从1959年世界上诞生第一台机器人以来，机器人技术取得了长足的进步和发展。机器人技术的发展大致经历了以下3个阶段。

(1) 第一代机器人——示教再现型机器人。它不配备任何传感器，一般采用简单的开关控制、示教再现控制和可编程控制，作用路径或运动参数都需要示教或编程给定。在工作过程中，它无法感知环境的改变从而改善自身的性能、品质。例如，1962年，美国研制成功PUMA通用示教再现型机器人，这种机器人通过一台计算机，来控制一个多自由度的机械，通过示教存储程序和信息，工作时把信息读取出来，然后发出指令，机器人可以重复地根据当时示教的结果再现这种动作。示教再现型机器人对外界的环境没有感知，这个操作力的大小、这个工件存在与否、焊接的好与坏，它并不知道。例如，汽车的点焊机器人，它把点焊的过程示教完以后，总是重复这样一种工作。

(2) 第二代机器人——感知型机器人。此种机器人配备了简单的内外部传感器，能感知自身运行的速度、位置、姿态等物理量，并以这些信息的反馈构成闭环控制。在20世纪70年代后期，人们开始研究感知型机器人，这种机器人拥有类似人具有的某种功能的感觉，如触觉、视觉、听觉等，它能够通过感觉来感受和识别工件的形状、大小、颜色。机器人感受自身的工作状态、机器人感受探测外部工作环境和对象状态等，都需要借助传感器这一重要部件来实现。同时，传感器还能够感受规定的被测量，并按照一定的规律转换成可用的输出信号。

(3) 第三代机器人——智能机器人。20世纪90年代以来，人们发明的机器人带有多种传感器，可以进行复杂的逻辑推理、判断及决策，在变化的内部状态与外部环境中，自主决定自身的行为。

可以将传感器的功能与人类的感觉器官相比拟：光敏传感器→视觉；声敏传感器→听觉；气敏传感器—嗅觉；化学传感器→味觉；压敏、温敏、流体传感器→触觉。与常用的传感器相比，人类的感觉能力要好得多，但也有一些传感器比人的感觉功能优越，如人类没有能力感知紫外线或红外线辐射，感觉不到电磁场、无色无味的气体等。

近年来传感器技术得到迅猛发展，同时也更为成熟完善，这在一定程度上推动着机器人技术的发展。传感器技术的革新和进步，势必会为机器人行业带来革新和进步。因为机器人的很多功能都是依靠传感器来实现的。

为了实现在复杂、动态及不确定性环境下机器人的自主性，或为了检测作业对象、环境、机器人之间的关系，目前各国的科研人员逐渐将视觉、听觉、触觉传感器等多种不同功能的传感器合理地组合在一起，形成机器人的感知系统，为机器人提供更为详细的外界环境信息，进而促使机器人对外界环境变化作出实时、准确、灵活的行为响应。它正在逐步发展成为一门涉及材料学、生理学、生物物理学、微电子机械学、计算机技术、测控技术和机器人学等多学科综合的新学科。

不得不承认，即使是目前世界上智能程度最高的机器人，它对外部环境变化的适应能力也非常有限，还远远没有达到人们预想的目标。为了解决这一问题，机器人研究领域的学者一方面研发机器人的各种外部传感器，研究多信息处理系统，使其具有更高的性能指标和更广的应用范围；另一方面，研究多传感器信息融合技术，为机器人的决策提供更准确、更全面的环境信息。

5.1.2 传感器及其技术的发展趋势

1. 开发新型传感器

新型传感器，大致应包括：采用新原理、填补传感器空白、仿生传感器等诸方面。它们之间是互相联系的。传感器的工作机理基于各种效应和定律，由此启发人们进一步探索具有新效应的敏感功能材料，并以此研制出具有新原理的新型物性型传感器，这是发展高性能、多功能、低成本和小型化传感器的重要途径。结构型传感器发展得较早，目前日趋成熟。结构型传感器一般结构复杂、体积偏大、价格偏高；物性型传感器大致与之相反，具有不少诱人的优点，加之过去发展也不够，世界各国都在物性型传感器方面投入大量人力、物力加强研究，从而使它成为一个值得注意的发展动向。其中，利用量子力学诸效应研制的低灵敏阈传感器，用来检测微弱的信号，是发展新动向。

2. 集成化、多功能化、智能化

1）集成化

传感器集成化包括两种定义：一是同一功能的多元件并列化，即将同一类型的单个传感元件用集成工艺在同一平面上排列，排成线性传感器，CCD（Charge-Coupled Device，电荷耦合元件）图像传感器就属于这种情况；二是多功能一体化，即将传感器与放大、运算以及温度补偿等环节一体化，组装成一个器件。

随着集成化技术的发展，各类混合集成和单片集成式压力传感器相继出现，有的已经成为商品。集成化压力传感器有压阻式、电容式等类型，其中压阻式集成化传感器发展快、应用广。

2）多功能化

传感器的多功能化也是其发展方向之一。作为多功能化的典型实例，美国某大学传感器研究发展中心研制的单片硅多维力传感器可以同时测量 3 个线速度、3 个离心加速度（角速度）和 3 个角加速度。其主要元件是 4 个正确设计安装在一个基板上的悬臂梁组成的单片硅结构，9 个正确布置在各个悬臂梁上的压阻敏感元件。多功能化不仅可以降低生产成本、减小体积，而且可以有效地提高传感器的稳定性、可靠性等性能指标。

把多个功能不同的传感元件集成在一起，除可同时进行多种参数的测量外，还可对这些参数的测量结果进行综合处理和评价，反映出被测系统的整体状态。集成化给固态传感器带来了许多新的机会，同时它也是多功能化的基础。

3）智能化

传感器与微处理器相结合，使之不仅具有检测功能，还具有信息处理、逻辑判断、自诊断以及“思维”等人工智能，就称为传感器的智能化。借助于半导体集成化技术把传感器部分与信号预处理电路、输入/输出接口、微处理器等制作在同一块芯片上，即成为大规模集成智能传感器。可以说，智能传感器是传感器技术与大规模集成电路技术相结合的产物，它的实现将取决于传感器技术与半导体集成化工艺水平的提高与发展。这类传感器具有多功能、高性能、体积小、适宜大批量生产和使用方便等优点，可以肯定地说，是传感器发展重要的方向之一。

3. 新材料开发

传感器材料是传感器技术的重要基础，是传感器技术升级的重要支撑。随着材料科学的进步，传感器技术日臻成熟，其种类越来越多，除了早期使用的半导体材料、陶瓷材料以外，光导纤维以及超导材料的开发，为传感器的发展提供了物质基础。例如，根据以硅为基体的许多半导体材料易于微型化、集成化、多功能化、智能化，以及半导体光热探测器具有灵敏度高、精度高、非接触性等特点，发展红外传感器、激光传感器、光纤传感器等现代传感器；在敏感材料中，陶瓷材料、有机材料发展很快，可采用不同的配方混合原料，在精密调配化学成分的基础上，经过高精度成型烧结，得到对某一种或某几种气体具有识别功能的敏感材料，用于制成新型气体传感器。此外，高分子有机敏感材料是近几年人们极为关注的具有应用潜力的新型敏感材料，可制成热敏、光敏、气敏、湿敏、力敏、离子敏和生物敏等传感器。传感器技术的不断发展，也促进了更新型材料的开发，如纳米材料等。由于采用纳米材料制作的传感器，具有庞大的界面，能提供大量的气体通道，而且导通电阻很小，因此有利于传感器向微型化发展。随着科学技术的不断进步，将有更多的新型材料诞生。

4. 新工艺的采用

在发展新型传感器的过程中，离不开新工艺的采用。新工艺的含义范围很广，这里主要指与发展新型传感器联系特别密切的微细加工技术。该技术又称微机械加工技术，是近年来随着集成电路工艺发展起来的，它是离子束、电子束、分子束、激光束和化学刻蚀等用于微电子加工的技术，目前已越来越多地应用于传感器领域，如溅射、蒸镀、等离子体刻蚀、化学气体淀积、外延、扩散、腐蚀、光刻等。

5. 智能材料

智能材料是指设计和控制材料的物理、化学、机械、电学等参数，研制出生物体材料所具有的特性或者优于生物体材料性能的人造材料。有人认为，具有下述功能的材料可称为智能材料：对环境的判断可自适应功能、自诊断功能、自修复功能、自增强功能（或称时基功能）。

生物体材料的最突出特点是具有时基功能，因此这种传感器特性是微分型的，它对变化部分比较敏感。反之，如果长期处于某一环境并习惯了此环境，则灵敏度会下降。一般来说，它能适应环境并调节其灵敏度。除了生物体材料外，最引人注目的智能材料是形状记忆合金、形状记忆陶瓷和形状记忆聚合物。智能材料的探索工作刚刚开始，相信不久的将来会有很大的发展。

6. 多传感器信息融合技术

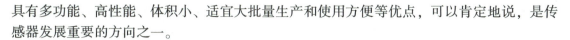

随着科学技术的发展，传感器性能获得了很大的提高，人们获得信息的能力也有了极大的提高，所获得的信息表现出形式的多样性、数量的巨大性、信息之间关系的复杂性。如何实时地对来自不同知识源和多个传感器采集的信息或数据进行综合处理，并作出全面、高效、合理的判断、估计和决策，这一问题的解决已经大大超出了人脑的综合处理能力。为此，20 世纪 70 年代产生了一门新的学科——多传感器信息融合（Multisensor Information Fusion)。它最早是在国防领域发展起来的，是为了解决系统中使用多个传感器这一问题而产生的一种信息处理技术。近年来，随着其应用范围的不断扩大，该项技术的发展得到了越来越多国家的重视。

随着多传感器信息融合技术的发展，及其在军事和民事方面的广泛应用，近年来这项技术发展迅速，今后的发展趋势主要有：多传感器分布检测研究；多传感器综合跟踪算法研究；异类传感器信息融合技术研究；多层估计的一般理论研究；水下传感器信息融合技术研究；多目标跟踪与航迹关联的联合优化问题；多传感器跟踪中的航迹起始问题；目标识别及其融合技术研究；图像融合技术研究；信息融合系统性能评估技术研究；信息融合中的数据库和知识库技术研究；传感器资源分配和管理技术研究；人工智能技术在信息融合中的应用研究；信息融合系统的工程实现；随机集理论在信息融合中的应用；信息融合系统的性能测试与度量、评估；交叉学科的研究。这些都是未来信息融合技术研究的热点。

5.1.3 多传感器信息融合的应用领域

多传感器信息融合首先广泛地应用于军事领域，如海上监视、空-空和地-空防御、战场情报、监视和获取目标及战略预警等。随着科学技术的进步，多传感器信息融合至今已形成和发展成为一门信息综合处理的专门技术，并很快推广应用到工业机器人、智能检测、自动控制、交通管理和医疗诊断等多个领域。

近年来，多传感器信息融合技术在民事应用领域也得到了较快的发展，主要用于机器人、智能制造、智能交通、无损检测、环境监测、医疗诊断、遥感、刑侦和安保等领域。下面给出一些多传感器信息融合在军事和民事领域应用的例子。

(1) 海上监视。对领海的防御实际上就是对国家前沿阵地的防御，而每个主权国家都非常重视对领海的防御。海上防御，首先就是海上监视，主要对海上目标进行探测、跟踪和目标识别，以及对海上事件和敌人作战行动进行监视。

海上监视对象包括空中、水面和水下目标，如空中的各类飞机、水面的各种舰船及水下的各类潜艇等。这些平台上可能装有各种类型的传感器，最常见的是潜艇上的声呐、飞机和舰船上的雷达及 γ 射线探测仪等。当然，人们也可从目标的识别结果来判断这些平台所携带的武器和电子装备。

(2) 空-空和地-空防御。空-空和地-空防御系统是专门对进入所管辖空域的各类目标进行探测跟踪和目标识别的系统。其监视对象主要是进入所管辖空域的各类飞机、反飞机武器和传感器平台等。希望以较高的探测概率发现目标，对所发现的目标进行连续跟踪，不仅能够识别出大、中、小飞机，而且最好能够识别出目标的种类，监视范围约为几千米到几百千米。

(3) 战略预警和防御。战略预警和防御的任务是探测和指示即将到来的战略行动迹象，探测和跟踪弹道导弹及弹头。它包括对敌人军事行动，甚至非军事行动的政治活动的观测。防御和监视范围为全球各个角落，所采用的传感器包括卫星、飞机和陆基的各种传感器，主要捕获世界各地的各种核辐射、电磁辐射、火箭的尾焰和导弹弹头的热辐射等。

(4) 战场情报侦察、监视和目标捕获。战场情报侦察、监视和目标捕获的主要目的是对战场潜在的地面目标进行探测与识别，力图获得敌方的战斗序列，如敌方平台及机动、发射机特征等，以便掌握敌方的企图和对我方的威胁程度。所采用的传感器包括陆基的各种传感器和飞机，侦察和监视范围为几十到几百平方千米，侦察目标主要是敌人发射的红外线、无线通信信号、定向无线电波和雷达射频信号等。

（5）医疗诊断。对于普通病人，医生诊断病情主要是通过接触、看、听和病人自述等途径了解病情，而对于一些复杂的情况，可能就需要多种传感器的信息，如X射线图像、核磁共振图像、超声波图像以及生化试验等，对人体的病变、异常和肿瘤等进行定位与识别。医生利用这些结果确定病情，减少或避免误诊。最近有人利用信息融合原理将其开发成软件和专家系统，如美国斯坦福大学开发的用于诊断血液疾病的MYCIN软件。

（6）机器人领域。机器人领域是最早应用多传感器信息融合的领域之一，特别是那些难以由人完成或对人体有害的一些环境和场合，如利用工业机器人完成工业监控、水下作业、危险环境工作等。还可以利用机器人对三维对象或实体进行识别和定位，所用传感器包括听觉、视觉、电磁和X射线等传感器。

（7）监控系统。这里所说的监控系统专门指用于监控复杂设备和制造工程的融合系统。一些实际应用系统，如核电站和现代飞机等，都需要超人能力的监视和控制，以保证系统的正常运行。根据多传感器的多源数据经融合之后所给出的系统运行报告，对系统进行监视，以估计系统的安全情况。目前已开发了很多用于诊断的融合系统，从简单的温度、压力、速度到确定非常复杂的系统中某种物质将要融化的迹象等。

（8）遥感应用。遥感应用主要是对地面目标或实体进行监视、识别与定位。其中，包括对自然资源，如水力资源、森林资源和矿产资源等的调查与定位；对自然灾害、原油泄露、核泄漏、森林火灾和自然环境变化进行监测等。例如，一个农业资源监视系统可以对农作物进行估产；一个气象卫星上的遥感传感器不仅要全天候地对天气与气候变化进行监视、预测，还要实时获取气象云图。遥感使用的传感器主要有合成孔径雷达，主要是一些利用多谱传感的图像系统。在利用多源图像进行融合时，要利用像素级配准。最典型的两个例子，如NASA（National Aeronautics and Space Administration，美国国家航空航天局）使用的用于监视地面情况的地球资源卫星及考察行星和太阳系的宇宙探测器——哈勃宇宙望远镜。

（9）法律执行。法律执行类似于军事上情报侦察和监视，如对毒品的监控，包括侦察边境地区，识别和定位毒品装运船只和地点，判断运输路线、走私地点等。一条经过训练的狗就是一个生物传感器。目前开发的电子鼻与狗的作用差不多，这实际上也是一个多源信息处理问题。

（10）交通管制。多传感器信息融合系统的另一个民用领域是广泛应用的空中交通管制系统，即民航系统。通常，它是在一个雷达网的监视、引导和管理下工作的，包括多雷达系统融合处理的全部内容，通过二次雷达识别各种类型的飞机，确定哪些是民航机、它们的航班号以及飞机状态，并且与一次雷达进行配对。

5.1.4　机器人对传感器的要求

1. 基本性能要求

（1）精度高、重复性好。机器人传感器的精度直接影响机器人的工作质量。用于检测和控制机器人运动的传感器是控制机器人定位精度的基础。机器人是否能够准确无误地正常工作，往往取决于传感器的测量精度。

（2）稳定性好、可靠性高。机器人传感器的稳定性和可靠性是保证机器人能够长期稳定可靠地工作的必要条件。机器人经常是在无人照管的条件下代替人来操作，如果它在工作中出现故障，轻则影响生产的正常进行，重则造成严重事故。

（3）抗干扰能力强。机器人传感器的工作环境比较恶劣，它应当能够承受强电磁干扰、强振动，并能够在一定的高温、高压、高污染环境中正常工作。

（4）质量轻、体积小、安装方便可靠。对于安装在机器人操作臂等运动部件上的传感器，质量要轻，否则会加大运动部件的惯性，影响机器人的运动性能。对于工作空间受到某种限制的机器人，对体积和安装方向的要求也是必不可少的。

2. 工作任务要求

现代工业中，机器人被用于执行各种加工任务，其中比较常见的加工任务有物料搬运、装配、喷漆、焊接、检验等。不同的加工任务对机器人提出不同的感觉要求。

多数搬运机器人目前尚不具有感觉能力，它们只能在指定的位置上拾取确定的零件。而且，在机器人拾取零件以前，除了需要给机器人定位以外，还需要采用某种辅助设备或工艺措施，把被拾取的零件准确定位和定向，这就使加工工序或设备更加复杂。如果搬运机器人具有视觉、触觉和力觉等感觉能力，则会改善这种状况。视觉系统用于被拾取零件的粗定位，使机器人能够根据需要，寻找应该拾取的零件，并确定该零件的大致位置。触觉传感器用于感知被拾取零件的存在、确定该零件的准确位置，以及确定该零件的方向。触觉传感器有助于机器人更加可靠地拾取零件。力觉传感器主要用于控制搬运机器人的夹持力，防止机器人手爪损坏被抓取的零件。

装配机器人对传感器的要求类似于搬运机器人，也需要视觉、触觉和力觉等感觉能力。通常，装配机器人对工作位置的要求更高。现在，越来越多的机器人正进入装配工作领域，主要任务是销、轴、螺钉和螺栓等零件的装配工作。为了使被装配的零件获得对应的装配位置，采用视觉系统选择合适的装配零件，并对它们进行粗定位，机器人触觉系统能够自动校正装配位置。

喷漆机器人一般需要采用两种类型的传感系统：一种用于位置（或速度）的检测；另一种用于工作对象的识别。用于位置检测的传感器，包括光电开关、测速码盘、超声波测距传感器、气动式安全保护器等。待喷漆工件进入喷漆机器人的工作范围时，光电开关立即接通，通知正常的喷漆工作要求。超声波测距传感器一方面可以用于检测待喷漆工件的到来，另一方面可以用来监视机器人及其周围设备的相对位置变化，以避免发生相互碰撞。一旦机器人末端执行器与周围物体发生碰撞，气动式安全保护器会自动切断机器人的动力源，以减少不必要的损失。现代生产经常采用多品种混合加工的柔性生产方式，喷漆机器人系统必须同时对不同种类的工件进行喷漆加工，要求其具备零件识别功能。为此，当待喷漆工件进入喷漆作业区时，机器人需要识别该工件的类型，然后从存储器中取出相应的加工程序进行喷漆。用于这项任务的传感器，包括阵列式触觉传感系统和机器人视觉系统。由于制造水平的限制，阵列式触觉传感系统只能识别那些形状比较简单的工件，较复杂工件的识别则需要采用机器人视觉系统。

焊接机器人包括点焊机器人和弧焊机器人两类。这两类机器人都需要用位置传感器和速度传感器进行控制。位置传感器主要采用光电式增量码盘，也可以采用较精密的电位器。根据现在的制造水平，光电式增量码盘具有较高的检测精度和较高的可靠性，但价格昂贵。速度传感器目前主要采用测速发电机，其中交流测速发电机的线性度比较高，且正向与反向输出特性比较对称，比直流测速发电机更适合弧焊机器人使用。为了检测点焊机器人与待焊工件的接近情况、控制点焊机器人的运动速度，点焊机器人还需要装备接近度传感器。弧焊机器人对传感器有一个特殊要求，即需要采用传感器使焊枪沿焊缝自动定位，并且自动跟踪焊缝，目前完成这一功能的常见传感器有触觉传感器、位置传感器和视觉传感器。

环境感知能力是移动机器人除了移动之外最基本的一种能力，感知能力的高低直接决定了一个移动机器人的智能性，而感知能力是由感知系统决定的。移动机器人的感知系统相当于人的五官和神经系统，是机器人获取外部环境信息及进行内部反馈控制的工具，它是移动机器人最重要的部分之一。移动机器人的感知系统通常由多种传感器组成，这些传感器处于连接外部环境与移动机器人的接口位置，是移动机器人获取信息的窗口。移动机器人用这些传感器采集各种信息，然后采取适当的方法，将多个传感器获取的环境信息加以综合处理，控制移动机器人进行智能作业。

5.2　传感器概述

5.2.1　传感器的原理

机器人传感器在机器人的控制中起到了非常重要的作用，正因为有了传感器，机器人才具备了类似人类的知觉功能和反应能力。

传感器按一定规律实现信号检测并将被测量（物理的、化学的和生物的信息）通过变换器变换为另一种物理量（通常是电压或电流）。它既能把非电量变换为电量，又能实现电量之间或非电量之间的互相转换。总而言之，一切获取信息的仪表器件都可称为传感器。

所有的自动化仪表和装置均需要先经过信息检测才能实现信息的转换、处理和显示，而后达到调节、控制的目的。离开了传感器，自动化仪表和装置就无法实现其功能。

传感器一般由敏感元件、转换元件、基本转换电路三部分组成，如图 5.1 所示。

图 5.1　传感器的组成

机器人根据所完成任务的不同，配置的传感器类型和规格也不一定相同，一般分为内部传感器和外部传感器。内部传感器和外部传感器是根据传感器在系统中的作用来划分的，某些传感器既可以当作内部传感器使用，也可以当作外部传感器使用。例如，力传感器用于末端执行器或操作臂的自重补偿中，是内部传感器；用于测量操作对象或障碍物的反作用力时，是外部传感器。

5.2.2　传感器的特性指标

不同的传感器在不同的环境中，其感知能力变化很大。有些传感器在控制良好的实验室环境中，具有极高的准确度，但当现实环境变动时，就难以克服误差。

下面介绍一些常用的传感器静态特性指标。

（1）线性度。线性度是指传感器的输出量 y 与输入量 x 之间能否保持理想线性的一种量度。在采用直线拟合线性化时，输出、输入的校正曲线与其拟合曲线之间的最大偏差，就称为非线性误差或线性度。非线性误差通常用相对误差表示：

$$\gamma_L = \pm(\Delta L_{\max}/y_{FS})\times 100\% \tag{5.1}$$

式中，$\Delta L_{\max}$ 为最大非线性误差；y_{FS} 为满量程输出。

（2）灵敏度。灵敏度表征了传感器对被测量值变化的反应能力，是传感器的基本指标。传感器特性曲线的斜率就是其灵敏度。对具有线性特性的传感器，其特性曲线的斜率处处相同。

（3）迟滞。传感器在正（输入量增大）反（输入量减小）行程中输出、输入曲线不重合的程度称为迟滞。迟滞误差是指对应同一输出量的正反行程输出值之间的最大差值与满量程值的百分比，即

$$\gamma_H = \frac{\Delta_{H\max}}{y_{FS}}\times 100\% \tag{5.2}$$

式中，$\Delta_{H\max}$ 为正反行程输出值之间的最大差值。

迟滞一般是由传感器敏感元件材料的物理特性引起的。图 5.2 为传感器迟滞现象曲线。

（4）重复性。重复性是指传感器在输入按同一方向连续多次变动时，所得特性曲线不一致的程度，可以反映随机误差的大小，如图 5.3 所示。重复性误差可用正反行程的最大偏差表示：

$$\gamma_R = \pm(\Delta_{R\max}/y_{FS})\times 100\% \tag{5.3}$$

式中，$\Delta_{R\max}$ 为输出最大不重复误差。图 5.3 中，$\Delta_{R\max1}$ 为正行程的最大重复性偏差；$\Delta_{R\max2}$ 为反行程的最大重复性偏差。

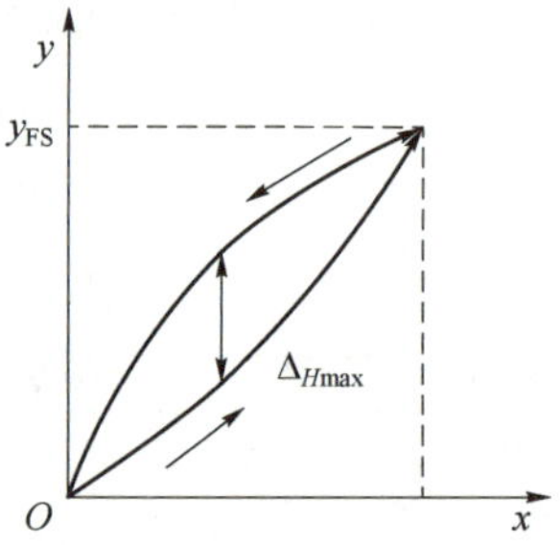

图 5.2 传感器迟滞现象曲线

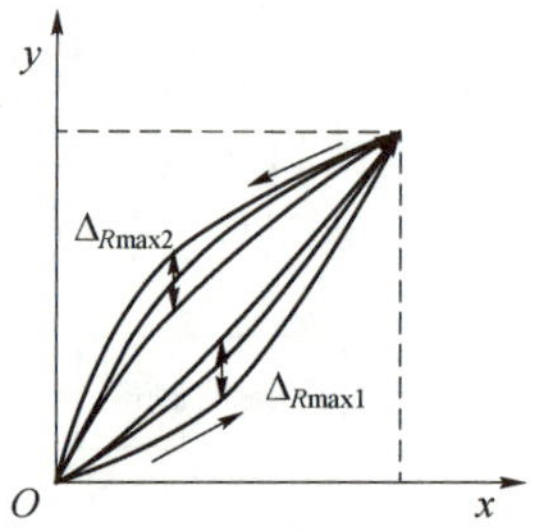

图 5.3 传感器重复性曲线

（5）精度。精度反映传感器测量结果与真值的接近程度，通常用相对误差大小表示精度高低。传感器的精度可以通过线性度、灵敏度、迟滞误差、重复性误差来表示：

$$\gamma = \sqrt{\gamma_L^2+\gamma_S^2+\gamma_H^2+\gamma_R^2} \tag{5.4}$$

（6）测量范围。在机器人应用中，测量范围也是一个重要的额定值，因为机器人的传感器经常运行在输入值超过其工作范围的环境中。在这种情况下，关键在于了解传感器将如何响应。例如，光学测距仪有一个最小的操作范围，当对象与传感器之间的距离小于该最小值进行测量时，它会产生虚假数据。

(7) 稳定性。稳定性表示在较长时间内传感器对于大小相同的输入量，其输出量发生变化的程度。一般在相同的条件下，经过规定的时间间隔后传感器输出的差值称为稳定性误差。

(8) 分辨率。分辨率表示传感器能检测到输入量的最小变化的能力。有些传感器，当输入量缓慢变化超过某一增量时，传感器才能检测到输入量的变化，这个输入量的增量称为传感器的分辨率。在绕线式电位器中，它等同于一圈的电阻值。在一个 n 位的数字设备中，分辨率=满量程/2^n。例如，用四位绝对式编码器测量位置时，最多能有 $2^4=16$ 个不同等级。因此，分辨率是 360°/16=22.5°。

(9) 带宽或频率。带宽或频率常用于衡量传感器的测量速度。形式上，每秒测量数目定义为传感器的频率，单位为 Hz。因为机器人通常在最大检测速度上有可能超出传感器的带宽范围，所以对用于测距的传感器增加测距带宽，已成为机器人学领域的高优先级目标。

5.2.3　内部传感器

内部传感器是用来检测机器人本身状态的传感器，多为检测位置和角度的传感器。内部传感器和电动机、轴等机械部件或机械结构如手臂、手腕等安装在一起，用于检测机器人自身的运动、位置和姿态等信息，并控制机器人在规定位置、轨迹、速度、加速度和受力状态下工作，实现伺服控制。内部传感器种类如表 5.1 所示。

表 5.1　内部传感器种类

内部传感器	基本种类
位置传感器	电位移、旋转变压器、码盘
速度传感器	测速发电机、码盘
加速度传感器	应变片式、伺服式、压电式、电动式
力（力矩）传感器	应变式、压电式

1. 位置传感器

当前机器人系统中应用的位置传感器一般为编码器。所谓编码器就是将某种物理量转换为数字格式的装置。在机器人运动控制系统中，编码器的作用是将位置和角度等参数转换为数字量。可采用电接触、磁效应、电容效应和光电转换等机理，形成各种类型的编码器，最常见的编码器是光电编码器。根据其结构形式分为旋转光电编码器（光电码盘）和直线光电编码器（光栅尺），可分别用于机器人的旋转关节或直线运动关节的位置检测。光电编码器的特征参数是编码器的分辨率，如 800 线/r、1 200 线/r、2 500 线/r、3 600 线/r，甚至更高的分辨率。当然，编码器的价格会随分辨率的提高而增加。

1）绝对型光电编码器

绝对型光电编码器有绝对位置的记忆装置，能测量旋转轴或移动轴的绝对位置，因此在机器人系统中得到大量应用。对于一直线移动或旋转轴，当编码器的安装位置确定后，绝对的参考零位的位置就确定了。一般情况下，绝对型光电编码器的绝对零位的记忆需要不间断的供电电源，目前一般使用高效的锂离子电池进行供电。

绝对编码器的码盘由多个同心的码道组成，这些码道沿径向顺序具有各自不同的二进制权值。每个码道上按照其权值划分为遮光和投射段，分别代表二进制的 0 和 1。与码道个数相同的光电器件分别与各自对应的码道对准并沿码盘的半径直线排列。通过这些光电器件的检测可以产生绝对位置的二进制编码。绝对型光电编码器对于转轴的每个位置均产生唯一的二进制编码，因此可用于确定绝对位置。绝对位置的分辨率取决于二进制编码的位数，也即码道的个数。例如，一个 10 码道的编码器可以产生 1 024 个位置。角度的分辨率为 21′6″。目前绝对型光电编码器可以多到有 17 个码道，即 17 位绝对型光电编码器。格雷码的转换如表 5.2 所示。

表 5.2　格雷码的转换

十进制码	自然二进制码	格雷码	十进制码	自然二进制码	格雷码
0	0000	0000	8	1000	1100
1	0001	0001	9	1001	1101
2	0010	0011	10	1010	1111
3	0011	0010	11	1011	1110
4	0100	0110	12	1100	1010
5	0101	0111	13	1101	1011
6	0110	0101	14	1110	1001
7	0111	0100	15	1111	1000

分辨率是由二进制的位数来决定的，其精度取决于位数。

格雷编码的特点是相邻两个数据之间只有一位数据变化，因此在测量过程中不会产生数据的大幅度跳动，即通常所谓的不确定或模糊现象。格雷码在本质上是一种对二进制的加密处理，其每位不再具有固定的权值，必须经过一个解码过程转换为二进制码，然后才能得到位置信息。这个解码过程可通过硬件解码器或软件来实现。

绝对型光电编码器的优点是即使静止或关闭后再打开，也可得到位置信息；其缺点是结构复杂、造价较高。此外，其信号引出线随着分辨率的提高而增多。例如，18 位的绝对型光电编码器的输出至少需要 19 根信号线。但是，随着集成电路技术的发展，已经有可能将检测机构与信号处理电路、解码电路乃至通信接口组合在一起，形成数字化、智能化或网络化的位置传感器。例如，已有集成化的绝对型光电编码器产品将检测机构与数字处理电路集成在一起，其输出信号线数量减少为只有数根，可以是分辨率为 12 位的模拟信号，也可以是串行数据。

2）增量型旋转光电编码器

增量型旋转光电编码器是普遍的编码器类型，这种编码器在一般机电系统中的应用非常广泛。对于一般的伺服电动机，为了实现闭环控制，与电动机同轴安装有光电编码器，可实现电动机的精确运动控制。增量型旋转光电编码器能记录旋转轴或移动轴的相对位置变化量，却不能给出运动轴的绝对位置，因此这种光电编码器通常用于定位精度不高的机器人，如喷涂、搬运、码垛机器人等。

在现代高分辨率码盘上，透射和遮光部分都是很细的窄缝和线条，因此也被称为圆光栅。相邻的窄缝之间的夹角称为栅距角，透射窄缝和遮光部分大约各占栅距角的1/2。码盘的分辨率以每转计数表示，也即码盘旋转一周在光电检测部分可产生的脉冲数。在码盘上往往还另外安排一个（或一组）特殊的窄缝，用于产生定位或零位信号。测量装置或运动控制系统可以利用这个信号产生回零或复位操作。

如果不增加光学聚焦放大装置，让光电器件直接面对这些光栅，那么由于光电器件的几何尺寸远大于这些栅线，即使码盘动作，光电器件的受光面积上得到的总是透光部分与遮光部分的平均亮度，因此通过光电转换得到的电信号不会有明显的变化，不能得到正确的脉冲波形。为了解决这个问题，在光路中增加一个固定的与光电器件的感光面几何尺寸相近的挡板，挡板上安排若干条几何尺寸与码盘主光栅相同的窄缝。当码盘运动时，主光栅与挡板光栅的覆盖就会变化，导致光电器件上的受光量产生明显的变化，从而通过光电转换检测出位置的变化。

从原理上分析，光电器件输出的电信号应该是三角波。但是，运动部分和静止部分之间的间隙所导致的光线衍射和光电器件的特性，使得到的波形近似于正弦波，而且其幅度与码盘的分辨率无关。

3）混合式绝对值光电编码器

混合式绝对值光电编码器输出两组信息：一组用于检测磁极位置，带有绝对信息功能；另一组则完全与增量型旋转光电编码器的输出信息相同。

4）直线式光电编码器（光栅尺）

直线式光电编码器的工作原理与旋转式光电编码器的工作原理是非常相似的，甚至可以将直线式光电编码器理解为旋转式光电编码器的编码部分由环形拉直而演变成直尺形。直线式光电编码器同样可以制作为增量型和绝对型。这里只简要介绍直线式增量型光电编码器，它与旋转式光电编码器的区别是分辨率以栅距表示，而不是每转脉冲数。

5）旋转变压器

旋转变压器比编码器可靠，但分辨率较低；如果没有附加齿轮机构以改善分辨率，则不能直接安装在关节上。

工作原理：基于两个电子电路之间的相互感应，输出两个模拟信号，一个是轴转角的正弦信号，另一个是余弦信号。轴的转角由这两个信号的相对幅值计算得到，通过一个适当的轴角-数字转换器的处理就可以获得与位置测量相对应的数字信息。图5.4为旋转变压器原理。

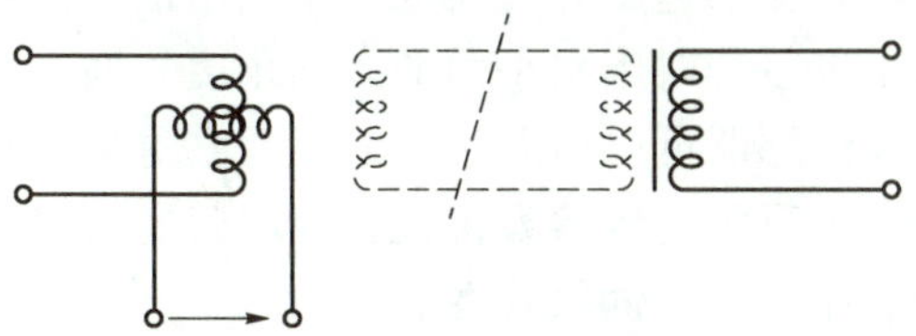

图5.4　旋转变压器原理

2. 速度传感器

速度包括线速度和角速度，与之对应的就有线速度传感器和角速度传感器，统称为速度传感器。常用的速度传感器有测速发电机、雷达测速传感器等。

测速发电机主要分为两种：直流测速发电机和异步交流测速发电机。

（1）直流测速发电机。直流测速发电机有永磁式和电磁式两种。其结构与直流发电机相近。永磁式采用高性能永久磁钢励磁，受温度变化的影响较小，输出变化小，斜率高，线性误差小，在 20 世纪 80 年代因新型永磁材料的出现而发展较快。电磁式采用他励式，不仅复杂且因励磁受电源、环境等因素的影响，输出电压变化较大，用得不多。

（2）异步交流测速发电机。异步交流测速发电机是输出交流电压频率与励磁频率相同，其幅值与转子转速成正比的交流测速发电机。异步交流测速发电机的结构和普通两相笼型感应电动机相同，定子上互差 90°的两相绕组中，一相为励磁绕组，接在 50 Hz 或 400 Hz 的交流电源上，另一相输出转速信号。

此外，本节还对陀螺仪这种常见的角速度传感器进行介绍。

陀螺仪是用高速回转体的动量矩敏感壳体相对惯性空间绕正交于自转轴的一个或两个轴的角运动检测装置，其物理定律只能相对于惯性参考系进行测量，同时存在各种各样的传感器技术。

当代的光学陀螺仪分为两类：环形激光陀螺仪和光纤陀螺仪。两者均基于称为萨尼亚克效应的测量原理，该原理将两个反对称光束混合在一起，以提取与角速度成比例的信号。图 5. 5 为陀螺仪原理。

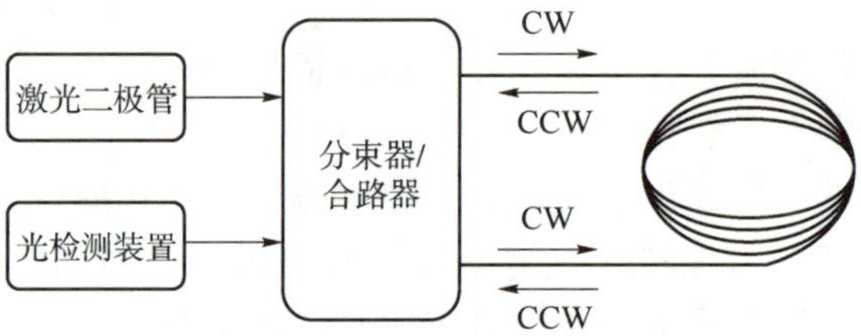

图 5. 5　陀螺仪原理

在环形激光陀螺仪中，光束在其中传播的“环”由激光介质固定，并且环本身也是激光。当两个光束合并时，将产生与角速度成比例的拍频。光纤陀螺仪是更简单、价格低廉的设备。激光二极管产生调制的光信号，该信号在光缆线圈的两个方向上分开并发送。这两个信号在退出时会重新组合，然后发送到光电探测器，以提取与角速度成比例的相位差。

3. 加速度传感器

加速度传感器是一种能感受加速度并转换成可用输出信号的传感器。通过测量由重力引起的加速度，可以计算出设备相对于水平面的倾斜角度。通过分析动态加速度，可分析出设备移动的方式。加速度传感器可以帮助机器人了解它身处的环境，如是在爬山还是在走下坡？摔倒了没有？对于飞行类的机器人来说，控制其姿态也是至关重要的。加速度传感器分为电容式、压阻式、压电式、伺服式等。

（1）电容式加速度传感器是基于电容原理的极距变化型的电容传感器。采用了微机电系统（Micro-Electro-Mechanical System，MEMS）工艺，在大量生产时变得经济，从而保证了较低的成本。

（2）压阻式加速度传感器基于微机电系统硅微加工技术，具有体积小、功耗低等特点，易于集成在各种模拟和数字电路中。

(3) 压电式加速度传感器的工作原理是利用压电陶瓷或石英晶体的压电效应，在加速度计受振时，质量块加在压电元件上的力也随之变化；当被测振动频率远低于加速度计的固有频率时，力的变化与被测加速度成正比。

(4) 伺服式加速度传感器是一种闭环测试系统，具有动态性能好、动态范围大和线性度好等特点。其工作原理是传感器的振动系统由“m-k”系统组成，与一般加速度计相同，但质量块上还接着一个电磁线圈，当基座上有加速度输入时，质量块偏离平衡位置。该位移大小由位移传感器检测出来，经伺服放大器放大后转换为电流输出。该电流流过电磁线圈，在永久磁铁的磁场中产生电磁恢复力，力图使质量块保持在仪表壳体中原来的平衡位置上。因此，伺服式加速度传感器在闭环状态下工作，其抗干扰能力强、测量精度高、测量范围大。

通常，加速度传感器在工业机器人中并不使用，但近几年来加速度传感器已开始用于线性驱动器的高精度控制和机器人的关节反馈控制。

微机电系统加速度计：微机电系统惯性传感器将半导体设计和制造原理应用于振动和偏转，以感应运动的微观机械系统的构造。微机电系统加速度计已经非常完善，有数种设计类别。

如图 5.6 所示，将检验质量块安装在挠曲件上，并使其在加速下发生偏转，改变梳齿之间的间隙，从而改变所有成对指之间的总电容。该原理的振动形式导致检测质量在晶片平面内振荡，并且可以将外部施加的加速度转换为设备谐振频率的变化。

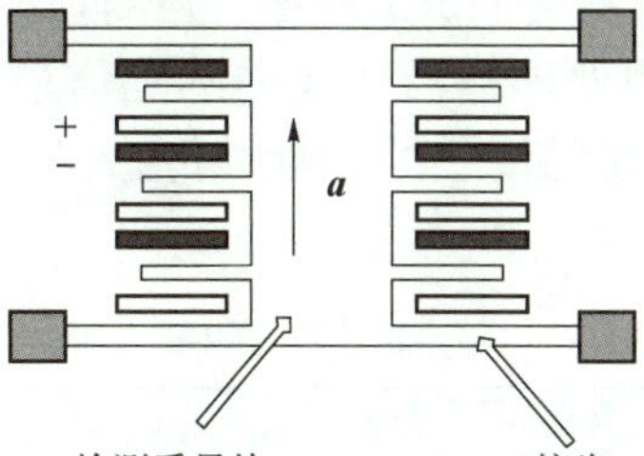

图 5.6　微机电系统加速度计工作原理

4. 力（力矩）传感器

力（力矩）传感器是将各种力和力矩信息转换成电信号输出的装置。

(1) 压电式测力传感器。某些物质，当沿着一定方向对其加力而使其变形时，在一定表面上将产生电荷，当外力去掉后，又重新回到不带电状态，这种现象称为压电效应。如果在这些物质的极化方向施加电场，这些物质就在一定方向上产生机械变形或机械应力，当外电场撤去时，这些变形或应力也随之消失，这种现象称为逆压电效应，或称为电致伸缩效应。

具有压电效应或逆压电效应的敏感功能材料称为压电材料，如石英、酒石酸钾钠、磷酸二氢胺、硅-蓝宝石等。

压电式测力传感器是利用压电元件直接实现力-电转换的传感器，在拉、压场合，通常采用双片或多片石英晶体作为压电元件。其刚度大，测量范围宽，线性及稳定性高，动态特性好。按测力状态分，有单向、双向和三向传感器，它们在结构上基本一样。

(2) 力敏电阻。力敏电阻是一种能将机械力转换为电信号的特殊元件，它是利用半导体材料的压力电阻效应制成的，其电阻值随外加力的大小而改变，主要用于各种张力计、转矩计、加速度计、半导体传声器及各种压力传感器。

力敏电阻的主要品种有硅力敏电阻、碳力敏电阻、硒碲合金力敏电阻等。相对而言，合金力敏电阻具有更高灵敏度，碳力敏电阻（亦可称碳压力传感器）的体积小、质量小、耐高温、反应快、制作工艺简单，是其他动态压力传感器所不能比的。

（3）电阻应变片。电阻应变片是基于应变效应制作的。导体或半导体材料在外界力的作用下产生机械变形时，其电阻值发生相应的变化，这种现象称为应变效应。

应变片是由敏感栅等构成用于测量应变的元件，使用时将其牢固地粘贴在构件的测点上，构件受力后由于测点发生应变，敏感栅也随之变形而使其电阻发生变化，再由专用仪器测得其电阻变化大小，并转换为测点的应变值。

电阻应变片品种繁多、形式多样，常见的有丝式电阻应变片和箔式电阻应变片。

采用电阻应变片作为敏感元件制造的能把各种力学量转换为电量的传感器称为测力传感器，如拉力、压力、压强、扭矩、加速度等传感器。

（4）防静电泡沫。用于运输集成电路芯片的防静电泡沫具有导电性，且其阻值随作用力的大小面改变，它可以用来作为简易实惠的力传感器和触摸传感器。它的使用方法就是在一片防静电泡沫的两边插上导线，测量其电压或电阻即可。

5.2.4 外部传感器

外部传感器用于感知机器人所处的工作环境或工作状况信息，又可分为环境传感器和末端执行器传感器两种类型。前者用于识别物体、检测物体与机器人的距离等信息；后者安装在末端执行器上，用于检测处理精巧作业的感觉信息。外部传感器的基本种类如表5.3所示。常见的外部传感器有视觉传感器、触觉传感器、听觉传感器、嗅觉传感器、味觉传感器、接近觉与距离传感器等。

表 5.3 外部传感器的基本种类

外部传感器	功能	基本种类
视觉传感器	测量传感器	光学式（点状、线状、圆形、螺旋形、光束）
	识别传感器	光学式、声波式
触觉传感器	触觉传感器	单点式、分布式
	压觉传感器	单点式、高密度集成、分布式
	滑觉传感器	点接触式、线接触式、面接触式
接近觉与距离传感器	接近觉传感器	空气式、磁场式、电场式、光学式、声波式
	距离传感器	光学式（反射光亮、定时、相位信息） 声波式（反射音量、传输时间信息）

1. 视觉传感器

视觉传感器是指通过对摄像机拍摄到的图像进行图像处理，来计算对象物体的特征量（面积、重心、长度、位置等），并输出数据和判断结果的传感器。其中，图像传感器可以使用激光扫描器、线阵和面阵CCD摄像机或TV摄像机，也可以使用最新的数字摄像机等。目前，视觉传感器测距法大致可分为两类：主动测距法和被动测距法。

(1) 主动测距法。主动测距法的基本思想是利用特定的、人为控制的光源和声源对物体目标进行照射，根据物体表面的反射特性及光学、声学特性来获取目标的三维信息，包括结构光法、飞行时间法和三角测距法。

(2) 被动测距法。被动测距法不需要人为地设置辐射源，只利用场景在自然光照下的二维图像来重建景物的三维信息，包括单目视觉、双目视觉、多目视觉等。

机器人的视觉传感器系统一般包括 3 个过程：图像获取、图像处理和图像理解。常用的视觉传感器有光导视觉传感器、CCD 图像传感器、CMOS 图像传感器、红外线传感器等。

可以直接测出深度的 Kinect 传感器主要由红外摄像机、红外深度摄像头、彩色摄像头、麦克风阵列和仰角控制马达组成，如图 5.7 所示。

图 5.7　Kinect 传感器

2. 触觉传感器

触觉传感器用于感知被接触物体的特征以及传感器接触外界物体后的自身状况，如是否握牢对象物体或者对象物体在传感器的什么位置。常用的有接触觉传感器、力敏传感器、滑觉传感器等。

下面介绍一些常用的接触觉传感器和滑觉传感器。

1) 接触觉传感器

(1) 单向微动开关：当规定的位移或力作用到可动部分（称为执行器）时，开关的接点断开或接通而发出相应的信号。

(2) 接近开关：即非接触式接近传感器，有高频振荡式、电容感应式、超声波式、气动式、光电式、光纤式等多种。

(3) 光电开关：由 LED 光源和光电二极管或光电三极管等光敏元件相隔一定距离构成的透光式开关。当充当基准位置的遮光片通过光源和光敏元件间的缝隙时，光射不到光敏元件上，从而起到开关的作用。光电开关的特点是非接触检测，精度可达 0.5 mm 左右。

(4) 触须传感器：触须传感器由须状触头及其检测部构成，触头由具有一定长度的柔软且中空的条丝构成，它与物体接触所产生的弯曲由根部的检测单元检测。与昆虫的触角的功能一样，触须传感器的功能是识别接近的物体，用于确认所设定的动作的结束，以及根据接触发出回避动作的指令或搜索对象物的存在。

人类的触觉能力是相当强的，人们不但能够拣起一个物体，而且不用眼睛也能识别它的外形，并辨别出它是什么东西。许多小型物体完全可以靠人的触觉辨认出来，如螺钉、开口销、圆销等。因此，采用多个接触传感器组成的触觉传感器阵列是辨认物体的方法之一。

2) 滑觉传感器

滑觉传感器主要有电容式、压阻式、磁敏式、光纤式和压电式等类型。其中，压电式应用较广，可同时检测触觉和滑觉信号，但触觉信号和滑觉信号的分离存在一定困难。滑觉传感器通过把物理的滑动信号转变为光信号，利用光电元件把光信号转变为电信号进行检测获取物体的滑动信息，其工作原理如图 5.8 所示。滑觉传感器也存在一些问题：物理尺寸较大，质量大；结构复杂，所需连接线较多；检测精度低、灵敏度不高；对于形状不规则的物体难以辨别接触、非接触以及滑动状态等。

3. 力觉传感器

力觉传感器是用来检测设备内部力或与外界环境相互作用力的装置，在机器人和机电一体化设备中具有广泛的应用，下面简单进行介绍。

力觉传感器根据力的检测方式的不同，可分为应变片式、压电元件式及电容位移计式等。在机器人学中，力觉传感器的主要性能要求是分辨率、灵敏度和线性度高，可靠性好，抗干扰能力强。

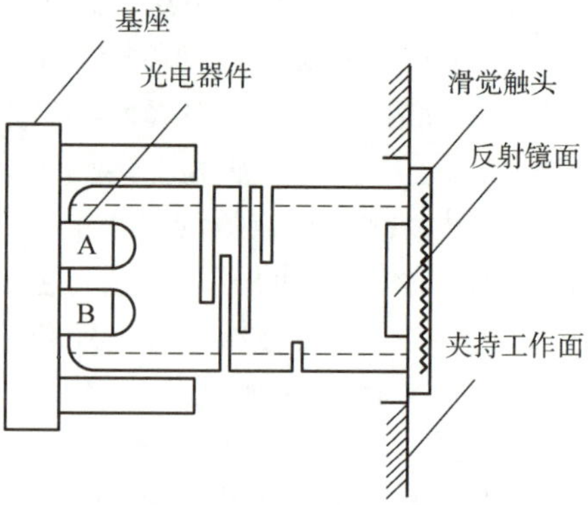

图 5.8　滑觉传感器工作原理

应变片式力觉传感器应用最为普遍，主要使用的元件是电阻应变片。电阻应变片利用了金属丝拉伸时电阻变大的现象，它被贴在力变化的方向上。电阻应变片用导线接到外部电路上可测定输出电压，得出电阻值的变化。

4. 听觉传感器

听觉传感器类似于人耳，外耳接受外界声音，鼓膜产生振动；中耳将振动放大、压缩和限幅并抑制噪声；内耳耳蜗就是共鸣器，将信号通过神经传递给大脑从而听到声音。听觉传感器常用的有驻极体电容式传声器、动圈式传声器、带式传声器等。

5. 嗅觉传感器

某些特定功能的机器人拥有类似于人类鼻子嗅觉的功能，可检测出外界环境的某些参数，如空气中某气体含量。嗅觉传感器也称气体传感器，是一种将一种或者多种气体的体积分数转化成对应电信号的转换器，探测头通过气体传感器对气体样品进行调理，通常包括滤除杂质和干扰气体、干燥或制冷处理仪表显示部分。常见的气体传感器有半导体式、接触燃烧式、电化学式 3 种。

机器人嗅觉问题的研究中，主要采用了以下 3 种方法来实现机器人嗅觉功能：

（1）在机器人上安装单个或多个气体传感器，再配置相应处理电路；

（2）自行研制的嗅觉装置，Kuwana 使用活的蚕蛾触角配上电极构造了两种能感知信息素的机器人嗅觉传感器，并在信息素导航移动机器人上进行了信息素烟羽的跟踪试验；

（3）采用电子鼻（亦称人工鼻）产品，Rozas 等将人工鼻装在一个移动机器人上，通过追踪测试环境中的气体浓度而找到气味源。

6. 味觉传感器

整体味觉传感器在机器人上的应用相对于其他传感器很少。当口腔中含有食物时，舌头表面的活性酶有选择地跟某些物质发生反应，引起电位差改变，刺激神经组织而产生味觉。基于上述机理，人们研制了味觉传感器，人工味觉传感器主要由传感器阵列和模式识别系统组成，传感器阵列对液体试样作出响应并输出信号，信号经计算机系统进行数据处理和模式识别后，得到反映样品味觉特征的结果。

7. 接近觉与距离传感器

接近觉与距离传感器是机器人用以探测自身与周围物体之间相对位置和距离的传感器。它的使用对机器人工作过程中适时地进行轨迹规划与防止事故发生具有重要意义。人类没有专门的接近觉器官，如果仿照人的功能使机器人具有接近觉将非常复杂，所以机器人采用了专门的接近觉传感器。它主要起以下 3 个方面的作用：

（1）在接触对象物前获取到必要的信息，为后面动作做准备；

（2）发现障碍物时，改变路径或停止，以免发生碰撞；

（3）得到对象物体表面形状的信息。

根据感知范围（或距离），接近觉传感器大致可分为 3 类：感知近距离物体（mm 级）的有接触式、感应式、电容式等；感知中距离（大致 30 cm 以内）物体的有红外光电式；感知远距离（30 cm 以外）物体的有超声式和激光式。视觉传感器也可作为接近觉传感器。

距离传感器最广泛的应用就是手机，目前市场上的智能手机都含有距离传感器，当使用者接通电话时，手机距离耳朵较近，此时容易出现误操作现象（如大笑时鼓起的脸蛋易挂断电话），因此就需要距离传感器及时对距离进行监视，当出现距离过近时自动关闭屏幕，以避免误操作现象的发生。此外，距离传感器还可应用于矿井深度的测量、飞机高度的检测、野外环境的探查等方面，随着科技的不断发展，其在可穿戴设备中也有突出表现（如智能皮带）。

8. 基于地面的信标

全球定位系统（Global Positioning System，GPS）最初是为军事应用而开发的，现在可免费用于民用导航。它由至少 24 个运行的 GPS 卫星组成，卫星每 12 h 在 20.190 km 高度沿轨道飞行。4 个卫星位于与地球赤道平面倾斜 55°的 6 个各自平面中。

当一个 GPS 接收器读取两个或两个以上卫星发送的数据时，到达的时间差作为各卫星的相对距离而告知接收器，组合关于到达时间和 4 个卫星瞬时位置的信息，接收器可推算出它自己的位置，理论上，这种三角测量只要求 3 个数据点。然而在 GPS 的应用中，定时是极为重要的，因为被测的时间间隔是以纳秒计算，所以卫星准确同步是强制的。为此，地面站有规则地更新时间，且各卫星都携带机载的定时原子钟。

北斗卫星导航系统：由空间段、地面段和用户段三部分组成，可在全球范围内全天候、全天时为各类用户提供高精度、高可靠的定位、导航、授时服务，并具备短报文通信能力，定位精度 10 m，测速精度 0.2 m/s，授时精度 10 ns。北斗卫星导航系统是全球四大卫星导航核心供应商之一。

相比于 GPS 定位系统，北斗卫星导航系统具有安全性能高、定位精度高（中国的北斗卫星导航系统由 35 颗卫星组成，包括 5 颗静止轨道卫星、27 颗中地球卫星、3 颗倾斜同步轨道卫星。北斗卫星导航系统采用的是最新的三频信号方案，而美国的 GPS 采用的是双频信号。三频信号能更好地消除高阶电离层延迟的影响，增强数据预处理能力，提高模糊度的固定效率，从而提高定位的可靠性）、有源定位和无源定位兼备等优势。

5.2.5 机器人视觉

1. 概述

机器人视觉的功能：不仅要把视觉信息作为输入，而且要对这些信息进行处理，进而提取出有用的信息提供给机器人。可以看出，机器人视觉是机器视觉（计算机视觉）在机器人中的一个具体应用。

机器视觉，就是用机器代替人眼来作测量和判断。机器视觉系统通过图像摄取装置将被摄取目标转换成图像信号，传送给专用的图像处理系统，得到被摄目标的形态信息，根据像素分布和亮度、颜色等信息，转变成数字信号；图像系统对这些信号进行各种运算来抽取目标的特征，进而根据判别的结果来控制现场的设备动作。

机器视觉要达到的 3 个基本目的：

（1）根据一幅或多幅二维投影图像计算出观察点到目标物体的距离；

（2）根据一幅或多幅二维投影图像计算出目标物体的运动参数；

（3）根据一幅或多幅二维投影图像计算出目标物体的表面物理特性。

要达到的最终目的是实现对三维景物世界的理解，即实现人的视觉系统的某些功能。

从 20 世纪 60 年代开始，人们着手研究机器视觉系统。一开始，视觉系统只能识别平面上的类似积木的物体。到了 20 世纪 70 年代，已经可以认识某些加工部件，也能认识室内的桌子、电话等物品了。当时的研究工作虽然进展很快，但却无法用于实际。这是因为视觉系统的信息量极大，处理这些信息的硬件系统十分庞大，花费的时间也很长。

随着大规模集成电路技术的发展，计算机的体积不断缩小，价格急剧下降，运算速度不断提高，视觉系统开始走向实用化。进入 20 世纪 80 年代后，由于微计算机的飞速发展，实用的视觉系统已经进入各个领域，其中用于机器人的视觉系统数量非常多。

2. 组成

机器人视觉系统一般包括硬件和软件两个部分，前者是系统的基础，后者主要包括实现图像处理的基本算法和一些实现人机交互的接口程序。

一个典型的机器人视觉系统包括光源、镜头、视觉传感器、图像采集卡、图像处理系统等。

1）光源

照明是影响机器人视觉系统输入的重要因素，它直接影响输入数据的质量和应用效果。常用的可见光源有白炽灯、日光灯、钠光灯等，但是不够稳定。环境光有可能对图像质量产生影响，所以可采用加防护屏的方法减少环境光的影响。

2）镜头

镜头的选择应注意焦距、目标高度、影像高度、放大倍数、工作距离等参数，薄透镜是镜头的理想模型，在使用中，通常会忽略厚度对透镜的影响，可简化许多计算公式。

3）视觉传感器

图像采集是机器人视觉系统中重要的一部分。图像采集是指机器人视觉系统获取数字图像的过程，目前用于获取图像的视觉传感器主要有 CCD 和 CMOS 两种。

4）图像采集卡

图像采集卡直接决定了摄像头的接口：黑白、彩色、模拟、数字等。比较典型的是 PCI 或 AGP 兼容的图像采集卡，可以将图像迅速地传送到计算机存储器进行处理。有些图像采集卡有内置的多路开关。例如，可以连接 8 台不同的摄像机，然后告诉图像采集卡采用哪一台摄像机抓拍到的信息。有些图像采集卡有内置的数字输入以触发其进行捕捉，当图像采集卡抓拍图像时，数字输出口就会触发闸门。

5）图像处理系统

图像处理系统的作用是进行图像处理及分析，调用根据检测功能特殊设计的一系列图像处理及分析算法模块，对图像数据进行复杂的计算和处理，最终得到系统设计所需要的信息，然后通过与之相连的外部设备以各种形式输出检测结果。

3. 应用

机器人视觉的应用领域主要有以下 3 个方面。

（1）为机器人的动作控制提供视觉反馈。其功能为识别物体、确定物体的位置和方向，以及为机器人的运动轨迹的自适应控制提供视觉反馈。

（2）移动机器人的视觉导航。其功能是利用视觉信息跟踪路径、检测障碍物及识别路标或环境，以确定机器人所在方位等。

（3）其他功能，包括代替或帮助人工对质量控制、安全检查进行所需要的视觉检验等。

4. 视觉测距传感器

工作原理：任何视觉芯片把 3D 的环境压缩成一个 2D 图像平面，就失去了深度信息。如果有人能作出关于环境中物体的尺寸或它们的颜色和反射性的强假设，那么人们就可直接解释 2D 图像，获取深度，如图 5.9 所示，可根据两幅图像获取深度信息。但是，这种假设在现实环境的机器人应用中几乎不可能实现。没有这种假设，单独的照片无法提供足够的信息以恢复空间信息。

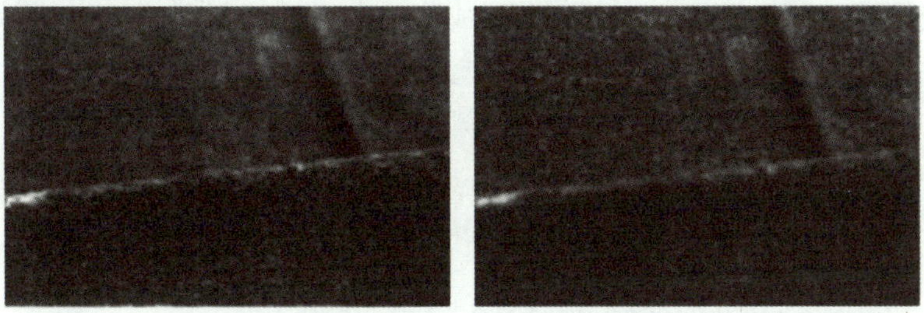

图 5.9　用摄像机在两个不同的位置拍摄的同一场景的两个图像

性能：今天，在机器人学中，一个大量应用于视觉传感器的模块是 Videre Design 公司的 SVM。SVM 使用 LoG 算子，将最终的阵列网格化成子区域，在子区域内，计算绝对值之和。在这些子区域层次上解决了对应性问题，这被称为区域相关性过程。对应性问题解决之后，结果被内插成 1/4 像素精度。

优点和缺点：基于视觉的测距系统的分辨率依赖于距物体的距离，虽然其在实际应用中高度依赖于摄像机的光学系统，但了解 SVM 传感器公布的分辨率的值是必要的。根据其公布的数据可知，在使用一对标准的 6 mm 焦距透镜时，3 m 距离的分辨率为 10 mm，10 m 距离的分辨率为 60 mm。这些数值虽都基于理想的环境，却说明了在基于视觉的测距时，距物体的距离越远，分辨率越低。

下面介绍几种常用的视觉传感器。

1）可见光相机

工作原理：单色 CCD 相机是通过镜头拍摄到的光在 CCD 上成像，当光到达 CCD 的某个像素时，将根据光的强度产生相应的电荷，将该电荷的大小读取为电信号，即可获得各像素上光的强度。彩色 CCD 相机通常在 CCD 上使用过滤器，该过滤器只允许红光、蓝光或绿光通过。因此，每个 2×2 的正方形块被转换成 1 个红色、1 个蓝色和 2 个绿色像素，并将角度分辨率降低 1/2，以便将其转换为彩色设备。

互补金属氧化物半导体（Complementary Metal Oxide Semiconductor，CMOS）相机技术使用与集成电路相同的制造技术，这一事实使将信号调理和计算直接纳入传感元件成为可能。信号调理可能需要适应增加的噪声，这在一定程度上限制了可以实现像素的密度，但如今很多百万像素的阵列是很常见的。

性能：相机的无源特性使用来收集和聚焦入射光的光学元件非常重要。自动增益控制（Automatic Gain Control，AGC）调整输出信号与输入光的电子控制比例，以试图在整个图像上保持大致恒定的输出电平。自动光圈镜头可调节光学元件以保持图像亮度。镜头的光圈是可调节的，用来控制通过镜头的光量。这是与增益控制相似的原理，但是光圈直接改变入射在传感器阵列上的光强度，因此不会放大噪声。

优点和缺点：CCD 相机比 CMOS 相机具有更高的动态范围和更好的信噪比。与 CCD 相机相比，CMOS 相机往往具有稍好一些的响应能力和明显更好的捕获速度。CMOS 相机还表现出特别低的功耗，因为只有当晶体管开关为导通状态时，才使用功率。

2）红外相机

工作原理：光热效应，即产生的热量响应光的吸收量，这是在远红外到亚毫米波长范围内最常用的电磁辐射探测器原理。

红外相机的工作原理与辐射测热计相似，都是一种测量热功率的装置，图 5.10 是辐射测热计的工作原理，它通常至少有两个组成部分：灵敏的温度计——通常是一个热敏电阻；高横截面吸收器，用于吸收入射红外能量。该装置的工作原理是首先吸收入射的红外辐射，因此，吸热器的温度迅速升高。然后测量温度，并慢慢地将热量排到散热器中，使这一过程重新开始。

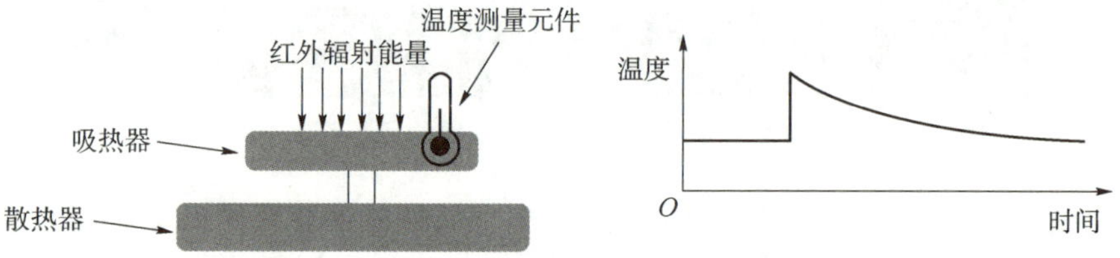

图 5.10　辐射测热计的工作原理

优点和缺点：红外相机最引人注目的方面是它们在相对黑暗中被动工作的能力，因为它们可以对物体发出的热能（相对于反射的环境光）作出反应。在许多情况下，辐射源一般是车辆、人或其他动物。

红外相机的分辨率通常比可见光相机低得多。如果需要测量温度而不是红外强度，则必须连续进行校准以获得准确的温度。

实现：在中、远红外范围内响应的红外相机灵敏度可达 0.02 ℃，动态范围可达 2 000 ℃。可以在 50 Hz 下生成图像，其中图像集成时间是可变的，特殊镜头可以生成高达 40°的视野，体积约为 4 000 cm^3，典型质量约为 4 kg。

3）RGB-D 相机

工作原理：RGB-D 相机在获取彩色图像时和普通相机一样通过相机模型来成像，同时也要对相机参数进行标定。RGB-D 相机的深度图数据可以通过物理的方式获取，但是不可避免会存在误差以及与彩色图的配准问题。

优点和缺点：RGB-D 相机双目测距方式是被动式测距，在实际应用中，硬件成本较低，对户外具有良好的适用性，而且功耗低、分辨率高、帧率高，但软件比较复杂，在黑暗环境中不可以工作。

4）颜色跟踪传感器

工作原理：颜色表示了正交于距离的环境特征，而且它既表示了自然提示，又表示了人工提示，它可向机器人提供新的信息。

颜色感知有两个重要的优点：①颜色检测是单个图像的一个简单函数，所以在这种算法里不需求解对应性问题；②颜色感知提供了新的、独立的环境提示，如果它与现有的信息结合，诸如立体视觉或激光测距仪数据，那么我们可以期望有很大的信息增益。

5.2.6　机器人听觉

听觉是人类获取环境信息的一种重要方式，是人类仅次于视觉的重要感觉通道，在人类生活中起着重要的作用。在人类的听觉系统形成中，外界声波通过介质传到外耳道，再传到鼓膜。鼓膜振动，通过听小骨放大之后传到内耳，刺激耳蜗内的纤毛细胞（也称听觉感受器）产生神经冲动。神经冲动沿着听觉神经传到大脑皮层的听觉中枢，形成听觉。

在机器人对环境的感知过程中，听觉同样至关重要。人们常常把语音识别比作“机器的听觉系统”。与机器人进行语音交流，让机器人明白你说什么，这是人们长期以来梦寐以求的事情，这需要用到语音识别。语音识别就是让机器通过识别和理解过程把语音信号转变为相应的文本或命令的技术。

1. 语音识别简介

机器人通过声音传感器获取由环境中的声波产生的电信号，并经过采样转化为数字信号，便是对这一信号所包含的信息进行处理，即语音识别。

语音识别系统主要包含特征提取、声学模型、语音模型及字典、解码四大部分。此外，为了更有效地提取特征，往往还需要对所采集到的声音信号进行滤波、分帧等音频数据预处理工作，从而将需要分析的音频信号从原始信号中恰当地提取出来。语音识别流程如图 5.11 所示。

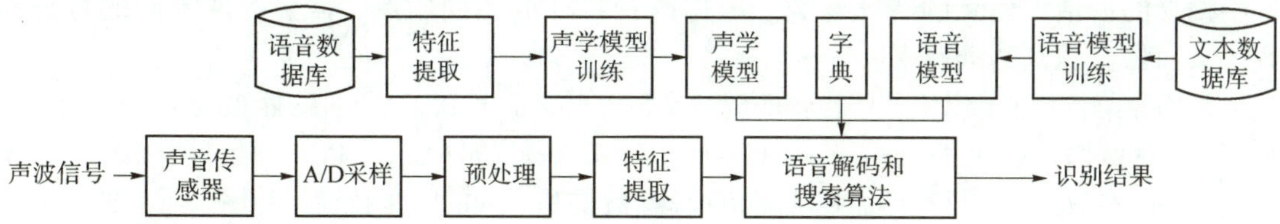

图 5.11　语音识别流程

其中，特征提取工作将声音信号从时域转换到频域，为声学模型提供合适的特征向量；声学模型训练中再根据声学特性计算每一个特征向量在声学特征上的得分；而语音模型则根据语言学相关的理论，计算该声音信号对应可能词组序列的概率；最后根据已有的字典，对词组序列进行解码，得到可能的文本表示。

下面对重点工作进行详细介绍。

1）预处理

在对语音信号进行分析和处理之前，必须对其进行预加重、分帧、加窗等预处理操作。这些操作的目的是消除人类发声器官本身和采集语音信号的设备所带来的混叠、高次谐波失真等因素对语音信号质量的影响，尽可能保证后续语音处理得到的信号更均匀、平滑，为信号参数提取提供优质的参数，提高语音处理质量。常见预处理包含以下 4 个方面。

（1）预加重：语音信号的平均功率谱受声门激励和口鼻辐射的影响，高频端大约在 800 Hz 以上，按 6 dB/oct（倍频程）衰减，频率越高相应的成分越小，为此，在对语音信号进行分析之前要对其高频部分加以提升。通常的措施是用数字滤波器实现预加重。

（2）分帧：贯穿于语音分析全过程的是“短时分析技术”。语音信号具有时变特性，但是在一个短时间范围内（10~30 ms），其特性基本保持不变即相对稳定，因而可以将其看作一个准稳态过程，即语音信号具有短时平稳性。因此，任何语音信号的分析和处理必须建立在“短时”的基础上，即进行“短时分析”，将语音信号分段来分析其特征参数，其中每一段称为一“帧”，帧长一般取为 10~30 ms。这样，对于整体的语音信号来讲，分析出的是由每一帧特征参数组成的特征参数时间序列。

（3）加窗：由于语音信号具有短时平稳性，因此我们可以对信号进行分帧处理。紧接着还要对其进行加窗处理。加窗的目的是可以人为对抽样附近的语音波形加以强调从而对波形的其余部分加以减弱。对语音信号的各个短段进行处理，实际上就是对各个短段进行某种变换或施以某种运算。用得最多的 3 种窗函数是矩形窗、汉明窗和汉宁窗。

（4）端点检测：在语音信号中，短时能量和短时过零率通常表示为以帧为单位的信号能量和过零率。端点检测主要是为了自动检测出语音的起始点及结束点。采用双门限比较法来进行端点检测比较常用。双门限比较法以短时能量 E 和短时平均过零率 Z 作为特征，结合 Z 和 E 的优点，使检测更为准确，能有效降低系统的处理时间，能排除无声段的噪声干扰，从而提高语音信号的处理性能。

2）特征提取

在语音信号中，包含着非常丰富的特征参数，不同的特征向量表征着不同的物理和声学意义。选择什么特征参数对语音识别系统的意义重大。特征提取就是要尽量去除或削弱语音信号中与识别无关信息的影响，减少后续识别阶段需处理的数据量，生成表征语音信号中携带的说话人信息的特征参数。根据语音特征的不同用途，需要提取不同的特征参数，从而保证识别的准确率。

常用的语音特征参数有：线性预测倒谱系数（Linear Prediction Cepstral Coefficient，LPCC）和梅尔频率倒谱系数（Mel Frequency Cepstral Coefficient，MFCC）。LPCC 参数是根据声管模型建立的特征参数，主要反映声道响应。MFCC 参数是基于人的听觉特性，利用人听觉的临界带效应，在 Mel 标度频域提取出来的倒谱特征参数。

人耳分辨声音频率的过程就像一种取对数的操作。例如，在 Mel 频域内，人对音调的感知能力为线性关系，如果两段语音的 Mel 频率差两倍，则人在感知上也差两倍。

3）声学模型、语音模型及字典

声学模型是对声学、语音学、环境变量、说话人性别、口音等的差异的知识表示，是语音识别中的重要组成部分。声学模型的输入是特征提取步骤中所获取的特征。声学模型的任务是计算给模型产生语音波形的概率，它占据着语音识别大部分的计算开销，决定着语音识别系统的性能。传统的语音识别系统普遍采用的是基于 GMM-HMM 的声学模型，其中 GMM（Gaussian Mixture Model，高斯混合模型）用于对语音声学特征的分布进行建模，HMM（Hidden Markov Model，隐马尔可夫模型）则用于对语音信号的时序性进行建模。2006 年深度学习兴起以后，深度神经网络（Deep Neural Network，DNN）逐渐被应用于语音声学模型。基于 DNN-HMM 的语音声学模型开始取代 GMM-HMM 成为主流的声学模型。

语音模型可以对一段文本的概率进行估计，对信息检索、机器翻译、语音识别等任务有着重要的作用。要判断一段文字是不是一句自然语言，可以通过确定这段文字的概率分布来表示其存在的可能性。语音模型中的词是有顺序的，给定 m 个词，看这句话是不是一句合理的自然语言，关键是看这些词的排列顺序是否正确。语音模型分为统计语音模型和神经网络语音模型，其中，统计语音模型的基本思想是计算条件概率，而神经网络语音模型则是通过建立神经网络模型求解概率。

字典包含了从单词到音素之间的映射，其作用是连接声学模型和语音模型，它包含系统所能处理的单词的集合，并标明了其发音。通过发音字典得到声学模型的建模单元与语音模型建模单元间的映射关系，从而把声学模型和语音模型连接起来，组成一个搜索的状态空间，用于解码器进行解码工作。

2. 语音识别常用算法

常用的语音识别算法有 DTW（Dynamic Time Warping，动态时间规整）算法、HMM 算法、基于深度学习的语音识别算法等，下面简要介绍前两种。

1）DTW 算法

DTW 算法主要用于孤词识别，用来识别一些特别的指令，效果比较好。这种算法是在基于动态规划的算法的基础上发展而来的，解决了发音长短不一的模板匹配问题，是语音识别中出现较早、较为经典的一种算法。

在该算法中，首先通过 VAD（Voice Activity Detection，语音激活检测）算法去截取包含待识别语音内容的片段，其核心通常是采用双门限端点检测的技术。下一步需要寻找一个特征向量，常采用 MFCC 这个参数作为特征向量。一般的谱分析都是采用频谱，或者小波（为了解决加性噪声的滤波问题），或者倒谱、阶次谱（为了特定的需求所构建的谱方法）。然后以同样的方法计算需要识别的语音文件的语音段的 MFCC，然后对模板与识别文件进行“比对”，这里的比对方法就是 DTW 算法，我们经常把整个语音识别算法称为 DTW 语音识别，但实际上，DTW 主要是应用在两个 MFCC 的比对上。这是一种基于距离的比对，也可以认为是一种基于有导师学习的聚类方法。

DTW 算法原理如图 5.12 所示，把测试模板 T 的各个帧号 $n=1,2,\cdots,N$ 在一个二维直角坐标系的横轴上标出，把参考模板 R 的各帧 $m=1,2,\cdots,M$ 在纵轴上标出，通过这些表示帧号的整数坐标画出一些纵横线即可形成一个网格，网格中的每一个交叉点（t_i,r_j）表示测试模式中某一帧与训练模式中某一帧的交汇。

DTW 算法分两步进行，一是计算两个模式各帧之间的距离，即求出帧匹配距离矩阵；二是在帧匹配距离矩阵中找出一条最佳路径。搜索这条路径的过程可以描述如下。

搜索从点（1,1）出发，对于局部路径约束如图 5.13 所示。图中，点（i_n,i_m）可达到的前一个格点只可能是 (i_{n-1}, i_m)、(i_{n-1}, i_{m-1}) 和 (i_{n-1}, i_{m-2})。那么 (i_n, i_m) 一定选择这 3 个距离中的最小者所对应的点作为其前续格点，这时该路径的累积距离为

$$D(i_n, i_m) = D(T(i_n), R(i_m)) + \min\{D(i_{n-1}, i_m), D(i_{n-1}, i_{m-1}), D(i_{n-1}, i_{m-2})\} \tag{5.5}$$

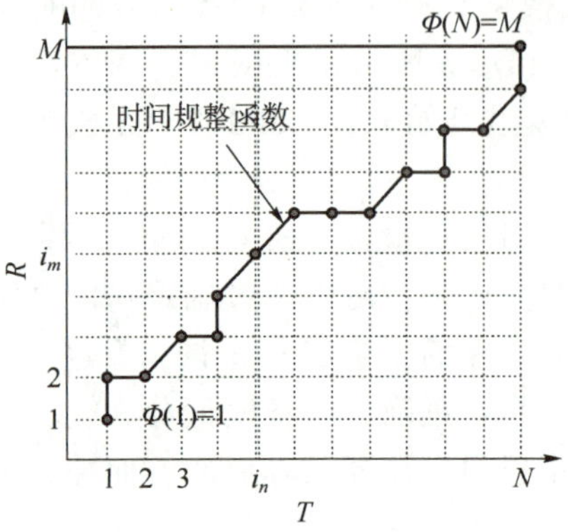

图 5.12　DTW 算法原理

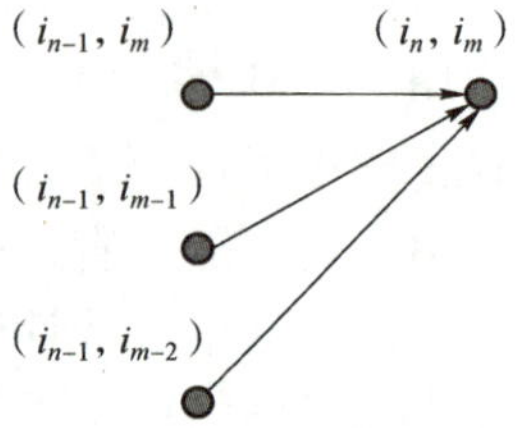

图 5.13　局部路径约束

这样从点 (1,1) 出发，令 $D(1,1)=0$ 开始搜索，反复递推，直到点 (N,M) 就可以得到最优路径，而且 $D(N,M)$ 就是最佳匹配路径所对应的匹配距离。在进行语音识别时，将测试模板与所有参考模板进行匹配，得到的最小匹配距离 $D_{\min}(N,M)$ 所对应的语音即为识别结果。

2）HMM 算法

HMM 作为一种统计分析模型，是现代语音识别系统的基础框架，由 CMU 和 IBM 的研究人员在 20 世纪 70 年代提出。基于 HMM 的大词汇量连续语音识别系统结构如图 5.14 所示。

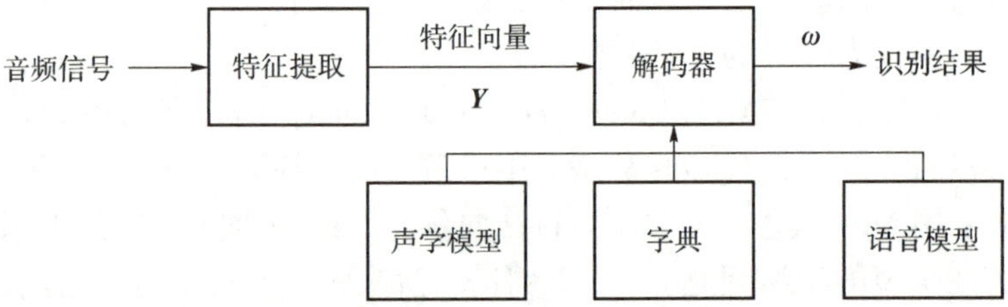

图 5.14　基于 HMM 的大词汇量连续语音识别系统结构

首先，输入计算机的音频波形，经过特征提取转换为特定长度的声学特征向量 $\boldsymbol{Y}$，接着解码器通过解码算法寻找最有可能生成 $\boldsymbol{Y}$ 的词序列：$\omega_{1:L}=\omega_1, \omega_2, \cdots, \omega_L$。从数学角度来讲，解码器是用来求解使后验概率 $P(\omega|Y)$ 最大所对应的参数 ω，即

$$\omega_{\text{best}} = \operatorname{argmax}\{P(\omega|Y)\} \tag{5.6}$$

然而，对 $P(\omega|Y)$ 直接建模十分困难，所以由贝叶斯定理将式 (5.6) 转换为

$$\omega_{\text{best}} = \operatorname{argmax}\{P(Y|\omega)P(\omega)/P(Y)\} \tag{5.7}$$

由于观测概率 $P(Y)$ 在给定观测序列的情况下是常数，因此可对式 (5.7) 进一步简化：

$$\omega_{\text{best}} = \operatorname{argmax}\{P(Y|\omega)P(\omega)\} \tag{5.8}$$

式中，先验概率 $P(\omega)$ 由语音模型确定；似然概率 $P(Y|\omega)$ 由声学模型确定。子词是声学

模型基本的声学单元，在英语中为音素，如单词 bat 由/b/、/ae/、/t/3 个音素组成；在汉语中为声母、韵母。

以英语识别为例，对于一个特定的单词 ω，相应的声学模型由多个音素模型所得到的多个音素通过查找发音字典并根据语法规则拼接而成。这些音素模型的参数（如发射概率、转移概率等）由包括语音波形及对应的翻译文本所组成的数据集训练估计得到。语音模型一般是一个 N 元文法模型，其中每一个单词出现的概率只与前 $N-1$ 个单词有关，N 元文法模型的参数是通过计算训练文本语料库 N 元组的概率得到的。

传统解码器对给定的话语句子使用动态剪枝算法（如 Viterbi 算法）搜索最优的词序列，而现代解码器使用带权有限状态转化器完成解码过程（当前流行的语音识别工具包 Kaldi 便是基于此方法实现的）。

3）DTW 算法与 HMM 算法的比较

DTW 算法由于没有一个有效的用统计方法进行训练的框架，也不容易将底层和顶层的各种知识用到语音识别算法中，因此在解决大词汇量、连续语音、非特定人语音识别问题时与 HMM 算法相比，相形见绌了。HMM 是一种用参数表示的、用于描述随机过程统计特性的概率模型。而对于孤立词识别，HMM 算法和 DTW 算法在相同条件下，识别效果相差不大，但是 DTW 算法比 HMM 算法要简单得多。

3. 机器人听觉系统

智能机器人的听觉系统和视觉系统一样，将是重点研究的领域，毕竟“耳听八方，眼观六路”，听觉有着先天优势。

机器人听觉技术主要研究如下 3 个方面的内容。

1）研究如何建立仿真听觉系统

1543 年，著名医学家安德烈·维萨里发表了划时代的著作《人体的构造》，向世人介绍了耳朵的解剖结构。随后，很多著名科学家都为人类听觉认知领域的发展尽了一份力。1961 年，物理学家贝克西因发现了耳蜗兴奋的生理机制而荣获诺贝尔生理学或医学奖。显然，机器人必须拥有仿真的耳朵，这样才能解决机器人自动适应环境及与人类自然交流的问题。通俗来说，建立仿真听觉系统就是要让机器人“听得到”。想要达成这一目标，必须解决远程拾音、声音定位、语音增强、噪声处理、语音识别和声纹识别等众多技术问题。

2）研究解决听觉智能的问题

听觉智能的问题也就是让机器人“听得懂”。我们人类的听觉系统是和神经紧密相连的，而且大脑中还有专门的区域——语言中枢，负责处理声音信号。显然，机器人也需要这种中枢，很多语音识别系统的开发厂商，包括苹果、谷歌、百度、科大讯飞等都希望建立这种听觉中枢系统。

3）研究解决自动对话的问题

自动对话的问题也就是让机器人“说得出”。机器人不同于其他设备，不能听到或听懂了之后却一直默不作声。人机对话自然也属于声学领域。不过，人类的发声系统结构复杂，科学家至今仍没有完全掌握其机理。目前，这方面的研究主要在语音合成技术上进步比较大，但是离我们的目标依然很远。我们希望机器人说出的话能带有语调和情感，现在看来，要实现这一点难度还有些大。

5.2.7 多传感器信息融合

多传感器信息融合，是指把分布在不同位置，处于不同状态的多个同类或不同类型的传感器所提供的局部不完整观察量加以综合处理，消除多传感器信息之间可能存在的冗余和矛盾，利用信息互补，降低不确定性，以形成对系统环境相对完整一致的理解，从而提高智能系统决策、规划的科学性、反应的快速性和正确性，进而降低决策风险的过程。

简单地说，多传感器信息融合是指对来自多个传感器的数据进行多级别、多方面、多层次的处理，从而产生新的有意义的信息，而这种新信息是任何单一传感器所无法获得的。它主要是基于机器人系统和武器系统中对多传感器数据的综合处理问题提出的。

因此，多传感器系统是信息融合的硬件基础，多源信息是信息融合的加工对象，协调优化和综合处理是信息融合的技术核心。

一般来说，信息融合是一个处理探测、互联、相关、估计以及组合多源信息和数据的多层面过程，目的是获得被测对象的准确的动态估计。因此，信息融合的 3 个核心特征如下。

（1）信息融合是在多个层次上完成对多源信息处理的过程。其中，每一个层次都表示不同级别的信息抽象。

（2）信息融合包括探测、互联、相关、估计以及组合多源信息和数据。

（3）信息融合的结果包括较低层次上的状态估计，以及较高层次上的整个系统的状态估计。

1. 多传感器信息融合的方法

多个传感器所获得的关于对象和环境全面、完整的信息，主要体现在融合算法上。多传感器信息融合也要靠各种具体的融合方法来实现。目前，多传感器数据融合虽然未形成完整的理论体系和有效的融合算法，但在不少应用领域根据各自的具体应用背景，已经提出了许多成熟并且有效的融合方法。

多传感器信息融合的方法可以分为以下四类：估计方法、分类方法、推理方法和人工智能方法，如图 5.15 所示。下面介绍这四类方法中常用的细分方法。

1）加权平均法

加权平均法是最简单、最实用的实时处理信息的融合方法，其实质是将来自各个传感器的冗余信息进行处理后，按照每个传感器所占的权值来进行加权平均，将得到的加权平均值作为融合的结果。该方法实时处理来自传感器的原始冗余信息，比较适合于动态环境中，但使用该方法时必须先对系统与传感器进行细致的分析，以获得准确的权值。

2）卡尔曼滤波法

卡尔曼滤波法主要用于融合低层次实时动态多传感器冗余数据。该方法用测量模型的统计特性递推，决定统计意义下的最优融合数据估计。如果系统具有线性动力学模型，且系统与传感器噪声是高斯分布的白噪声，则卡尔曼滤波法可为融合数据提供一种统计意义下的最优估计。

卡尔曼滤波法的递推特性使系统处理不需要大量的数据存储和计算。但是，采用单一的卡尔曼滤波器对多传感器组合系统进行数据统计时，存在很多严重的问题：一方面，在组合信息大量冗余的情况下，计算量将以滤波器维数的三次方剧增，实时性不能满足；另一方面，传感器子系统的增加使故障随之增加，在某一系统出现故障而没有来得及被检测出时，故障会污染整个系统，使可靠性降低。

3）基于参数估计的信息融合法

基于参数估计的信息融合法主要包括最小二乘法、极大似然估计法、贝叶斯估计法和多贝叶斯估计法。数理统计是一门热门的学科，当传感器采用概率模型时，数理统计中的各种技术为传感器的信息融合提供了丰富内容。

极大似然估计法是静态环境中多传感器信息融合的一种比较常用的方法，它将融合信息取为使似然函数达到极值的估计值。

贝叶斯估计法为数据融合提供了一种手段，是融合静态环境中多传感器高层信息的常用方法。它使传感器信息依据概率原则进行组合，测量不确定性以条件概率表示，当传感器组的观测坐标一致时，可以直接对传感器的数据进行融合，但大多数情况下，传感器测量数据要以间接方式进行数据融合。

多贝叶斯估计法将每一个传感器作为一个贝叶斯估计，将各个单独物体的关联概率分布合成一个联合的后验概率分布函数，通过使联合分布函数的似然函数为最小，提供多传感器信息的最终融合值，融合信息与环境的一个先验模型以提供整个环境的一个特征描述。

基于参数估计的信息融合法作为多传感器信息的定量融合非常合适。

4）Dempster-Shafer（D-S）证据推理

Dempster-Shafer（D-S）证据推理是贝叶斯推理的扩展，其3个基本要点是：基本概率赋值函数、信任函数和似然函数。它用信任区间描述传感器的信息，不但表示了信息的已知性和确定性，而且能够区分未知性和不确定性。多传感器信息融合时，将传感器采集的信息作为证据，在决策目标集上建立一个相应的基本可信度，这样，证据推理能在同一决策框架下，将不同的信息用Dempster合并规则合并成一个统一的信息表示。证据决策理论允许直接将可信度赋予传感器信息的合取，既避免了对未知概率分布所作的简化假设，又保留了信息。证据推理的这些优点使其广泛应用于多传感器信息的定性融合。此方法的推理结构是自上而下的，分三级。第一级为目标合成，其作用是把来自独立传感器的观测结果合成为一个总的输出结果。第二级为推断，其作用是获得传感器的观测结果并进行推断，将传感器观测结果扩展成目标报告。这种推理的基础是：一定的传感器报告以某种可信度在逻辑上会产生可信的某些目标报告。第三级为更新，各种传感器一般都存在随机误差，所以在时间上充分独立地来自同一传感器的一组连续报告比任何单一报告都可靠。因此，在推理和多传感器合成之前，要先组合（更新）传感器的观测数据。

5）产生式规则

产生式规则采用符号表示目标特征和相应传感器信息之间的联系，与每一个规则相联系的置信因子表示它的不确定性程度。当在同一个逻辑推理过程中，两个或多个规则形成一个联合规则时，可以产生融合。应用产生式规则进行融合的主要问题是每条规则的置信因子与系统中其他规则的置信因子相关，这使系统的条件改变时，修改相对困难，如果系统中引入新的传感器，则需要加入相应的附加规则。

6）模糊逻辑推理

多传感器系统中，各信息源提供的环境信息都具有一定程度的不确定性，对这些不确

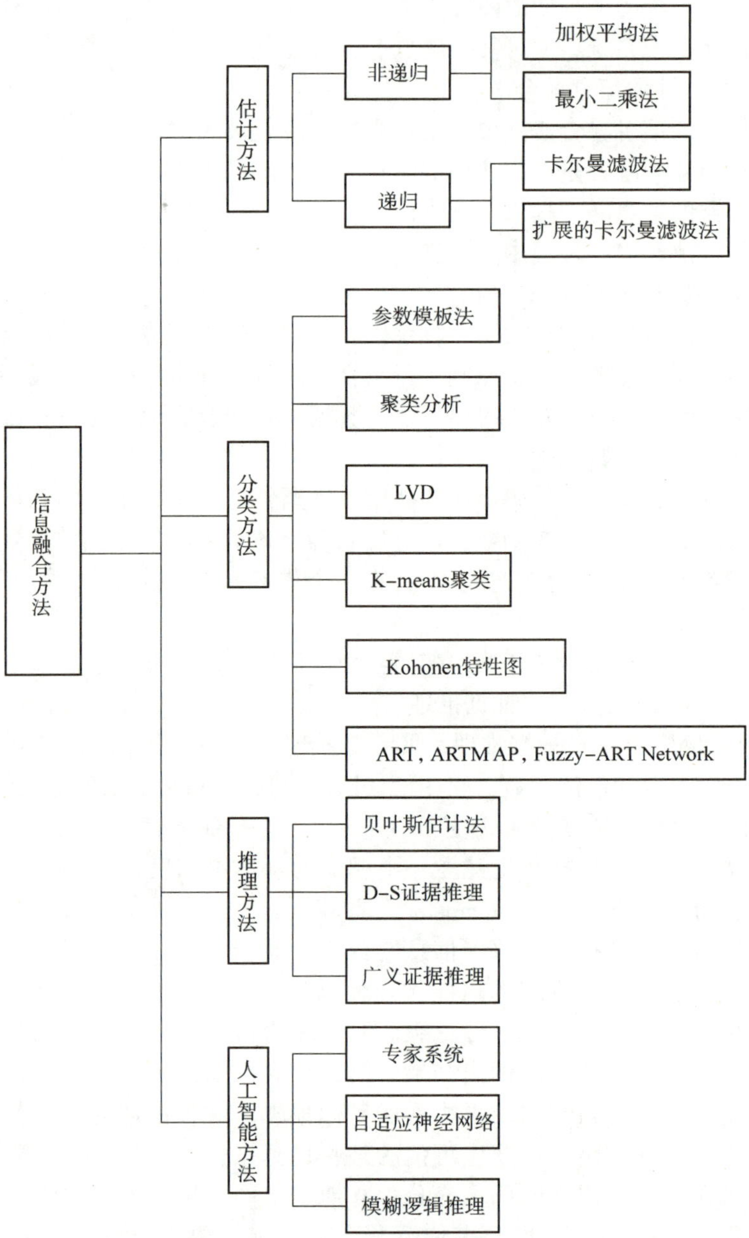

图 5.15　多传感器信息融合的方法

定信息的融合过程实质上是一个不确定性推理过程。模糊逻辑是多值逻辑，通过指定一个0~1之间的实数表示真实度，相当于隐含算子的前提，允许将多个传感器信息融合过程中的不确定性直接表示在推理过程中。如果采用某种系统化的方法对融合过程中的不确定性进行推理建模，则可以产生一致性模糊推理。

模糊逻辑推理与概率统计方法相比，存在许多优点，它在一定程度上克服了概率论所面临的问题，对信息的表示和处理也更加接近人类的思维方式。模糊逻辑推理一般比较适合高层次的应用（如决策），但其本身还不够成熟和系统化。此外，由于模糊逻辑推理对信息的描述存在很大的主观因素，因此信息的表示和处理缺乏客观性。

7）神经网络

神经网络具有很强的容错性，以及自学习、自组织及自适应能力，能够模拟复杂的非线性映射。神经网络的这些特性和强大的非线性处理能力，恰好满足了多传感器数据融合技术处理的要求。在多传感器系统中，各信息源所提供的环境信息都具有一定程度的不确定性，对这些不确定信息的融合过程实际上是一个不确定性推理过程。

神经网络根据样本的相似性，通过网络权值表述在融合的机构中，首先通过神经网络特定的学习算法来获得知识，得到不确定性推理机制，然后根据这一机制进行融合和再学习。神经网络的结构本质上是并行的，这为其在多传感器信息融合中的应用提供了良好的前景。基于神经网络的多信息融合具有以下特点：

（1）具有统一的内部知识表示形式，并建立基于规则和形式的知识库；

（2）神经网络的大规模并行处理信息能力，使系统的处理速度很快；

（3）能够将不确定的复杂环境通过学习转化为系统理解的形式；

（4）利用外部信息，便于实现知识的自动获得和并行联想推理。

常用的信息融合方法及特征比较如表 5.4 所示。通常使用的方法依具体的应用而定，并且由于各种方法之间的互补性，因此常用两种或两种以上的方法进行多传感器信息融合。

表 5.4　常用的信息融合方法及特征比较

融合方法	运行环境	信息类型	信息表示	不确定性	融合技术	适用范围
加权平均法	动态	冗余	原始读数值	—	加权平均	低层数据融合
卡尔曼滤波法	动态	冗余	概率分布	高斯噪声	系统模型滤波	低层数据融合
贝叶斯估计法	静态	冗余	概率分布	高斯噪声	贝叶斯估计	高层数据融合
统计决策理论	静态	冗余	概率分布	高斯噪声	极值决策	高层数据融合
D-S 证据推理	静态	冗余互补	命题	—	逻辑推理	高层数据融合
模糊逻辑推理	静态	冗余互补	命题	隶属度	逻辑推理	高层数据融合
神经网络	动/静态	冗余互补	神经元输入	学习误差	神经元网络	低/高层数据融合
产生式规则	动/静态	冗余互补	命题	置信因子	逻辑推理	高层数据融合

2. 信息融合技术在机器人中的应用

多源信息融合作为一种可消除系统的不确定因素、提供准确的观测结果和综合信息的智能化数据处理技术，已在军事、工业监控、智能检测、机器人、图像分析、自动目标识别等领域获得普遍关注和广泛应用。

在机器人领域，目前，多源信息融合主要应用在移动机器人和遥控操作机器人上，因为这些机器人通常工作在动态、不确定与非结构化的环境中（如太空探测机器人和灾难救援机器人等）。这些高度不确定的环境要求机器人具有高度的自治能力和对环境的感知能力，而多源信息融合技术正是提高机器人系统感知能力的有效方法。实践证明：采用单个传感器的机器人不具有完整、可靠的感知外部环境的能力。

智能机器人应采用多个传感器，并利用这些传感器的冗余和互补的特性来获得外部环境动态变化的、比较完整的信息，并对外部环境变化作出实时的响应。目前，机器人学界提出向非结构化环境进军，其关键技术之一就是多传感器系统和数据融合。

课后习题

1. 机器人传感器主要有哪些？
2. 机器人传感器有什么特点？
3. 阐述语音识别的基本流程。
4. 阐述语音识别中 DTW 算法的主要步骤。
5. 传感器的特性指标有哪些？
6. 多传感器信息融合的方法有哪些？
7. 视觉测距传感器的原理是什么？

第 6 章
视觉里程计

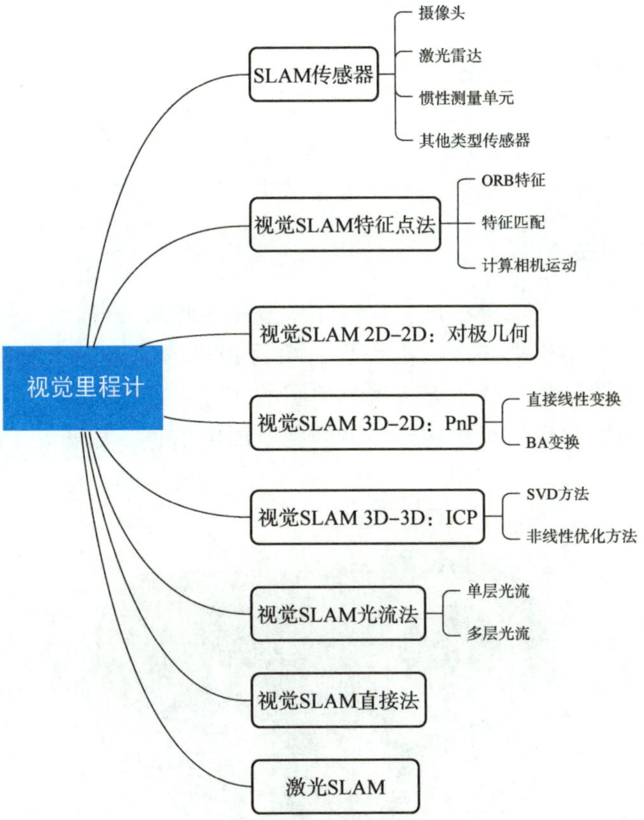

SLAM（Simultaneous Localization and Mapping，同步定位与地图构建）最早在机器人领域提出，它指的是：机器人从未知环境的未知地点出发，在运动过程中通过重复观测到的环境特征定位自身位置和姿态，再根据自身位置构建周围环境的增量式地图，从而达到同步定位与地图构建的目的。SLAM 由于其重要的学术价值和应用价值，一直以来都被认为是实现全自主移动机器人的关键技术。

通俗地讲，SLAM 回答两个问题：“我在哪儿”“我周围是什么”就如同人到了一个陌生环境中一样，SLAM 试图要解决的就是恢复观察者自身和周围环境的相对空间关系，“我在哪儿”对应的就是定位问题，而“我周围是什么”对应的就是建图问题，给出周围环境的一个描述。回答了这两个问题，其实就完成了对自身和周边环境的空间认知。有了这个基础，就可以进行路径规划到达目的地，在此过程中还需要及时地检测躲避遇到的地障碍物，保证运行安全。

SLAM 作为一种集成概念，其系统由多个架构组成，包括传感器数据感知、前端匹配、后端优化、回环检测与建图，通过提取特征进行数据关联与状态估计，实现状态及特征的及时更新。这一概念于 1986 年由 Smith Self 和 Cheeseman 共同提出，其发展历史已有三十余年。

早期的 SLAM 时代被称为传统时代，通过扩展卡尔曼滤波、粒子滤波及最大似然估计等手段对 SLAM 问题进行求解，依据 SLAM 基本框架对其收敛性进行验证；SLAM 发展到第二阶段主要集中在算法分析，针对 SLAM 的基本特性展开研究，包括一致性、可观测性、稀疏性和收敛性；第三阶段可以概括为预测性-鲁棒性时期，基于已经优化的算法资源，针对更高级别的场景进行环境感知，定位与建图能力均得到进一步提升。

6.1 SLAM 传感器

SLAM 传感器包含多种类型，如摄像头、激光雷达、惯性测量单元、毫米波雷达、超声波雷达、红外热成像仪等，本节主要介绍摄像头、激光雷达与惯性测量单元。

6.1.1 摄像头

摄像头主要分为 3 类：单目相机、双目相机及深度相机。

单目相机使用单个相机来获取数据信息。单目相机的优点在于操作简单、成本较低，因此流行程度较高。单目相机由于无法采集地图的实际尺度与机器人的运动轨迹，因此无法获得物体的绝对深度信息，只能估计环境的相对深度信息，如图 6.1 所示。

图 6.1 单目相机

双目相机一般由左眼相机和右眼相机水平放置构成，即由两个单目相机组合而成，如

图 6. 2 所示。不同于单目相机，双目相机在运动与静止状态下均可通过定标、校正、匹配与计算估计物体的深度信息。但其定标过程相对复杂、计算过程较为烦琐且计算负荷大。

深度相机能够获得物体的色彩与深度信息，如图 6. 3 所示。深度相机通常采用结构光或飞行时间法等物理方法获取信息，其信息采集速度较单目相机与双目相机快，采集的数据量也更丰富。但深度相机受小视场角与低分辨率的限制，目前主要用于室内定位与建图。

图 6. 2　双目相机

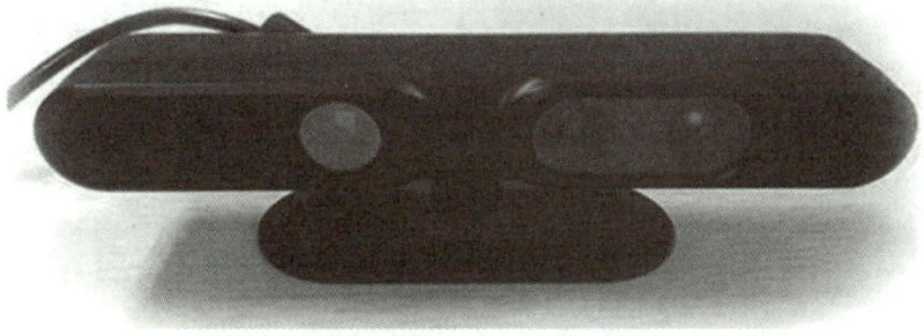

图 6. 3　深度相机

6. 1. 2　激光雷达

激光雷达主要有两种：单线束激光雷达与多线束激光雷达。

单线束激光雷达也称 2D 激光雷达，如图 6. 4 所示。主流 2D 激光雷达能够识别并扫描平面内的障碍物，非常适用于平面运动的机器人进行自定位与建图。2D 激光雷达由于扫描范围固定在平面内，其数据因缺乏高度信息难以成像，因此使用范围较为受限，常见于扫地机器人。

多线束激光雷达也称 3D 激光雷达，如图 6. 5 所示。3D 激光雷达能够采集带有角度和距离的三维点云信息，信息准确度更高且信息量更为丰富，采集到的信息能够实时显示并按比例还原目标形状大小。激光雷达点云信息的数据处理与计算过程较图像更为简单。激光雷达相较于相机，其最突出的一个特点就是不受光照的影响，白天与黑夜的表现能力俱佳。但 3D 激光雷达易受天气影响，穿透雨、灰尘等障碍物的能力较差，其制作成本较 2D 激光雷达也更昂贵。

图 6. 4　2D 激光雷达

图 6. 5　3D 激光雷达

6.1.3 惯性测量单元

惯性测量单元（Inertial Measurement Unit，IMU）能够测量物体的加速度与姿态角，其高频的传输速率能够为先验位姿估计提供基础。IMU 的工作原理是对加速度的积分、初始速度、位置进行叠加运算，运算过程中易产生累积误差，累积误差会随时间增加。因此，IMU 很少作为单一传感器支撑定位与建图功能，常与相机或激光雷达配合使用。

依靠单一传感器进行同步定位与建图，系统鲁棒性较差，采用多传感器融合的方式能够提高系统的鲁棒性。将摄像头、激光雷达、IMU 等多种传感器融合使用，能够极大提高机器人位姿与建图的估计精度。常见的多传感器融合方式有摄像头与 IMU 融合、激光雷达与 IMU 融合、摄像头与激光雷达融合。

6.1.4 其他类型传感器

毫米波雷达、超声波雷达与红外热成像仪在 SLAM 技术中的应用较少，但考虑到不同领域的功能需求，毫米波雷达等传感器在性能上也表现出许多优势。

毫米波雷达能够测量物体的距离、方位角及多普勒速度，与激光雷达相比，其对于雾、霾、灰尘等天气的穿透能力更强，探测范围更广且价格便宜。但毫米波雷达精度较低，在多重波段环境下其工作能力将会大幅下降。

超声波雷达具备耗能缓慢、在介质中传播距离远、价格便宜等优点，但超声波传输的速度极易受到天气影响，当目标高速行驶时，超声波由于其本身速度的限制，无法跟上目标的实时速度变化，从而丢失目标信息。当目标距离较远时，回波信号强度较差会大幅影响测量准确度。

红外热成像仪能够直观地感受到物体的温度场，且其工作不受电磁影响，作用距离也相对较远，能够实现全天候环境感知。但红外热成像技术存在物体间温度差较小导致的图像分辨率差与对比度低等问题，红外热成像仪不能穿透透明障碍物对目标进行识别，且其制作成本也较为昂贵。

6.2 视觉 SLAM 特征点法

前端的主要功能一般是求解当前帧的位姿。前端需要保持与传感器帧率相同的频率，以达到实时性。摄像头和激光雷达都是观测外部环境的传感器，每来一帧，需要将帧与帧之间的点关联起来。数据关联之后进行姿态解算，求得当前帧的位姿。前端一般用于跟踪，只负责求解当前帧的位姿，不会生成新的路标点（路标点指具有在世界坐标系下 3D 坐标的特征点）和优化原有路标点。这样可以减少前端的计算量，从而达到实时性。因此，前端根据传感器的类型常分为激光 SLAM 前端和视觉 SLAM 前端。这里我们主要介绍视觉 SLAM 前端。

视觉 SLAM 前端又称视觉里程计（Visual Odometry，VO），它的任务是估算相邻图像间相机的运动，以及局部地图的样子。一个优秀的视觉里程计能为 SLAM 的后端、全局地图构建提供优质的初始值，从而让机器人在复杂的未知环境中实现精准自主化来执行各种任务。传统的里程计，如轮式里程计因为轮子打滑空转而容易导致漂移；精确的激光传感器价格昂贵；惯性传感器虽然可以测量传感器瞬时精确的角速度和线速度，但是随着时间的推移，测量值有着明显的漂移，使计算得到的位姿信息不可靠。而 VO 由于视觉传感器低廉的成本和长距离较为精准的定位，在众多传统里程计中脱颖而出。VO 的算法主要分为两大类：特征点法和直接法。

基于特征点法的前端，长久以来（直到现在）被认为是 VO 的主流方法。它具有稳定，对光照、动态物体不敏感的优势，是目前比较成熟的解决方案。这类算法有时也被称为两视图几何。

VO 的核心问题是如何根据图像来估计相机运动。然而图像本身是一个由亮度和色彩组成的矩阵，如果直接从矩阵层面考虑运动估计，将会非常困难。因此，比较方便的做法是：首先，从图像中选取比较有代表性的点，这些点在相机视角发生少量变化后会保持不变，于是我们能在各个图像中找到相同的点；然后，在这些点的基础上，讨论相机位姿估计问题，以及这些点的定位问题。在经典 SLAM 模型中，我们称这些点为路标。而在视觉 SLAM 中，路标则是指图像特征。

根据维基百科的定义，图像特征是一组与计算任务相关的信息，计算任务取决于具体的应用。简而言之，特征是图像信息的另一种数字表达形式。一组好的特征对于在指定任务上的最终表现至关重要，所以多年来研究者花费了大量的精力对特征进行研究。数字图像在计算机中以灰度值矩阵的方式存储，所以最简单的单个图像像素也是一种特征。但是在 VO 中，我们希望特征点在相机运动之后保持稳定，而灰度值受光照、形变、物体材质的影响严重，在不同图像间变化非常大，不够稳定。理想的情况是，当场景和相机视角发生少量改变时，算法还能从图像中判断哪些地方是同一个点。因此，仅凭灰度值是不够的，我们需要对图像提取特征点。

特征点是图像里一些特别的地方。以图 6.6 为例。我们可以把图像中的角点、边缘和区块都当成图像中有代表性的地方。不过，我们更容易精确地指出，某两幅图像中出现了同一个角点；同一个边缘则稍微困难一些，因为沿着该边缘前进，图像局部是相似的；同一个区块则是最困难的。我们发现，图像中的角点、边缘相比于像素区块而言更加特别，在不同图像之间的辨识度更强。因此，一种直观的提取特征的方式就是在不同图像间辨认角点，确定它们的对应关系。在这种做法中，角点就是所谓的特征。角点的提取算法有很多，如 Harris 角点、FAST 角点、GFTT 角点等。它们大部分是 2000 年以前提出的算法。

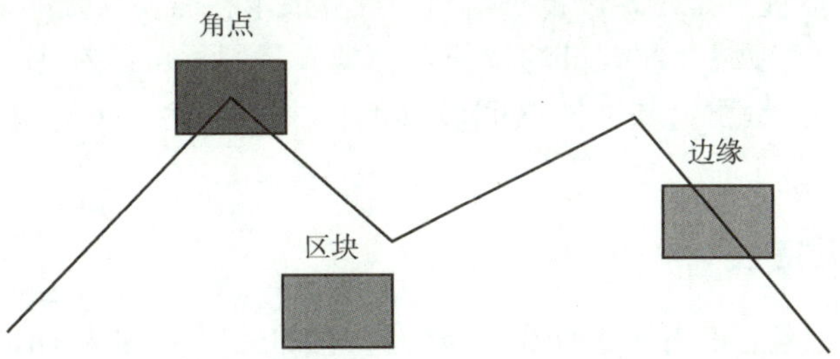

图 6.6　可以作为图像特征的部分：角点、边缘、区块

然而，在大多数应用中，单纯的角点依然不能满足我们的很多需求。例如，从远处看上去是角点的地方，当相机走近之后，可能就不显示为角点了。或者，当旋转相机时，角点的外观会发生变化，我们也就不容易辨认出哪是同一个角点。为此，计算机视觉领域的

研究者在长年的研究中设计了许多更加稳定的局部图像特征点，如著名的 SIFT、SURF、ORB 等。相比于朴素的角点，这些人工设计的特征点能够拥有如下的性质。

（1）可重复性：相同的特征可以在不同的图像中找到。

（2）可区别性：不同的特征有不同的表达。

（3）高效率：同一图像中，特征点的数量应远小于像素的数量。

（4）本地性：特征仅与一小片图像区域相关。

特征点由关键点和描述子两部分组成。例如，当我们说“在一幅图像中计算 SIFT 特征点”，是指“提取 SIFT 关键点，并计算 SIFT 描述子”两件事情。关键点是指该特征点在图像里的位置，有些特征点还具有朝向、大小等信息。描述子通常是一个向量，按照某种人为设计的方式，描述了该关键点周围像素的信息。描述子是按照“外观相似的特征应该有相似的描述子”的原则设计的。因此，只要两个特征点的描述子在向量空间上的距离相近，就可以认为它们是同样的特征点。

历史上，研究者提出过许多图像特征。它们有些很精确，在相机的运动和光照变化下仍具有相似的表达，但相应地需要较大的计算量。其中，SIFT（Scale-Invariant Feature Transform，尺度不变特征变换）当属最为经典的一种。它充分考虑了在图像变换过程中出现的光照、尺度、旋转等变化，但随之而来的是极大的计算量。由于整个 SLAM 过程中图像特征的提取与匹配仅仅是诸多环节中的一个，所以普通 PC 的 CPU 还无法实时地计算 SIFT 特征，进行定位与建图。

另一些特征，则考虑适当降低精度和鲁棒性，以提升计算的速度。例如，FAST 关键点属于计算特别快的一种特征点（注意这里“关键点”的表述，说明它没有描述子），而 ORB（Oriented FAST and Rotated BRIEF）特征则是目前看来非常具有代表性的实时图像特征。它改进了 FAST 检测子不具有方向性的问题，并采用速度极快的二进制描述子 BRIEF，使整个图像特征提取的环节大大加速。根据测试，在同一幅图像中同时提取约 1 000 个特征点的情况下，ORB 约花费 15.3 ms，SURF（Speeded Up Robust Feature，加速稳健特征）约花费 217.3 ms，SIFT 约花费 5 228.7 ms。由此可以看出，ORB 在保持了特征子具有旋转、尺度不变性的同时，速度方面提升明显，对于实时性要求很高的 SLAM 来说是一个很好的选择。大部分特征提取都具有较好的并行性，可以通过 GPU 等设备来加速计算。经过 GPU 加速后的 SIFT，就可以满足实时计算要求。但是，引入 GPU 将带来整个 SLAM 成本的提升。由此带来的性能提升是否足以抵去付出的计算成本，需要系统的设计人员仔细考量。

显然，计算机视觉领域存在大量的特征点种类，我们不可能在书中逐一介绍。在目前的 SLAM 方案中，ORB 是质量与性能之间较好的折中。因此，我们以 ORB 为代表介绍提取特征的整个过程。

6.2.1 ORB 特征

ORB 特征亦由关键点和描述子两部分组成。它的关键点称为 Oriented FAST，是一种改进的 FAST 角点，关于什么是 FAST 角点我们将在下文介绍。它的描述子称为 BRIEF（Binary Robust Independent Elementary Feature，二进制鲁棒独立基本特征）。因此，提取 ORB 特征分为如下两个步骤。

（1）FAST 角点提取：找出图像中的角点。相较于原版的 FAST，ORB 中计算了特征点的主方向，为后续的 BRIEF 描述子增加了旋转不变特性。

（2）BRIEF 描述子提取：对前一步提取出特征点的周围图像区域进行描述。ORB 对 BRIEF 进行了一些改进，主要是指在 BRIEF 中使用了先前计算的方向信息。下面分别介绍 FAST 和 BRIEF。

1. FAST 角点

FAST（Features From Accelerated Sayment Test）是一种角点，主要检测局部像素灰度变化明显的地方，以速度快著称。它的思想是：如果一个像素与邻域的像素差别较大（过亮或过暗），那么它更可能是角点。相比于其他角点检测算法，FAST 只需比较像素亮度的大小，十分快捷。FAST 检测过程如图 6.7 所示，具体如下：

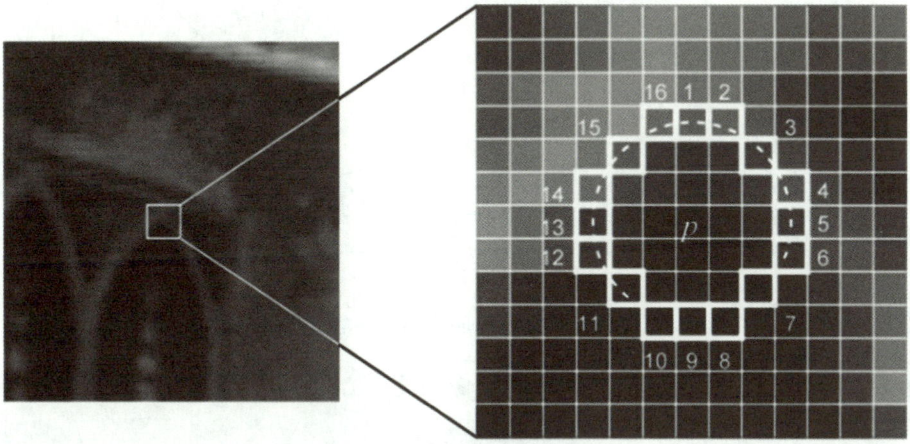

图 6.7 FAST 检测过程

（1）在图像中选取像素 p，假设它的亮度为 I_p；

（2）设置一个阈值 T（如 I_p 的 20%）；

（3）以像素 p 为中心，选取半径为 3 的圆上的 16 个像素点；

（4）假如选取的圆上有连续的 N 个像素点的亮度大于 I_p+T 或小于 I_p-T，那么像素 p 可以被认为是特征点（N 通常取 12，即为 FAST-12，其他常用的 N 取值为 9 和 11，它们分别被称为 FAST-9 和 FAST-11）；

（5）循环以上（1）~（4）步，对每一个像素执行相同的操作。

在 FAST-12 算法中，为了更高效，可以添加一项预测试操作，以快速地排除绝大多数不是角点的像素。具体操作为，对于每个像素，直接检测邻域圆上的第 1、5、9、13 个像素的亮度。只有当这 4 个像素中有 3 个同时大于 I_p+T 或小于 I_p-T 时，当前像素才有可能是一个角点，否则应该直接排除。这样的预测试操作大大加速了角点检测。此外，原始的 FAST 角点经常出现“扎堆”的现象，所以在第一遍检测之后，还需要用非极大值抑制，在一定区域内仅保留响应极大值的角点，避免角点集中的问题。

FAST 特征点的计算仅仅是比较像素间亮度的差异，所以速度非常快，但它也有重复性不强、分布不均匀的缺点。此外，FAST 角点不具有方向信息。同时，由于它固定取半径为 3 的圆，因此存在尺度问题：远处看着像是角点的地方，接近后看可能就不是角点了。针对 FAST 角点不具有方向性和尺度的缺点，ORB 添加了尺度和旋转的描述。尺度不变性由构建图像金字塔，并在金字塔的每一层上检测角点来实现。而特征的旋转是由灰度质心法实现的。

金字塔是计算图视觉中常用的一种处理方法，如图 6.8 所示。金字塔底层是原始图像。每往上一层，就对图像进行一个固定倍率的缩放，这样我们就有了不同分辨率的图像。较小的图像可以看成从远处看过来的场景。在特征匹配算法中，我们可以匹配不同层上的图像，从而实现尺度不变性。例如，如果相机在后退，那么我们应该能够在上一个图像金字塔的上层和下一个图像金字塔的下层中找到匹配。

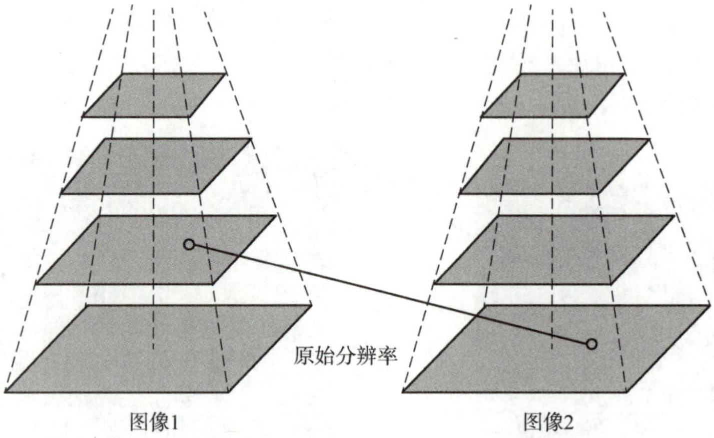

图 6.8　使用金字塔可以匹配不同缩放倍率下的图像

在旋转方面，我们计算特征点附近的图像灰度质心。所谓质心是指以图像块灰度值作为权重的中心。其具体操作步骤如下。

（1）在一个小的图像块 B 中，定义图像块的矩为

$$m_{pq}=\sum_{x,y\in B}x^p y^q I(x,y);p,q=\{0,1\} \tag{6.1}$$

（2）通过矩可以找到图像块的质心：

$$C=\left(\frac{m_{10}}{m_{00}},\frac{m_{01}}{m_{00}}\right) \tag{6.2}$$

（3）连接图像块的几何中心 O 与质心 C，得到一个方向向量$\overrightarrow{OC}$，于是特征点的方向可以定义为

$$\theta=\arctan(m_{01}/m_{10}) \tag{6.3}$$

通过以上方法，FAST 角点便具有了尺度与旋转的描述，从而大大提升了其在不同图像之间表述的鲁棒性。因此，在 ORB 中，把这种改进后的 FAST 称为 Oriented FAST。

2. BRIEF 描述子

在提取 Oriented FAST 关键点后，我们对每个点计算其描述子。ORB 使用改进的 BRIEF 特征描述。我们先来介绍一下 BRIEF 是什么。

BRIEF 是一种二进制描述子，其描述向量由许多个 0 和 1 组成，这里的 0 和 1 编码了关键点附近两个随机像素（如 p 和 q）的大小关系：如果 p 比 q 大，则取 1；反之就取 0。如果我们取了 128 个这样的 p、q，最后就得到 128 维由 0、1 组成的向量。BRIEF 使用了随机选点的比较，速度非常快，而且由于使用了二进制表达，因此存储起来也十分方便，适用于实时的图像匹配。原始的 BRIEF 描述子不具有旋转不变性，因此在图像发生旋转时容易丢失。而 ORB 在 FAST 特征点提取阶段计算关键点的方向，所以可以利用方向信息，

计算旋转之后的 Steer BRIEF 特征使 ORB 的描述子具有较好的旋转不变性。

由于考虑到了旋转和缩放，ORB 在平移、旋转和缩放的变换下仍有良好的表现。同时，FAST 和 BREIF 的组合也非常高效，使 ORB 特征在实时 SLAM 中非常受欢迎。我们在图 6.9 中展示了一幅图像提取 ORB 之后的结果，下面来介绍如何在不同的图像之间进行特征匹配。

图 6.9 OpenCV 提供的 ORB 特征点检测结果

6.2.2 特征匹配

特征匹配是视觉 SLAM 中极为关键的一步，如图 6.10 所示。宽泛地说，特征匹配解决了 SLAM 中的数据关联问题，即确定当前看到的路标与之前看到的路标之间的对应关系。通过对图像与图像或者图像与地图之间的描述子进行准确匹配，我们可以为后续的姿态估计、优化等操作减轻大量负担。然而，由于图像特征的局部特性，误匹配的情况广泛存在，而且长期以来一直没有得到有效解决，目前已经成为视觉 SLAM 中制约性能提升的一大瓶颈。部分原因是场景中经常存在大量的重复纹理，使特征描述非常相似。在这种情况下，仅利用局部特征解决误匹配是非常困难的。

图 6.10 两帧图像间的特征匹配

不过，让我们先来看正确匹配的情况，等做完实验再回头去讨论误匹配问题。考虑两个时刻的图像。如果在图像 I_t^n 中提取到特征点 $x_t^m(m=1,2,\cdots,M)$，在图像 I_{t+1}^n 中提取到特征点 $x_{t+1}^n(n=1,2,\cdots,N)$，那么如何寻找这两个集合元素的对应关系呢？最简单的特征匹配方法就是暴力匹配（Brute-Force Matcher），即对每一个特征点 x_t^m 与所有的 x_{t+1}^n 测量描述子的距离，然后排序，取最近的一个作为匹配点。描述子距离表示了两个特征之间的相似程度，不过在实际运用中还可以取不同的距离度量范数。对于浮点类型的描述子，使用欧氏距离进行度量即可。而对于二进制的描述子（如 BRIEF），我们往往使用汉明距离（Hamming Distance）作为度量——两个二进制串之间的汉明距离，指的是其不同位数的个数。

然而，当特征点数量很大时，暴力匹配法的运算量将变得很大，特别是当想要匹配某个帧和一张地图的时候。这不符合我们在 SLAM 中的实时性需求。此时，快速近似最近邻算法更加适合匹配点数量极多的情况。由于这些匹配算法理论已经成熟，而且也已集成到 OpenCV，因此这里就不再描述它的技术细节了。

6.2.3 计算相机运动

我们已经有了匹配好的点对，接下来，我们要根据点对来估计相机的运动。这里由于相机的原理不同，情况发生了变化。

（1）当相机为单目时，我们只知道 2D 的像素坐标，因而问题是根据两组 2D 点估计运动。该问题用对极几何来解决。

（2）当相机为双目、RGB-D 时，或者通过某种方法得到了距离信息，那么问题就是根据两组 3D 点估计运动。该问题通常用 ICP 来解决。

（3）如果一组为 3D，一组为 2D，即我们得到了一些 3D 点和它们在相机的投影位置，也能估计相机的运动。该问题通过 PnP 来解决。

因此，下面几节就来介绍这 3 种情形下的相机运动估计。我们将从信息最少的 2D-2D 情形出发，看看它如何求解，求解过程又有哪些麻烦的问题。

6.3 视觉 SLAM 2D-2D：对极几何

现在，假设我们从两幅图像中得到了一对配对好的特征点，如图 6.11 所示。如果有若干对这样的匹配点，则可以通过这些二维图像点的对应关系，恢复出在两帧之间摄像机的运动。这里“若干对”具体是多少对呢？我们会在下文介绍。下面先来看看两幅图像当中的匹配点有什么几何关系。

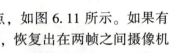

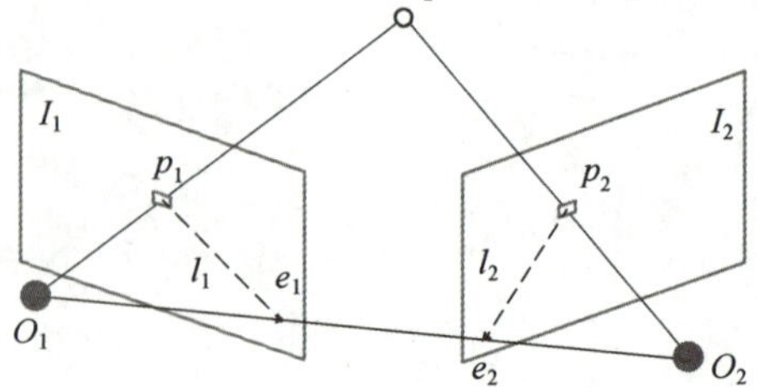

图 6.11　对极几何约束

我们希望求取两帧图像 I_1、I_2 之间的运动，设第一帧到第二帧的运动为 $\boldsymbol{R}$、$\boldsymbol{T}$。$\boldsymbol{R}$ 表示相机位姿的旋转矩阵，$\boldsymbol{T}$ 为平移向量。两台相机中心分别为 O_1、O_2。现在，考虑 I_1 中有一个特征点 p_1，它在 I_2 中对应着特征点 p_2。我们知道两者是通过特征匹配得到的。如果匹配正确，则说明它们确实是同一个空间点在两个成像平面上的投影。这里需要一些术语来描述它们之间的几何关系。首先，连线$\overrightarrow{O_1p_1}$和连线$\overrightarrow{O_2p_2}$在三维空间中会相交于点 P。这时候 O_1、O_2、P 3 个点可以确定一个平面，称为极平面（Epipolar Plane）。O_1、O_2 连线与像平面 I_1、I_2 的交点分别为 e_1、e_2。e_1、e_2 称为极点（Epipoles），O_1O_2 称为基线（Baseline）。我们称极平面与两个像平面 I_1、I_2 之间的相交线 l_1、l_2 为极线（Epipolar Line）。

直观地讲，从第一帧的角度看，射线$\overrightarrow{O_1p_1}$是某个像素可能出现的空间位置，因为该射线上的所有点都会投影到同一个像素点。同时，如果不知道 P 的位置，那么当我们在第二幅图像上看时，连线$\overrightarrow{e_2p_2}$（也就是第二帧中的极线）就是 P 可能出现的投影的位置，也就是射线$\overrightarrow{O_1p_1}$在第二帧中的投影。现在，由于我们通过特征点匹配确定了 p_2 的像素位置，因此能够推断 P 的空间位置，以及相机的运动。要提醒读者的是，这多亏了正确的特征匹配。如果没有特征匹配，那么我们就无法确定 p_2 到底在极线的哪个位置。那时，就必须在极线上搜索以获得正确的匹配。

现在，我们从代数角度来看一下这里的几何关系。在第一帧的坐标系下，设 P 的空间位置为

$$\boldsymbol{P}=[x \quad y \quad z]^{\mathrm{T}}$$

根据针孔相机模型，我们知道两个像素点 p_1、p_2 的像素位置为

$$s_1\boldsymbol{p}_1=\boldsymbol{KP},\ s_2\boldsymbol{p}_2=\boldsymbol{K}(\boldsymbol{RP}+\boldsymbol{T}) \tag{6.4}$$

式中，$\boldsymbol{K}$ 为相机内参矩阵；$\boldsymbol{R}$、$\boldsymbol{T}$ 为两个坐标系的相机运动。具体来说，这里计算的是 $\boldsymbol{R}_{21}$ 和 $\boldsymbol{T}_{21}$，因为它们把第一个坐标系下的坐标转换到第二个坐标系下。如果我们愿意，那么也可以把它们写成李代数形式。

有时候，我们会使用齐次坐标表示像素点。在使用齐次坐标时，一个向量将等于它自身乘上任意的非零常数。这通常用于表达一个投影关系。例如，$s_1\boldsymbol{p}_1$ 和 $\boldsymbol{p}_1$ 成投影关系，它们在齐次坐标的意义下是相等的。我们称这种相等关系为尺度意义下相等，记作

$$s\boldsymbol{p}\simeq\boldsymbol{p}$$

那么，上述两个投影关系可写为

$$\boldsymbol{p}_1\simeq\boldsymbol{KP},\boldsymbol{p}_2\simeq\boldsymbol{K}(\boldsymbol{RP}+\boldsymbol{T}) \tag{6.5}$$

现在，取：

$$\boldsymbol{x}_1=\boldsymbol{K}^{-1}\boldsymbol{p}_1,\boldsymbol{x}_2=\boldsymbol{K}^{-1}\boldsymbol{p}_2 \tag{6.6}$$

这里的 $\boldsymbol{x}_1$、$\boldsymbol{x}_2$ 是两个像素点的归一化平面上的坐标。代入上式，得：

$$\boldsymbol{x}_2\simeq\boldsymbol{R}\boldsymbol{x}_1+\boldsymbol{T} \tag{6.7}$$

两边同时左乘 $\boldsymbol{T}^{\wedge}$。回忆 $\wedge$ 的定义，这相当于两侧同时与 $\boldsymbol{T}$ 作外积：

$$\boldsymbol{T}^{\wedge}\boldsymbol{x}_2\simeq\boldsymbol{T}^{\wedge}\boldsymbol{R}\boldsymbol{x}_1 \tag{6.8}$$

然后，两侧同时左乘 $\boldsymbol{x}_2^{\mathrm{T}}$：

$$\boldsymbol{x}_2^{\mathrm{T}}\boldsymbol{T}^{\wedge}\boldsymbol{R}\boldsymbol{x}_1=0 \tag{6.9}$$

重新代入 $\boldsymbol{p}_1$、$\boldsymbol{p}_2$，有：

$$\boldsymbol{p}_2^{\mathrm{T}}\boldsymbol{K}^{-\mathrm{T}}\boldsymbol{T}^{\wedge}\boldsymbol{R}\boldsymbol{K}^{-1}\boldsymbol{p}_1=0 \tag{6.10}$$

这两个式子都称为对极约束，它以形式简洁著名。它的几何意义是 O_1、P、O_2 3 点共面。对极约束中同时包含了平移和旋转。我们把中间部分记作两个矩阵：基础矩阵 $\boldsymbol{F}$ 和本质矩阵 $\boldsymbol{E}$，于是可以进一步简化对极约束：

$$\boldsymbol{E}=\boldsymbol{T}^{\wedge}\boldsymbol{R},\boldsymbol{F}=(\boldsymbol{K}^{-1})^{\mathrm{T}}\boldsymbol{E}\boldsymbol{K}^{-1},\boldsymbol{x}_2^{\mathrm{T}}\boldsymbol{E}\boldsymbol{x}_1=\boldsymbol{p}_2^{\mathrm{T}}\boldsymbol{F}\boldsymbol{p}_1=0 \tag{6.11}$$

对极约束简洁地给出了两个匹配点的空间位置关系。于是，相机位姿估计问题变为以下两步：

（1）根据配对点的像素位置求出 $\boldsymbol{E}$ 或者 $\boldsymbol{F}$；

（2）根据 $\boldsymbol{E}$ 或者 $\boldsymbol{F}$ 求出 $\boldsymbol{R}$、$\boldsymbol{T}$。

由于 $\boldsymbol{E}$ 和 $\boldsymbol{F}$ 只相差了相机内参，而内参在 SLAM 中通常是已知的，因此实践当中往往使用形式更简单的 $\boldsymbol{E}$。我们以 $\boldsymbol{E}$ 为例，介绍上面两个问题如何求解。

上面我们使用对极几何约束估计了相机运动，也讨论了这种方法的局限性。在得到运动之后，下一步我们需要用相机的运动估计特征点的空间位置。在单目 SLAM 中，仅通过单幅图像无法获得像素的深度信息，我们需要通过三角测量（或三角化）的方法来估计地图点的深度，如图 6.12 所示。

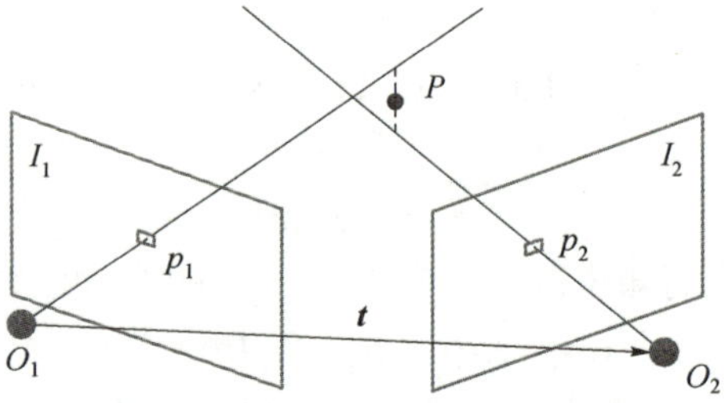

图 6.12　三角测量获得地图点深度

三角测量是指，通过在两处观察同一个点的夹角，从而确定该点的距离。三角测量最早由高斯提出并应用于测量学中，它在天文学、地理学的测量中都有应用。例如，我们可以通过不同季节观察到的星星的角度，估计它离我们的距离。在 SLAM 中，我们主要用三角测量来估计像素点的距离。

和上一节类似，考虑图像 I_1 和 I_2，以图 6.12 为参考。相机光心为 O_1 和 O_2。在 I_1 中有特征点 p_1，对应 I_2 中有特征点 p_2。理论上直线 O_1p_1 与 O_2p_2 在场景中会相交于一点 P，该点即两个特征点所对应的地图点在三维场景中的位置。然而由于噪声的影响，这两条直线往往无法相交。因此，可以通过最小二乘法求解。

按照对极几何中的定义，设 $\boldsymbol{x}_1$、$\boldsymbol{x}_2$ 为两个特征点的归一化坐标，那么它们满足：

$$s_1\boldsymbol{x}_1=s_2\boldsymbol{R}\boldsymbol{x}_2+\boldsymbol{T} \tag{6.12}$$

现在我们已经知道了 $\boldsymbol{R}$、$\boldsymbol{T}$，想要求解的是两个特征点的深度 s_1、s_2。当然，这两个深度是可以分开求的。先来看 s_2，如果要算 s_2，那么先对上式两侧左乘一个 $\boldsymbol{x}_1^{\wedge}$，得

$$s_1\boldsymbol{x}_1^{\wedge}\boldsymbol{x}_1=0=s_2\boldsymbol{x}_1^{\wedge}\boldsymbol{R}\boldsymbol{x}_2+\boldsymbol{x}_1^{\wedge}\boldsymbol{T} \tag{6.13}$$

该式左侧为 0，右侧可看成 s_2 的一个方程，可以根据它直接求得 s_2。有了 s_2，s_1 也非常容易求出。于是，我们就得到了两帧下的点的深度，确定了它们的空间坐标。当然，由于噪声的存在，我们估得的 $\boldsymbol{R}$、$\boldsymbol{T}$ 不一定精确使式（6.13）为 0，所以更常见的做法是求最小二乘解而不是零解。

6.4 视觉 SLAM 3D-2D：PnP

PnP（Perspective-n-Point）是求解 3D 到 2D 点对运动的方法。它描述了当知道 n 个 3D 空间点及其投影位置时，如何估计相机的位姿。前面说到，2D-2D 的对极几何方法需要 8 个或 8 个以上的点对（以八点法为例），且存在着初始化、纯旋转和尺度的问题。然而，如果两幅图像中其中一幅特征点的 3D 位置已知，那么最少只需 3 个点对（需要至少一个额外点验证结果）就可以估计相机运动。特征点的 3D 位置可以由三角测量或者 RGB-D 相机的深度图确定。因此，在双目或 RGB-D 的 VO 中，我们可以直接使用 PnP 估计相机运动。而在单目 VO 中，必须先进行初始化，然后才能使用 PnP。3D-2D 方法不需要使用对极约束，可以在很少的匹配点中获得较好的运动估计，是最重要的一种姿态估计方法。三角测量的矛盾如图 6.13 所示。

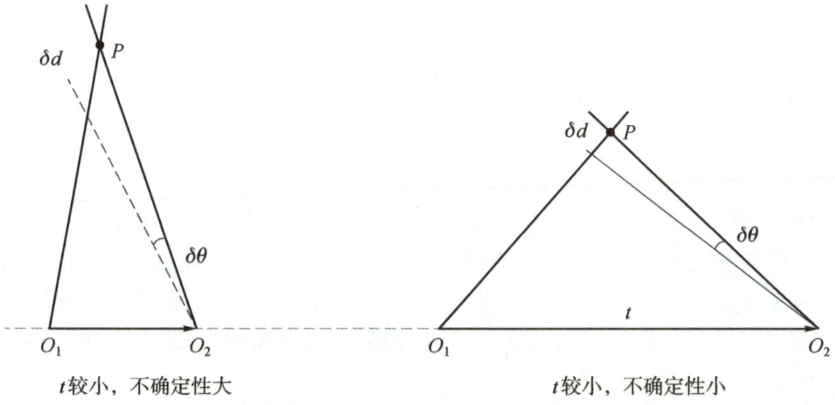

图 6.13 三角测量的矛盾

PnP 问题有很多种求解方法，如用 3 对点估计位姿的 P3P、直接线性变换（Direct Linear Transform，DLT）、EPnP、UPnP 等。此外，还能用非线性优化的方式，构建最小二乘问题并迭代求解，也就是万金油式的 BA（Bundle Adjustment，集束调整）变换。本节主要介绍直接线性变换和 BA 变换。

6.4.1 直接线性变换

考虑某个空间点 P，它的齐次坐标为 $\boldsymbol{P}=[X \quad Y \quad Z \quad 1]^{\mathrm{T}}$。在图像 I_1 中，投影到特征点 $\boldsymbol{x}_1=[u_1 \quad v_1 \quad 1]^{\mathrm{T}}$（以归一化平面齐次坐标表示）。此时，相机的位姿 $\boldsymbol{R}$、$\boldsymbol{T}$ 是未知的。与单应矩阵的求解类似，我们定义增广矩阵［$\boldsymbol{R} \mid \boldsymbol{T}$］为一个 3×4 的矩阵，包含了旋转与平移信息。我们将其展开形式列写如下：

$$s\begin{bmatrix} u_1 \\ v_1 \\ 1 \end{bmatrix}=\begin{bmatrix} t_1 & t_2 & t_3 & t_4 \\ t_5 & t_6 & t_7 & t_8 \\ t_9 & t_{10} & t_{11} & t_{12} \end{bmatrix}\begin{bmatrix} X \\ Y \\ Z \\ 1 \end{bmatrix} \tag{6.14}$$

用最后一行把 s 消去，得到两个约束：

$$u_1=\frac{t_1X+t_2Y+t_3Z+t_4}{t_9X+t_{10}Y+t_{11}Z+t_{12}},\quad v_1=\frac{t_5X+t_6Y+t_7Z+t_8}{t_9X+t_{10}Y+t_{11}Z+t_{12}} \tag{6.15}$$

为了简化表示，定义 $\boldsymbol{T}$ 的行向量：

$$\boldsymbol{T}_1=[t_1\quad t_2\quad t_3\quad t_4]^{\mathrm{T}},\quad \boldsymbol{T}_2=[t_5\quad t_6\quad t_7\quad t_8]^{\mathrm{T}},\quad \boldsymbol{T}_3=[t_9\quad t_{10}\quad t_{11}\quad t_{12}]^{\mathrm{T}} \tag{6.16}$$

于是有：

$$\boldsymbol{T}_1^{\mathrm{T}}\boldsymbol{P}-\boldsymbol{T}_3^{\mathrm{T}}\boldsymbol{P}u_1=0,\quad \boldsymbol{T}_2^{\mathrm{T}}\boldsymbol{P}-\boldsymbol{T}_3^{\mathrm{T}}\boldsymbol{P}u_1=0 \tag{6.17}$$

注意：$\boldsymbol{T}$ 是待求的变量，可以看到，每个特征点提供了两个关于 $\boldsymbol{T}$ 的线性约束。假设一共有 N 个特征点，则可以列出如下线性方程组：

$$\begin{bmatrix} \boldsymbol{P}_1^{\mathrm{T}} & 0 & -u_1\boldsymbol{P}_1^{\mathrm{T}} \\ 0 & \boldsymbol{P}_1^{\mathrm{T}} & -v_1\boldsymbol{P}_1^{\mathrm{T}} \\ \vdots & \vdots & \vdots \\ \boldsymbol{P}_N^{\mathrm{T}} & 0 & -u_N\boldsymbol{P}_1^{\mathrm{T}} \\ 0 & \boldsymbol{P}_N^{\mathrm{T}} & -v_N\boldsymbol{P}_1^{\mathrm{T}} \end{bmatrix}\begin{bmatrix} \boldsymbol{T}_1 \\ \boldsymbol{T}_2 \\ \boldsymbol{T}_3 \end{bmatrix}=0 \tag{6.18}$$

由于 $\boldsymbol{T}$ 一共有 12 维，因此，最少通过 6 对匹配点即可实现矩阵 $\boldsymbol{T}$ 的线性求解，这种方法称为直接线性变换。当匹配点大于 6 对时，也可以使用 SVD 等方法对超定方程求最小二乘解。

在直接线性变换求解中，我们直接将矩阵 $\boldsymbol{T}$ 看成了 12 个未知数，忽略了它们之间的联系。因为旋转矩阵 $\boldsymbol{R}\in SE(3)$，用直接线性变换求出的解不一定满足该约束，它是一个一般矩阵。平移向量比较好办，它属于向量空间。对于旋转矩阵 $\boldsymbol{R}$，我们必须针对直接线性变换估计的 $\boldsymbol{T}$ 左边 3×3 的矩阵块，寻找一个最好的旋转矩阵对它进行近似。这可以由 QR（正交三角）分解完成，相当于把结果从矩阵空间重新投影到 $SE(3)$ 流形上，转换成旋转和平移两部分。

需要解释的是，我们这里的 x_1 使用了归一化平面坐标，去掉了内参矩阵 $\boldsymbol{K}$ 的影响——这是因为内参 $\boldsymbol{K}$ 在 SLAM 中通常假设为已知。即使内参未知，也能用 PnP 去估计 $\boldsymbol{K}$、$\boldsymbol{R}$、$\boldsymbol{T}$ 3 个量。然而由于未知量增多，效果会差一些。

6.4.2 BA 变换

除了使用线性方法之外，我们还可以把 PnP 问题构建成一个定义于李代数上的非线性最小二乘问题。前面说的线性方法，往往是先求相机位姿，再求空间点位置，而非线性优化则是把它们都看成优化变量，放在一起优化。这是一种非常通用的求解方式，我们可以用它对 PnP 或 ICP 给出的结果进行优化。在 PnP 中，这个 BA 问题，是一个最小化重投影误差的问题。

考虑 n 个三维空间点 P 及其投影 p，我们希望计算相机的位姿 $\boldsymbol{R}$、$\boldsymbol{T}$，它的李代数表示为 ξ。假设某空间点坐标为 $\boldsymbol{P}_i=[X_i\quad Y_i\quad Z_i]^{\mathrm{T}}$，其投影的像素坐标为 $\boldsymbol{u}_i=[u_i\quad v_i]^{\mathrm{T}}$。像素位置与空间点位置的关系如下：

$$\boldsymbol{s}_i=\begin{bmatrix} u_i \\ v_i \\ 1 \end{bmatrix}=\boldsymbol{K}\exp(\xi^{\wedge})\begin{bmatrix} X_i \\ Y_i \\ Z_i \\ 1 \end{bmatrix} \tag{6.19}$$

除了用 ξ 表示相机姿态之外，其他都和前面的定义保持一致。写成矩阵形式就是：

$$s_i \boldsymbol{u}_i = \boldsymbol{K}\exp(\xi^{\wedge})\boldsymbol{P}_i \tag{6.20}$$

请读者想象中间隐含着的齐次坐标到非齐次的转换，否则按矩阵的乘法来说，维度是不对的。现在，由于相机位姿未知及观测点的噪声，该等式存在一个误差。因此，我们把误差求和，构建最小二乘问题，然后寻找最好的相机位姿，使它最小化：

$$\xi^{*} = \arg\min_{\xi} \frac{1}{2}\sum_{i=1}^{n}\left\| \boldsymbol{u}_i - \frac{1}{s_i}\boldsymbol{K}\exp(\xi^{\wedge})\boldsymbol{P}_i \right\|_2^2 \tag{6.21}$$

该问题的误差项，是将像素坐标（观测到的投影位置）与 3D 点按照当前估计的位姿进行投影得到的位置相比较得到的误差，所以称为重投影误差。使用齐次坐标时，这个误差有 3 维。不过，由于 $\boldsymbol{u}$ 最后一维为 1，该维度的误差一直为 0，因而我们更多时候使用非齐次坐标，于是误差就只有 2 维了。如图 6.14 所示，我们通过特征匹配知道了 p_1 和 p_2 是同一个空间点 P 的投影，但是不知道相机的位姿。在初始值中，P 的投影 $\hat{p}_2$ 与实际的 p_2 之间有一定的距离。于是我们调整相机的位姿，使这个距离变小。不过，由于这个调整需要考虑很多个点，所以最后每个点的误差通常都不会精确为 0。

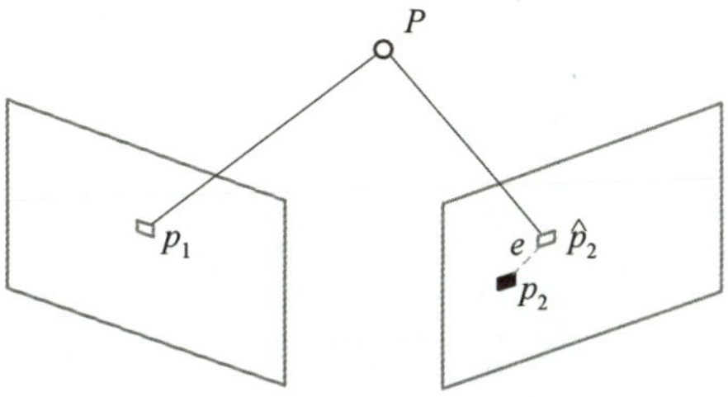

图 6.14　重投影误差示意

最小二乘优化问题介绍过了。使用李代数，可以构建无约束的优化问题，很方便地通过高斯-牛顿法、列文伯格-马夸尔特方法等优化算法进行求解。不过，在使用高斯-牛顿法和列文伯格-马夸尔特方法之前，我们需要知道每个误差项关于优化变量的导数，也就是线性化：

$$\boldsymbol{e}(\boldsymbol{x}+\Delta\boldsymbol{x}) \approx \boldsymbol{e}(\boldsymbol{x}) + \boldsymbol{J}\Delta\boldsymbol{x} \tag{6.22}$$

这里的 $\boldsymbol{J}$ 的形式是值得讨论的，甚至可以说是关键所在。我们固然可以使用数值导数，但如果能够推导出解析形式，则我们会优先考虑解析导数。现在，当 $\boldsymbol{e}$ 为像素坐标误差（2 维），$\boldsymbol{x}$ 为相机位姿（6 维）时，$\boldsymbol{J}$ 将是一个 2×6 的矩阵。我们来推导 $\boldsymbol{J}$ 的形式。

首先，记变换到相机坐标系下的空间点坐标为 $\boldsymbol{P}'$，并且将其前 3 维取出来：

$$\boldsymbol{P}' = (\exp(\xi)\boldsymbol{P})_{1:3} = [X' \quad Y' \quad Z']^{\mathrm{T}} \tag{6.23}$$

那么，相机投影模型相对于 $\boldsymbol{P}'$ 为

$$s\boldsymbol{u} = \boldsymbol{K}\boldsymbol{P}'$$

展开得：

$$\begin{bmatrix} su \\ sv \\ s \end{bmatrix} = \begin{bmatrix} f_x & 0 & c_x \\ 0 & f_y & c_y \\ 0 & 0 & 1 \end{bmatrix} \begin{bmatrix} X' \\ Y' \\ Z' \end{bmatrix} \tag{6.24}$$

利用第 3 行消去 s（实际上就是 $\boldsymbol{P}'$ 的距离），得

$$u=f_x\frac{X'}{Z'}+c_x,\quad v=f_y\frac{Y'}{Z'}+c_y \tag{6.25}$$

当我们求误差时，可以把这里的 u、v 与实际的测量值比较，求差。在定义了中间变量后，我们对 $\xi^{\wedge}$ 左乘扰动量 $\delta\xi$，然后考虑 $\boldsymbol{e}$ 的变化关于扰动量的导数。利用链式法则，可以列写如下：

$$\frac{\partial \boldsymbol{e}}{\partial \delta\xi}=\lim_{\delta\xi\to 0}\frac{\boldsymbol{e}(\delta\xi\oplus\xi)}{\delta\xi}=\frac{\partial \boldsymbol{e}}{\partial \boldsymbol{P}'}\cdot\frac{\partial \boldsymbol{P}'}{\partial \delta\xi} \tag{6.26}$$

这里的⊕指李代数上的左乘扰动。式（6.26）右边第一项是误差关于投影点的导数，在式（6.25）已经列出了变量之间的关系，易得

$$\frac{\partial \boldsymbol{e}}{\partial \boldsymbol{P}'}=-\begin{bmatrix}\dfrac{\partial u}{\partial X'} & \dfrac{\partial u}{\partial Y'} & \dfrac{\partial u}{\partial Z'}\\ \dfrac{\partial v}{\partial X'} & \dfrac{\partial v}{\partial Y'} & \dfrac{\partial v}{\partial Z'}\end{bmatrix}=-\begin{bmatrix}\dfrac{f_x}{Z'} & 0 & -\dfrac{f_xX'}{Z'^2}\\ 0 & \dfrac{f_y}{Z'} & -\dfrac{f_yY'}{Z'^2}\end{bmatrix} \tag{6.27}$$

而第二项为变换后的点关于李代数的导数，得

$$\frac{\partial(\boldsymbol{TP})}{\partial\delta\xi}=(\boldsymbol{TP})^{\oplus}=\begin{bmatrix}\boldsymbol{I} & -\boldsymbol{P}'^{\wedge}\\ \boldsymbol{O}^{\mathrm{T}} & \boldsymbol{O}^{\mathrm{T}}\end{bmatrix} \tag{6.28}$$

而在 $\boldsymbol{P}'$ 的定义中，我们取出了前 3 维，于是得：

$$\frac{\partial \boldsymbol{P}'}{\partial\delta\xi}=[\boldsymbol{I}\quad -\boldsymbol{P}'^{\wedge}] \tag{6.29}$$

将这两项相乘，就得到了 2×6 的雅可比矩阵：

$$\frac{\partial \boldsymbol{e}}{\partial\delta\xi}=-\begin{bmatrix}\dfrac{f_x}{Z'} & 0 & -\dfrac{f_xX'}{Z'^2} & -\dfrac{f_xX'Y'}{Z'^2} & f_x+\dfrac{f_x^2}{Z'^2} & -\dfrac{f_xY'}{Z'}\\ 0 & \dfrac{f_y}{Z'} & -\dfrac{f_yY'}{Z'^2} & -f_y-\dfrac{f_yY'^2}{Z'^2} & \dfrac{f_yX'Y'}{Z'^2} & \dfrac{f_yX'}{Z'}\end{bmatrix} \tag{6.30}$$

这个雅可比矩阵描述了重投影误差关于相机位姿李代数的一阶变化关系。我们保留了前面的负号，这是因为误差是由观测值减预测值定义的。它当然也可反过来，定义成“预测值减观测值”的形式。在这种情况下，只要去掉前面的负号即可。此外，如果 $SE(3)$ 的定义方式是旋转在前，平移在后，只要把这个矩阵的前 3 列与后 3 列对调即可。

另一方面，除了优化位姿，我们还希望优化特征点的空间位置。因此，需要讨论 $\boldsymbol{e}$ 关于空间点 $\boldsymbol{P}$ 的导数。所幸，这个导数矩阵相对来说容易一些。仍利用链式法则，有

$$\frac{\partial \boldsymbol{e}}{\partial \boldsymbol{P}}=\frac{\partial \boldsymbol{e}}{\partial \boldsymbol{P}'}\frac{\partial \boldsymbol{P}'}{\partial \boldsymbol{P}} \tag{6.31}$$

上式右边第一项在前面已推导，关于第二项，按照定义，有

$$\boldsymbol{P}'=\exp(\xi^{\wedge})\boldsymbol{P}=\boldsymbol{RP}+\boldsymbol{T} \tag{6.32}$$

我们发现对 $\boldsymbol{P}$ 求导后将只剩下 $\boldsymbol{R}$。于是

$$\frac{\partial \boldsymbol{e}}{\partial \boldsymbol{P}}=-\begin{bmatrix}\dfrac{f_x}{Z'} & 0 & -\dfrac{f_xX'}{Z'^2}\\ 0 & \dfrac{f_y}{Z'} & -\dfrac{f_yY'}{Z'^2}\end{bmatrix}\boldsymbol{R} \tag{6.33}$$

于是，我们推导出了观测相机方程关于相机位姿与特征点的两个导数矩阵。它们十分重要，能够在优化过程中提供重要的梯度方向，指导优化的迭代。

6.5 视觉 SLAM 3D-3D：ICP

最后，我们来介绍 3D-3D 的位姿估计问题。假设我们有一组配对好的 3D 点（如对两幅 RGB-D 图像进行了匹配）：

$$P=\{p_1,\cdots,p_n\},\quad P'=\{p'_1,\cdots,p'_n\} \tag{6.34}$$

现在，想要找一个欧氏变换 $\boldsymbol{R}$、$\boldsymbol{t}$，使

$$\forall i,\boldsymbol{p}_i=\boldsymbol{R}\boldsymbol{p}'_i+\boldsymbol{t} \tag{6.35}$$

这个问题可以用迭代最近点（Iterative Closest Point，ICP）求解。读者应该注意到了，3D-3D 位姿估计问题中并没有出现相机模型，也就是说，仅考虑两组 3D 点之间的变换时，和相机并没有关系。因此，在激光 SLAM 中也会碰到 ICP，不过由于激光数据特征不够丰富，我们无从知道两个点集之间的匹配关系，只能认为距离最近的两个点为同一个，所以这个方法称为迭代最近点。而在视觉中，特征点为我们提供了较好的匹配关系，所以整个问题就变得更简单了。在 RGB-D SLAM 中，可以用这种方式估计相机位姿。下文我们用 ICP 指代匹配好的两组点间的运动估计问题。

ICP 和 PnP 类似，ICP 的求解也分为两种方式：利用线性代数的求解（主要是 SVD）和利用非线性优化方式的求解（类似于 BA）。

6.5.1 SVD 方法

首先来看以 SVD（Singular Value Decomposition，奇异值分解）为代表的代数方法。根据前面描述的 ICP 问题，我们先定义第 i 对点的误差项：

$$\boldsymbol{e}_i=\boldsymbol{p}_i-(\boldsymbol{R}\boldsymbol{p}'_i+\boldsymbol{t}) \tag{6.36}$$

然后，构建最小二乘问题，求使误差平方和达到极小的 $\boldsymbol{R}$、$\boldsymbol{t}$：

$$\min_{\boldsymbol{R},\boldsymbol{t}} \frac{1}{2}\sum_{i=1}^{n}\|\boldsymbol{p}_i-(\boldsymbol{R}\boldsymbol{p}'_i+\boldsymbol{t})\|_2^2 \tag{6.37}$$

下面来推导它的求解方法。首先，定义两组点的质心：

$$\boldsymbol{p}=\frac{1}{n}\sum_{i=1}^{n}(\boldsymbol{p}_i),\quad \boldsymbol{p}'=\frac{1}{n}\sum_{i=1}^{n}(\boldsymbol{p}'_i) \tag{6.38}$$

注意：质心是没有下标的。随后，在误差函数中作如下处理：

$$\begin{aligned}\frac{1}{2}\min_{\boldsymbol{R},\boldsymbol{t}}\sum_{i=1}^{n}\|\boldsymbol{p}_i-(\boldsymbol{R}\boldsymbol{p}'_i+\boldsymbol{t})\|^2 &= \frac{1}{2}\sum_{i=1}^{n}\|\boldsymbol{p}_i-\boldsymbol{R}\boldsymbol{p}'_i-\boldsymbol{t}-\boldsymbol{p}+\boldsymbol{R}\boldsymbol{p}'+\boldsymbol{p}-\boldsymbol{R}\boldsymbol{p}'\|^2\\ &= \frac{1}{2}\sum_{i=1}^{n}\|\boldsymbol{p}_i-\boldsymbol{p}-(\boldsymbol{p}'_i-\boldsymbol{p}')+(\boldsymbol{p}-\boldsymbol{R}\boldsymbol{p}'-\boldsymbol{t})\|^2\\ &= \frac{1}{2}\sum_{i=1}^{n}\|\boldsymbol{p}_i-\boldsymbol{p}-\boldsymbol{R}(\boldsymbol{p}'_i-\boldsymbol{p}')\|^2+\|\boldsymbol{p}-\boldsymbol{R}\boldsymbol{p}'-\boldsymbol{t}\|+\\ &= 2(\boldsymbol{p}_i-\boldsymbol{p}-\boldsymbol{R}(\boldsymbol{p}'_i-\boldsymbol{p}'))^{\mathrm{T}}(\boldsymbol{p}-\boldsymbol{R}\boldsymbol{p}'-\boldsymbol{t})\end{aligned} \tag{6.39}$$

注意到交叉项部分中 $(\boldsymbol{p}_i-\boldsymbol{p}-\boldsymbol{R}(\boldsymbol{p}'_i-\boldsymbol{p}'))$ 在求和之后为 0，因此优化目标函数可以简化为

$$\min_{\boldsymbol{R},\boldsymbol{t}} J=\frac{1}{2}\sum_{i=1}^{n}\|\boldsymbol{p}_i-\boldsymbol{p}-\boldsymbol{R}(\boldsymbol{p}_i'-\boldsymbol{p}')\|^2+\|\boldsymbol{p}-\boldsymbol{R}\boldsymbol{p}'-\boldsymbol{t}\|^2 \tag{6.40}$$

仔细观察左右两项，我们发现左边只和旋转矩阵 $\boldsymbol{R}$ 相关，而右边既有 $\boldsymbol{R}$ 也有 $\boldsymbol{t}$，但只和质心相关。只要我们获得了 $\boldsymbol{R}$，令第二项为 0 就能得到 $\boldsymbol{t}$。于是，ICP 可以分为以下 3 个步骤求解。

（1）计算两组点的质心位置 $\boldsymbol{p}$、$\boldsymbol{p}'$，然后计算每个点的去质心坐标：

$$\boldsymbol{q}_i=\boldsymbol{p}_i-\boldsymbol{p},\boldsymbol{q}_i'=\boldsymbol{p}_i'-\boldsymbol{p}' \tag{6.41}$$

（2）根据以下优化问题计算旋转矩阵：

$$\boldsymbol{R}^*=\arg\min_{\boldsymbol{R}}\frac{1}{2}\sum_{i=1}^{n}\|\boldsymbol{q}_i-\boldsymbol{R}\boldsymbol{q}_i'\|^2 \tag{6.42}$$

（3）根据第（2）步的 $\boldsymbol{R}$ 计算 $\boldsymbol{t}$

$$\boldsymbol{t}=\boldsymbol{p}-\boldsymbol{R}\boldsymbol{p}' \tag{6.43}$$

我们看到，只要求出了两组点之间的旋转，平移量是非常容易得到的。因此，我们重点关注 $\boldsymbol{R}$ 的计算。展开关于 $\boldsymbol{R}$ 的误差项，得

$$\frac{1}{2}\sum_{i=1}^{n}\|\boldsymbol{q}_i-\boldsymbol{R}\boldsymbol{q}_i'\|^2=\frac{1}{2}\sum_{i=1}^{n}(\boldsymbol{q}_i^{\mathrm{T}}\boldsymbol{q}_i+\boldsymbol{q}_i'^{\mathrm{T}}\boldsymbol{R}^{\mathrm{T}}\boldsymbol{R}\boldsymbol{q}_i'-2\boldsymbol{q}_i^{\mathrm{T}}\boldsymbol{R}\boldsymbol{q}_i') \tag{6.44}$$

注意到第一项和 $\boldsymbol{R}$ 无关，第二项由于 $\boldsymbol{R}^{\mathrm{T}}\boldsymbol{R}=\boldsymbol{I}$，亦与 $\boldsymbol{R}$ 无关，因此实际上优化目标函数变为

$$\sum_{i=1}^{n}-\boldsymbol{q}_i^{\mathrm{T}}\boldsymbol{R}\boldsymbol{q}_i'=\sum_{i=1}^{n}-tr(\boldsymbol{R}\boldsymbol{q}_i'\boldsymbol{q}_i^{\mathrm{T}})=-tr\left(\boldsymbol{R}\sum_{i=1}^{n}\boldsymbol{q}_i'\boldsymbol{q}_i^{\mathrm{T}}\right) \tag{6.45}$$

接下来，我们介绍怎样通过 SVD 解出上述问题中最优的 $\boldsymbol{R}$。为了解 $\boldsymbol{R}$，先定义矩阵：

$$\boldsymbol{W}=\sum_{i=1}^{n}\boldsymbol{q}_i\boldsymbol{q}_i'^{\mathrm{T}} \tag{6.46}$$

$\boldsymbol{W}$ 是一个 x 的矩阵，对 $\boldsymbol{W}$ 进行 SVD 分解，得

$$\boldsymbol{W}=\boldsymbol{U}\boldsymbol{\Sigma}\boldsymbol{V}^{\mathrm{T}} \tag{6.47}$$

其中，$\boldsymbol{\Sigma}$ 为奇异值组成的对角矩阵，对角线元素从大到小排列，而 $\boldsymbol{U}$ 和 $\boldsymbol{V}$ 为对角矩阵。

当 $\boldsymbol{W}$ 满秩时，$\boldsymbol{R}$ 为

$$\boldsymbol{R}=\boldsymbol{U}\boldsymbol{V}^{\mathrm{T}} \tag{6.48}$$

解得 $\boldsymbol{R}$ 后，按式（6.43）求解 $\boldsymbol{t}$ 即可。如果此时 $\boldsymbol{R}$ 的行列式为负，则取 $-\boldsymbol{R}$ 作为最优值。

6.5.2 非线性优化方法

求解 ICP 的另一种方式是使用非线性优化，以迭代的方式去找最优值。该方法和我们前面讲述的 PnP 非常相似。以李代数表达位姿时，目标函数可以写成

$$\min_{\xi}\frac{1}{2}\sum_{i=1}^{n}\|\boldsymbol{p}_i-\exp(\xi^{\wedge})\boldsymbol{p}_i'\|_2^2 \tag{6.49}$$

单个误差项关于位姿的导数在前面已推导，使用李代数扰动模型即可：

$$\frac{\partial \boldsymbol{e}}{\partial\delta\xi}=-(\exp(\xi^{\wedge})\boldsymbol{p}_i')^{\oplus} \tag{6.50}$$

于是，在非线性优化中只需不断迭代，就能找到极小值。而且，可以证明，ICP 问题

存在唯一解或无穷多解的情况。在唯一解的情况下，只要能找到极小值解，这个极小值就是全局最优值——因此不会遇到局部极小而非全局最小的情况。这也意味着 ICP 求解可以任意选定初始值。这是已匹配点时求解 ICP 的一大好处。

需要说明的是，我们这里讲的 ICP 是指已由图像特征给定了匹配的情况下进行位姿估计的问题。在匹配已知的情况下，这个最小二乘问题实际上具有解析解，所以并没有必要进行迭代优化。ICP 的研究者往往更加关心匹配未知的情况。那么，为什么我们要介绍基于优化的 ICP 呢？这是因为在某些场合下，如在 RGB-D SLAM 中，一个像素的深度数据可能有，也可能测量不到，所以我们可以混合着使用 PnP 和 ICP 优化：对于深度已知的特征点，建模它们的 3D-3D 误差；对于深度未知的特征点，则建模 3D-2D 的重投影误差。于是，可以将所有的误差放在同一个问题中考虑，使得求解更加方便。

6.6 视觉 SLAM 光流法

光流是一种描述像素随时间在图像之间运动的方法，如图 6.15 所示。随着时间的流逝，同一个像素会在图像中运动，而我们希望追踪它的运动过程。其中，计算部分像素运动的称为稀疏光流，计算所有像素运动的称为稠密光流。稀疏光流以 Lucas-Kanade 光流为代表并可以在 SLAM 中用于跟踪特征点位置。稠密光流以 Hom-Schunck 光流为代表。因此，本节主要介绍 Lucas-Kanade 光流，也称为 LK 光流。

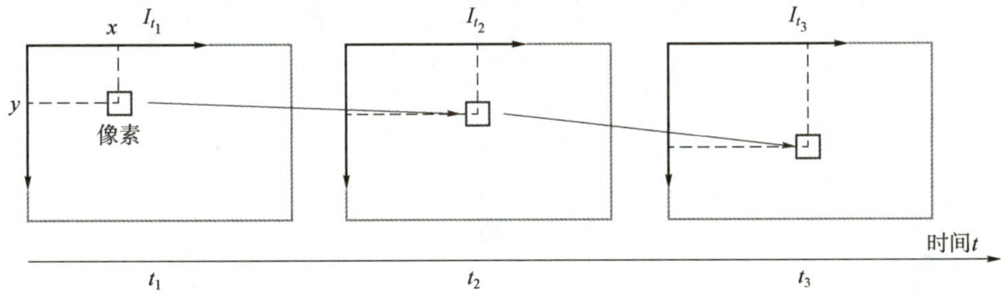

图 6.15 LK 光流法示意

LK 光流中，我们认为来自相机的图像是随时间变化的，即图像可以看作时间的函数 $I(t)$。那么，一个在 t 时刻，位于 (x,y) 处的像素，它的灰度可以写成 $I(x,y,t)$。

这种方式把图像看成了关于位置与时间的函数，它的值域就是图像中像素的灰度。现在考虑某个固定的空间点，它在 t 时刻的像素坐标为 (x,y)。由于相机的运动，它的图像坐标将发生变化。我们希望估计这个空间点在其他时刻图像中的位置。怎么估计呢？这里要引入光流法的基本假设。

灰度不变假设：同一个空间点的像素灰度值，在各个图像中是固定不变的。对于 t 时刻位于 (x,y) 处的像素，我们设 $t+\mathrm{d}t$ 时刻它运动到 $(x+\mathrm{d}x,y+\mathrm{d}y)$ 处。由于灰度不变，有

$$I(x+\mathrm{d}x,y+\mathrm{d}y,t+\mathrm{d}t)=I(x,y,t)$$

注意：灰度不变假设是一个很强的假设，实际中很可能不成立。事实上，由于物体的材质不同，像素会出现高光和阴影部分；有时，相机会自动调整曝光参数，使图像整体变亮或变暗。这时，灰度不变假设都是不成立的，因此光流的结果也不一定可靠。然而，从

另一方面来说，所有算法都是在一定假设下工作的。如果不进行假设，则无法设计实用的算法。因此，让我们暂且认为该假设成立，看看如何计算像素的运动。

对左边进行泰勒展开，保留一阶项，得

$$I(x+\mathrm{d}x,y+\mathrm{d}y,t+\mathrm{d}t)\approx I(x,y,t)+\frac{\partial I}{\partial x}\mathrm{d}x+\frac{\partial I}{\partial y}\mathrm{d}y+\frac{\partial I}{\partial t}\mathrm{d}t \tag{6.51}$$

因为我们假设了灰度不变，于是下一个时刻的灰度等于之前的灰度，所以有

$$\frac{\partial I}{\partial x}\mathrm{d}x+\frac{\partial I}{\partial y}\mathrm{d}y+\frac{\partial I}{\partial t}\mathrm{d}t=0 \tag{6.52}$$

两边除以 $\mathrm{d}t$，得

$$\frac{\partial I}{\partial x}\cdot\frac{\mathrm{d}x}{\mathrm{d}t}+\frac{\partial I}{\partial y}\cdot\frac{\mathrm{d}y}{\mathrm{d}t}=-\frac{\partial I}{\partial t} \tag{6.53}$$

式中，$\mathrm{d}x/\mathrm{d}t$ 为像素在轴上的运动速度，而 $\mathrm{d}y/\mathrm{d}t$ 轴上的速度，把它们记为 u、v。同时，$\partial I/\partial x$ 为图像在该点处 x 方向的梯度，另一项则是在 y 方向的梯度，记为 I_x、I_y。把图像灰度对时间的变化量记为 t。写成矩阵形式，有

$$\begin{bmatrix} I_x & I_y \end{bmatrix}\begin{bmatrix} u \\ v \end{bmatrix}=-I_t \tag{6.54}$$

我们想计算的是像素的运动，但是该式是带有两个变量的一次方程，仅凭它无法计算出 u、v。因此，必须引入额外的约束来计算。在 LK 光流中，我们假设某一个窗口内的像素具有相同的运动。因此，我们共有 w^2 个方程：

$$\begin{bmatrix} I_x & I_y \end{bmatrix}_k\begin{bmatrix} u \\ v \end{bmatrix}=-I_{tk},\ k=1,\cdots,w^2 \tag{6.55}$$

$$\boldsymbol{A}=\begin{bmatrix} [I_x,I_y]_1 \\ \vdots \\ [I_x,I_y]_k \end{bmatrix},\ \boldsymbol{b}=\begin{bmatrix} I_{t1} \\ \vdots \\ I_{tk} \end{bmatrix} \tag{6.56}$$

于是整个方程为

$$\boldsymbol{A}\begin{bmatrix} u \\ v \end{bmatrix}=-\boldsymbol{b} \tag{6.57}$$

这是一个关于 u、v 的超定线性方程，传统解法是求最小二乘解。最小二乘经常被用到：

$$\begin{bmatrix} u \\ v \end{bmatrix}^*=-(\boldsymbol{A}^{\mathrm{T}}\boldsymbol{A}^{-1})^{-1}\boldsymbol{A}^{\mathrm{T}}\boldsymbol{b} \tag{6.58}$$

这样，就得到了像素在图像间的运动速度 u、v。当 t 取离散的时刻而不是连续时间时，我们可以估计某块像素在若干幅图像中出现的位置。由于像素梯度仅在局部有效，因此如果一次迭代不够好，我们会多迭代几次这个方程。在 SLAM 中，LK 光流常被用来跟踪角点的运动。

6.6.1 单层光流

光流也可以看成一个优化问题：通过最小化灰度误差估计最优的像素偏移。因此，类似于之前实现的各种高斯-牛顿法。求解这样一个问题：

$$\min_{\Delta x,\Delta y}\|\boldsymbol{I}_1(x,y)-\boldsymbol{I}_2(x+\Delta x,y+\Delta y)\|_2^2 \tag{6.59}$$

因此，残差为括号内部的部分，对应的雅可比为第二个图像在（$x+\Delta x$，$y+\Delta y$）处的梯度。此外，这里的梯度也可以用第一个图像的梯度 $\boldsymbol{I}_1(x,y)$ 来代替。这种代替的方法称为反向（Inverse）光流法。在反向光流中，$\boldsymbol{I}_1(x,y)$ 的梯度是保持不变的，所以我们可以在第一次迭代时保留计算的结果，在后续迭代中使用。当雅可比不变时，矩阵不变，每次迭代只需计算残差，这样可以节省一部分的计算量。

6.6.2 多层光流

我们把光流写成了优化问题，就必须假设优化的初始值靠近最优值，这样才能在一定程度上保障算法的收敛。如果相机运动较快，两幅图像差异较明显，那么单层图像光流法容易达到一个局部极小值。这种情况可以通过引入图像金字塔来改善。

图像金字塔是指对同一幅图像进行缩放，得到不同分辨率下的图像。以原始图像作为金字塔底层，每往上一层，就对下层图像进行一定倍率的缩放，从而得到了一个金字塔。

然后在计算光流时，先从顶层的图像开始计算，然后把上一层的追踪结果，作为下一层光流的初始值。由于上层的图像相对粗糙，因此这个过程也称为由粗至精（Coarse-to-Fine）的光流，也是实用光流法的通常流程，如图 6.16 所示。

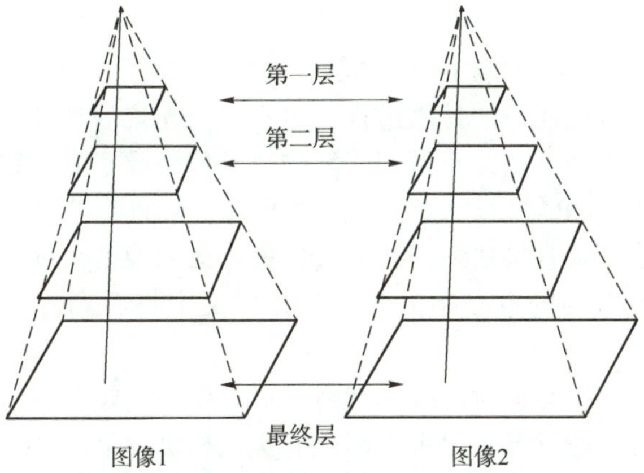

图 6.16 图像金字塔和光流由粗至精的过程

由粗至精的好处在于，当原始图像的像素运动较大时，在金字塔顶层的图像看来，运动仍然在一个很小范围内。例如，原始图像的特征点运动了 20 个像素，很容易由于图像非凸性导致优化困在极小值里。但现在假设有缩放倍数为 0.5 的金字塔，那么往上两层图像里，像素运动就只有 5 个像素了，这时结果就明显好于直接在原始图像上优化。

我们看到，LK 光流跟踪能够直接得到特征点的对应关系。这个对应关系就像是描述子的匹配，只是光流对图像的连续性和光照稳定性要求更高一些。我们可以通过光流跟踪的特征点，用 PnP、ICP 或对极几何来估计相机运动。

从运行时间上来看，演示实验大约有 230 个特征点，OpenCV 和多层光流需要大约 2 ms 完成追踪（使用的 CPU 为 Intel I7-8550U），这实际上是相当快的。如果我们前面使用 FAST 这样的关键点，那么整个光流计算可以做到 5 ms 左右，相比于特征匹配来说算是非常快了。不过，如果角点提的位置不好，则光流也容易跟丢或给出错误的结果，这就需要后续算法拥有一定的异常值去除机制。总而言之，光流法可以加速基于特征点的 VO 算法，避免计算和匹配描述子的过程，但要求相机运动较平滑（或采集频率较高）。

6.7 视觉 SLAM 直接法

直接法是 VO 的另一个主要分支，它与特征点法有很大不同。虽然它还没有成为现在 VO 中的主流，但经过近几年的发展，直接法在一定程度上已经能和特征点法平分秋色。直接法有以下两个缺点。

（1）关键点的提取与描述子的计算非常耗时。实践中，SIFT 目前在 CPU 上是无法实时计算的，而 ORB 也需要近 20 ms 的计算时长。如果整个 SLAM 以 30 毫秒/帧的速度运行，那么一大半时间都将花在计算特征点上。

（2）使用特征点时，忽略了除特征点以外的所有信息。一幅图像有几十万个像素，而特征点只有几百个。只使用特征点将丢弃大部分可能有用的图像信息。

有没有办法能够克服这些缺点呢？我们有以下两种思路。

（1）保留特征点，但只计算关键点，不计算描述子。同时，使用光流法跟踪特征点的运动。这样，可以回避计算和匹配描述子带来的时间，而光流本身的计算时间要小于描述子的计算与匹配。

（2）只计算关键点，不计算描述子。同时，使用直接法计算特征点在下一时刻图像中的位置。这同样可以跳过描述子的计算过程，也省去了光流的计算时间。

第一种方法仍然使用特征点，只是把匹配描述子替换成了光流跟踪，估计相机运动时仍使用对极几何、PnP、ICP 算法。这依然会要求提取到的关键点具有可区别性，即我们需要提到角点。而在第二种直接法中，我们会根据图像的像素灰度信息同时估计相机运动和点的投影，不要求提取到的点必须为角点。在后文中将看到，它们甚至可以是随机的选点。

使用特征点法估计相机运动时，我们把特征点看作固定在三维空间的不动点。根据它们在相机中的投影位置，通过最小化重投影误差优化相机运动。在这个过程中，我们需要精确地知道空间点在两个相机中投影后的像素位置——这也就是我们要对特征进行匹配或跟踪的原因。同时，我们也知道，计算、匹配特征需要付出大量的计算量。相对地，在直接法中，我们并不需要知道点与点之间的对应关系，而是通过最小化光度误差来求得它们。

直接法是本节介绍的重点，它是为了克服特征点法的上述缺点而存在的。直接法根据像素的亮度信息估计相机的运动，可以完全不用计算关键点和描述子，既避免了特征的计算时间，也避免了特征缺失的情况。只要场景中存在明暗变化（可以是渐变，不形成局部的图像梯度），直接法就能工作。根据使用像素的数量，直接法分为稀疏、稠密和半稠密 3 种。与特征点法只能重构稀疏特征点（稀疏地图）相比，直接法还具有恢复稠密或半稠密结构的能力。随着一些使用直接法的开源项目的出现（如 SVO、LSD-SLAM、DSO 等），它们逐渐走上主流舞台，成为 VO 算法中重要的一部分。

1. 直接法的推导

在光流中，我们会首先追踪特征点的位置，再根据这些位置确定相机的运动。这样一种两步走的方案，很难保证全局的最优性。读者可能会问，能不能在后一步中，调整前一步的结果呢？例如，如果认为相机右转了 15°，那么光流能不能以这个 15°运动作为初始值的假设，调整光流的计算结果呢？直接法就是遵循这样的思路得到结果的。如图 6.17 所示，考虑某个空间点和两个时刻的相机。P 的世界坐标为 $[X \quad Y \quad Z]^{\mathrm{T}}$，它在两个相机上成像，记像素坐标为 p_1、p_2。

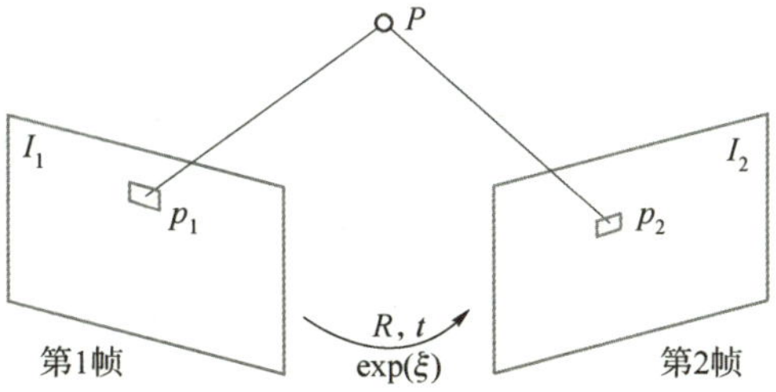

图 6.17　直接法示意

我们的目标是求第一个相机到第二个相机的相对位姿变换。我们以第一个相机为参照系，设第二个相机的旋转和平移为 $\boldsymbol{R}$、$\boldsymbol{t}$（对应李群为 $\boldsymbol{T}$）。同时，两相机的内参相同，记为 $\boldsymbol{K}$。为清楚起见，我们列写完整的投影方程：

$$\boldsymbol{p}_1=\begin{bmatrix}u\\v\\1\end{bmatrix}_1=\frac{1}{Z_1}\boldsymbol{KP},\boldsymbol{p}_2=\begin{bmatrix}u\\v\\1\end{bmatrix}_2=\frac{1}{Z_2}\boldsymbol{K}(\boldsymbol{RP}+\boldsymbol{t})=\frac{1}{Z_2}\boldsymbol{K}(\boldsymbol{TP})_{1:3} \tag{6.60}$$

式中，Z_1 是 $\boldsymbol{P}$ 的深度；Z_2 是 $\boldsymbol{P}$ 在第二个相机坐标系下的深度，也就是 $\boldsymbol{RP}+\boldsymbol{t}$ 的第 3 个坐标值。由于 $\boldsymbol{T}$ 只能和齐次坐标相乘，所以我们乘完之后要取出前 3 个元素。

回忆特征点法中，由于我们通过匹配描述子知道了 p_1、p_2 的像素位置，因此可以计算重投影的位置。但在直接法中，由于没有特征匹配，我们无从知道哪一个 p_2 与 p_1 对应着同一个点。直接法的思路是根据当前相机的位姿估计值寻找 p_2 的位置。但若相机位姿不够好，p_2 的外观和 p_1 会有明显差别。于是，为了减小这个差别，我们优化相机的位姿，来寻找与 p_1 更相似的 p_2。这同样可以通过解一个优化问题完成，但此时最小化的不是重投影误差，而是光度误差，也就是 $\boldsymbol{P}$ 的两个像素的亮度误差：

$$e=I_1(p_1)-I_2(p_2) \tag{6.61}$$

注意：这里的 e 是一个标量。同样地，优化目标为该误差的二范数，暂时取不加权的形式，为

$$\min_{\boldsymbol{T}}\boldsymbol{J}(\boldsymbol{T})=\|\boldsymbol{e}\|^2 \tag{6.62}$$

能够进行这种优化的理由，仍是基于灰度不变假设。我们假设一个空间点在各个视角下成像的灰度是不变的。我们有许多个（如 N 个）空间点 P，那么，整个相机位姿估计问题变为

$$\min_{\boldsymbol{T}}\boldsymbol{J}(\boldsymbol{T})=\sum_{i=1}^{N}\boldsymbol{e}_i^{\mathrm{T}}\boldsymbol{e}_i,\ \boldsymbol{e}_i=\boldsymbol{I}_1(\boldsymbol{p}_1,i)-\boldsymbol{I}_2(\boldsymbol{p}_2,i) \tag{6.63}$$

注意：这里的优化变量是相机位姿 $\boldsymbol{T}$，而不像光流那样优化各个特征点的运动。为了求解这个优化问题，我们关心误差 $\boldsymbol{e}$ 是如何随着相机位姿 $\boldsymbol{T}$ 变化的，需要分析它们的导数关系。因此，定义两个中间变量：

$$q = TP, \quad u = \frac{1}{Z_2}Kq$$

这里的 q 为 P 在第二个相机坐标系下的坐标，而 u 也为它的像素坐标。显然 q 是 T 的函数，u 是 q 的函数，从而也是 T 的函数。考虑李代数的左扰动模型，利用一阶泰勒展开：

$$e(T) = I_1(p_1) - I_2(p_2) \tag{6.64}$$

$$\frac{\partial e}{\partial T} = \frac{\partial I_2}{\partial u} \cdot \frac{\partial u}{\partial q} \cdot \frac{\partial q}{\partial \delta\xi}\delta\xi \tag{6.65}$$

式中，$\delta\xi$ 为 T 的左扰动。我们看到，一阶导数由于链式法则分成了 3 项，而这 3 项都是容易计算的：

（1）$\partial I_2/\partial u$ 为 u 处的像素梯度；

（2）$\partial u/\partial q$ 为投影方程关于相机坐标系下的三维点的导数，记 $q = [X \quad Y \quad Z]^{\mathrm{T}}$，导数为

$$\frac{\partial u}{\partial q} = -\begin{bmatrix} \frac{\partial u}{\partial X} & \frac{\partial u}{\partial Y} & \frac{\partial u}{\partial Z} \\ \frac{\partial v}{\partial X} & \frac{\partial v}{\partial Y} & \frac{\partial v}{\partial Z} \end{bmatrix} = \begin{bmatrix} \frac{f_x}{Z} & 0 & -\frac{f_x X}{Z^2} \\ 0 & \frac{f_y}{Z} & -\frac{f_y Y}{Z^2} \end{bmatrix} \tag{6.66}$$

（3）$\partial q/\partial\delta\xi$ 为变换后的三维点对变换的导数，即

$$\frac{\partial q}{\partial \delta\xi} = [I, -q^{\wedge}] \tag{6.67}$$

（4）在实践中，由于后两项只与三维点有关，而与图像无关，因此我们经常把它合并在一起，即

$$\frac{\partial u}{\partial \delta\xi} = -\begin{bmatrix} \frac{f_x}{Z} & 0 & -\frac{f_x X}{Z^2} & -\frac{f_x XY}{Z^2} & f_x + \frac{f_x^2}{Z^2} & -\frac{f_x Y}{Z} \\ 0 & \frac{f_y}{Z} & -\frac{f_y Y}{Z^2} & -f_y - \frac{f_y Y^2}{Z^2} & \frac{f_y XY}{Z^2} & \frac{f_y X}{Z} \end{bmatrix} \tag{6.68}$$

根据这个 2×6 的矩阵，我们可以推导出误差相对于李代数的雅可比矩阵：

$$J = -\frac{\partial I_2}{\partial u} \cdot \frac{\partial u}{\partial \delta\xi} \tag{6.69}$$

对于 N 个点的问题，我们可以用这种方法计算优化问题的雅可比矩阵，然后使用高斯-牛顿法或列文伯格-马夸尔特方法计算增量，迭代求解。至此，我们推导了直接法估计相机位姿的整个流程。

在上面的推导中，P 是一个已知位置的空间点，它是怎么来的呢？在 RGB-D 相机下，我们可以把任意像素反投影到三维空间，然后投影到下一幅图像中。如果在双目相机中，那么同样可以根据视差来计算像素的深度。如果在单目相机中，这件事情要更为困难，因为我们还需考虑由 P 的深度带来的不确定性。现在我们先来考虑简单的情况，即 P 深度已知的情况。

根据 P 的来源，我们可以把直接法进行分类，分类如下。

（1）P 来自稀疏关键点，我们称为稀疏直接法。通常，我们使用数百个至上千个关键点，并且像 LK 光流那样，假设它周围像素也是不变的。这种稀疏直接法不必计算描述子，

并且只使用数百个像素，因此速度最快，但只能计算稀疏的重构。

（2）P 来自部分像素。我们看到式（6.52）中，如果像素梯度为 0，那么整项雅可比矩阵就为 0，不会对计算运动增量有任何贡献。因此，可以考虑只使用带有梯度的像素点，舍弃像素梯度不明显的地方。这称为半稠密（Semi-Dense）的直接法，可以重构一个半稠密结构。

（3）P 为所有像素，称为稠密直接法。稠密重构需要计算所有像素（一般为几十万至几百万个），因此多数不能在现有的 CPU 上实时计算，需要 GPU 的加速。但是，如前面讨论的，像素梯度不明显的点，在运动估计中不会有太大贡献，在重构时也会难以估计位置。

从稀疏到稠密重构，都可以用直接法计算。它们的计算量是逐渐增长的。稀疏方法可以快速地求解相机位姿，而稠密方法可以建立完整地图。具体使用哪种方法，需要视机器人的应用环境而定。特别地，在低端的计算平台上，使用稀疏直接法计算会非常快速，适用于实时性较高但计算资源有限的场合。

根据程序输出结果，可以看到第五幅追踪图像反映的大约是相机往前运动 3.8 m 时的情况。可见，即使我们随机选点，直接法也能够正确追踪大部分的像素，同时估计相机的运动。这中间没有任何的特征提取、匹配或光流的过程。从运行时间上看，在 2 000 个点时，直接法每迭代一层需要 1~2 ms，所以四层金字塔约耗时 8 ms。相比之下，2 000 个点的光流耗时大约为十几毫秒，还不包括后续的位姿估计。因此，直接法相比于传统的特征点法和光流法通常更快一些。

下面我们简单地解释一下直接法的迭代过程。相比于特征点法，直接法完全依靠优化来求解相机位姿。从式（6.69）中可以看到，像素梯度引导着优化的方向。如果想要得到正确的优化结果，就必须保证大部分像素梯度能够把优化引导到正确的方向。

这是什么意思呢？我们不妨设身处地地扮演一下优化算法。假设对于参考图像，我们测量到一个灰度值为 229 的像素。并且，由于我们知道它的深度，因此可以推断出空间点的位置。一次迭代的因形化显示如图 6.18 所示。

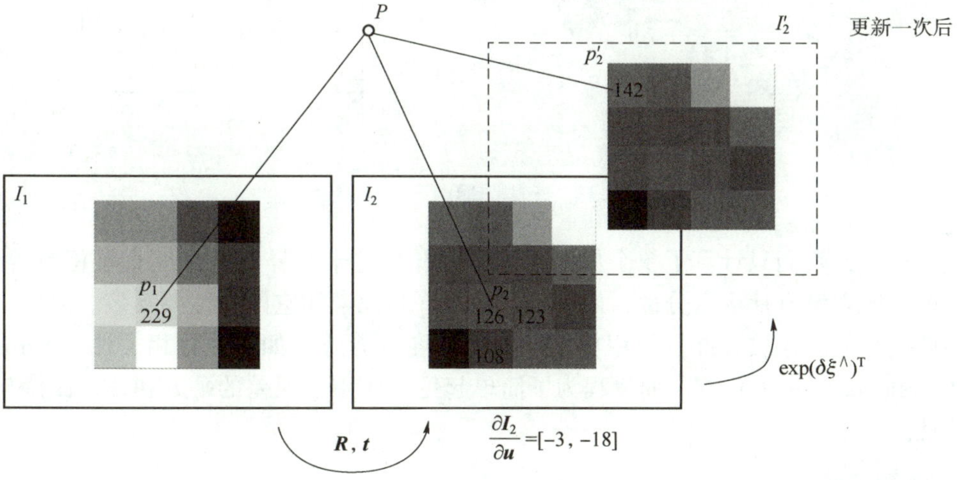

图 6.18 一次迭代的因形化显示

此时，我们又得到了一幅新的图像，需要估计它的相机位姿。这个位姿是由一个初值不断地优化迭代得到的。假设我们的初值比较差，在这个初值下，空间点 P 投影后的像素灰度值是 126。于是，此像素的误差为 $229-126=103$。为了减小这个误差，我们希望微调相机的位姿，使像素更亮一些。

怎么知道往哪里微调像素会更亮呢？这就需要用到局部的像素梯度。我们在图像中发现，沿 u 轴往前走一步，该处的灰度值变成了 123，即减去了 3。同样地，沿 v 轴往前走一步，灰度值减 18，变成 108。在这个像素周围，我们看到梯度是 $[-3,-18]$，为了提高亮度，我们会建议优化算法微调相机，使 P 投影后的像素往左上方移动。在这个过程中，我们用像素的局部梯度近似了它附近的灰度分布，不过请注意，真实图像并不是光滑的，所以这个梯度在远处就不成立了。

但是，优化算法不能只听这个像素的一面之词，还需要听取其他像素的建议。综合听取了许多像素的意见之后，优化算法选择了一个和我们建议的方向偏离不远的地方，计算出一个新的 $\exp(\xi^{\wedge})$。加上更新量后，图像从 I_2 移动到了 I_2'，像素的投影位置也变到了一个更亮的地方。我们看到，通过这次更新，误差变小了。在理想情况下，我们期望误差会不断下降，最后收敛。

但是实际是不是这样呢？我们是否真的只要沿着梯度方向走，就能得到一个最优值呢？注意：直接法的梯度是直接由图像梯度确定的，因此我们必须保证沿着图像梯度走时，灰度误差会不断下降。然而，图像通常是一个很强烈的非凸函数，如图 6.19 所示。实际中，如果我们沿着图像梯度前进，很容易由于图像本身的非凸性（或噪声）落进一个局部极小值中，无法继续优化。只有当相机运动幅度很小，图像中的梯度不会有很强的非凸性时，直接法才能成立。

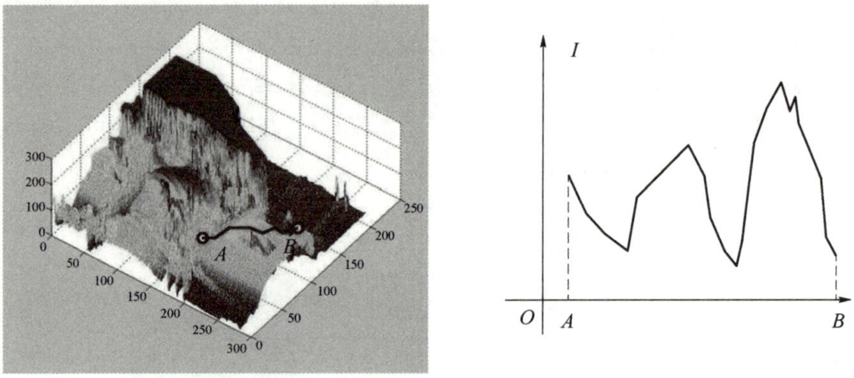

图 6.19　一幅图像的三维化显示

在例程中，我们只计算了单个像素的差异，并且这个差异是由灰度直接相减得到的。然而，单个像素没有什么区分性，周围很可能有许多像素和它的亮度差不多。因此，我们有时会使用小的图像块，并且使用更复杂的差异度量方式，如归一化相关性（Normalized Cross Correlation，NCC）等。而例程为了简单起见，使用了误差的平方和，以保持与推导的一致性。

2. 直接法的特点

直接法的优点如下。

（1）可以节省计算特征点、描述子的时间。

(2) 只要求有像素梯度即可，不需要特征点。因此，直接法可以在特征缺失的场合下使用。比较极端的例子是只有渐变的一幅图像。它可能无法提取角点类特征，但可以用直接法估计它的运动。在演示实验中，我们看到直接法对随机选取的点亦能正常工作。这一点在实用中非常关键，因为实用场景很有可能没有很多角点可供使用。

(3) 可以构建半稠密乃至稠密的地图，这是特征点法无法做到的。

直接法的缺点如下。

(1) 非凸性。直接法完全依靠梯度搜索，降低目标函数来计算相机位姿。其目标函数中需要取像素点的灰度值，而图像是强烈非凸的函数。这使优化算法容易进入极小，只在运动幅度很小时直接法才能成功。针对于此，金字塔的引入可以在一定程度上减小非凸性的影响。

(2) 单个像素没有区分度。和它像的实在太多了！于是我们要么计算图像块，要么计算复杂的相关性。由于每个像素对改变相机运动的“意见”不一致，只能少数服从多数，以数量代替质量。因此，直接法在选点较少时的表现下降明显，我们通常建议用500个点以上。

(3) 灰度值不变是很强的假设。如果相机是自动曝光的，那么当它调整曝光参数时，会使图像整体变亮或变暗。光照变化时也会出现这种情况。特征点法对光照具有一定的容忍性，而直接法由于计算灰度间的差异，整体灰度变化会破坏灰度不变假设，使算法失败。针对这一点，实用的直接法会同时估计相机的曝光参数，以便在曝光时间变化时也能工作。

6.8 激光SLAM

前端扫描匹配是激光SLAM的核心模块。前端扫描匹配就是利用激光扫描匹配完成数据关联，即自身的位姿估计。目前对激光扫描匹配过程定义为寻找一组平移和旋转参数，使两帧激光之间实现最精确的匹配，两帧激光之间匹配效果越好，定位的精度越高。

根据主流的分类标准将激光扫描匹配分为基于点、特征、数学特性三大类方法。对于基于点的方法，主要以ICP算法及其众多改进版本研究最多、应用最广，这类方法虽然简单且易于实现，但是普遍存在着因错误收敛、欠约束、传感器噪声大从而引起误差大，寻找对应点导致计算效率低，较多异常点导致鲁棒性差的问题。基于特征的方法的核心思想是利用传感器采集数据中部分元素，如点、线、面或者它们之间的相互组合进行匹配，这类方法虽然能够解决结构化环境中具有部分重叠或者较大偏移的连续扫描问题，但是相比ICP类算法精度更低，对于通过增量式连续扫描估计的位姿会导致更严重的漂移问题。基于数学特性类方法以NDT（Nondestructive Testing，无损检测）为代表，这类方法的核心思想是通过各种数学性质来描述扫描数据及相邻帧间的位姿变化，相比ICP类方法有着更高的计算效率和更广的收敛域，但是亦存在当没有良好初值输入情况下会陷入局部最优的问题。

ICP算法最早是由Besl和Chen独立提出的，两者区别在于前者将点对点距离作为误差度量，而后者是将点对面距离作为误差度量。标准ICP算法定义为给定两组点云(2D/3D)，目标点云 $\boldsymbol{P}=\{\boldsymbol{p}_i=(x_i,y_i,z_i)\}$ 和参考点云 $\boldsymbol{Q}=\{\boldsymbol{q}_i=(x_i,y_i,z_i)\}$，$\boldsymbol{P},\boldsymbol{Q}\in\mathbf{R}^3$，求解刚

体变换矩阵 $\boldsymbol{T}^*=\begin{bmatrix}\boldsymbol{R} & \boldsymbol{t}\\ \boldsymbol{Q}^{\mathrm{T}} & \boldsymbol{I}\end{bmatrix}$，使

$$\boldsymbol{T}^* = \arg\min \sum_{C} \boldsymbol{e}_{ij}^{\mathrm{T}}(T)\boldsymbol{e}_{ij}^{\mathrm{T}}(\boldsymbol{T}) = \arg\min \sum_{C} (\boldsymbol{T}\boldsymbol{p}_i - \boldsymbol{q}_j)^{\mathrm{T}}(\boldsymbol{T}\boldsymbol{p}_i - \boldsymbol{q}_j) \tag{6.70}$$

式中，$\boldsymbol{R}$ 是旋转矩阵；$\boldsymbol{T}$ 是平移向量；$\boldsymbol{e}_{ij}$是误差度量；$C=\{(i,j)_m\}$表示对应点对的集合，点 $\boldsymbol{p}_i$ 对应于点 $\boldsymbol{q}_j$。上述是标准ICP算法过程，当实际应用在二维激光扫描匹配中时，只需将三维空间区域点集转化为二维平面区域点集计算即可。根据上面提到的激光雷达测距原理，将激光雷达中心到环境障碍物之间的距离值从极坐标系转换到笛卡儿坐标系，假设激光雷达在 k 时刻采集到相邻两组点集为 $\mu^k=\{\mu_i^k \mid i=1,2,\cdots,n\}$ 和 $\mu^{k+1}=\{\mu_i^{k+1} \mid i=1,2,\cdots,n\}$，则点集的刚体变换可由下式表示：

$$AH^{(k+1)'}=\boldsymbol{R}L^{k+1}+\boldsymbol{T} \tag{6.71}$$

式中，$\boldsymbol{R}=\begin{bmatrix}\cos\Delta\varphi & \sin\Delta\varphi\\ -\sin\Delta\varphi & \cos\Delta\varphi\end{bmatrix}$为旋转矩阵，$\Delta\varphi$ 为两组点集之间的旋转角度；$\boldsymbol{T}=\begin{bmatrix}\Delta x\\ \Delta y\end{bmatrix}$为平移向量，$\Delta x$ 和 Δy 分别为点集在 x 轴和 y 轴方向位移。两组激光数据点集中表示实际环境中相同障碍物的部分点集，其称为公共部分；激光扫描匹配的目的就是求取 L^{k+1} 和 H^{k+1} 之间的变换参数 $\boldsymbol{R}$ 和 $\boldsymbol{T}$，使最终两组点集之间的公共部分重合，可用下式进行表示：

$$\mathrm{com}(\|\mu^k-\mu^{k+1}\|)=0 \tag{6.72}$$

式中，com(·) 为求公共部分运算符；‖ · ‖为求欧式距离运算符。移动机器人在运动中传感器视点会发生改变，使采集的两帧激光数据点集只有部分重合，因此上式可表示为

$$\min(\|H^k-A^{k+1}\|) \tag{6.73}$$

式中，min(·) 为求最小运算符。设$\{a_i \mid i=1,2,\cdots,n\}$是从 $\mu^k=\{\mu_i^k \mid i=1,2,\cdots,n\}$ 选取的数据点集，$\{b_i \mid i=1,2,\cdots,n\}$是从 $\mu^{k+1}=\{\mu_i^{k+1} \mid i=1,2,\cdots,n\}$ 选取的数据点集，两组点集构成对应点的集合$\{a_i,b_i \mid i=1,2,\cdots,n\}$，则将问题转化为

$$\min(g(\boldsymbol{R},\boldsymbol{T})) = \min\left(\frac{1}{n}\sum_{i=1}^{n} a_i - \boldsymbol{R}b_i - \boldsymbol{T}^2\right) \tag{6.74}$$

使目标函数 $g(\boldsymbol{R},\boldsymbol{T})$ 达到最小值，但是通过上式并不能直接求解得到参数 $\boldsymbol{R}$ 和 $\boldsymbol{T}$，需要对目标函数进行解耦，然后分别进行求解。对点集进行正则化处理，首先求出点集$\{a_i \mid i=1,2,\cdots,n\}$和$\{b_i \mid i=1,2,\cdots,n\}$的中心点 c_a 和 c_b，用下式进行表示：

$$\begin{cases} c_a = \dfrac{1}{n}\sum\limits_{i=1}^{n} a_i \\ c_b = \dfrac{1}{n}\sum\limits_{i=1}^{n} b_i \end{cases} \tag{6.75}$$

令 $a_i'=a_i-c_a$，$b_i'=b_i-c_b$，得到新目标函数为

$$g(\boldsymbol{R},\boldsymbol{T}) = \frac{1}{n}\sum_{i=1}^{n}\|a_i' - \boldsymbol{R}b_i'\|^2 \tag{6.76}$$

在上式中只需求解参数 $\boldsymbol{R}$ 即可，将上式进行展开并分解得

$$g(\boldsymbol{R},\boldsymbol{T}) = \frac{1}{n}\left(\sum_{i=1}^{n}\|a_i'\|^2 + \sum_{i=1}^{n}\|\boldsymbol{R}b_i'\|^2 - 2\sum_{i=1}^{n}\|a_i'\boldsymbol{R}b_i'\|^2\right) \tag{6.77}$$

要使目标函数 $g(\boldsymbol{R},\boldsymbol{T})$ 达到最小值，只需 err($\Delta\varphi$) 取最大值即可，其中：

$$\text{err}(\Delta\varphi)=2\sum_{i=1}^{n}\|a_i'\boldsymbol{R}b_i'\|^2 \tag{6.78}$$

上式只包含一个未知参数 $\boldsymbol{R}$，对 $\Delta\varphi$ 进行求导得：

$$\frac{\partial \text{err}(\Delta\varphi)}{\Delta\varphi}=\frac{1}{n}\sum_{i=1}^{n}[-(a_i^x b_i^x+a_i^y b_i^y)\sin\Delta\varphi+(a_i^x b_i^y-a_i^y b_i^x)\cos\Delta\varphi]=0 \tag{6.79}$$

将等式两边移项并化简可得：

$$\frac{\sin\Delta\varphi}{\cos\Delta\varphi}=\frac{\sum_{i=1}^{n}(a_i^x b_i^y-a_i^y b_i^x)}{\sum_{i=1}^{n}(a_i^x b_i^x+a_i^y b_i^y)} \tag{6.80}$$

式中，a_i^x、a_i^y 和 b_i^x、b_i^y 分别是 a_i'、b_i' 在 x、y 轴方向的分量。而 a_i'、b_i' 分别为点集 $\{a_i, b_i \mid i=1,2,\cdots,n\}$ 中每个点到点集中心的距离，则 $\Delta\varphi$ 可由求反得到，即

$$\Delta\varphi=\arctan\frac{\sum_{i=1}^{n}(a_i^x b_i^y-a_i^y b_i^x)}{\sum_{i=1}^{n}(a_i^x b_i^x+a_i^y b_i^y)} \tag{6.81}$$

$\Delta\varphi$ 求出后，平移参数 $\boldsymbol{T}$ 可由下式求解得到：

$$\boldsymbol{T}=\begin{bmatrix}\Delta x\\ \Delta y\end{bmatrix}=\begin{pmatrix}c_a^x\\ c_a^y\end{pmatrix}\begin{pmatrix}\cos\Delta\varphi & \sin\Delta\varphi\\ -\sin\Delta\varphi & \cos\Delta\varphi\end{pmatrix}\begin{pmatrix}c_b^x\\ c_b^y\end{pmatrix} \tag{6.82}$$

式中，c_a^x、c_a^y 和 c_b^x、c_b^y 分别是 c_a、c_b 在 x、y 轴方向的分量。通过上述步骤即可求出激光扫描匹配旋转矩阵 $\boldsymbol{R}$ 和平移向量 $\boldsymbol{T}$。如果对应点集中出现对应点错误，则需要对点集 μ^{k+1} 计算出的参数进行变换，然后从变换后点集中选取点组成新的对应点集。重复上述的求解步骤，直至两组点集满足式最小值条件，则匹配结束。所求得变换参数之和等于正确的变换参数，然后对 k+1 时刻点集继续进行变换，以变换后的点集作为参考点集与 k+2 时刻点集进行匹配，直至完成整个地图的构建，这就是基于 ICP 算法的二维激光扫描匹配全过程。

经典 ICP 算法是基于最小二乘理论实现点集之间的最优配准算法，因为它实现简单，有较好初始值的情况下具有良好的收敛性，可以获得较好的配准精度，因此在激光 SLAM 领域应用非常广泛。对于已知对应点，用 ICP 求解有 SVD 法、四元数法等，但是在实际应用的过程中，我们并不知道对应点，因此需要寻找对应点，根据对应点计算的参数对点集进行转换，计算误差不断迭代使最终结果收敛。列文伯格-马夸尔特方法是一种使配对之间平均平方误差最小的非线性最小二乘优化方法，它结合了高斯-牛顿法和梯度下降法的特点，引入阻尼因子调节算法的特性，相比高斯-牛顿法有更好的稳健性。

经典 ICP 算法核心思想就是寻找两组点云，通过求解变换参数使它们对齐，其中最核心的步骤就是将点与点之间的对应关系通过欧式距离建立，然后最小化对应点之间欧氏距离平方和并求解新的变换参数，不断迭代直至最终结果收敛于设定的阈值。但是，激光雷达自身特性使前后两帧扫描点不可能完全相同，同时迭代过程中对应点也可能会发生变化，因此只考虑将点与点之间欧式距离作为误差度量效果并不是最优的。

随着 ICP 类算法种类不断增多，Pomerleau F 等人在分析总结各种 ICP 类算法的基础上，提出模块化 ICP 算法并进行了开源，同时确立了不同算法之间的对比框架，方便研究者继续进行开发。ICP 类算法普遍存在着计算效率低和鲁棒性差的问题，针对寻找对应点

计算复杂度引起的计算效率问题，可以通过 KD 树和最近点高速缓存技术进行加速搜索，提高计算效率。针对扫描匹配中异常点导致的鲁棒性问题，可以通过预处理技术进行异常点剔除，提高鲁棒性。随着 ICP 类算法不断完善和发展，后续改进方向可以通过加入强度信息、语义信息等提高鲁棒性、收敛性和计算效率。除了 ICP 类算法之外，还有一些基于点的扫描匹配方法被相继提出且应用较好。

课后习题

1. 以下（　　）方法不能用来处理误匹配问题。

A. 利用 ransac 剔除外点

B. 优化时利用核函数，如 huber

C. BA 优化时，增加优化迭代次数

D. 利用 KNN 算法，剔除描述子最接近距离和次接近距离比值较小的匹配

2. 在双目相机模型中，下列（　　）改变会导致视差变大。

A. 缩小相机焦距　　B. 缩小基线长度

C. 增大相机光圈　　D. 缩小物体与相机的距离

3. 在立体匹配中，下列（　　）块匹配度量方法可以有效去除光照影响。

A. SSD　　B. NCC　　C. ZNCC　　D. SAD

4. 除了本书介绍的 ORB 特征点，你还能找到哪些特征点？请说说 SIFT 或者 SURF 的原理，并对比它们与 ORB 之间的优劣。

5. 用自己的计算机设计程序调用 OpenCV 中的其他种类特征点，并统计在提取 1 000 个特征点时所用的时间。

6. 我们发现，OpenCV 提供的 ORB 特征点在图像中分布不够均匀。你是否能够找到或提出让特征点分布更均匀的方法？

7. 研究 FLANN 为何能够快速处理匹配问题？除了 FLANN，还有哪些可以加速匹配的手段？

8. 研究均匀高斯混合滤波器的原理与实现。

9. 除了 LK 光流，还有哪些光流方法？它们各有什么特点？

10. 使用 Ceres 或者 g2o 实现稀疏直接法和半稠密直接法。

第 7 章
优化与地图构建

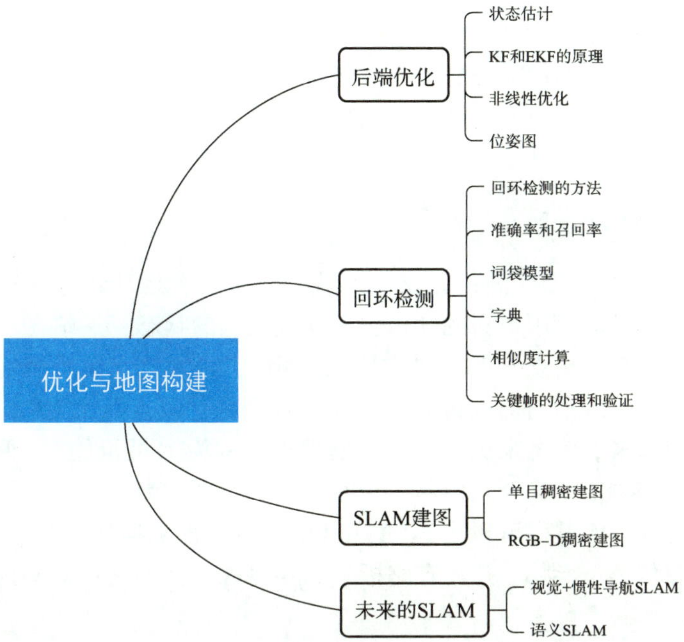

我们看到，前端能给出一个短时间内的轨迹和地图，但由于不可避免的误差累积，该地图在长时间内是不准确的。因此，在 VO 的基础上，我们还希望构建一个尺度、规模更大的优化问题，以考虑长时间内的最优轨迹和地图。不过，考虑到精度与性能的平衡，实际中存在着许多不同的做法。

SLAM 中另一个主要模块是回环检测。我们知道 SLAM 主体（前端、后端）主要的目的在于估计相机运动，而回环检测模块，通常被认为是一个独立的模块。我们将介绍主流视觉 SLAM 中回环检测的方式：词袋模型。

在前端和后端中，我们重点关注同时估计相机运动轨迹与特征点空间位置的问题。然而，在实际使用 SLAM 时，除了对相机本体进行定位，还存在许多其他的需求。例如，考虑放在机器人上的 SLAM，那么我们会希望地图能够用于定位、导航、避障和交互，特征点地图显然不能满足所有的需求。因此，本章我们将更详细地讨论各种形式的地图，并简要说明各种地图的优缺点。

7.1 后端优化

大体上来讲，后端优化存在若干种选择：一种方法是假设马尔可夫性，简单的一阶马尔可夫性认为时刻状态只与 $k-1$ 时刻状态有关，而与之前的时刻无关。如果作出这样的假设，我们就会得到以扩展卡尔曼滤波为代表的滤波方法。在滤波方法中，我们会从某时刻的状态估计，推导到下一个时刻。另一种方法是依然考虑 k 时刻状态与之前所有时刻状态的关系，此时将得到非线性优化为主体的优化框架。目前，SLAM 的主流为非线性优化（图优化）方法。

基于滤波理论优化的方法主要是利用贝叶斯原理，从开始时刻到结束递归地进行。依据上一时刻置信度和运动变换概率的积分（或求和）估计当前状态的置信度，然后利用当前时刻传感器的观测数据概率乘以当前时刻状态的置信度，得到后验概率。对于全局估计问题，由于存在很多不同的假设，且每一种假设都会形成不同的后验模式，因此存在不同的滤波算法。常见的有：卡尔曼滤波和扩展卡尔曼滤波、信息滤波器和粒子滤波器。滤波算法具有时间约束和增量特性，通常也被称为在线 SLAM。

7.1.1 状态估计

上一章中提到，VO 只有短暂的记忆，而我们希望整个运动轨迹在较长时间内都能保持最优的状态。我们可能会用最新的知识，更新较久远的状态——站在“久远的状态”的角度上看，仿佛是未来的信息告诉它“你应该在哪里”。因此，在后端优化中，我们通常考虑一段更长时间内（或所有时间内）的状态估计问题，而且不仅使用过去的信息更新自己的状态，也会用未来的信息来更新，这种处理方式称为“批量的”；否则，如果当前的状态只由过去的时刻决定，甚至只由前一个时刻决定，则称为“渐进的”。

我们已经知道 SLAM 过程可以由运动方程和观测方程来描述。那么，假设在 $t=0$ 到 $t=N$ 的时间内，有位姿 x_0 到 x_N 并且有路标 y_1，…，y_M。按照之前的写法，运动和观测方程为

$$\begin{cases} x_k = f(x_{k-1}, u_k) + w_k \\ z_{k,j} = h(y_k, x_k) + v_{k,j} \end{cases} \quad k=1,\cdots,N; j=1,\cdots,M \tag{7.1}$$

注意以下几点。

（1）观测方程中，只有当 x_k 看到了 y_j 时，才会产生观测数据。事实上，在一个位置通常只能看到一小部分路标。而且，由于视觉 SLAM 特征点数量众多，因此实际中观测方程的数量会远大于运动方程的数量。

（2）我们可能没有测量运动的装置，也可能没有运动方程。在这种情况下，有若干种处理方式：认为确实没有运动方程，或假设相机不动，或假设相机匀速运动。这几种方式都是可行的。在没有运动方程的情况下，整个优化问题就只由许多个观测方程组成。这就非常类似于 SfM（Structure from Motion）问题，相当于我们通过一组图像来恢复运动和结构。不同的是，SLAM 在图像上有时间上的先后顺序，而在 SfM 中允许使用完全无关的图像。

我们知道每个方程都受噪声影响，所以要把这里的位姿 x 和路标 y 看成服从某种概率分布的随机变量，而不是单独的一个数。因此，我们关心的问题就变成：当我们拥有某些运动数据包和观测数据 z 时，如何确定状态量 x、y 的分布？进而，如果得到了新时刻的数据，它们的分布又将发生怎样的变化？在比较常见但合理的情况下，我们假设状态量和噪声项服从高斯分布——这意味着在程序中只需要存储它们的均值和协方差矩阵即可。均值可看作对变量最优值的估计，而协方差矩阵则度量了它的不确定性。那么，问题就转变为：当存在一些运动数据和观测数据时，如何估计状态量的高斯分布？

只有运动方程时，相当于我们蒙着眼睛在一个未知的地方走路。尽管我们知道自己每一步走了多远，但是随着时间流逝，我们越来越不确定自己的位置——内心也就越不安。这说明当输入数据受噪声影响时，误差是逐渐累积的，我们对位置方差的估计将越来越大。但是，当我们睁开眼睛时，能够不断地观测到外部场景，使位置估计的不确定性变小，我们就会越来越自信。如果用椭圆或椭球直观地表达协方差矩阵，那么这个过程如同在手机地图软件中走路。以图 7.1 为例，读者可以想象，当没有观测数据时，这个圆会随着运动越来越大，如图 7.1（a）所示；而如果有正确的观测数据，那么圆就会缩小至一定的大小，保持稳定，如图 7.1（b）所示。

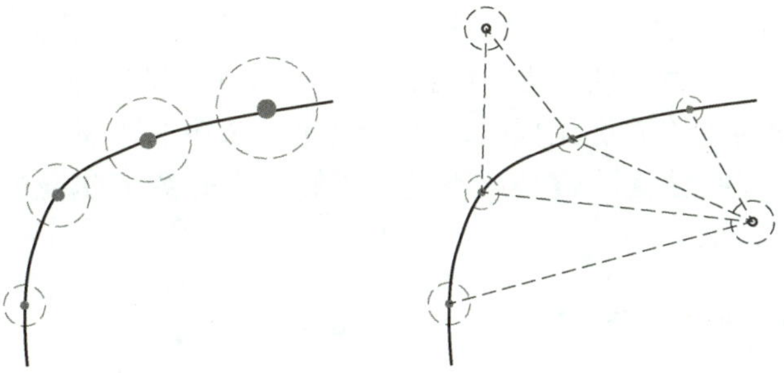

（a）　　　　（b）

图 7.1　不确定性的直观描述

（a）只有运动方程时；（b）存在路标点时

上面的过程以比喻的形式解释了状态估计中的问题，下面我们要以定量的方式来看待它。之前我们介绍了最大似然估计，提到批量状态估计问题可以转化为最大似然估计问题，并使用最小二乘法进行求解。在本节，我们将探讨如何将该结论应用于渐进式问题，得到一些经典的结论。同时，在视觉 SLAM 里，最小二乘法又有何特殊的结构。

首先，由于位姿和路标点都是待估计的变量，因此我们改变记号，令 x_k 为 k 时刻的所有未知量。它包含了当前时刻的相机位姿与 m 个路标点。在这种记号的意义下（虽然与之前稍有不同，但含义是清楚的），写成

$$x_k \overset{\text{def}}{=} \{x_k, y_1, \cdots, y_m\} \tag{7.2}$$

同时，把 k 时刻的所有观测记作 z_k。于是，运动方程与观测方程的形式可写得更简洁。这里不会出现 y，但我们心里要明白这时 x 中已经包含了之前的 y：

$$\begin{cases} x_k = f(x_{k-1}, u_k) + w_k \\ z_k = h(x_k) + v_k \end{cases} \quad k = 1, \cdots, N \tag{7.3}$$

现在考虑 k 时刻的情况。我们希望用过去 0~k 中的数据来估计现在的状态分布：

$$P(x_k \mid x_0, u_{1:k}, z_{1:k}) \tag{7.4}$$

式中，下标 $1:k$ 表示从 0 时刻到 k 时刻的所有数据。注意：z_k 表示所有在 k 时刻的观测数据，它可能不止一个，只是这种记法更方便。同时，x_k 实际上和 x_{k-1}、x_{k-2}这些量都有关，但是此式没有显式地将它们写出来。

下面我们来看如何对状态进行估计。按照贝叶斯法则，把 z_k、x_k 交换位置，有

$$P(x_k \mid x_0, u_{1:k}, z_{1:k}) \propto P(z_k \mid x_k) P(x_k \mid x_0, u_{1:k}, z_{1:k-1}) \tag{7.5}$$

读者应该不会感到陌生。这里的第一项称为似然，第二项称为先验。似然由观测方程给定，而先验部分，我们要明白当前状态 x_k 是基于过去所有状态估计得来的。至少，它会受 x_{k-1}影响，于是以 x_{k-1}时刻为条件概率展开：

$$P(x_k \mid x_0, u_{1:k}, z_{1:k-1}) = \int P(x_k \mid x_{k-1}, x_0, u_{1:k}, z_{1:k-1}) P(x_{k-1} \mid x_0, u_{1:k}, z_{1:k-1}) \mathrm{d}x_{k-1} \tag{7.6}$$

如果考虑更久之前的状态，那么可以继续对此式进行展开，但现在我们只关心 k 时刻和 $k-1$ 时刻的情况。至此，我们给出了贝叶斯估计，因为上式还没有具体的概率分布形式，所以无法实际操作它。对这一步的后续处理，方法上产生了一些分歧。大体上讲，存在若干种选择：一种方法是假设马尔可夫性，简单的一阶马尔可夫性认为 k 时刻状态只与 $k-1$ 时刻状态有关，而与之前时刻的状态无关。在滤波方法中，我们会从某时刻的状态估计，推导到下一个时刻。另一种方法是依然考虑 k 时刻状态与之前所有状态的关系，此时将得到以非线性优化为主体的优化框架。非线性优化的基本知识已在前文介绍过。目前，视觉 SLAM 的主流为非线性优化方法。不过，我们要先介绍卡尔曼滤波器（KF）和扩展卡尔曼滤波器（EKF）的原理。

7.1.2 卡尔曼滤波

1. KF 的原理

KF 算法是一种线性系统的最优无偏估计算法，使用高斯函数表示后验概率，在可能的状态空间中使用均值和方差（即高斯函数分布的均值和方差）来表达置信度。其中，运动变换方程必须是带有随机高斯噪声参数的线性函数，观测方程也与带高斯噪声的自变量成线性关系，初始置信度必须服从正态分布，依据以上的假定得到一个全局最优的智能主体和周围环境空间状态估计。在具体的 SLAM 应用中，KF 算法主要由两部分组成：预测和更新。

（1）预测：依据智能主体上一时刻的位姿和环境特征、传感器数据预测当前时刻的位姿和环境特征的联合状态估计（置信度），其中位姿和环境特征的联合状态表示均值，方差由运动变换矩阵求解。

（2）更新：首先计算卡尔曼增益，利用预测置信度、卡尔曼增益更新置信度，即更新智能主体当前时刻的后验概率分布。

以上两个步骤不断地递归执行。

算法的具体执行步骤如下。

（1）假定运动变换概率 $P(\boldsymbol{x}_k \mid \boldsymbol{x}_{k-1}, \boldsymbol{u}_k)$ 和观测概率 $P(z_k \mid \boldsymbol{x}_k)$ 用下式表示：

$$\begin{cases} \boldsymbol{x}_k = \boldsymbol{A}_k \boldsymbol{x}_{k-1} + \boldsymbol{B}_k \boldsymbol{u}_k + \boldsymbol{\varepsilon}_k \\ z_k = \boldsymbol{C}_k \boldsymbol{x}_k + \boldsymbol{\xi}_k \end{cases} \tag{7.7}$$

式中，$\boldsymbol{x}_k$ 和 $\boldsymbol{x}_{k-1}$ 为状态向量；$\boldsymbol{u}_k$ 为 k 时刻的控制变量；$\boldsymbol{A}_k$ 为运动变换矩阵；$\boldsymbol{B}_k$ 为输入控制矩阵；$\boldsymbol{\varepsilon}_k$ 是一个高斯随机变量，表示由状态转移引入的不确定性，均值为 0，方差用 $\boldsymbol{R}_k$ 表示；$\boldsymbol{C}_k$ 为观测矩阵；向量 $\boldsymbol{\xi}_k$ 为观测噪声，均值为 0，方差为 $\boldsymbol{Q}_k$。

（2）测量：

$$\hat{\boldsymbol{x}}_k^- = \boldsymbol{A}_k \hat{\boldsymbol{x}}_{k-1} + \boldsymbol{u}_k$$
$$\hat{P}_k^- = \boldsymbol{A}_k \hat{P}_{k-1} \boldsymbol{A}_k^{\mathrm{T}} + R \tag{7.8}$$

（3）计算卡尔曼增益：

$$\boldsymbol{K} = \hat{P}_k^- \boldsymbol{C}_k^{\mathrm{T}} (\boldsymbol{C}_k \hat{P}_k^- \boldsymbol{C}_k^{\mathrm{T}} + \boldsymbol{Q}_k)^{-1} \tag{7.9}$$

（4）更新后验概率分布：

$$\hat{\boldsymbol{x}} = \hat{\boldsymbol{x}}_k^- + \boldsymbol{K}(z_k - \boldsymbol{C}_k \hat{\boldsymbol{x}}_k^-)$$
$$\hat{P} = (\boldsymbol{I} - \boldsymbol{K}\boldsymbol{C}_k) \hat{P}_k \tag{7.10}$$

2. EKF 的原理

KF 作为线性高斯系统，其观测是状态的线性函数，并且下一个状态是以前状态的线性函数，通常使用最小均方误差的方式估计线性系统，实际上运动变化和测量很少是线性的。因此，研究者提出了改进算法 EKF，放宽了其中的一个假设条件，将 KF 算法中线性的状态转移和观测转换为非线性的，使用雅可比矩阵替换 KF 中的线性系统矩阵，从而置信度不再是一个高斯分布，而是高斯的近似值，得到状态系统的次优估计，EKF 对一些强非线性和非高斯分布的应用存在较大的近似误差。

EKF 以形式简洁、应用广泛著称。当想要在某段时间内估计某个不确定量时，我们首先想到的就是 EKF。时至今日，尽管我们认识到非线性优化比滤波器占有明显的优势，但是在计算资源受限，或待估计量比较简单的场合，EKF 仍不失为一种有效的方式。

EKF 的局限如下。

（1）EKF 在一定程度上假设了马尔可夫性，也就是 k 时刻的状态只与 $k-1$ 时刻相关，而与 $k-1$ 之前的状态和观测都无关（或者和前几个有限时刻的状态相关）。这有点像是在 VO 中只考虑相邻两帧的关系。如果当前帧确实与很久之前的数据有关（如回环），那么滤波器会难以处理。而非线性优化方法则倾向于使用所有的历史数据。它不光考虑邻近时刻的特征点与轨迹关系，更会把很久之前的状态也考虑进来，称为全体时间上的 SLAM（Full-SLAM）。在这种意义下，非线性优化方法使用了更多信息，当然也需要更多的计算。

（2）EKF 仅在 $\hat{x}_{k-1}$ 处作了一次线性化，就直接根据这次线性化的结果，把后验概率给算了出来。这相当于是，我们认为该点处的线性化近似在后验概率处仍然是有效的。而实际上，当我们离工作点较远时，一阶泰勒展开并不一定能够近似整个函数，这取决于运动模型和观测模型的非线性情况。如果它们有强烈的非线性，那么线性近似就只在很小范围内成立，不能认为在很远的地方仍能用线性来近似。这就是 EKF 的非线性误差，也是它的主要局限所在。在优化问题中，尽管我们也作一阶（最速下降）或二阶（高斯-牛顿法或列文伯格-马夸尔特方法）的近似，但每迭代一次，状态估计发生改变之后，我们会重新对新的估计点作泰勒展开，而不像 EKF 那样只在固定点上作一次泰勒展开。这就使优化的方法适用范围更广，在状态变化较大时也能适用。因此，大体上来说，可以粗略地认为 EKF 仅是优化中的一次迭代。

（3）从程序实现上来说，EKF 需要存储状态量的均值和方差，并对它们进行维护和更新。如果把路标也放进状态，由于视觉 SLAM 中路标数量很大（这个存储量与状态量呈平方增长，因为要存储协方差矩阵），因此普遍认为 SLAM 不适用于大型场景。

（4）EKF 等滤波方法没有异常检测机制，导致系统在存在异常值的时候很容易发散。而在视觉 SLAM 中，异常值却是很常见的：无论特征匹配还是光流法，都容易追踪或匹配到错误的点。没有异常值检测机制会让系统在实用中非常不稳定。

由于 EKF 存在这些明显的缺点，我们通常认为，在同等计算量的情况下，非线性优化能取得更好的效果。这里的“更好”是指精度和鲁棒性同时达到更好的意思。下面我们来讨论以非线性优化为主的后端优化。

7.1.3 非线性优化

我们已经介绍了非线性最小二乘的求解方式。它们是由很多个误差项之和组成的。然而，目标函数仅描述了优化变量和许多个误差项，但我们尚不清楚它们之间的关联。例如，某个优化变量 X_j 存在于多少个误差项中呢？我们能保证对它的优化是有意义的吗？进一步，我们希望能够直观地看到该优化问题的具体内容。于是，就牵涉到了图优化。

在图优化里，BA 起到了核心作用。但是在一开始的时候研究者发现包含大量特征点和相机位姿的 BA 计算量很大，根本没办法实施。直到近十年发现了在 VSLAM（Vsual Sinultaneous Localization and Mapping，基于视觉的定位与建图）中，尽管包含大量特征点和相机位姿，但 BA 都是稀疏的，并且随着稀疏线性代数领域等的发展，可以用高效的方法来解决基于图的优化问题。

图优化，是把优化问题表现成图的一种方式。这里的图是图论意义上的图。一个图由若干个顶点（Vertex），以及连接着这些顶点的边（Edge）组成。进而，用顶点表示优化变量，用边表示误差项。于是，对任意一个上述形式的非线性最小二乘问题，我们可以构建与之对应的一张图。我们可以简单地称它为图，也可以用概率图里的定义，称为贝叶斯图或因子图。

图 7.2 是一个简单的图优化例子。我们用三角形表示相机位姿节点，用圆形表示路标节点，它们构成了图优化的顶点；同时，实线表示相机的运动模型，虚线表示观测模型，它们构成了图优化的边。此时，我们可以直观地看到问题的结构了。如果需要，那么也可以作去掉孤立顶点或优先优化边数较多（或按图论的术语，度数较大）的顶点这样的改进。但是，最基本的图优化是用图模型来表达一个非线性最小二乘的优化问题。而我们可以利用图模型的某些性质作更好的优化。

图优化是一种将非线性优化与图论结合起来的理论，而 g2o（General Graphic Optimization）是一个通用的图优化的库。“通用”意味着你可以在 g2o 里求解任何能够表示为图优化的最小二乘问题。如果用 g2o 来拟合曲线，则必须先把问题转换为图优化，重新定义它的边和顶点。g2o 为了尽可能地实现通用性，是通过 C++来实现的。g2o 为节点和边提供了抽象的基类。这些基类里面定义了许多的虚函数，便于派生类的使用，同时使用了大量的类模板来提高效率。g2o 通过高效的算法来达到高的性能要求，如利用了图的稀疏性，SLAM 问题中图的特殊结构，还使用了解稀疏线性系统的高效算法。g2o 不仅具有高的效率，还具有通用性和可扩展性。

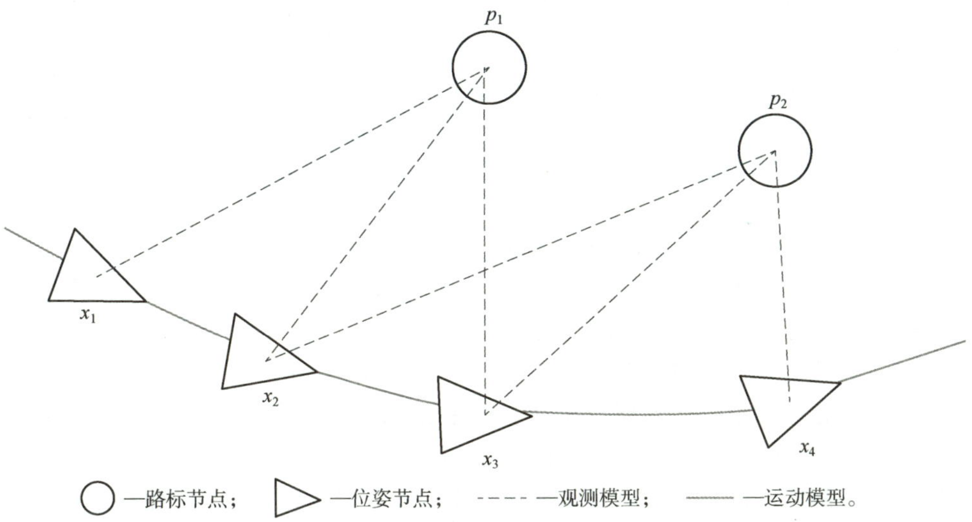

图 7.2 图优化的例子

基于图优化的 SLAM 算法包含两个步骤：图的构建和图的优化。图的构建又称前端，图的优化又称后端。前端是对机器人获得的原始传感器数据进行处理并进行数据融合来完成位姿图的构建。通过这些数据之间的约束关系，采用最大似然方法来估计机器人的位姿。后端则是在前端完成特征点提取匹配后进行优化。但是，由于传感器内在的特点，获取的数据有噪声，得到的位姿图不具备一致性，即实际的边与观测到的边可能存在偏差，因此我们把机器人位姿序列的估计看成对节点的优化，通过调整节点位置，使与节点连接的边满足相应的观测。图优化的结果与机器人位姿和特征点位置的最大似然估计相对应。最终将基于图优化的 SLAM 问题转变为求解非线性最小二乘法的问题。

在用图优化的方法对 SLAM 问题进行求解时，需要利用图来对 SLAM 优化模型进行建模。目前，常用的建模方法有基于动态贝叶斯网络（Dynamic Bayesian Network，DBN）的图建模方法、基于因子图的图建模方法和基于马尔可夫的图建模方法。基于图优化的 SLAM 后端优化方法分为基于最小二乘法的优化方法、基于松弛技术的优化方法、基于随机梯度下降法的优化方法、流形空间的优化方法。其中，基于最小二乘法的优化方法是 SLAM 后端优化中的常用方法。此方法相对简单、可扩展性强，但其计算效率较低。

7.1.4 位姿图

BA 能精确地优化每个相机位姿与特征点位置。不过在更大的场景中，大量特征点的存在会严重降低计算效率，导致计算量越来越大，以至于无法实时化。本小节介绍一种简化的 BA：位姿图。

我们必须先了解实际环境下的 BA 结构。带有相机位姿和空间点的图优化称为 BA，它能够有效地求解大规模的定位与建图问题。这在 SfM 问题中十分有用，但是在 SLAM 过程中，我们往往需要控制 BA 的规模，保持计算的实时性。倘若计算能力无限，那么不妨每时每刻都计算整个 BA——但是这不符合现实需要。现实条件是，我们必须限制后端的计算时间，如 BA 规模不能超过一万个路标点，迭代不超过 20 次，用时不超过 0.5 s 等。像 SfM 那样用一周时间重建一个城市地图的算法，在 SLAM 里不见得有效。

控制计算规模的做法有很多，如从连续的视频中抽出一部分作为关键帧，仅构造关键帧与路标点之间的 BA，于是非关键帧只用于定位，对建图则没有贡献。即使如此，随着时间的流逝，关键帧数量会越来越多，地图规模也将不断增长。像 BA 这样的批量优化方法，计算效率会（令人担忧地）不断下降。为了避免这种情况，我们需要用一定手段控制后端 BA 的规模。这些手段可以是理论上的，也可以是工程上的。

例如，最简单的控制 BA 规模的思路，是仅保留离当前时刻最近的 N 个关键帧，去掉时间上更早的关键帧。于是，我们的 BA 将被固定在一个时间窗口内，离开这个窗口的则被丢弃，这种方法称为滑动窗口法。当然，取这个关键帧的具体方法可以有一些改变，例如，不见得必须取时间上最近的，而可以按照某种原则，取时间上靠近，空间上又可以展开的关键帧，从而保证相机即使在停止不动时，BA 的结构也不至于缩成一团（这容易导致一些糟糕的退化情况）。如果我们在帧与帧的结构上再考虑得深一些，那么也可以像 ORB-SLAM2 那样，定义一种称为“共视图”的结构，如图 7.3 所示。所谓共视图，就是指那些与现在的相机存在共同观测的关键帧构成的图。于是，在 BA 优化时，我们按照某些原则在共视图内取一些关键帧和路标进行优化。例如，仅优化与当前帧有 20 个以上共视路标的关键帧，其余部分固定不变。当共视图关系能够正确构造的时候，基于共视图的优化也会在更长时间内保持最优。

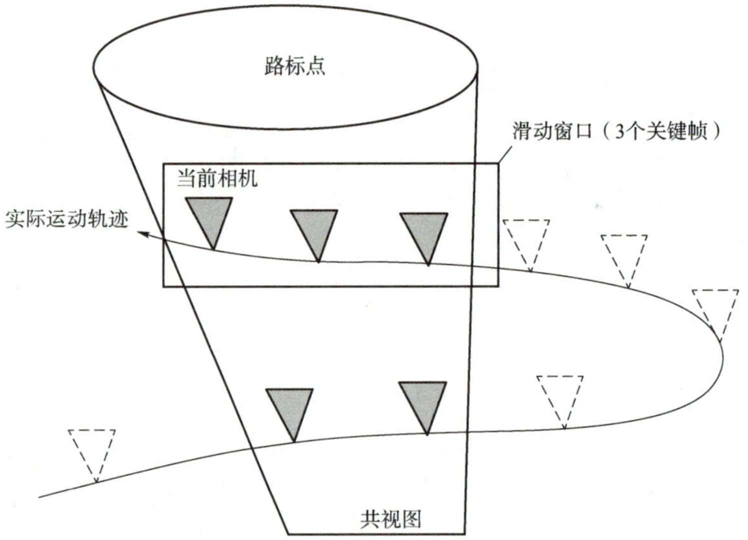

图 7.3　滑动窗口和共视图的示意

滑动窗口也好，共视图也好，大体而言，都是我们对实时计算的某种工程上的折中。不过在理论上，它们也引入了一个新问题：刚才我们谈到要“丢弃”滑动窗口之外，或者“固定”共视图之外的变量，这个“丢弃”和“固定”具体怎样操作呢？“固定”似乎很容易理解，我们只需将共视图之外的关键帧估计值保持不变即可。但是“丢弃”，是指完全弃置不用，即窗口外的变量完全不对窗口内的变量产生任何影响，还是说窗口外的数据应该对窗口内的有一些影响，但实际上被我们忽略了？如果有影响，那么这种影响应该是什么？它够不够明显，能不能忽略？

接下来，我们就要谈谈这些问题。它们在理论上应该如何处理，以及在工程上能不能进行一些简化。

1. 滑动窗口法

现在考虑一个滑动窗口。假设这个窗口内有几个关键帧，它们的位姿表达为

$$x_1,\cdots,x_N$$

我们假设它们在向量空间，即用李代数表达，那么，关于这几个关键帧，我们能谈论些什么呢？

显然，我们关心这几个关键帧的位置在哪里，以及它们的不确定度如何，这对应着它们在高斯分布假设下的均值协方差。如果这几个关键帧还对应着一张局部地图，则我们可以顺带着问整个局部系统的均值和方差应该是多少。设这个滑动窗口中还有 M 个路标点：y_1，…，y_N，它们与 N 个关键帧组成了局部地图。显然，我们可以用上面介绍的 BA 方法处理这个滑动窗口，包括建立图优化模型，构建整体的 Hessian 矩阵，然后边缘化所有路标点来加速求解。在边缘化时，我们考虑关键帧的位姿，即

$$[x_1,\cdots,x_N]^{\mathrm{T}}\sim N\left([u_1,\cdots,u_N]^{\mathrm{T}},\Sigma\right) \tag{7.11}$$

式中，μ_k 为第 $k(k=1,2,\cdots,N)$ 个关键帧的位姿均值；Σ 为所有关键帧的协方差矩阵。显然，均值部分就是指 BA 迭代之后的结果，也就是对整个 BA 矩阵进行边缘化之后的结果。

在滑动窗口中，当窗口结构发生改变时，这些状态变量应该如何变化？这件事情可以分成两部分讨论：

(1) 我们需要在窗口中新增一个关键帧，以及它观测到的路标点；

(2) 我们需要把窗口中一个旧的关键帧删除，也可能删除它观测到的路标点。

这时，滑动窗口法和传统的 BA 的区别就显现出来了。显然，如果按照传统的 BA 来处理，那么这仅仅对应于两个不同结构的 BA，在求解上没有任何差别。但如果用滑动窗口法来处理，那么我们就要讨论具体的细节问题了。

新增一个关键帧和路标点时，考虑在上一个时刻，滑动窗口已经建立了 N 个关键帧，我们也已知道它们服从某个高斯分布，其均值和方差如前所述。此时，新来了一个关键帧 x_{N+1}，那么整个问题中的变量变为 $N+1$ 关键帧和更多路标点的集合。这实际上仍是平凡的，我们只需按照正常的 BA 流程处理即可。对所有点进行边缘化，即得到这个关键帧的高斯分布参数。

当考虑删除旧关键帧时，一个理论问题将显现出来。例如，我们要删除旧关键帧 x_1，但是 x_1 并不是孤立的，它会和其他帧观测到同样的路标。将 x_1 边缘化之后将导致整个问题不再稀疏。

如图 7.4 所示，在这个例子中，我们假设 x_1 看到了路标点 $y_1\sim y_4$，于是，在处理之前，BA 问题的 Hessian 矩阵应该像图 7.4 中的左图一样，在 x_1 行的 $y_1\sim y_4$ 列存在着非零矩阵块，表示 x_1 看到了它们。这时，考虑边缘化 x_1，那么 Schur 消元过程相当于通过矩阵行和列操作消去非对角线处几个非零矩阵块，显然这将导致右下角的路标点矩阵块不再是非对角矩阵。这个过程称为边缘化中的填入。

当我们边缘化路标点时，填入将出现在左上角的位姿块中。不过，因为 BA 不要求位姿块为对角块，所以稀疏 BA 求解仍然可行。但是，当边缘化关键帧时，将破坏右下角路标点之间的对角块结构，这时 BA 就无法按照先前的稀疏方式迭代求解。这显然是一个十分糟糕的问题。实际上，在早期的 EKF 后端中，人们确实保持着一个稠密的 Hessian 矩阵，这也使 EKF 后端无法处理较大规模的滑动窗口。

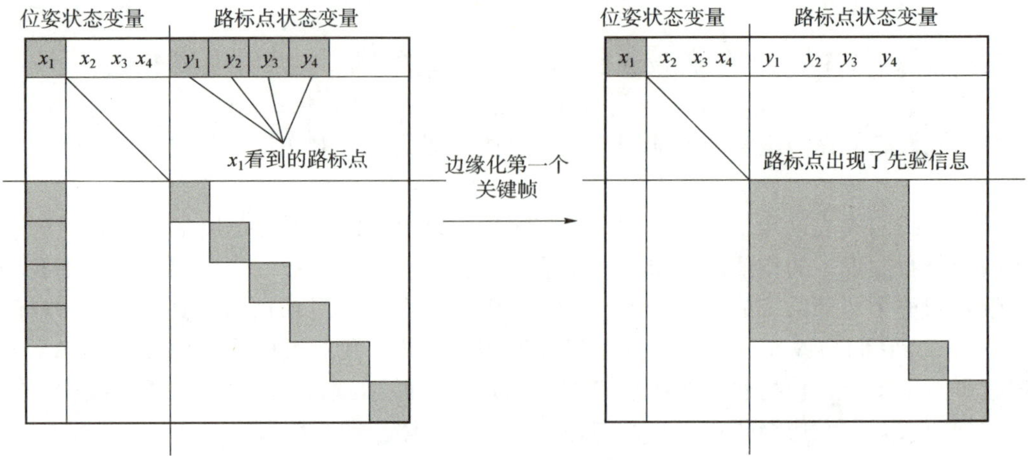

图 7.4　滑动窗口删除关键帧将破坏路标部分的对角块结构

不过，如果我们对边缘化的过程进行一些改造，那么也可以保持滑动窗口 BA 的稀疏性。例如，在边缘化某个旧的关键帧时，同时边缘化它观测到的路标点。这样，路标点的信息就会转换成剩下那些关键帧之间的共视信息，从而保持右下角部分的对角块结构。在某些 SLAM 框架中，边缘化策略会更复杂。例如，在 OKVIS 中，我们会判断要边缘化的那个关键帧，它看到的路标点是否在最新的关键帧中仍能看到。如果不能，则直接边缘化这个路标点；如果能，则丢弃被边缘化关键帧对这个路标点的观测，从而保持 BA 的稀疏性。

2. SWF（Sliding Window Filter，滑动窗滤波器）中边缘化的直观解释

我们知道边缘化在概率上的意义就是指条件概率。因此，当我们边缘化某个关键帧时，即“保持这个关键帧当前的估计值，求其他状态变量以这个关键帧为条件的条件概率”。因此，当某个关键帧被边缘化时，它观测到的路标点就会产生一个“这些路标应该在哪里”的先验信息，从而影响其余部分的估计值。如果再边缘化这些路标点，那么它们的观测者将得到一个“观测它们的关键帧应该在哪里”的先验信息。

从数学上看，当我们边缘化某个关键帧时，整个滑动窗口中的状态变量的描述方式，将从联合分布变成一个条件概率分布。以上面的例子来看，就是说：

$$P(x_1,\cdots,x_4,y_1,\cdots,y_6)=P(x_2,\cdots,x_4,y_1,\cdots y_6 \mid x_1)\underbrace{P(x_1)}_{\text{舍去}} \tag{7.12}$$

然后，舍去被边缘化部分的信息。在变量被边缘化之后，我们在工程中就不应再使用它。因此，滑动窗口法比较适合 VO 系统，而不适合大规模建图的系统。

由于现在 g2o Ceres 还未直接支持滑动窗口法中的边缘化操作，所以我们略去本节对应的实验部分。希望理论部分可以帮助读者理解基于滑动窗口的 SLAM 系统。

3. 位姿图的意义

根据前面的讨论，我们发现特征点在优化问题中占据了绝大部分。实际上，经过若干次观测之后，收敛的特征点位置变化很小，发散的外点则已被剔除。对收敛点再进行优化，似乎是有些费力不讨好的。因此，我们更倾向于在优化几次之后就把特征点固定住，只把它们看作位姿估计的约束，而不再实际地优化它们的位置估计。

沿着这个思路继续思考，我们会想到：是否能够完全不管路标而只管轨迹呢？我们完全可以构建一个只有轨迹的图优化，而位姿节点之间的边，可以由两个关键帧之间通过特征匹配之后得到的运动估计来给定初始值。不同的是，一旦初始估计完成，我们就不再优化那些路标点的位置，而只关心所有的相机位姿之间的联系。通过这种方式，我们省去了大量的特征点优化的计算，只保留了关键帧的轨迹，从而构建了所谓的位姿图，如图 7.5 所示。

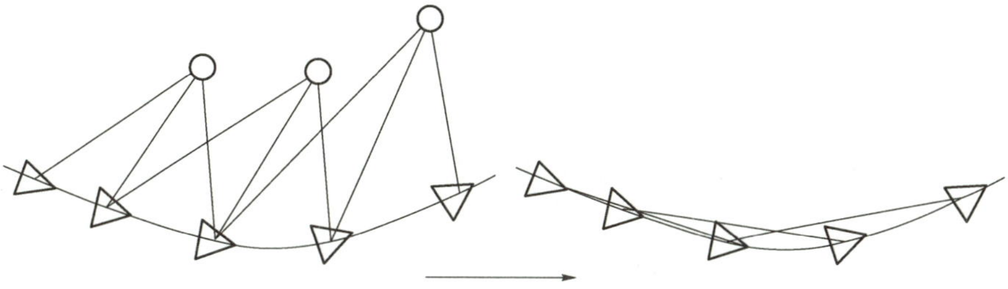

图 7.5 位姿图

我们知道，在 BA 中特征点数量远大于位姿节点数量。一个关键帧往往关联了数百个关键点，而实时 BA 的最大计算规模，即使利用稀疏性，在当前的主流 CPU 上一般也就是几万个点左右。这就限制了 SLAM 应用场景。因此，当机器人在更大范围的时间和空间中运动时，必须考虑一些解决方式：要么像滑动窗口法那样，丢弃一些历史数据；要么像位姿图的做法那样，舍弃对路标点的优化，只保留位姿之间的边。此外，如果我们有额外测量位姿的传感器，那么位姿图也是一种常见的融合位姿测量的方法。

4. 位姿图的优化

那么，位姿图优化中的节点和边都是什么意思呢？这里的节点表示相机位姿，以 $\boldsymbol{T}_1,\cdots,\boldsymbol{T}_n$ 来表达。而边，则是两个位姿节点之间相对运动的估计，该估计可以来自特征点法或直接法，也可以来自 GPS 或者 IMU 积分。无论通过哪种手段，假设我们估计了 $\boldsymbol{T}_i$ 和 $\boldsymbol{T}_j$ 之间的一个运动 $\Delta\boldsymbol{T}_{ij}$，该运动可以有若干种表达方式，我们取比较自然的一种：

$$\Delta\xi_{ij}=\boldsymbol{\xi}_i^{-1}\circ\boldsymbol{\xi}_j=\ln(\boldsymbol{T}_i^{-1}\boldsymbol{T}_j)^{\vee} \tag{7.13}$$

或按李群的写法：

$$\boldsymbol{T}_{ij}=\boldsymbol{T}_i^{-1}\boldsymbol{T}_j \tag{7.14}$$

按照图优化的思路，实际中该等式不会精确地成立，因此我们设立最小二乘误差，然后和以往一样，讨论误差关于优化变量的导数。这里，我们把上式的 $\boldsymbol{T}_{ij}$ 移至等式右侧，构建误差 $\boldsymbol{e}_{ij}$：

$$\boldsymbol{e}_{ij}=\Delta\xi_{ij}\ln(\boldsymbol{T}_{ij}^{-1}\boldsymbol{T}_i^{-1}\boldsymbol{T}_j)^{\vee} \tag{7.15}$$

注意：优化变量有 $\boldsymbol{T}_i$ 和 $\boldsymbol{T}_j$，因此我们求 $\boldsymbol{e}_{ij}$ 关于这两个变量的导数。按照李代数的求导方式，给 ξ_i 和 ξ_j 各一个左扰动：$\delta\xi_i$ 和 $\delta\xi_j$。于是误差变为

$$\hat{\boldsymbol{e}}_{ij}=\ln(\boldsymbol{T}_{ij}^{-1}\boldsymbol{T}_i^{-1}\exp((-\delta\xi_i)^{\wedge})\exp(\delta\xi_j^{\wedge})\boldsymbol{T}_j)^{\vee} \tag{7.16}$$

上式中，两个扰动项被夹在了中间。为了利用 BCH 近似，我们希望把扰动项移至式子左侧或右侧：

$$\exp((\mathrm{Ad}(\boldsymbol{T})\xi^{\wedge}) = \boldsymbol{T}\exp(\xi^{\wedge})\boldsymbol{T}^{-1} \tag{7.17}$$

稍加改变，有

$$\exp(\xi^{\wedge})\boldsymbol{T} = \boldsymbol{T}\exp((\mathrm{Ad}(\boldsymbol{T}^{-1})\xi)^{\wedge} \tag{7.18}$$

该式表明，通过引入一个伴随项，可以将扰动项挪到最右侧（当然最左侧亦可），导出右乘形式的雅可比矩阵（挪到左边时形成左乘）：

$$\begin{aligned}\hat{\boldsymbol{e}}_{ij} &= \ln(\boldsymbol{T}_{ij}^{-1}\boldsymbol{T}_i^{-1}\exp((-\delta\xi_i)^{\wedge})\exp(\delta\xi_j^{\wedge})\boldsymbol{T}_j)^{\vee} \\ &= \ln(\boldsymbol{T}_{ij}^{-1}\boldsymbol{T}_i^{-1}\boldsymbol{T}_j\exp((-\mathrm{Ad}(\boldsymbol{T}_j^{-1})\delta\xi_i)^{\wedge})\exp((\mathrm{Ad}(\boldsymbol{T}_j^{-1})\delta\xi_i)^{\wedge}))^{\vee} \\ &\approx \boldsymbol{e}_{ij} + \frac{\partial \boldsymbol{e}_{ij}}{\partial \delta\xi_i}\delta\xi_j + \frac{\partial \boldsymbol{e}_{ij}}{\partial \delta\xi_j}\delta\xi_j\end{aligned} \tag{7.19}$$

因此，按照李代数的求导法则，我们求出了误差关于两个位姿的雅可比矩阵。关于 $\boldsymbol{T}_i$ 的：

$$\frac{\partial \boldsymbol{e}_{ij}}{\partial \delta\xi_i} = -\mathcal{J}_r^{1}(\boldsymbol{e}_{ij})\mathrm{Ad}(\boldsymbol{T}_j^{-1}) \tag{7.20}$$

以及关于 $\boldsymbol{T}_j$ 的：

$$\frac{\partial \boldsymbol{e}_{ij}}{\partial \delta\xi_i} = \mathcal{J}_r^{1}(\boldsymbol{e}_{ij})\mathrm{Ad}(\boldsymbol{T}_j^{-1}) \tag{7.21}$$

前面也说过，由于 $SE(3)$ 上的左右雅可比矩阵 $\boldsymbol{\lambda}_r$ 形式过于复杂，我们通常取它们的近似。如果误差接近 0，那么我们就可以设它们近似为 $\boldsymbol{I}$ 或：

$$\mathcal{J}_r^{1}(\boldsymbol{e}_{ij}) \approx \boldsymbol{I} + \frac{1}{2}\begin{bmatrix}\varphi\hat{e} & \rho\hat{e} \\ 0 & \varphi\hat{e}\end{bmatrix} \tag{7.22}$$

理论上，即使在优化之后，由于每条边给定的观测数据并不一致，误差也不见得近似于 0，所以简单地把这里的 $\boldsymbol{\lambda}_r$ 设置为 $\boldsymbol{I}$ 会有一定的损失。

了解雅可比求导后，剩下的部分就和普通的图优化一样了。简而言之，所有的位姿顶点和位姿——位姿边构成了一个图优化，本质上是一个最小二乘问题，优化变量为各个顶点的位姿，边来自位姿观测约束，记为所有边的集合，那么总体目标函数为

$$\min \frac{1}{2}\sum_{i,j\in\varepsilon}\boldsymbol{e}_{ij}^{\mathrm{T}}\sum_{ij}^{-1}\boldsymbol{e}_{ij} \tag{7.23}$$

我们依然可以用高斯-牛顿法、列文伯格-马夸尔特方法等求解此问题，除了用李代数表示优化位姿，其他都是相似的。根据先前的经验，可以用 Ceres g2o 进行求解。

7.2 回环检测

我们已然介绍了前端和后端：前端提供特征点的提取和轨迹、地图的初值，而后端负责对所有这些数据进行优化。然而，如果像 VO 那样仅考虑相邻时间上的关键帧，那么之前产生的误差将不可避免地累积到下一个时刻，使整个 SLAM 系统出现漂移误差，长期估计的结果将不可靠。或者说，我们无法构建全局一致的轨迹和地图。

举个简单的例子：在自动驾驶的建图阶段，我们通常会指定采集车在某个给定区域绕若干圈以覆盖所有采集范围。假设我们在前端提取了特征，然后忽略特征点，在后端使用

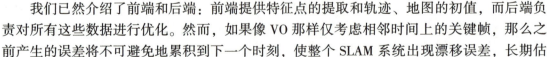

位姿图优化整个轨迹，如图 7.6（a）所示。前端给出的只是局部的位姿间约束，例如，可能是 x_1-x_2，x_2-x_3 等。但是，由于 x_1 的估计存在误差，而 x_2 是根据 x_1 决定的，x_3 又是由 x_2 决定的。以此类推，误差就会被累积起来，使后端优化的结果如图 7.6（b）所示，慢慢地趋向不准确。在这种应用场景下，我们应该保证，优化的轨迹和实际地点一致。当我们实际经过同一个地点时，估计轨迹也必定经过同一点。

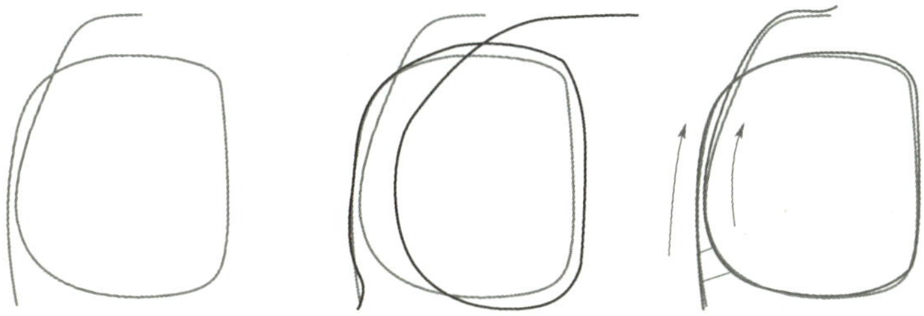

（a）　　　　　　（b）　　　　　　（c）

图 7.6　漂移示意

（a）真实轨迹；（b）由于前端只给出相邻帧间的估计，优化后的位姿图出现漂移；（c）添加回环检测后的位姿图可以消除累积误差

虽然后端能够估计最大后验误差，但所谓“好模型架不住烂数据”，只有相邻关键帧数据时，我们能做的事情并不多，也无从消除累积误差。但是，回环检测模块能够给出除了相邻帧的一些时隔更加久远的约束，如 $x_1 \sim x_{100}$ 之间的位姿变换。为什么它们之间会有约束呢？这是因为我们察觉到相机经过了同一个地方，采集到了相似的数据。而回环检测的关键，就是如何有效地检测出相机经过同一个地方这件事。如果我们能够成功地检测到这件事，则可以为后端的位姿图提供更多的有效数据，使之得到更好的估计，特别是得到一个全局一致的估计。由于位姿图可以看成一个质点——弹簧系统，所以回环检测相当于在图像中加入了额外的弹簧，提高了系统稳定性。读者也可直观地想象成回环边把带有累积误差的边“拉”到了正确的位置——如果回环本身正确的话。

回环检测对于 SLAM 系统意义重大。一方面，它关系到我们估计的轨迹和地图在长时间下的正确性。另一方面，由于回环检测提供了当前数据与所有历史数据的关联，我们还可以利用回环检测进行重定位。重定位的用处就更多一些。例如，如果我们事先对某个场景录制了一条轨迹并建立了地图，那么之后在该场景中就可以一直跟随这条轨迹进行导航，而重定位可以帮助我们确定自身在这条轨迹上的位置。因此，回环检测对整个 SLAM 系统精度与稳健性的提升是非常明显的。甚至在某些时候，我们把仅有前端和局部后端的系统称为 VO，而把带有回环检测和全局后端的系统称为 SLAM。

7.2.1　回环检测的方法

下面我们来考虑回环检测如何实现的问题。事实上存在若干种不同的思路来看待这个问题，包括理论上和工程上的。

最简单的方式就是对任意两幅图像都进行一遍特征匹配，根据正确匹配的数量确定哪两幅图像存在关联——这确实是一种朴素且有效的思想。其缺点在于，我们盲目地假设了“任意两幅图像都可能存在回环”，使要检测的数量实在太大。对于 N 个可能的回环，我们要检测 C_N^2 次，这是 $O(N^2)$ 的复杂度，随着轨迹变长且增长太快，在大多数实时系统中是不实用的。另一种朴素的方式是，随机抽取历史数据并进行回环检测，如在 N 帧中随机抽取 5 帧与当前帧比较。这种做法能够维持常数时间的运算量，但是这种盲目试探方法在帧数 N 增长时，抽到回环的概率又大幅下降，使检测效率不高。

上面说的朴素思路都过于粗糙。尽管随机检测在有些实现中确实有用，但我们至少希望有一个“哪处可能出现回环”的预计，这样才好不那么盲目地去检测。这样的方式大体有两种思路：基于里程计的几何关系和基于外观的几何关系。

基于里程计的几何关系是指，当我们发现当前相机运动到了之前的某个位置附近时，检测它们有没有回环关系——这自然是一种直观的想法，但是由于累积误差的存在，我们往往无法正确地发现“运动到了之前的某个位置附近”这个事实，回环检测也无从谈起。因此，这种做法在逻辑上存在问题，因为回环检测的目标在于发现“相机回到之前位置”的事实，从而消除累积误差。而基于里程计的几何关系的做法假设了“相机回到之前位置附近”，这样才能检测回环，这里有倒果为因的嫌疑，因而也无法在累积误差较大时工作。

基于外观的几何关系和前端、后端的估计都无关，仅根据两幅图像的相似性确定回环检测关系。这种做法摆脱了累积误差，使回环检测模块成为 SLAM 系统中一个相对独立的模块（当然前端可以为它提供特征点）。自 21 世纪初被提出以来，基于外观的回环检测方式能够有效地在不同场景下工作，成为视觉 SLAM 中主流的做法，并被应用于实际的系统中。

除此之外，从工程角度我们也能提出一些解决回环检测的办法。例如，室外的无人车通常会配备 GPS，可以提供全局的位置信息。利用 GPS 信息可以很轻松地判断汽车是否回到某个经过的点，但这类方法在室内就不怎么好用。

在基于外观的回环检测算法中，核心问题是如何计算图像间的相似性。例如，对于图像我们要设计一种方法，计算它们之间的相似性评分 $s(\boldsymbol{A},\boldsymbol{B})$。当然，这个评分会在某个区间内取值，当它大于一定量后我们认为出现了一个回环。读者可能会有疑问：计算两幅图像之间的相似性很困难吗？例如，直观上看，图像能够被表示成矩阵，那么直接让两幅图像相减，然后取某种范数行不行呢？即

$$s(\boldsymbol{A},\boldsymbol{B})=\|\boldsymbol{A}-\boldsymbol{B}\|$$

（1）前面也说过，像素灰度是一种不稳定的测量值，它严重地受环境光照和相机曝光的影响。假设相机未动，我们打开了一只电灯，那么图像会整体变亮。这样，即使对于同样的数据，我们也会得到一个很大的差异值。

（2）当相机视角发生少量变化时，即使每个物体的光度不变，它们的像素也会在图像中发生位移，造成一个很大的差异值。

由于这两种情况的存在，实际中，即使对于非常相似的图像，$A-B$ 也会经常得到一个（不符合实际的）很大的值。因此我们说，这个函数不能很好地反映图像间的相似关系。这里牵涉到一个“好”和“不好”的定义问题。我们要问，怎样的函数能够更好地反映相似关系，而怎样的函数不够好呢？从这里可以引出感知偏差和感知变异两个概念。现在我们来更详细地讨论。

7.2.2 准确率和召回率

从人类的角度看（至少我们自认为），我们能够以很高的精确度，感觉到“两幅图像是否相似”或“这两张照片是从同一个地方拍摄的”这一事实，但由于目前尚未掌握人脑的工作原理，我们无法清楚地描述自己是如何完成这个判断的。从程序角度看，我们希

望程序算法能够得出和人类，或者和事实一致的判断。当我们觉得，或者事实上就是，两张照片从同一个地方拍摄，那么回环检测算法也应该给出“这是回环”的结果。反之，如果我们觉得，或事实上就是，两张照片是从不同地方拍摄的，那么程序也应该给出“这不是回环”的判断。当然，程序的判断并不总是与我们人类的想法一致，所以可能出现表 7.1 中的 4 种情况。

表 7.1 回环检测结果分类

算法	事实	
	是回环	不是回环
是回环	真阳性	假阳性
不是回环	假阴性	真阴性

这里阴性/阳性的说法是借用了医学上的说法。假阳性（False Positive）又称感知偏差，而假阴性（False Negative）称为感知变异，如图 7.7 所示。图 7.7（a）为假阳性，两张照片看起来很像，但并非同一走廊；图 7.7（b）为假阴性，由于光照变化，同一地点不同时刻的照片看起来很不一样。为方便书写，用缩写 TP 代表 True Positive（真阳性），用 TN 代表 True Negative（真阴性），其余类推。由于我们希望算法和人类的判断一致，所以希望 TP、TN 尽量高，而 FP、FN 尽可能低。因此，对于某种特定算法，我们可以统计它在某个数据集上的 TP、TN、FP、FN 的出现次数，并计算两个统计量：准确率（Precision）和召回率（Recall）。其计算公式为

$$\text{Precision}=\text{TP}/(\text{TP}+\text{FP}),\ \text{Recall}=\text{TP}/(\text{TP}+\text{FN}) \tag{7.24}$$

（a）（b）

图 7.7 假阳性与假阴性的例子
（a）假阳性；（b）假阴性

由式（7.24）可得，准确率描述的是算法提取的所有回环中确实是真实回环的概率；而召回率则是指在所有真实回环中被正确检测出来的概率。为什么取这两个统计量呢？因为它们具有一定的代表性，并且通常是一对矛盾。

一个算法往往有许多的设置参数。例如，当提高某个阈值时，算法可能变得更加“严格”——它检出更少的回环，使准确率得以提高。同时，检出的数量变少了，许多原本是回环的地方就可能被漏掉，导致召回率下降。反之，如果我们选择更加宽松的配置，那么检出的回环数量将增加，得到更高的召回率，但其中可能混杂一些不是回环的情况，于是准确率下降。

为了评价算法的好坏，我们会测试它在各种配置下的值，然后作出 Precision-Recall 曲线，如图 7.8 所示。随着召回率的上升，检测条件变得宽松，准确率随之下降。好的算法在较高召回率的情况下仍能保证较好的准确率。当召回率为横轴，准确率为纵轴时，我们

会关心整条曲线偏向右上方的程度、100%准确率情况下的召回率或者 50%召回率时的准确率，作为评价算法的指标。注意：除了一些“天壤之别”的算法，我们通常不能一概而论地说此算法就是优于彼算法的。我们可能会说某算法在准确率较高时还有很好的召回率，而某算法在 70%召回率的情况下还能保证较好的准确率，诸如此类。

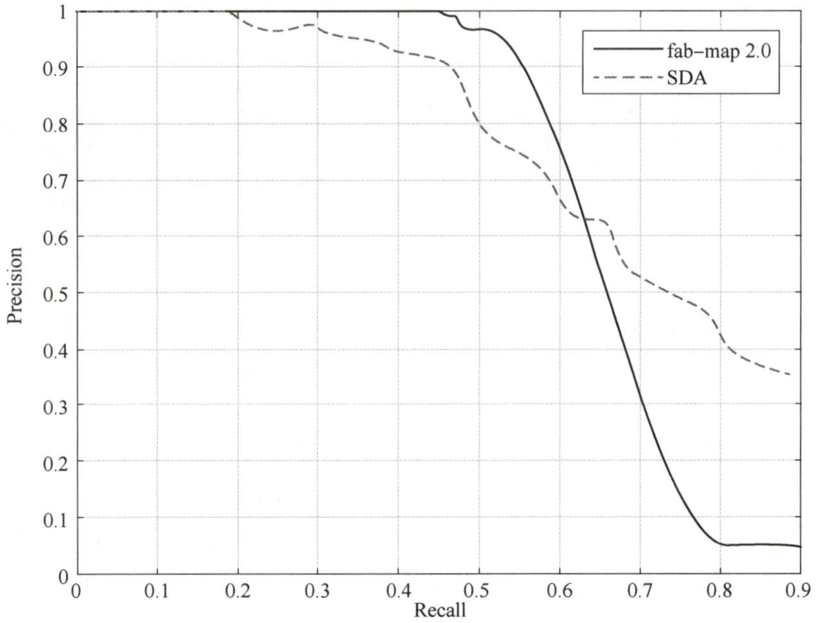

图 7.8　Precision-Recall 曲线

值得一提的是，在 SLAM 中，我们对准确率的要求更高，而对召回率则相对宽容一些。假阳性的（检测结果是而实际不是的）回环将在后端的位姿图中添加根本错误的边，有些时候会导致优化算法给出完全错误的结果。想象一下，如果 SLAM 程序错误地将所有的办公桌当成了同一张，则建出来的图会怎么样呢？你可能会看到走廊不直了，墙壁被交错在一起了，最后整个地图都失效了。相比之下，召回率低一些，顶多有部分的回环没有被检测到，地图可能受一些累积误差的影响，然而仅需一两次回环就可以完全消除它们。因此，在选择回环检测算法时，我们更倾向于把参数设置得更严格，或者在检测之后再加上回环验证的步骤。

那么，回到之前的问题，为什么不用 $A-B$ 来计算相似性呢？我们会发现它的准确率和召回率都很差，可能出现大量的假阳性或假阴性的情况，所以说这样做“不好”。那么，什么方法更好一些呢？下面介绍词袋模型。

7.2.3　词袋模型

既然直接用两幅图像相减的方式不够好，我们就需要一种更可靠的方式。结合前面几小节的内容，一种思路是：为何不像 VO 那样使用特征点来作回环检测呢？和 VO 一样，我们对两幅图像的特征点进行匹配，只要匹配数量大于一定值，就认为出现了回环。根据特征点匹配，我们还能计算出这两幅图像之间的运动关系。当然，这种做法存在一些问题，如特征的匹配会比较费时、当光照变化时特征描述可能不稳定等，但离我们要介绍的词袋模型已经很相近了。下面我们先来介绍词袋的做法，再来讨论数据结构之类的实现细节。

词袋，也就是 Bag-of-Words（BoW），目的是用“图像上有哪几种特征”来描述一幅图像。例如，我们说某张照片中有一个人、一辆车；而另一张中有两个人、一条狗。根据这样的描述，就可以度量这两幅图像的相似性。再具体一些，我们要做以下 3 步：

（1）确定“人”“车”“狗”等概念对应于 BoW 中的“单词”（Word），许多单词放在一起，组成了“字典”（Dictionary）；

（2）确定一幅图像中出现了哪些在字典中定义的概念——我们用单词出现的情况（或直方图）描述整幅图像，这就把一幅图像转换成了一个向量的描述；

（3）比较第（2）步中的描述的相似程度。

以上面举的例子来说，首先我们通过某种方式得到了一本“字典”。字典上记录了许多单词，每个单词都有一定意义，如“人”“车”“狗”都是记录在字典中的单词，我们不妨分别记为 ω_1、ω_2、ω_3。然后，对于任意图像，根据它们含有的单词，可记为

$$A=1\cdot\omega_1+1\cdot\omega_2+0\cdot\omega_3 \tag{7.25}$$

字典是固定的，所以只要用 $[1\quad 1\quad 0]^{\mathrm{T}}$ 这个向量就可以表达 A 的意义。通过字典和单词，只需一个向量就可以描述整幅图像。该向量描述的是“图像是否含有某类特征”的信息，比单纯的灰度值更稳定。又因为描述向量说的是“是否出现”，而不管它们“在哪儿出现”，即与物体的空间位置和排列顺序无关，所以在相机发生少量运动时，只要物体仍在视野中出现，我们就仍然保证描述向量不发生变化。基于这种特性，我们称它为 Bag-of-Words 而不是 List-of-Words，强调的是 Words 的有无，而与其顺序无关。因此，可以说字典类似于单词的一个集合。

回到上面的例子，同理，用 $[2\quad 0\quad 1]^{\mathrm{T}}$ 可以描述图像 。如果只考虑“是否出现”而不考虑数量，那么也可以是 $[1\quad 0\quad 1]^{\mathrm{T}}$，这时候这个向量就是二值的。于是，根据这两个向量，设计一定的计算方式，就能确定图像间的相似性。当然，对两个向量求差仍然有一些不同的做法。例如，对于 $\boldsymbol{a}$，$\boldsymbol{b}\in\mathbf{R}^n$，可以计算：

$$s(\boldsymbol{a},\boldsymbol{b})=1-\frac{1}{n}\|\boldsymbol{a}-\boldsymbol{b}\|_1 \tag{7.26}$$

其中，范数取 L_1 范数，即各元素绝对值之和。请注意在两个向量完全一样时，我们将得到 1；完全相反时（$\boldsymbol{a}$ 为 0 的地方 $\boldsymbol{b}$ 为 1）得到 0。这样就定义了两个描述向量的相似性，也就定义了图像之间的相似程度。

接下来的问题是什么呢？

（1）我们虽然清楚了字典的定义方式，但它到底是怎么来的呢？

（2）如果我们能够计算两幅图像间的相似程度评分，是否就足够判断回环了呢？

所以接下来，我们首先介绍字典的生成方式，然后介绍如何利用字典实际地计算两幅图像间的相似性。

按照前面的介绍，字典由很多单词组成，而每一个单词代表了一个概念。一个单词与一个单独的特征点不同，它不是从单幅图像上提取出来的，而是某一类特征的组合。因此，字典生成问题类似于一个聚类问题。

聚类问题在无监督机器学习中特别常见，用于让机器自行寻找数据中的规律。BoW 的字典生成问题也属于其中之一。首先，假设我们对大量的图像提取了特征点，如有 N 个。

现在，我们想找一个有 k 个单词的字典，每个单词可以看作局部相邻特征点的集合，应该怎么做呢？可以用经典的 K-means（K 均值）算法解决。

K-means 是一个非常简单有效的方法，因此在无监督学习中广为使用，下面对其原理稍作介绍。简单地说，当有 N 个数据，想要归成 k 个类，那么用 K-means 方法主要包括如下步骤：

（1）随机选取 k 个中心点，即 $C_l, \cdots, C_k$；

（2）对每一个样本，计算它与每个中心点之间的距离，取最小的作为它的归类；

（3）重新计算每个类的中心点；

（4）如果每个中心点的变化都很小，则算法收敛，退出，否则返回第（2）步。

K-means 的做法是朴素且简单有效的，不过也存在一些问题，如需要指定聚类数量、随机选取中心点使每次聚类结果都不相同，以及一些效率上的问题。随后，研究者也开发出了层次聚类法、K-means++等算法以弥补它的不足，不过这都是后话，我们就不详细讨论了。总之，根据 K-means，我们可以把已经提取的大量特征点聚类成一个含有 k 个单词的字典。现在的问题变成了如何根据图像中某个特征点查找字典中相应的单词。

仍然有朴素的思想：只要和每个单词进行比对，取最相似的那个就可以了——这当然是简单有效的做法。然而，考虑到字典的通用性，我们通常会使用一个较大规模的字典，以保证当前使用环境中的图像特征都曾在字典里出现，或至少有相近的表达。如果你觉得对 10 个单词一一比较不是什么麻烦事，那么对于一万个呢？十万个呢？

于是，可以使用一种 k 叉树来表达字典。它的思路很简单，类似于层次聚类，是 K-means 的直接扩展，如图 7.9 所示。假定我们有 N 个特征点，希望构建一个深度为 d、每次分叉为 k 的树，那么做法如下。

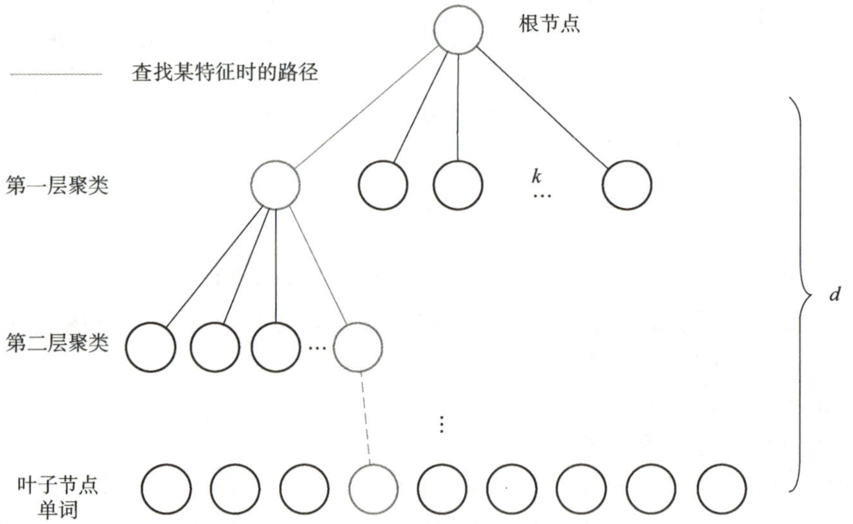

图 7.9　k 叉树字典示意

（1）在根节点，用 K-means 把所有样本聚成 k 类（实际中为保证聚类均匀性会使用 K-means++），这样就得到了第一层。

（2）对第一层的每个节点，把属于该节点的样本再聚成 k 类，得到下一层。

（3）以此类推，最后得到叶子层，叶子层即为所谓的单词（Words）。

实际上，最终我们仍在叶子层构建了单词，而树结构中的中间节点仅供快速查找时使用。这样一个 k 分支、深度为 d 的树，可以容纳 k^d 个单词。另外，在查找某个给定特征对应的单词时，只需将它与每个中间节点的聚类中心比较（一共 d 次），即可找到最后的单词，保证了对数级别的查找效率。

7.2.4　相似度计算

下面我们来讨论相似度计算的问题。有了字典之后，给定任意特征 f_i，只要在字典树中逐层查找，最后都能找到与之对应的单词 ω_j。当字典足够大时，我们可以认为 f_i 和 ω_j 来自同一类物体（尽管没有理论上的保证，仅是在聚类意义下这样说）。那么，假设从一幅图像中提取了 N 个特征，找到这 N 个特征对应的单词之后，就相当于拥有了该图像在单词列表中的分布，或者直方图。理想情况下，相当于“这幅图像里有一个人和一辆汽车”这样的意思。根据 BoW 的说法，不妨认为这是一个 Bag。

注意：这种做法中我们对所有单词都是“一视同仁”的——有就是有，没有就是没有。这样做好不好呢？我们应考虑部分单词具有更强区分性这一因素。例如，“的”“是”这样的字可能在许多的句子中出现，我们无法根据它们判别句子的类型；但如果有“文档”“足球”这样的单词，对判别句子的作用就大一些，可以说它们提供了更多信息。因此，概括起来，我们希望对单词的区分性或重要性加以评估，给它们不同的权值以起到更好的效果。

TF-IDF（Term Frequency-Inverse Document Frequency，词频-逆文本频率指数）是文本检索中常用的一种加权方式，也用于 BoW 模型中。TF 的思想是，某单词在一幅图像中经常出现，它的区分度就高；IDF 的思想是，某单词在字典中出现的频率越低，分类图像时的区分度越高。

我们可以在建立字典时计算 IDF：统计某个叶子节点 ω_i 中的特征数量相对于所有特征数量的比例，作为 IDF 部分。假设所有特征数量为 n，ω_i 数量为 n_i，那么该单词的 IDF 为

$$\mathrm{IDF}_i = \lg \frac{n}{n_i} \tag{7.27}$$

TF 部分则是指某个特征在单幅图像中出现的频率。假设图像 A 中单词 w_i 出现了 n_i 次，而一共出现的单词次数为 n，那么 TF 为

$$\mathrm{TF}_i = \frac{n}{n_i} \tag{7.28}$$

于是，ω_i 的权重等于 TF 与 IDF 之积：

$$\eta_i = \mathrm{TF}_i \times \mathrm{IDF}_i \tag{7.29}$$

考虑权重以后，对于某幅图像 A，它的特征点可对应到许多个单词，组成它的 BoW：

$$A = \{(\omega_1, \eta_1), (\omega_2, \eta_2), \cdots, (\omega_N, \eta_N)\} \overset{\mathrm{def}}{=} \boldsymbol{v}_A \tag{7.30}$$

由于相似的特征可能落到同一个类中，因此实际的 $\boldsymbol{v}_A$ 中会存在大量的 0。无论如何，通过词袋我们用单个向量 $\boldsymbol{v}_A$ 描述了一幅图像 A。这个向量 $\boldsymbol{v}_A$ 是一个稀疏的向量，它的非零部分指示了图像 A 中含有哪些单词，而这些部分的值为 TF-IDF 的值。

接下来的问题是：给定 $\boldsymbol{v}_A$ 和 $\boldsymbol{v}_B$，如何计算它们的差异呢？这个问题和范数定义的方式一样，存在若干种解决方式。例如，L_1 范数形式：

$$s(\boldsymbol{v}_A - \boldsymbol{v}_B) = 2\sum_{i=1}^{N} |\boldsymbol{v}_{Ai}| + |\boldsymbol{v}_{Bi}| - |\boldsymbol{v}_{Ai} - \boldsymbol{v}_{Bi}| \tag{7.31}$$

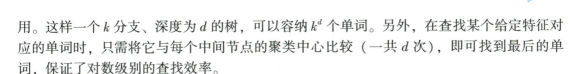

当然也有很多种别的方式等你探索，在这里我们仅举一例作为演示。至此，我们已说明了如何通过词袋模型计算任意图像间的相似度。

7.2.5 关键帧的处理和验证

在检测回环时，我们必须考虑关键帧的选取。如果关键帧选得太近，那么将导致两个关键帧之间的相似性过高，相比之下不容易检测出历史数据中的回环。例如，检测结果经常是第 n 和第 $n-2$ 帧、第 $n-3$ 帧最为相似，这种结果似乎太平凡了，意义不大。因此，从实践的角度来看，用于回环检测的帧最好稀疏一些，彼此之间不太相同，又能涵盖整个环境。

另外，如果成功检测到了回环，如回环出现在第 1 帧和第 n 帧，那么很可能第 $n+1$ 帧、$n+2$ 帧都会和第 1 帧构成回环。确认第 1 帧和第 n 帧之间存在回环对轨迹优化是有帮助的，而接下去的第 $n+1$ 帧、第 $n+2$ 帧都会和第 1 帧构成回环产生的帮助就没那么大了，因为我们已经用之前的信息消除了累积误差，更多的回环并不会带来更多的信息。因此，我们会把“相近”的回环聚成一类，使算法不要反复地检测同一类回环。

词袋的回环检测算法完全依赖于外观而没有利用任何的几何信息，这导致外观相似的图像容易被当成回环。并且，由于词袋不在乎单词顺序，只在意单词有无的表达方式，更容易引发感知偏差。因此，在回环检测之后，我们通常还会有一个验证步骤。

验证的方法有很多。一个方法是设立回环的缓存机制，认为单次检测到的回环并不足以构成良好的约束，而在一段时间中一直检测到的回环，才是正确的回环。这可以看成时间上的一致性检测。另一个方法是空间上的一致性检测，即对回环检测到的两个帧进行特征匹配，估计相机的运动。然后，把运动放到之前的位姿图中，检查与之前的估计是否有很大的出入。总之，验证部分通常是必需的，但如何实现却是见仁见智的问题。

从前面的论述中可以看出，回环检测与机器学习有着千丝万缕的关联。回环检测本身非常像是一个分类问题。与传统模式识别的区别在于，回环中的类别数量很大，而每类的样本很少——极端情况下，当机器人发生运动后，图像发生了变化，就产生了新的类别，我们甚至可以把类别当成连续变量而非离散变量；而回环检测，相当于两幅图像落入同一类，是很少出现的。从另一个角度看，回环检测也相当于对“图像间相似性”概念的一个学习。既然人类能够掌握图像是否相似的判断，让机器学习到这样的概念也是非常有可能的。

词袋模型本身是一个非监督的机器学习过程——构建词典相当于对特征描述子进行聚类，而树只是对所聚的类进行快速查找的数据结构。既然是聚类，那么结合机器学习里的知识，我们至少可以问：

（1）是否能对机器学习的图像特征进行聚类，而不是对 SURF、ORB 这样的人工设计特征进行聚类?

（2）是否有更好的方式进行聚类，而不是用树结构加上 K-means 这些较朴素的方式?

结合目前机器学习的发展，二进制描述子的学习和无监督的聚类，都是非常有望在深度学习框架中得以解决的问题。我们也陆续看到了利用机器学习进行回环检测的工作。尽管目前词袋方法仍是主流，但未来深度学习方法很有希望打败这些人工设计特征的、传统的机器学习方法。毕竟词袋方法在物体识别问题上已经明显不如神经网络了，而回环检测又是非常相似的一个问题。

7.3 SLAM 建图

在经典的 SLAM 模型中，我们所谓的地图，即所有路标点的集合。一旦确定了路标点的位置，就可以说我们完成了建图。于是，前面说的 VO 也好，BA 也好，事实上都建模了路标点的位置，并对它们进行了优化。从这个角度上看，我们已经探讨了建图问题。那么为何还要单独介绍建图呢?

这是因为人们对建图的需求不同。SLAM 作为一种底层技术，往往是用来为上层应用提供信息的。如果上层是机器人，那么应用层的开发者可能希望使用 SLAM 进行全局的定位，并且让机器人在地图中导航，如扫地机器人需要完成扫地工作，希望计算一条能够覆盖整张地图的路径。或者，如果上层是一个增强现实设备，那么开发者可能希望将虚拟物体叠加在现实物体之中，特别地，还可能需要处理虚拟物体和真实物体的遮挡关系。

我们发现，应用层面对“定位”的需求是相似的，希望 SLAM 提供相机或搭载相机的主体的空间位姿信息。而对于地图，则存在着许多不同的需求。从视觉 SLAM 的角度看，“建图”是服务于“定位”的；但是从应用层面看，“建图”明显带有许多其他的需求。关于地图的用处，我们大致归纳如下。

（1）定位。定位是地图的一项基本功能。在前面的 VO 部分，我们讨论了如何利用局部地图实现定位。在回环检测部分，我们也看到，只要有全局的描述子信息，我们也能通过回环检测确定机器人的位置。我们还希望能够把地图保存下来，让机器人在下次开机后依然能在地图中定位，这样只需对地图进行一次建模，而不是每次启动机器人都重新进行一次完整的 SLAM。

（2）导航。导航是指机器人能够在地图中进行路径规划，在任意两个地图点间寻找路径，然后控制自己运动到目标点的过程。在该过程中，我们至少需要知道地图中哪些地方不可通过，而哪些地方是可以通过的。这就超出了稀疏特征点地图的能力范围，必须有另外的地图形式，这至少得是一种稠密的地图。

（3）避障。避障也是机器人经常碰到的一个问题。它与导航类似，但更注重局部的、动态的障碍物的处理。同样，仅有特征点，我们无法判断某个特征点是否为障碍物，所以需要稠密地图。

（4）重建。有时，我们希望利用 SLAM 获得周围环境的重建效果。这种地图主要用于向人展示，所以希望它看上去比较舒服、美观。或者，我们也可以把该地图用于通信，使其他人能够远程观看我们重建得到的三维物体或场景，如三维的视频通话或者网上购物等。这种地图亦是稠密的，并且对它的外观有一些要求。我们可能不满足于稠密点云重建，更希望能够构建带纹理的平面，就像电子游戏中的三维场景那样。

（5）交互。交互主要指人与地图之间的互动。例如，在增强现实中，我们会在房间里放置虚拟的物体，并与这些虚拟物体之间有一些互动，如点击墙面上放着的虚拟网页浏览器来观看视频，或者向墙面投掷物体，希望它们有（虚拟的）物理碰撞。另外，机器人应用中也会有与人、与地图之间的交互。例如，机器人可能会收到命令“取桌子上的报纸”，那么，除了要有环境地图，机器人还需要知道哪一块地图是“桌子”，什么叫作“之上”，什么叫作“报纸”。这需要机器人对地图有更高层面的认识——也称为语义地图。

图 7.10 形象地解释了上面讨论的各种地图类型与用途之间的关系。我们之前的讨论，基本集中于“稀疏路标地图”部分，还没有探讨稠密地图。所谓稠密地图，是相对于稀疏地图而言的。稀疏地图只建模感兴趣的部分，也就是前面说了很久的特征点（路标点）；而稠密地图是指建模所有看到过的部分。对于同一张桌子，稀疏地图可能只建模了桌子的 4 个角，而稠密地图则会建模整个桌面。虽然从定位角度看，只有 4 个角的地图也可以用于对相机进行定位，但由于我们无法从 4 个角推断这几个点之间的空间结构，所以无法仅用 4 个角完成导航、避障等需要稠密地图才能完成的工作。

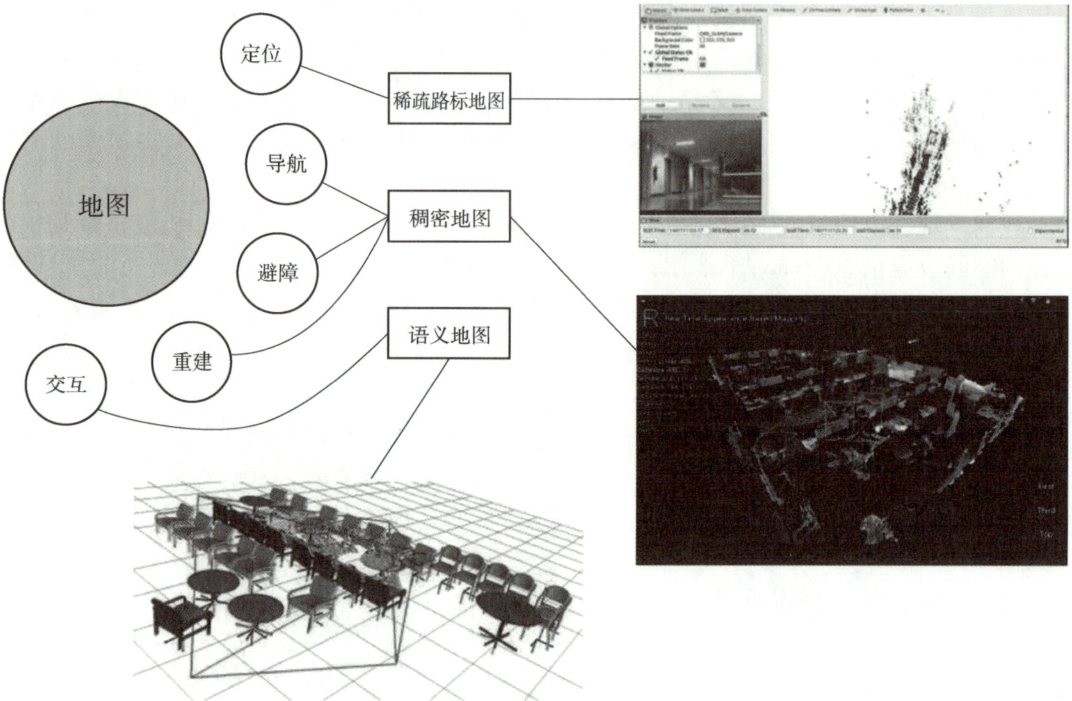

图 7.10　各种地图的示意

从上面的讨论中可以看出，稠密地图占据着一个非常重要的位置。于是，剩下的问题是：通过视觉 SLAM 能建立稠密地图吗？如果能，怎么建呢？

7.3.1　稠密地图

视觉 SLAM 的稠密重建问题是本小节的第一个重要话题。相机，被认为是只有角度的传感器。单幅图像中的像素，只能提供物体与相机成像平面的角度及物体采集到的亮度，而无法提供物体的距离。而在稠密重建中，我们需要知道每一个像素点（或大部分像素点）的距离，对此大致上有如下解决方案：

（1）使用单目相机，估计相机运动，并且用三角测量计算像素的距离；

（2）使用双目相机，利用左右目的视差计算像素的距离（多目原理相同）；

（3）使用 RGB-D 相机直接获得像素距离。

前两种方式称为立体视觉，其中第（1）种又称为移动视角的立体视觉（Moving View

Stereo，MVS）。相比于 RGB-D 直接测量的深度，使用单目和双目的方式对深度获取，往往是“费力不讨好”的——计算量巨大，最后得到一些不怎么可靠的深度估计。当然，RGB-D 也有一些量程、应用范围和光照的限制，不过相比于单目和双目相机的结果，使用 RGB-D 相机进行稠密重建往往是更常见的选择。而单目、双目相机的好处是，在目前 RGB-D 相机还无法被很好地应用的室外、大场景场合中，仍能通过立体视觉估计深度信息。

话虽如此，本小节我们将带领读者实现单目稠密重建，体验为何说它是费力不讨好的。我们从最简单的情况讲起：在给定相机轨迹的基础上，如何根据一段时间的视频序列估计某幅图像的深度。换言之，我们不考虑 SLAM，先来考虑略为简单的建图问题。假定有一段视频序列，我们通过某种方法得到了每一帧对应的轨迹（当然也很可能是由 VO 前端估计所得）。现在以第一幅图像作为参考帧，计算参考帧中每个像素的深度（或者距离）。首先，请回忆在特征点部分我们是如何完成该过程的：

（1）对图像提取特征，并根据描述子计算特征之间的匹配，换言之，通过特征，我们对某一个空间点进行了跟踪，知道了它在各幅图像之间的位置；

（2）由于无法仅用一幅图像确定特征点的位置，因此必须通过不同视角下的观测估计它的深度，原理即前面讲过的三角测量。

在稠密深度图估计中，不同之处在于，我们无法把每个像素都当作特征点计算描述子。因此，在稠密深度图估计问题中，匹配就成为很重要的一环：如何确定第一幅图的某像素出现在其他图里的位置呢？这需要用到极线搜索和块匹配技术。当我们知道了某个像素在各幅图中的位置，就能像特征点那样，利用三角测量法确定它的深度。不过不同的是，在这里要使用很多次三角测量法让深度估计收敛，而不仅使用一次。我们希望深度估计能够随着测量的增加从一个非常不确定的量，逐渐收敛到一个稳定值。这就是深度滤波器技术。因此，下面的内容将主要围绕这个主题展开。

1）极线搜索与块匹配

我们先来探讨不同视角下观察同一个点产生的几何关系。这非常像之前讨论的对极几何关系。如图 7.11 所示，左侧相机观测到了某个像素 p_1，由于这是一个单目相机，无从知道它的深度，因此假设这个深度可能在某个区域之内，不妨说是某最小值到无穷远之间，即（$d_{min}, +\infty$）。该像素对应的空间点就分布在某条线段（本例中是射线）上。从另一个视角（右侧相机）看，这条线段的投影也形成图像平面上的一条线，我们知道这条线称为极线。当知道两台相机间的运动时，这条极线也是能够确定的。那么问题就是：极线上的哪一个点是我们刚才看到的 p_1 点呢？

重复一遍，在特征点方法中，通过特征匹配找到了 p_2 的位置。然而现在我们没有描述子，所以只能在极线上搜索和 p_1 长得比较相似的点。再具体地说，我们可能沿着第二幅图像中的极线的某一头走到另一头，逐个比较每个像素与 p_1 的相似程度。从直接比较像素的角度来看，这种做法和直接法有异曲同工之妙。

在直接法的讨论中我们了解到，比较单个像素的亮度值并不一定稳定可靠。一件很明显的事情就是：万一极线上有很多和 p_1 相似的点，怎么确定哪一个是真实的呢？这似乎回到了我们在回环检测中说到的问题：如何确定两幅图像（或两个点）的相似性？回环检测是通过词袋来解决的，但这里由于没有特征，因此只好寻求另外的解决途径。

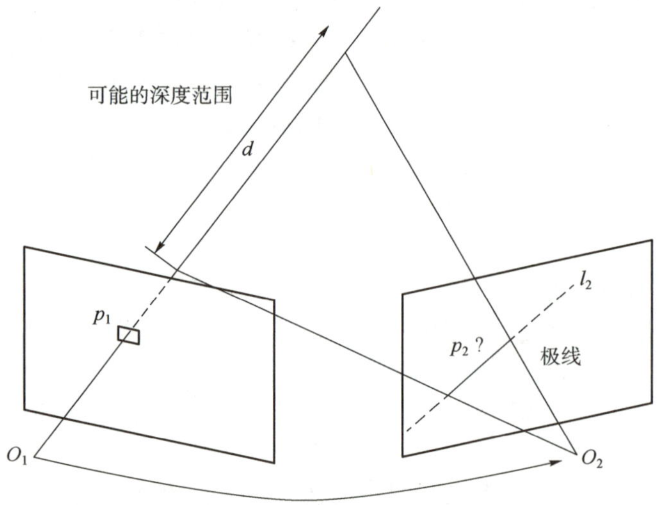

图 7.11　极线搜索示意

一种直观的想法是：既然单个像素的亮度没有区分性，那么是否可以比较像素块呢？我们在 p_1 周围取一个大小为 $w \times w$ 的小块，然后在极线上也取很多同样大小的小块进行比较，就可以在一定程度上提高区分性。这就是所谓的块匹配。在这个过程中，只有假设在不同图像间整个小块的灰度值不变，这种比较才有意义。因此，算法的假设，从像素的灰度不变性变成了图像块的灰度不变性——在一定程度上变得更强了。

现在我们取了 p_1 周围的小块，并且在极线上也取了很多个小块。不妨把 p_1 周围的小块记成 $A \in \mathbf{R}^{w \times w}$，把极线上的 n 个小块记成 B_i（$i=1,2,\cdots,n$）。那么，如何计算小块与小块间的差异呢？有以下若干种不同的计算方法。

（1）SAD（Sum of Absolute Difference，绝对差值和）。顾名思义，即取两个小块的差的绝对值之和：

$$s(A,B)_{\mathrm{SAD}} = \sum_{i,j} |A(i,j) - B(i,j)| \tag{7.32}$$

（2）SSD。这里的 SSD 并不是大家熟悉的固态硬盘，而是平方和（Sum of Squared Distance）的意思：

$$s(A,B)_{\mathrm{SSD}} = \sum_{i,j} (A(i,j) - B(i,j))^2 \tag{7.33}$$

（3）NCC（Normalized Cross Correlation，归一化互相关）。这种方式比前两种要复杂，它计算的是两个小块的相关性：

$$s(A,B)_{\mathrm{NCC}} = \frac{\sum_{i,j} (A(i,j) - B(i,j))}{\sqrt{\sum_{i,j} A(i,j)^2 \sum_{i,j} B(i,j)^2}} \tag{7.34}$$

注意：由于这里用的是相关性，因此相关性接近 0 表示两幅图像不相似，接近 1 表示相似。前面两种距离则是反过来的，接近 0 表示相似，而大的数值表示不相似。

和我们遇到过的许多情形一样，这些计算方式往往存在一个精度-效率之间的矛盾。精度好的方法往往需要复杂的计算，而简单、快速的算法又往往精度不佳。这需要我们在实际工程中进行取舍。另外，除了这些简单版本，我们可以先把每个小块的均值去掉，称为去均值的 SSD、去均值的 NCC 等。去掉均值之后，允许出现如“小块比 A 整体上亮一些，但仍然很相似”这样的情况，因此比之前更可靠。

现在，我们在极线上计算了与每一个点的相似性度量。为了方便叙述，假设我们用了 NCC，那么，将得到一个沿着极线的 NCC 分布。这个分布的形状取决于图像数据，如图 7.12 所示。在搜索距离较长的情况下，通常会得到一个非凸函数：这个分布存在许多峰值，然而真实的对应点必定只有一个。在这种情况下，我们会倾向于使用概率分布描述深度值，而非用某个单一的数值来描述深度。于是，我们的问题就转到了在不断对不同图像进行极线搜索时，我们估计的深度分布将发生怎样的变化——这就是所谓的深度滤波器。

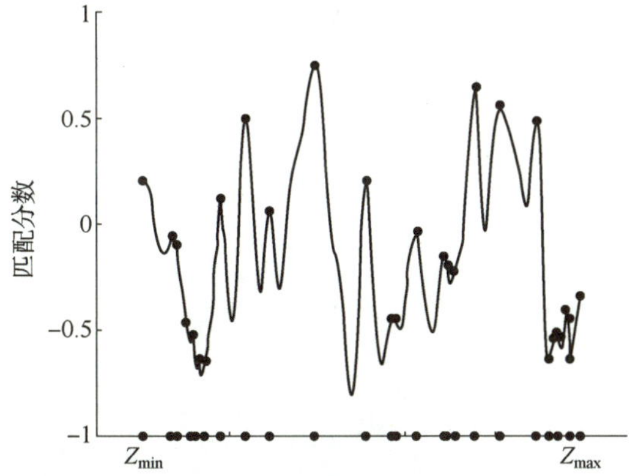

图 7.12　沿极线的 NCC 分布

2）高斯分布的深度滤波器

对像素点深度的估计，本身也可建模为一个状态估计问题，于是就自然而然存在滤波器与非线性优化两种求解思路。虽然非线性优化效果较好，但是在 SLAM 这种实时性要求较强的场合，考虑到前端已经占据了不少的计算量，建图方面则通常采用计算量较少的滤波器方式。这也是本小节讨论深度滤波器的目的。

对深度的分布假设存在若干种不同的做法。一方面，在比较简单的假设条件下，可以假设深度值服从高斯分布，得到一种类卡尔曼式的方法（但实际上只是归一化积）。另一方面，也采用了均匀高斯混合分布的假设，推导了另一种形式更为复杂的深度滤波器。本着简单易用的原则，我们先来介绍并演示高斯分布假设下的深度滤波器。

设某个像素点的深度 d 服从：

$$P(d)=N(\mu,\sigma^2) \tag{7.35}$$

每当新的数据到来，我们都会观测到它的深度。同样，假设这次观测也是一个高斯分布：

$$P(d_{obs})=N(\mu_{obs},\sigma_{obs}^2) \tag{7.36}$$

于是，我们的问题是，如何使用观测的信息更新原先 d 的分布。这正是一个信息融合问题。我们明白两个高斯分布的乘积依然是一个高斯分布。设融合后的 d 的分布为$N(\mu_{fuse},\sigma_{fuse}^2)$，那么根据高斯分布的乘积，有

$$\mu_{fuse}=\frac{\sigma_{obs}^2\mu+\sigma^2\mu_{obs}}{\sigma^2+\sigma_{obs}^2},\quad \sigma_{fuse}^2=\frac{\sigma^2\sigma_{obs}^2}{\sigma^2+\sigma_{obs}^2} \tag{7.37}$$

由于我们仅有观测方程而没有运动方程，因此这里深度仅用到了信息融合部分，而无

须像完整的卡尔曼那样进行预测和更新（当然，可以把它看成“运动方程为深度值固定不变”的卡尔曼滤波器）。可以看到融合的方程确实浅显易懂，不过问题仍然存在：如何确定我们观测到深度的分布呢？即如何计算 μ_{obs}、σ_{obs} 呢？

关于 μ_{obs}、σ_{obs}，也存在一些不同的处理方式。例如，考虑了几何不确定性和光度不确定性两者之和，或者仅考虑了几何不确定性。我们暂时只考虑由几何关系带来的不确定性。现在，假设我们通过极线搜索和块匹配确定了参考帧某个像素在当前帧的投影位置。那么，这个位置对深度的不确定性有多大呢？

以图 7.13 为例。考虑某次极线搜索，我们找到了 p_1 对应的 p_2 点，从而观测到了 p_1 的深度值，认为 p_1 对应的三维点为 P。从而，可记 $\overrightarrow{O_1P}$ 为 $\boldsymbol{p}$，$\overrightarrow{O_1O_2}$ 为相机的平移 $\boldsymbol{t}$，$\overrightarrow{O_2P}$ 记为 $\boldsymbol{a}$。并且，把这个三角形的下面两个角记作 α、β。现在，考虑极线 l_2 上存在一个像素大小的误差，使 β 角变成了 β'，而 $\boldsymbol{p}$ 也变成了 $\boldsymbol{p}'$，并记上面那个角为 γ。我们要问的是，这个像素的误差会导致 $\boldsymbol{p}$ 与 $\boldsymbol{p}'$ 产生多大的差距呢？

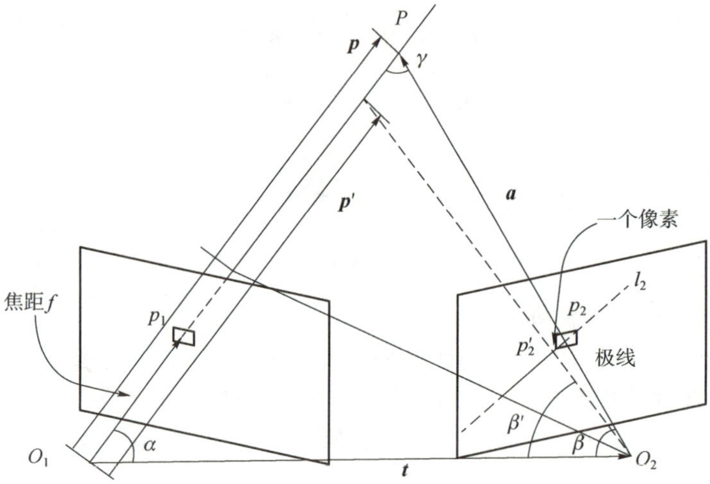

图 7.13　不确定性分析

这是一个典型的几何问题。我们来列写这些量之间的几何关系。显然有

$$\boldsymbol{a}=\boldsymbol{p}-\boldsymbol{t}$$
$$\alpha=\arccos\langle \boldsymbol{p},\boldsymbol{t}\rangle$$
$$\beta=\arccos\langle \boldsymbol{a},-\boldsymbol{t}\rangle \tag{7.38}$$

对 p_2 扰动一个像素，将使 β 产生一个变化量，成为 β'。根据几何关系，有

$$\beta'=\arccos\langle \overrightarrow{O_2p_2'},-\boldsymbol{t}\rangle$$
$$\gamma=\pi-\alpha-\beta' \tag{7.39}$$

于是，由正弦定理，$\boldsymbol{p}'$ 的大小可以求得：

$$\|\boldsymbol{p}'\|=\|\boldsymbol{t}\|\frac{\sin\beta'}{\sin\gamma} \tag{7.40}$$

由此，我们确定了由单个像素的不确定引起的深度不确定性。如果认为极线搜索的块匹配仅有一个像素的误差，那么就可以设：

$$\sigma_{obs}=\|\boldsymbol{p}\|-\|\boldsymbol{p}'\| \tag{7.41}$$

当然，如果极线搜索的不确定性大于一个像素，则我们可按照此推导放大这个不确定性。接下来的深度数据融合已经在前面介绍过了。在实际工程中，当不确定性小于一定阈值时，就可以认为深度数据已经收敛了。

综上所述，我们给出了估计稠密深度的一个完整的过程：

（1）假设所有像素的深度满足某个初始的高斯分布；

（2）当新数据产生时，通过极线搜索和块匹配确定投影点位置；

（3）根据几何关系计算三角化后的深度及不确定性；

（4）将当前观测融合进上一次的估计中，若收敛，则停止计算，否则返回第（2）步。

这些步骤组成了一套可行的深度估计方式，这里说的深度值是 O_1P 的长度，它和我们在针孔相机模型里提到的"深度"有稍许不同——针孔相机中的深度是指像素的值。我们将在实践部分演示该算法的结果。

3）像素梯度的问题

对深度图像进行观察，会发现一个明显的事实。块匹配的正确与否依赖于图像块是否具有区分度。显然，如果图像块仅是一片黑或者一片白，缺少有效的信息，那么在 NCC 计算中就很有可能错误地将它与周围的某块像素匹配。请读者观察演示程序中的打印机表面。它是均匀的白色，非常容易引起误匹配，因此打印机表面的深度信息多半是不正确的——演示程序的空间表面出现了明显不该有的条纹状深度估计，而根据我们的直观想象，打印机表面肯定是光滑的。

这里牵涉一个问题，该问题在直接法中已经出现过一次。在进行块匹配（和 NCC 的计算）时，我们必须假设小块不变，然后将该小块与其他小块进行对比。这时，有明显梯度的小块将具有良好的区分度，不易引起误配。对于梯度不明显的像素，由于在块匹配时没有区分性，因此将难以有效地估计其深度。反之，像素梯度比较明显的地方，我们得到的深度信息也相对准确，如桌面上的杂志、电话等具有明显纹理的物体。因此，演示程序反映了立体视觉中一个非常常见的问题：对物体纹理的依赖性。该问题在双目视觉中也极其常见，体现了立体视觉的重建质量十分依赖于环境纹理。

我们的演示程序刻意使用了纹理较好的环境，如像棋盘格一般的地板，带有木纹的桌面等，因此能得到一个看似不错的结果。然而在实际中，像墙面、光滑物体表面等亮度均匀的地方将经常出现，影响我们对它的深度估计。从某种角度来说，该问题是无法在现有的算法流程上加以改进并解决的——如果我们依然只关心某个像素周围的邻域（小块）。

进一步讨论像素梯度问题，还会发现像素梯度和极线之间的联系。

以图 7.14 为例，我们举两种比较极端的情况：像素梯度平行于极线方向和像素梯度垂直于极线方向。先来看垂直的情况，在垂直的例子里，即使小块有明显梯度，当我们沿着极线进行块匹配时，会发现匹配程度都是一样的，因此得不到有效的匹配。反之，在平行的例子里，我们能够精确地确定匹配度最高点出现在何处。而在实际中，梯度与极线的情况很可能介于两者之间：既不是完全垂直也不是完全平行。这时，我们说，当像素梯度与极线夹角较大时，极线匹配的不确定性大；而当夹角较小时，匹配的不确定性小。而在演示程序中，我们把这些情况都当成一个像素的误差，实际是不够精细的。考虑到极线与像素梯度的关系，应该使用更精确的不确定性模型。

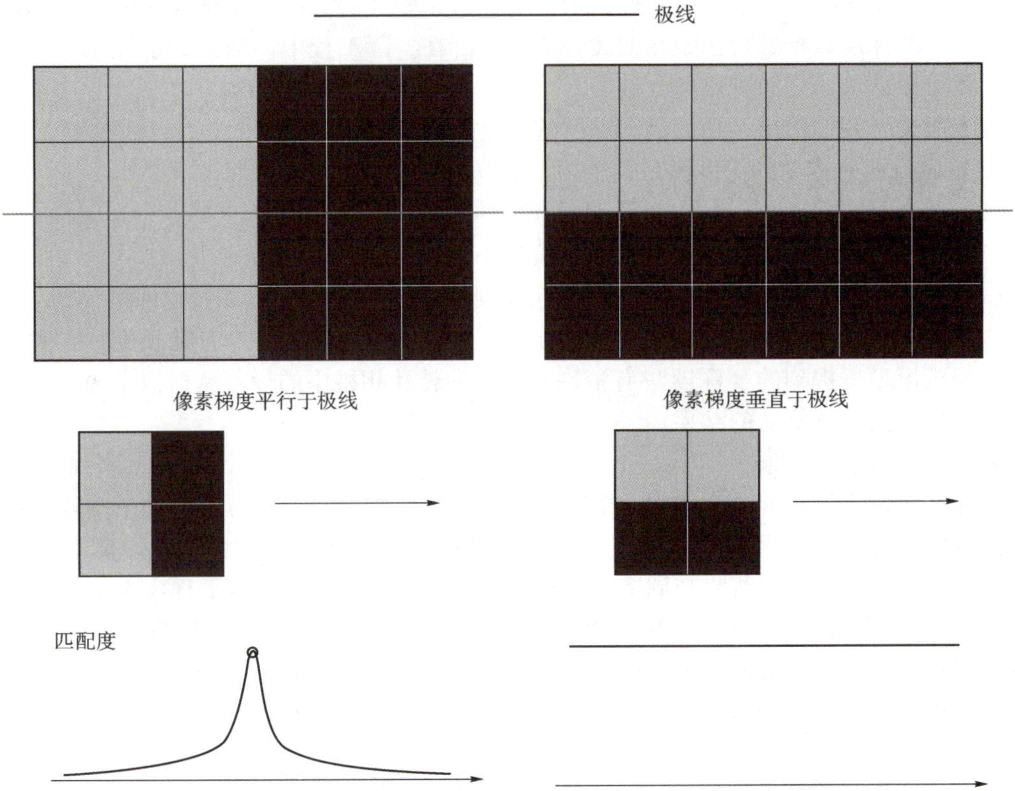

图 7.14　像素梯度与极线之关系示意

7.3.2　地图表示方法

深度估计问题在 RGB-D 相机中可以完全通过传感器中硬件的测量得到，无须消耗大量的计算资源来估计。并且，RGB-D 的结构光或飞时原理，保证了深度数据对纹理的无关性。即使面对纯色的物体，只要它能够反射光，我们就能测量它的深度。这也是 RGB-D 传感器的一大优势。

常用地图表示方法有：点云地图、栅格地图、特征地图、拓扑地图。

1. 点云地图

利用 RGB-D 相机进行稠密建图是相对容易的。不过，根据地图形式的不同，也存在着若干种不同的主流建图方式。最直观、最简单的方法就是根据估算的相机位姿，将 RGB-D 数据转化为点云，然后进行拼接，最后得到一个由离散的点组成的点云地图（Point Cloud Map）。

所谓点云地图，就是由一组离散的点表示的地图。最基本的点包含 X、Y、Z 三维坐标，也可以带有 R、G、B 的彩色信息。RGB-D 相机提供了彩色图和深度图，因此很容易根据相机内参来计算 RGB-D 点云。如果通过某种手段得到了相机的位姿，那么只需要直接把点云进行加和，就可以获得全局的点云。而在实际建图当中，我们还会对点云加一些滤波处理，以获得更好的视觉效果。在本程序中，我们主要使用两种滤波器：外点去除滤波器和体素网格的降采样滤波器，滤波效果如图 7.15 所示。

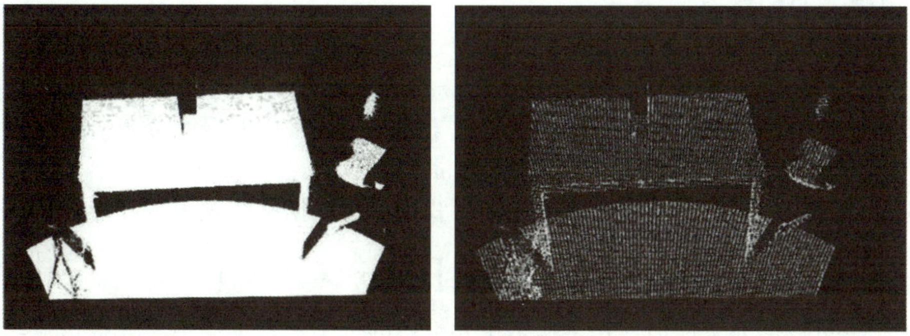

(a)　　　　　　　　　　　　(b)

图 7.15　滤波效果

(a) 经过体素滤波之后的点云；(b) 原始点云

点云地图提供了基本的可视化地图，让我们能够大致了解环境的外观。它以三维方式存储，使我们能够快速地浏览场景的各个角落，乃至在场景中进行漫游。点云的一大优势是可以直接由 RGB-D 图像高效地生成，不需要额外处理。它的滤波操作也非常直观，且处理效率尚能接受。不过，使用点云表达地图仍然是十分初级的，我们不妨按照之前提到的对地图的需求，看看点云地图是否能满足这些需求。

(1) 定位需求：取决于前端 VO 的处理方式。如果是基于特征点的 VO，那么由于点云中没有存储特征点信息，因此无法用于基于特征点的定位方法。如果前端是点云的 ICP，那么可以考虑将局部点云对全局点云进行 ICP 以估计位姿。然而，这要求全局点云具有较好的精度。我们处理点云时，并没有对点云本身进行优化，所以是不够的。

(2) 导航与避障的需求：无法直接用于导航和避障。纯粹的点云无法表示“是否有障碍物”的信息，我们也无法在点云中进行“任意空间点是否被占据”这样的查询，而这是导航和避障的基本需要。不过，可以在点云基础上进行加工，得到更适合导航与避障的地图形式。

(3) 可视化和交互需求：具有基本的可视化与交互能力。我们能够看到场景的外观，也能在场景里漫游。从可视化角度来说，由于点云只含有离散的点，没有物体表面信息（如法线），因此不太符合人们的可视化习惯。例如，从正面和背面看点云地图的物体是一样的，而且还能透过物体看到它背后的东西：这些都不太符合我们日常的经验。

2. 栅格地图

栅格地图的基本思想是将环境分解成一系列离散的栅格，每个栅格有一个值，表示该栅格被障碍物占用的情况，由此表示出周围环境的信息。这种方法已经在许多机器人系统中得到应用，是使用较为成功的一种方法。地图表示为 $m=\{m_i, i=1,2,\cdots,M\}$，其中 M 为栅格单元总数，m_i 表示每个栅格的取值，为一个二元量，取值为 0 或 1，0 表示空闲，1 表示被占。我们将传感器得到的数据记为 s，$s=\{s_1,s_2,\cdots,s_N\}$，其中 N 为激光数据总数。每一个数据表示在某一个角度上面所测量得到的障碍物与传感器之间的距离，它包括了距离和角度的信息。由此，占用栅格构建可以表示为一个概率问题，即在给定的激光测量数据条件下，我们去估计局部栅格被占用的概率，其值为

$$p\{m \mid s_1,s_2\cdots,s_N\} \tag{7.42}$$

式中，m 为栅格总的集合。

把上式展开，得

$$p\{m=1\mid s_1,s_2\cdots,s_N\}=p\{m_1=1,m_2=1,\cdots,m_M=1\mid s_1,s_2\cdots,s_N\} \tag{7.43}$$

表示任意等于 1 的联合概率分布估计，就构成了整张地图被占的概率分布，简写为

$$p(m=1\mid s_1,\cdots,s_N)=p(m_1,\cdots,m_M\mid s_1,\cdots,s_N) \tag{7.44}$$

假设栅格单元独立，作为联合概率来讲，我们可以根据乘法规则展开为

$$p(m=1\mid s_1,\cdots,s_N)=\prod_{i=1}^{M}p(m_i\mid s_1,\cdots,s_N) \tag{7.45}$$

以激光测量数据为条件估计每个栅格单元被占的概率，每个栅格单元被占概率的乘积就为所求栅格地图被占的概率。接下来该问题就变成了每个栅格单元的占用概率的估计。我们假设环境是静态的，即栅格单元的被占概率不会随时间变化。因为 m_i 的取值只能为 0 或 1，所以该过程就变成了一个静态量的二元估计问题。对此类问题，通常采用概率对数形式结合二元贝叶斯滤波求解。$p(m_i\mid s_1,\cdots,s_N)$ 的概率求解方法是利用它在该条件下的被占概率除以空闲概率，即

$$\frac{p(m_i\mid s_1,\cdots,s_N)}{p(\bar{m}_i\mid s_1,\cdots,s_N)}=\frac{p(m_i\mid s_1,\cdots,s_N)}{1-p(m_i\mid s_1,\cdots,s_N)} \tag{7.46}$$

对上式求对数，记 $p(m_i\mid s_1,\cdots,s_N)$ 的概率对数值为 $l_{i,N}$，即

$$l_{i,N}=\lg\frac{p(m_i\mid s_1,\cdots,s_N)}{1-p(m_i\mid s_1,\cdots,s_N)} \tag{7.47}$$

接下来进行未知量 $p(m_i\mid s_j)$ 求取，该未知量称为逆传感器模型，它表示根据某个激光测量数据，估计栅格单元被占的概率。它根据测距仪检测障碍物的射线模型进行推导，如图 7.16 所示。

该模型通过在某个角度上发射激光束，碰到障碍物时反射回发射点的时间差和相位差来获取障碍物到传感器的距离。距离和角度就是传感器得到的数据。

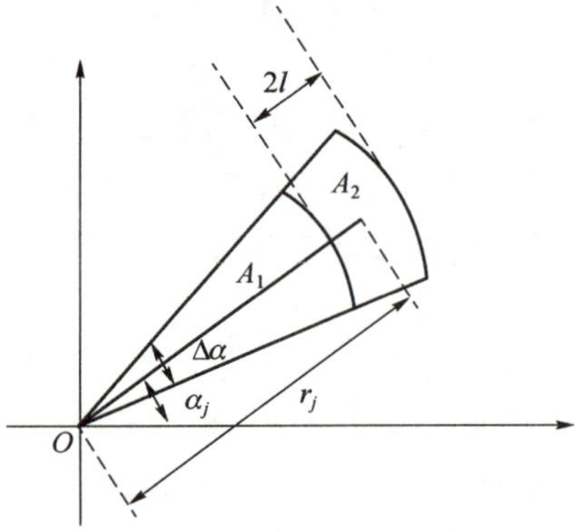

图 7.16　逆传感器模型原理

图 7.16 中，A_1 为空闲区域，A_2 为被占区域。距离被占区域点的距离越近以及角度越小，被占概率越高，可以描述为

$$p(m_i\mid s_j)=O_rO_\alpha \tag{7.48}$$

其中：

$$O_r=1-k_r\left(\frac{d_i-r_j}{l}\right)^2,\ O_\alpha=1-k_\alpha\left(\frac{\beta_i-\alpha_j}{\Delta\alpha/2}\right)^2 \tag{7.49}$$

对于 A_1 区域：

$$p(m_i\mid s_j)=1-p(\bar{m}_i\mid s_j)=1-E_rE_\alpha \tag{7.50}$$

其中：

$$E_r=1-k_r\left(\frac{d_i}{r_j-l}\right)^2,\ E_\alpha=1-k_\alpha\left(\frac{\beta_i-\alpha_j}{\Delta\alpha/2}\right)^2 \tag{7.51}$$

通过以上方法，就可以利用激光测量数据来构建局部栅格地图。

栅格地图优点：

(1) 是一种几何度量地图，可以详细描述环境信息；

(2) 可以方便地采用 A^* 等搜索算法进行最优路径规划；

(3) 可以方便地根据栅格被占概率计算获得当前观测的可能性，实现定位估计。

栅格地图的缺点：由于地图存储空间由所需建图的环境范围和栅格的分辨率确定，因此随着栅格数量的增加和环境范围的扩大，地图所需内存和维护时间也迅速增长，地图维度的增加更会随着环境范围的扩大造成空间需求呈指数级增长。

栅格地图降低存储空间的方法：四叉树/八叉树。

我们知道，把三维空间建模为许多个小方块（或体素）是一种常见的做法。如果我们把一个小方块的每个面平均切成两片，那么这个小方块就会变成同样大小的 8 个小方块。这个步骤可以不断地重复，直到最后的方块大小达到建模的最高精度。在这个过程中，把“将一个小方块分成同样大小的 8 个”这件事，看成“将一个节点展开成 8 个子节点”，那么，整个从最大空间细分到最小空间的过程，就是一棵八叉树。

如图 7.17 所示，左侧显示了一个大立方体不断地被均匀分成 8 块，直到变成最小的方块为止。于是，整个大方块可以看作根节点，而最小的块可以看作叶子节点。于是，在八叉树中，当我们由下一层节点往上走一层时，地图的体积就能扩大为原来的 8 倍。我们不妨进行简单的计算：如果叶子节点的方块大小为 1 cm^3，那么当我们限制八叉树为 10 层时，总共能建模的体积大约为 8^{10} cm^3 = 1 074 m^3，这足够建模一间屋子了。由于体积与深度呈指数关系，因此当我们用更大的深度时，建模的体积会增长得非常快。

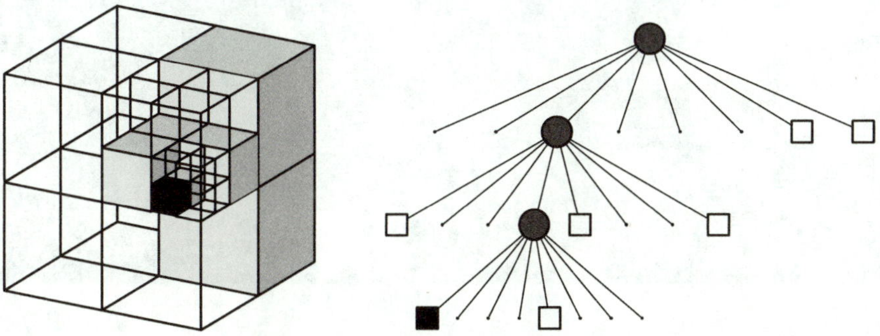

图 7.17 八叉树示意

读者可能会疑惑，在点云的体素滤波器中，我们不是也限制了一个体素中只有一个点吗？为何我们说点云占空间，而八叉树比较节省空间呢？这是因为，在八叉树中，在节点中存储它是否被占据的信息。当某个方块的所有子节点都被占据或都不被占据时，就没必要展开这个节点。例如，一开始地图为空白时，我们只需一个根节点，不需要完整的树。当向地图中添加信息时，由于实际的物体经常连在一起，空白的地方也会常常连在一起，因此大多数八叉树的节点无须展开到叶子层面。所以说，八叉树比点云节省大量的存储空间。

八叉树对比点云节省大量存储空间的原因：

(1) 通过分辨率可变来减少存储空间需求；

(2) 通过限制查询的深度，可以随时获得同一地图的多个分辨率；

(3) 随着观测的获取，增量式更新观测区域的地图，从而不需要预先定义地图的大小，避免了未知区域占用存储空间。

高度栅格地图基本思路：采用二维栅格地图表示方法，在每个栅格中存储该栅格内障碍物的高度信息，通过高斯分布来表示高度估计和不确定性。高度栅格地图也称为2.5维占用栅格地图。

3. 特征地图

特征地图：机器人通过传感器对周边环境进行感知，从获取的环境信息中提取有用信息并以几何特征的形式展示到地图中。几何特征信息有多种表示形式，如线段、曲线等。几何特征能够简化环境中各物体的信息，从而更直观地观测地图中障碍物的信息，便于进行位姿估计、目标识别与提取。同时，定位与建图功能涉及局部地图与全局地图，智能车需要将局部地图与全局地图进行比对，以便进行环境特征的关联。几何信息地图在局部区域中表现出目标高精度识别与计算量较小等优点，但在广域环境内难以保持高精度的坐标信息。此外，基于特征地图进行数据关联的挑战性极大，数据关联的准确性也难以得到保障。对几何信息进行提取需要额外处理感知信息，并且处理过程需要大量数据支撑才能获得较为理想的提取结果。

发展趋势1：从二维特征向三维特征发展，如图7.18所示。

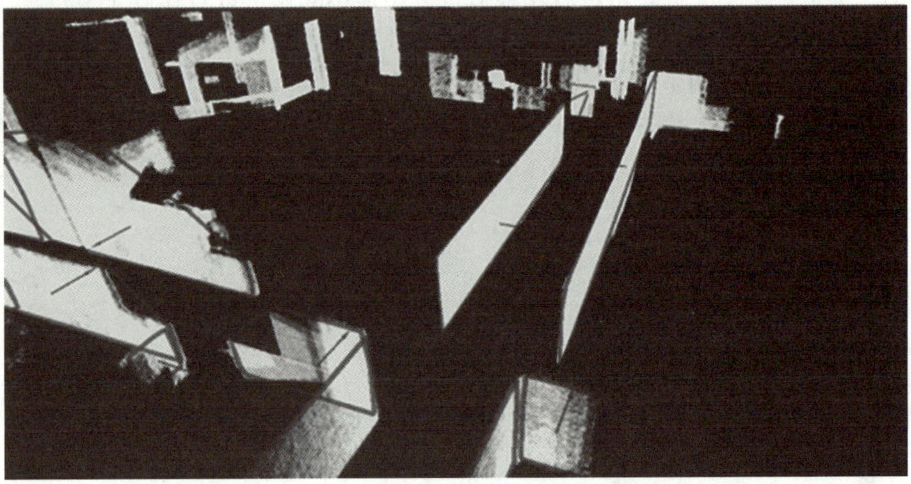

图7.18　3D平面特征图形

发展趋势2：提升环境描述的层次。

4. 拓扑地图

拓扑地图是一种统计地图，能够保持点与线之间正确的相对位置关系，但原图的形状、距离、方向等信息的准确性不能保证。拓扑地图也属于抽象地图的一种。拓扑地图由Brooks等人提出，为其后的研究奠定了一套理论基础。拓扑地图由于其较高的抽象度，非常适用于范围较广且障碍物类型较少的场景。同时，拓扑地图具备占用内存小、计算效率高、对路径的规划更为高效以及支持许多已经发展得较为成熟的算法等优点。拓扑地图的识别匹配功能以形成的拓扑节点为基础，当环境中存在两个相似物体时，通过拓扑地图很难对其进行区分辨认，同时拓扑地图会忽略各节点之间的最短可行路径，从而大大降低了智能车路径规划的最优性。针对传感器感知信息存在模糊的情形，很难根据模糊信息构建大型环境下的拓扑地图。

7.4　SLAM 发展方向

我们再来讨论一些未来的发展方向。大体上讲，SLAM 未来的发展趋势有两大类：一是朝轻量化、小型化方向发展，让 SLAM 能够在嵌入式或手机等小型设备上良好运行，然后考虑以它为底层功能的应用。毕竟，大部分场合中，我们的真正目的是实现机器人、AR/VR 设备的功能，如运动、导航、教学、娱乐等。SLAM 是为上层应用提供自身的一个位姿估计。在这些应用中，我们不希望 SLAM 占用所有计算资源，所以对 SLAM 的小型化和轻量化有非常强烈的需求。二是利用高性能计算设备，实现精密的三维重建、场景理解等功能。在这些应用中，我们的目的是完美地重建场景，而对于计算资源和设备的便携性则没有多大限制。由于可以利用 GPU，因此这个方向和深度学习也有结合点。

首先，我们要讨论一个具有很强应用背景的方向：视觉+惯性导航 SLAM。实际的机器人也好，硬件设备也好，通常都不会只携带一种传感器，往往是多种传感器的融合。学术界的研究人员喜爱“大而且干净的问题”，如仅用单个摄像头实现视觉 SLAM。但产业界的朋友们则更注重让算法更加实用，不得不面对一些复杂而琐碎的场景。在这种应用背景下，将视觉与惯性导航融合进行 SLAM 成了一个关注热点。IMU 能够测量传感器本体的角速度和加速度，被认为与相机传感器具有明显的互补性，而且极有可能在融合之后得到更完善的 SLAM 系统。IMU 为快速运动提供了较好的解决方式，而相机又能在慢速运动下解决 IMU 的漂移问题——在这个意义下，它们两者是互补的。

目前，VIO（Visual Intertial Odometry，视觉惯性里程计）的框架已经定型为两大类：松耦合和紧耦合。松耦合是指 IMU 和相机分别进行自身的运动估计，然后对其位姿估计结果进行融合。紧耦合是指把 IMU 的状态与相机的状态合并在一起，共同构建运动方程和观测方程，然后进行状态估计。我们可以预见，紧耦合理论也必将分为基于滤波和基于优化两个方向。

SLAM 的另一个大方向就是和深度学习技术结合。到目前为止，SLAM 的方案都处于特征点或者像素的层级，而关于这些特征点或像素到底来自哪里，我们一无所知。这使计算机视觉中的 SLAM 与我们人类的做法不怎么相似，至少我们自己从来看不到特征点，也不会去根据特征点判断自身的运动方向。我们看到的是一个个物体，通过左右眼判断它们的远近，然后基于它们在图像中的运动推测相机的移动。

很久之前，研究者就试图将物体信息结合到 SLAM 中，把物体识别与视觉 SLAM 结合起来，构建带物体标签的地图。另外，把标签信息引入 BA 或优化端的目标函数和约束中，我们可以结合特征点的位置与标签信息进行优化，这些工作都可以称为语义 SLAM。综合来说，SLAM 和语义的结合点主要体现在以下两个方面。

（1）语义帮助 SLAM。传统的物体识别、分割算法往往只考虑一幅图，而在 SLAM 中，我们拥有一台移动的相机。如果我们给运动过程中的图片都带上物体标签，则能得到一张带有标签的地图。另外，物体信息也可为回环检测、BA 优化带来更多的条件。

（2）SLAM 帮助语义。物体识别和分割都需要大量的训练数据。要让分类器识别各个角度的物体，需要从不同视角采集该物体的数据，然后进行人工标定，非常辛苦。而在 SLAM 中，由于我们可以估计相机的运动，可以自动地计算物体在图像中的位置，因此节省了人工标定的成本。如果有自动生成的带高质量标注的样本数据，则能够在很大程度上加速分类器的训练过程。

在深度学习广泛应用之前，我们只能利用支持向量机、条件随机场等传统工具对物体或场景进行分割和识别，或者直接将观测数据与数据库中的样本进行比较，尝试构建语义地图。由于这些工具本身在分类正确率上存在限制，因此效果往往不尽如人意。随着深度学习的发展，我们开始使用网络，越来越准确地对图像进行识别、检测和分割。这为构建准确的语义地图打下了更好的基础。我们正看到，逐渐开始有学者将神经网络方法引入 SLAM 的物体识别和分割，甚至 SLAM 本身的位姿估计与回环检测。虽然这些方法目前还没有成为主流，但将 SLAM 与深度学习结合来处理图像，也是一个很有前景的研究方向。

课后习题

1. 下列关于 RGB-D SLAM 的描述错误的是（　　）。

A. KinectFusion 采用的是 ICP 算法将当前帧的深度图对齐到模型中

B. KinectFusion 采用的是截断带符号距离（TSDF）作为模型的表示方法

C. Kintinuous 采用的是基于面元的显示表面表示作为模型的表示方法

D. 相对于基于体素的表达方式，基于面元的表达更为灵活，并且空间占用和重建的表面大小成正比

2. 以下（　　）不是词袋模型在 SLAM 系统中的应用。

A. 当前帧与关键帧的特征匹配

B. 重定位的特征匹配

C. 连续帧的特征匹配

D. 回环检测的特征匹配

3. 卷积对于图像（　　）变换具有不变性。

A. 平移　　B. 旋转　　C. 缩放　　D. 亮度变化

4. 常用的优化器 g2o 使用的模型为（　　）。

A. 树模型　　B. 图模型　　C. 滤波器模型　　D. 栈模型

5. 对比使用 g2o 和 Ceres 优化后目标函数的数值，指出为什么两者在 Meshlab 中的效果一样但数值不同。

6. 对 Ceres 中的部分点云进行 Schur 消元，看看结果会有什么区别。

7. 除了文中提到的，请问还有哪些其他的地图构建方法？

8. 阅读回环检测相关文献，除了词袋模型，还有哪些用于回环检测的方法？

9. 论证如何在八叉树中进行导航或路径规划。

10. 学习 DBoW3 或 DBoW2 库，自己寻找几张图片，看能否从中正确检测出回环。

第 8 章 机器人智能

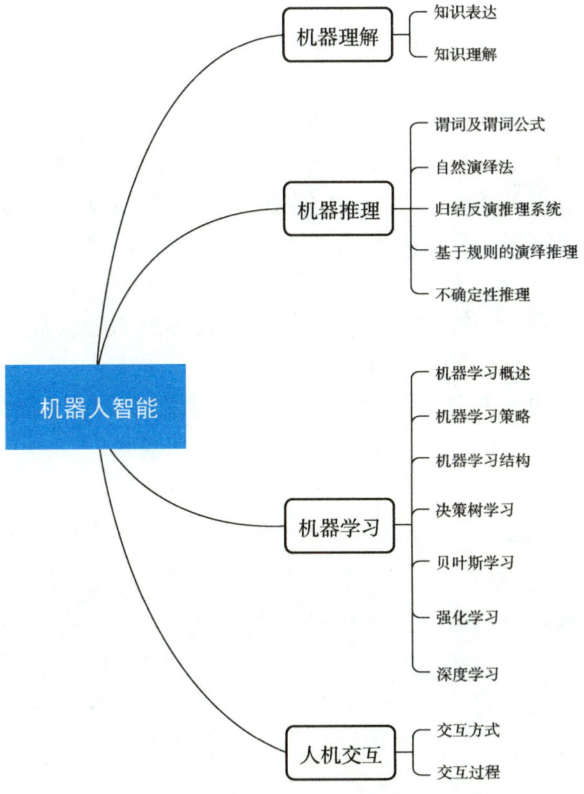

智能机器人的研究始于 20 世纪 60 年代，到目前为止，智能机器人在世界范围内还没有一个明确的统一定义。但普遍来讲，智能机器人至少具备 3 个要素：感知、运动和思考。感知是指机器人具备视觉、听觉、嗅觉、触觉等感官，通过模仿人类对环境的感知过程来认识和建模客观物理世界。机器人感知系统可以借助摄像机、麦克风、气体分析仪、超声波传感器、激光雷达、矩阵式压力传感器等多种传感器来实现。运动则代表机器人对外界环境做出的反应性动作，这类动作既包含了借助轮子、履带、吸盘、支脚等移动装置

实现的空间位置变化，也包括机器人发出的指令等信息响应。三要素中最关键也是最能体现机器人智能的则是思考要素，思考要素包括了分析、理解、判断、逻辑推理、决策等一系列智能活动。思考是连接感知和运动要素的桥梁，智能机器人通过对感知的外界环境信息进行分析、理解和推理，从而思考并决策得出应执行的动作。

机器人的发展经历了示教再现型机器人、感知型机器人和智能机器人 3 个阶段。1959 年，德沃尔与美国发明家约瑟英格伯格（工业机器人之父）合作研发了世界上第一台工业机器人，并成立了第一家机器人制造工厂，掀起了全世界对机器人研究的热潮。以此为代表的第一代示教再现型机器人利用计算机内部存储的示教轨迹和程序信息来重复地控制机器人复现示教的动作，该类机器人的特点是对外界环境没有感知能力。20 世纪 60 年代中期，美国麻省理工学院、斯坦福大学和英国爱丁堡大学等相继开始了感知型机器人的研发，在这一时期最为著名的是美国斯坦福研究所在 1968 年公布了其研发的机器人 Shakey，其拥有视觉传感器，能够在人的指令下自主发现并抓取积木，标志着第一台感知型机器人的诞生。这种感知型机器人具备视觉、触觉、听觉等环境感知能力，并且能够根据外界环境作出初步的判断和决策；但内部逻辑简单，智能化水平有限，无法完成复杂的动作或任务。2014 年，在英国皇家协会举行的“2014 图灵测试”大会上，聊天程序“尤金·古斯特曼”（Eugene Goostman）首次通过了图灵测试，预示了机器人的智能化水平进入了全新时代，并引领了新一波智能机器人研究的热潮。

近年来，机器人的智能化技术，特别是自然语言理解和图像语义分析技术，得到了突飞猛进的发展，其中值得注意的是，2017 年 10 月，机器人索菲亚成为沙特阿拉伯公民，这是世界上第一个获得国际公民身份的机器人。索菲亚是由某公司开发的类人机器人，其能够学习和适应人类的行为，表现出多种表情和眼神与人类进行交流和沟通，能够与人类在一起工作，并且在世界各地接受采访。这一事件表明机器的智能化程度达到了空前的水平，同时也预示了智能化是机器人发展的必然趋势。

本章从智能机器人的思考要素出发，以机器人智能的发展过程为脉络，对机器理解、机器推理、机器学习以及人机交互 4 个方面进行介绍和说明。

8.1 机器理解

机器理解是指机器模拟人的思维过程去学习并理解一个事物或概念，并且能够将某个问题中学习理解的概念应用于其他的问题中，是机器推理、机器学习和人机交互的重要前提，同时也是机器人智能化的重要体现。从本质上来讲，机器理解就是让机器从客观物理世界中发现并提取出关于某一问题的特征，并且建立从该特征到该事物的映射关系，其关键在于映射的泛化性能，即关联该问题与其他相关问题的能力。

尼尔逊教授曾经对人工智能下了这样一个定义：“人工智能是关于知识的学科，是怎样表示知识以及怎样获得知识并使用知识的科学。”可见知识在机器人智能中的地位。事实上，机器理解中的映射本身就是知识，那么在计算机系统中，机器理解这一问题也就转化为如何表达知识，如何让计算机理解知识并能够在此基础上进行推理和复用。

8.1.1 知识表达

在介绍知识表达之前，首先对知识的定义、属性以及知识与数据、信息之间的关系进行说明。知识是人类改造客观世界的实践活动中积累下来的认识和经验，认识包括对事物现象、本质、属性、状态、关系、联系和运动等的认知；经验包括解决问题的微观方法和宏观方法，微观方法包括步骤、操作、规则、过程、技巧等，宏观方法包括战略、战术、计谋、策略等。

知识是经过裁剪、塑造、解释和转换的信息，由特定领域的描述、关系和过程组成。知识具备真假性、相对性、不完备性、不精确性、模糊性、矛盾性、相容性、可表示性和可利用性等属性，具体如下。

（1）真假性：可以通过实践和推理来证明知识的真伪。

（2）相对性：与绝对性相反，知识的真假是相对于环境、条件和事件而言的。

（3）不完备性：解决问题时，不具有解决该问题的全部知识。

（4）不精确性：体现在由于认知水平限制而无法辨别知识的真假。

（5）模糊性：知识的边界是不清楚和模糊的。

（6）矛盾性：属于同一知识集合的知识之间相互对立或不一致。

（7）相容性：同一知识集合中所有知识之间不矛盾。

（8）可表示性：知识可以通过一系列的语言、文字等表示。

（9）可利用性：知识具有一定的通用性，可以用来解决其他领域的问题。

将知识按照其性质、等级、层次、作用域、作用效果以及确定性进行进一步的划分。其中，等级划分中，零级知识为叙述性知识，用于描述事物的属性、问题的状态等；一级知识为经验型、启发型知识；二级知识又称元知识或者超知识，表示如何使用一级知识的知识；三级知识则是如何使用二级知识的知识，又称元元知识。按照知识的层次可以将知识表达为表层知识和深层知识，表层知识为客观事物的现象及这些现象与结论之间关系的知识，描述简单，但不反映事物的本质；深层知识反映客观事物的本质、因果关系内涵、基本原理之类的知识，如理论知识和理性知识。按照知识的作用域可以将其划分为常识性知识和领域性知识，常识性知识是指人们普遍了解的、适用于所有领域的知识；而领域性知识则是面向某个专业领域的、仅仅为该领域的专家所掌控的知识。按照知识的作用效果可将其分为事实性知识、过程性知识和控制性知识，其中事实性知识描述事物的概念、定义和属性等；过程性知识指问题求解过程中的操作、演算和行为的知识，由求解问题有关的规则、定律、定理及经验构成；控制性知识称为元知识或者超知识，即如何利用使用知识的知识，包括推理策略、搜索策略以及不确定性的传播策略等。按照知识的确定性可以将其划分为确定性知识和不确定性知识，确定性知识是可以辨别其真伪的知识；不确定性知识则为不能确切说明其真假或者不能完全知道的知识。

数据、信息和知识三者都是对事实的描述，被统一到了对事实的认识过程中。数据只是对事实的初步认识，数据借助于人的思维或者数据处理手段揭示了事实中各事物的关系，形成信息，最终在实践活动中被反正验证的信息形成了知识。总结来讲，数据是信息的符号化表达，信息是数据的语义，而知识则是把有关信息关联在一起形成的信息结构。知识与数据、信息的关联如图 8.1 所示。

知识表达（Knowledge Representation，KR），即用一组符号把知识编码成计算机可以接受的某种结构，并且这种知识编码可以被机器复用。知识表达是研究用机器表示知识的可能性、有效性的一般方法，是数据结构与系统控制结构的统一。知识表示是对知识的一

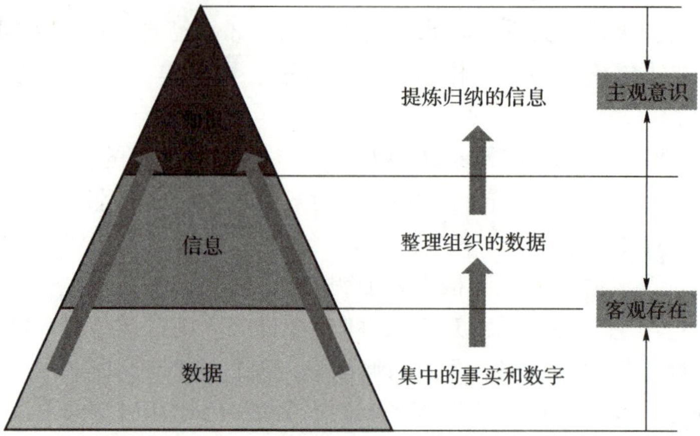

图 8.1　知识与数据、信息的关联

种描述，是一种计算机可以接受的数据结构，是知识符号化过程，是人工智能在解决复杂问题（如医疗诊断、自然语言对话等）的关键所在。Brian Smith 提出的知识表达为：一个成功的知识表达方式，应该可以被人类理解，并且同时被机器或者系统以能够认知的方式正确使用。总之，人工智能的求解问题是以知识表示为前提的，如何将已获得的相关知识以计算机内部代码形式加以合理的描述、存储，并有效地利用，便是知识表达应解决的问题。

知识表示的主要问题是设计各种数据结构，研究知识表示与控制的关系、知识表示与推理的关系、知识表示与表示领域的关系。综合以上信息，对于知识的表达提出了以下 7 点要求。

（1）表示能力：正确有效地将问题求解所需的各种知识表示出来，其中包含表示领域的广泛性、领域知识表达的高效性和对非确定性知识表示的支持程度。

（2）可利用性：利用这些知识进行推理，求得待解决问题的解，其中包括对推理的适应性和对高效算法的支持程度。推理是根据已知事实利用知识导出结果的过程，知识表达要有较高的处理效率。

（3）可实现性：便于计算机直接对其进行处理。

（4）可组织性：可以按某种方式把知识组织成某种知识结构。

（5）可维护性：便于对知识的增、删、改等操作。

（6）自然性：符合人们的日常生活。

（7）可理解性：知识应易读易懂、易获取等。

知识表达的方法有很多种，如谓词逻辑表示法、产生式表示法、基于框架的知识表示法、面向对象的知识表示法、语义网络表示法等，每种知识表达方法的详细介绍和说明将在 8.1.2 节进行阐述。

8.1.2　知识理解

本小节从知识表达方法的角度出发，以每种知识表达方法下的知识组织结构和特点为落脚点，对计算机环境下的知识理解和知识应用进行说明。

1. 谓词逻辑表示法

谓词逻辑表示法是以谓词的形式来表示动作的主体、客体，是一种叙述性的知识表示方法，是目前为止能够表示人类思维活动规律的最精确的形式语言之一。事实上，在人类的活动方式中，大部分想法或者动作都可以使用主语加上谓语，或者再加上宾语组成，如“我渴了，拿水杯喝水”，其中“渴”“拿水杯”“喝水”都是谓词，并且这些谓词之间存在蕴含关系。谓词逻辑表示法与人类的自然语言比较接近，类似于计算机语言中的伪代码形式，是一种最早应用于人工智能的表示方法。

谓词逻辑表示法根据对象和对象上的谓词，通过使用连接词和量词来表示世界。在这种方法中，世界是由对象组成的，可以由标识符和属性进行区分，这些对象中还包含着它们之间的相互关系。

下面以“是人都要受到法律的约束”“如果犯了罪，那么就要受到惩罚”这两句话为例，使用谓词公式进行表示。“是人”“法律约束”“犯罪”“惩罚”是上述两句话中的核心谓语，将这 4 个谓词分别用 Human(x)、Lawed(x)、Commit(x)、Punished(x) 表示，那么可以用如下的谓词公式来对上述事实进行表示：

(1) Human(A)→Lawed(A)：如果 A 是人，则 A 就要受到法律的约束；

(2) Commit(A)→Punished(A)：如果 A 犯了罪，那么 A 要受到惩罚；

(3) (Human(A)→Lawed(A))→(Commit(A)→Punished(A))：如果 A 是人，那么就要受到法律的约束，如果 A 犯了罪，那么 A 是要受到惩罚的。

前两个谓词公式是对给定事实的描述和表达，第三个谓词公式是在前两个谓词公式的基础上进行推理得到的，表示了前两个事实之间的隐藏蕴含关系。由上述例子可知，谓词逻辑的表达能力很强，基于谓词逻辑的知识表达和理解方式符合人类的思维认知过程，不仅可以表示事物的状态、属性、概念等事实性知识，而且也可以表示事物之间具有确定因果关系的规则性知识，并且能够根据既有的事实和规则构造出更多复杂的潜在知识。谓词逻辑表示法的特点总结如下。

(1) 严格性：具备严格的形式定义与推理规则，能够从已知的事实中推理出新的事实，或者证明假设的结论，能够保证推理过程和结果的准确性。

(2) 通用性：易于转化为计算机语言，易于模块化，方便对知识进行添加、删除和修改。

(3) 自然性：接近自然语言的形式，符合人们对问题的直观理解。

谓词逻辑表示法也存在一些缺点，如不能表示不确定性知识、知识库管理困难、存在组合爆炸、系统效率低等。

2. 产生式表示法

产生式表示法，又称规则表示法，是一种条件-结果形式。产生式表示法主要用于描述知识和陈述各种过程知识之间的控制及其相互作用机制。它的特点就是一组规则，即产生式本身。规则的一般形式如下：

<前件>→<后件>

前件描述了规则发生的先决条件，后件则代表规则发生的结论。例如，“下雨了”作为前件，则后件就可以是“地面湿了”。

产生式表示法格式固定，形式单一，规则间相互较为独立，没有直接关系，使知识库的建立比较容易实现。其缺点是规则冲突，多个匹配规则的选取、知识库维护困难，难以后期修改知识，效率低等。

3. 基于框架的知识表示法

Marvin 提出了使用框架来表示知识的一种理论，框架表示知识的特点就是把物体看成是由许多部分组成。框架是一种描述对象（事物、事件或概念等）属性的数据结构，在框架理论中，框架是知识表示的基本单位。

框架是一个层次性结构，主体是一个对象（事物、事件或概念），其下层由槽组成，槽用于描述对象的某一方面属性。每一个槽又可以看作子框架，其下层又分为多个侧面，侧面用于描述相应属性的某一个方面。槽和侧面的属性值分别称为槽值和侧面值。另外，也将一些触发式规则分等级地纳入框架，组成如图 8.2 所示的框架结构。

框架名				
槽名A	侧面A1	A11	A12	……
	侧面A2	A21	A22	……
槽名B	侧面B1	B11	B12	……
	侧面B2	B21	B22	……
槽名C	侧面C1	C11	C12	……
	侧面C2	C21	C22	……
约束条件	约束条件1，约束条件2，约束条件3……			

图 8.2　基于框架的知识表达结构

基于框架的知识表示法善于表示一些具有结构性的知识，具备继承性，下层框架可继承上层框架的槽值，也可进行补充和修改，与人观察事物的思维活动一致。其缺点是不善于表达过程性知识。

4. 面向对象的知识表示法

面向对象的知识表示法是按照面向对象的程序设计原则组成的一种混合式知识表示方法，以对象为中心，把对象的属性、动态行为、领域知识和处理方法等有关知识封装在表达对象的结构中。每一个对象由一组属性集（数据成员）和方法集（成员函数）组成，这样对象既是信息的存储单元，又是信息处理的独立单元，求解方法的过程和结果都在对象内部完成。这种分布式的求解机制，通过对象间的消息传递来完成整个问题的求解。

面向对象的知识表示法具备天然的层次感和结构感，另外对象本身的定义也产生了良好的兼容性和灵活性。

5. 语义网络表示法

语义网络表示法是通过概念及其语义关系来表达知识的一种网络图，从图论的观点来看，语义网络是一个带有标识的有向图。有向图的节点代表实体，表示各种事物、概念、情况、属性、状态、动作等；其也可以是一个语义子网络，形成嵌套结构。有向图的弧代表语义关系，表示它所连接的两个实体之间的语义关系，必须带有标识。

语义网络表示法具有结构性、联想性以及自然性等优点，但是其没有像谓词那样严格的形式表示体系，一个给定的语义网络的含义完全依赖于处理程序进行的解释，通过语义网络实现的推理不能够保证正确性。另外，语义网络表达知识的多样性的同时也带来了处理的复杂性。

8.2　机器推理

机器推理即计算机推理或者自动推理，是在已有的知识前提下，通过规划和演绎等逻辑推理方法来产生一些新的结论，是人工智能的核心课题之一。自动定理证明是机器推理的一种重要应用，它是利用计算机证明非数值性的结果，很多非数值领域的任务，如医疗诊断、信息检索、规划制订和难题求解等方法都可以转化为一个定理证明问题。

近年来，深度学习技术取得了重大进展，甚至改变了人工智能领域的技术发展方向。深度学习网络通过构建大规模的神经网络，利用大量的数据样本搜索海量的信息资源。经过训练后的神经网络可以在某些领域具备出色的表现，如语言识别、图像识别以及自然语言处理等领域。该方法的特点是不再需要人为建立结构化的知识表达系统，知识在经过海量信息训练后直接融合在网络中，这使经典的知识表示和逻辑推理等思想在人工智能领域逐渐弱化。然而，深度学习不能解决人工智能的所有问题，以其在自然语言处理领域为例，成功的应用主要是机器翻译和自动知识问答等。而机器翻译相当于对不同语言空间进行映射，知识问答等效为在问题空间和答案空间建立匹配模型，它们并不是真正理解了语言的含义，也无法进行深层的推理和思考。

事实上，即使是经典的一阶逻辑，产生式系统等方法所具备的能力，仍然是深度学习难以做到的，因为经典的规则推理系统能够动态学习规则，而且能在多项规则的关联下级联推理，挖掘信息的深层次联系。虽然此类系统由于目前难以构建大规模的知识系统，限制了其表现水平，但其非常接近人类大脑思考机制，仍然值得深入研究。

机器推理可以按照方法论、推理方式、推理策略和确定性等属性进行划分。不同的知识表达方法具有不同的推理方法，下面以一阶谓词知识表达方法为例，对其中几种典型的机器推理方法进行解释和说明，其他知识表达方法的逻辑推理系统可以看作谓词演算系统的扩充、推广和规约。

谓词逻辑是一种基于谓语分析的高度形式化的语言及其推理，是人工智能科学赖以生存和发展的最古老、最直接，也是最为完备的理论基础。计算机具备智能不仅仅在于拥有知识，更重要的是运用拥有的知识进行逻辑推理、问题求解，即具备思维能力。目前，在计算机上可以实现的推理方法有很多种，其中利用一阶谓词演算系统进行推理是最先提出的一种推理方法。

一阶谓词演算系统根据谓词公式、规则和定理进行演绎，又称机械-自动定理证明，是最为经典的符号逻辑系统。一阶谓词演算系统在人工智能科学中不仅是程序设计理论、语义形式化以及程序逻辑研究的重要基础，还是程序验证、程序分析综合及自动生成、定理证明和指示标识技术的有力工具。运用一阶谓词演算系统进行推理的方法主要有自然演绎法、归结反演推理及基于规则的演绎推理等。本节对谓词和谓词公式等术语进行解释和说明，并对谓词演算系统的 3 种方法分别进行介绍。

8.2.1 谓词及谓词公式

在谓词逻辑中，命题是用谓词表示的，谓词可分为个体和谓词名两个部分。个体表示某个存在独立的事物或者抽象的概念；谓词名用于刻画个体的性质、状态或个体间的关系。谓词的一般形式为

$$P(x_1, x_2, x_3, \cdots, x_n)$$

其中，P 为谓词名；$x_1, x_2, x_3, \cdots, x_n$ 为个体。

在谓词中，个体可以是常量、变元或者函数，个体常量、个体变元和个体函数统称为“项”。谓词中包含的个体数目称为谓词的元数，如 $P(x_1, x_2, x_3, \cdots, x_n)$ 就是 n 元谓词。若每个个体 x 都是个体常量、个体变元或者个体函数，则该谓词就是一阶谓词；若个体本身又是一个一阶谓词，则 $P(x_1, x_2, x_3, \cdots, x_n)$ 为二阶谓词。谓词中个体变元的取值范围称为个体域，当谓词中的变元都用个体域中的个体取代时，谓词就具备了一个确定的真值：True 或者 False。复合谓词公式由原子谓词、连接词和量词组合而成。连接词和量词的定义如表 8.1 所示。

表 8.1 连接词和量词的定义

连接词和量词	名称	定义
$\neg$	非逻辑	对后面公式的否定
$\wedge$	合取	连接公式之间具有“与”的关系
$\vee$	析取	连接公式之间具有“或”的关系
$\rightarrow$	蕴含	$P \rightarrow Q$，表示如果 P，则 Q
$\leftrightarrow$	等价	当且仅当，表示完全等价
$\forall$	全称量词	所有的，任意一个
$\exists$	存在量词	存在，至少有

8.2.2 自然演绎法

自然演绎法是从一组已知为真的事实出发，直接运用经典逻辑中的推理规则来推出最终结论的推理方法。自然演绎法最基本的推理规则是三段演绎法，包括假言推理、拒取式和假言三段论。

假言推理：P，$P \rightarrow Q \Rightarrow Q$，由 $P \rightarrow Q$ 为真以及 P 为真的前提，可以推断出 Q 为真。

拒取式：$P \rightarrow Q$，$\neg Q \Rightarrow \neg P$，由 $P \rightarrow Q$ 为真以及 Q 为假的前提，可以推断出 P 为假。

假言三段论：$P \rightarrow Q$，$Q \rightarrow R \Rightarrow P \rightarrow R$，由 $P \rightarrow Q$ 为真以及 $Q \rightarrow R$ 为真的前提，可以推断出 $P \rightarrow R$ 为真。

下面用一个例子来说明如何运用自然演绎法进行逻辑推理，已知如下事实：A，B，$A \rightarrow C$，$B \wedge C \rightarrow D$，$D \rightarrow Q$，证明 Q 为真。

(1) A，$A \rightarrow C \Rightarrow C$，假言推理。

(2) B，$C \Rightarrow B \wedge C$，引入合取词。

(3) $B \wedge C \to D$，$D \to Q \Rightarrow B \wedge C \to Q$，假言三段论。

(4) $B \wedge C$，$B \wedge C \to Q \Rightarrow Q$，假言推理。

经过上述简单4个步骤的推理，可得到最终的结论。自然演绎法定理证明过程自然，易于理解，并且有丰富的推理规则可用，但是容易产生知识爆炸，推理过程中的中间结论一般按指数规律增长，对于复杂问题的推理不力，甚至难以实现。

8.2.3 归结反演推理系统

归结反演推理是一种基于鲁宾逊归结原理的机器推理技术。鲁宾逊归结原理也称为消解原理，是鲁宾逊于1965年在海伯伦定理的基础上提出的一种基于逻辑的“反证法”。海伯伦定理为自动理论证明奠定了理论基础，而鲁宾逊提出的归结原理使机器定理证明成为现实。此外，归结反演推理除了可以用于定理证明外，还可以用于问题解答、信息检索和程序自动化领域。

在人工智能领域，几乎所有的问题都可以转化为一个定理的证明问题，即给定问题的前提 P 和结论 Q，若要证明 $P \to Q$ 永真，则要证明 $P \to Q$ 在任何一个非空个体域上都是永真的，这将是非常困难的，甚至是不可能实现的。鲁宾逊归结原理把永真性的证明转化为关于不可满足性的证明，要证明 $P \to Q$ 永真，只需证明 $P \wedge \neg Q$ 不可满足。

1. 子句与子句集

原子谓词及其否定称为文字；任何文字的析取称为子句；不含任何文字的子句称为空子句；由子句或空子句所构成的集合称为子句集。在子句集中，子句之间是合取关系。

2. 鲁宾逊归结原理

若 P 是原子谓词公式，则称 P 与 $\neg P$ 为互补文字；设 C_1 和 C_2 是子句集中的任意两个子句，如果 C_1 中的文字 L_1 与 C_2 中的文字 L_2 互补，那么可从 C_1 和 C_2 中分别消去 L_1 和 L_2，并将 C_1 和 C_2 中余下的部分按照析取关系构成一个新的子句 C_{12}，则称这一过程为归结。

鲁宾逊归结原理的基本思想是将谓词公式 F 转化为子句集 S 的形式，检查子句集 S 中是否包含空子句，若包含，则 S 不可满足；若不包含，则在子句集中选择合适的子句进行归结，一旦通过归结能推出空子句，就说明子句集 S 是不可满足的。

3. 归结反演推理方法

假设 F 为已知前提，G 为欲证明的结论，归结原理把证明 $F \to G$ 的逻辑结论转化为证明 $F \wedge \neg G$ 不可满足，应用归结原理证明定理的过程称为归结反演推理。使用归结反演推理证明 G 为真的步骤为：

(1) 否定目标公式 G，得 $\neg G$；

(2) 把 $\neg G$ 并入公式集，得到 $\{F, \neg G\}$；

(3) 把 $\{F, \neg G\}$ 化为子句集 S；

(4) 应用归结原理对子句集 S 中的字句进行归结，并把每次得到的归结式并入 S。如此反复进行下去，若出现空子句，则停止归结，此时就证明了 G 为真。

下面通过例题来说明使用归结反演推理求取问题答案的方法。

例 8.1：某公司招聘工作人员，A、B、C 3 人面试，经过面试后公司有如下想法：

(1) 3 人中至少一人录取；

(2) 如果录取 A 而不录取 B，则一定录取 C；

(3) 如果录取 B，则一定录取 C。

求证：公司一定录取 C。

解：先定义谓词：$P(x)$ 表示录取 x，再将前提和结论使用谓词公式进行表示：

$$F_1: P(A) \vee P(B) \vee P(C)$$

$$F_2: P(A) \wedge \neg P(B) \rightarrow P(C)$$

$$F_3: P(B) \rightarrow P(C)$$

$$G: \neg P(C)$$

将谓词公式转化为子句集：

$$F_1: P(A) \vee P(B) \vee P(C)$$

$$F_2: \neg (P(A) \neg P(B)) \vee P(C) \Leftrightarrow \neg P(A) \vee P(B) \vee P(C)$$

$$F_3: \neg P(B) \vee P(C)$$

$$G: \neg P(C)$$

最后应用谓词逻辑的归结原理对上述子句集进行归结，其过程如下。

F_1，F_2 归结，可得结论 F_3：$P(B) \vee P(C)$；

F_3，F_5 归结，可得结论 F_6：$P(C)$；

F_4，F_6 归结，得出空子句 NIL。

因此，G 是 F 的逻辑结论，上述归结过程可用图 8.3 所示的归结树来表示。

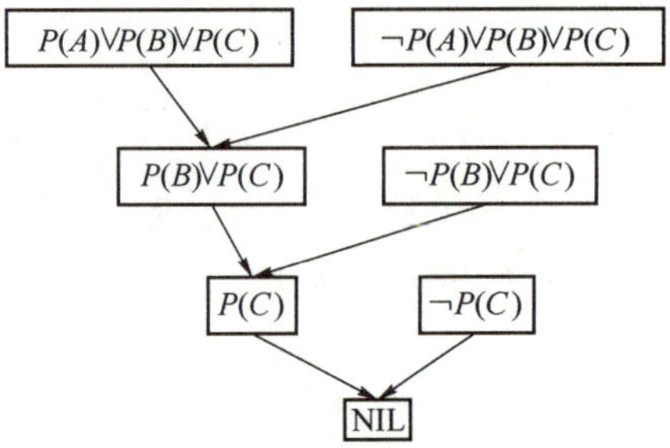

图 8.3 归结反演推理过程

4. 归结反演推理的归结策略

对子句进行归结时，关键的一步是从子句集中找出可进行归结的一对子句。由于事先不知道哪些子句可以进行归结，更不知道通过对哪些子句对的归结可以尽快地得到空子句，因而会由于逐个判断而造成时间和空间的浪费，降低工作效率。为了解决这些问题，一些学者研究出了许多关于归结的策略，其中大致可以分为两类：一类通过删除某些无用的子句来缩小归结的范围，如删除策略；另一类是通过对参加归结的子句进行种种限制，尽可能减少归结的盲目性，如支持度策略、线性输入策略、祖先过滤策略等。

归结演绎法简单，便于在计算机上实现，但是其必须把逻辑公式化成子句集，不便于阅读和理解，如$\neg P(x) \vee Q(x)$就没有 $P(x) \rightarrow Q(x)$ 直观；另外，子句表示法会丢失原有谓词公式的控制信息，如以下逻辑公式：

$$(\neg A \wedge \neg B) \to C, \neg A \to (B \vee C)$$
$$(\neg A \wedge \neg C) \to B, \neg B \to (A \vee C)$$
$$(\neg C \wedge \neg B) \to A, \neg C \to (B \vee A)$$

化成子句后都是 $A \vee B \vee C$。

8.2.4 基于规则的演绎推理

归结反演推理是自动定理证明领域中影响较大的一种推理方法，由于它比较简单而且易于在计算机上实现，因而受到人们的普遍重视。但是在某些领域中，“一个专家表达一段知识的方式通常带有如何最好地使用这种知识的重要信息”，而且这部分知识大都由一般的蕴含式直接表达。这些表达式一般带有超逻辑的启发式信息，如果在归结反演推理时把这些表达式化为子句的形式，则可能丢失包含在蕴含式中有用的控制信息。

子句形式只表示出了谓语间的逻辑关系，但丢失了大量的逻辑信息。因此，系统以接近原始给定的形式来使用这些公式，而不把公式化为子句，基于规则的演绎推理就是这样的推理系统。在这个系统中，陈述知识的公式分为两类：规则和事实。规则是领域内的一般性知识，它的公式由蕴含式给出；事实为该领域的专门知识，它的公式用与/或形表示，然后通过运用蕴含式（规则）进行演绎推理，从而证明某个目标公式。

规则是一种接近人类习惯的问题描述方式，用蕴含式进行描述。按照这种问题描述方式进行求解的系统称为基于规则的系统，或者规则演绎系统。该系统根据操作的方向可分为正向系统、逆向系统和双向系统 3 类。在逆向系统中，作为描述规则用的蕴含式对目标的综合数据库进行操作，直到获得包含这些事实的结束条件为止。正向和逆向的联合行动就是双向演绎系统。

1. 规则正向演绎系统

规则正向演绎系统从已知的事实出发，正向使用规则（蕴含式）对事实的综合数据库直接进行演绎，直到获得包含目标公式的结束条件为止。在规则正向演绎系统中，把事实表示为非蕴含形式的与/或形，作为系统的总数据库。把事实表达化为非蕴含形式的与/或形的步骤参考。为简化演绎过程，通常要求规则 F 具有如下形式：

$$L \to W$$

其中，L 为单文字；W 为与/或形公式。将规则转化为要求形式的步骤参考。与/或形树的正向演绎系统要求目标公式用子句形表示，如果目标公式不是子句形，则需要化成子句形。

下面举例说明基于规则的正向演绎推理过程。

已知事实的与/或形表示：$P(x,y) \vee (Q(x) \wedge R(v,y))$

规则：$P(u,v) \to (S(u) \vee N(v))$

目标公式：$S(a) \vee N(b) \vee Q(c)$

证明过程可以用图 8.4 表示。

在图 8.4 中，叶子节点表示谓词公式中的文字。半圆弧表示连接的两个分支为析取关系，无半圆弧表示两个分支为合取关系。

2. 规则逆向演绎系统

从宏观的整体推理过程来看，规则正、逆向演绎推理正好相反。前者从事实的与/或

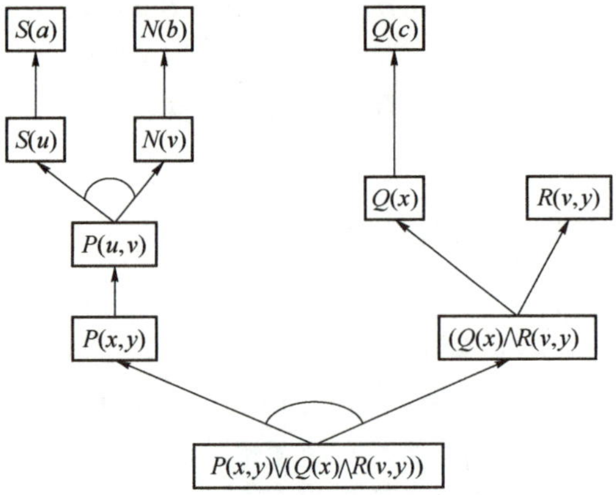

图 8.4 规则正向演绎推理过程

树出发，通过 F 规则，直到得到目标节点的解图为止；而后者从待证明的问题，即目标公式出发，通过逆向使用 B 规则进行演绎推理，直到得到包含已知事实的节点的解图为止。

在规则逆向演绎推理过程中，目标公式的与/或形也可用与/或树表示，其表示方法与规则正向演绎推理中事实的与/或树略有不同。子表达式之间的析取关系用单一的连接符连接，表示为“或”的关系，子表达式之间的合取关系则用 K 线连接符连接，表示“与”的关系。B 规则的形式可以表示为

$$W \to L$$

其中，W 为任一与/或形公式；L 为单文字。规则反向演绎系统的事实表达限制为文字合取形式，如

$$F_1 \wedge F_2 \wedge F_3 \wedge \cdots \wedge F_n$$

其中，$F_i(i=1,2,\cdots,n)$ 为单文字。从目标公式的与/或树出发，通过 B 规则最终得到某个终止节点上的一致解图，推理就可成功结束。推理过程如下：

（1）用与/或树把目标公式表示出来；

（2）用 B 规则的右部和与/或树的叶子节点进行匹配，并将匹配成功的 B 规则加入与/或树。

3. 规则双向演绎系统

规则双向演绎推理是建立在规则正向演绎推理和规则逆向演绎推理基础上的，它由表示目标及表示已知事实的两个与/或树结构组成，这些与/或树分别由正向演绎的 F 规则和逆向演绎的 B 规则进行操作。

双向演绎系统的难点在于种植条件，只有当正向和逆向演绎推理的与/或树对应的叶子节点都可和一时，推理才能结束。

8.2.5 不确定性推理

经典的逻辑推理建立在以形式逻辑和数理逻辑为主的经典逻辑基础上，运用确定性知识进行推理，是一种单调性的推理。然而，现实世界中的大多数问题存在随机性、模糊性、不完全性和不精确性，鉴于这种情况，经典的确定性推理方式显然是无法解决的，并且人工智能需要研究不精确性的推理方法，以满足客观问题的需求。为此，出现了一些新

的逻辑学派，称为非经典逻辑。不确定性推理是建立在非经典逻辑基础上的一种推理。不确定性推理泛指除精确推理以外的其他各种推理问题，包括不完备、不精确知识的推理，模糊知识的推理，非单调性推理等。不确定性推理的类型结构如图 8.5 所示，本书不再详细说明。

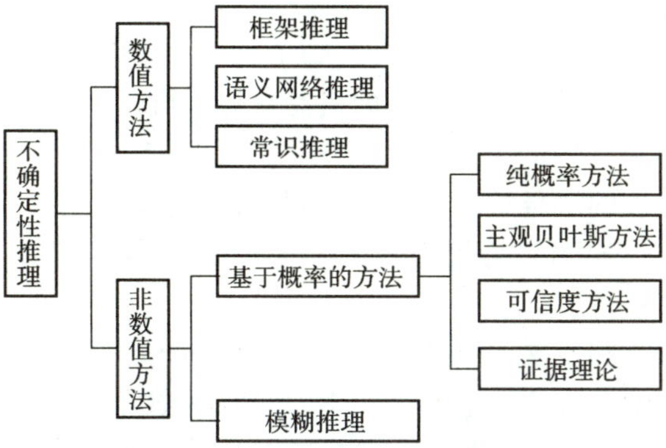

图 8.5　不确定推理的类型结构

综上所述，为了实现机器人智能化在日常生活环境中服务于人类，需要机器人具备类似于人的常识性知识储备和逻辑推理能力。虽然目前国内外学者对知识表达和推理问题开展了很多研究，取得了很多令人瞩目的成果，但是仍然存在较大的创新与探索空间。

8.3　机器学习

8.3.1　机器学习概述

1959 年，Arthur Samuel 等给出了机器学习的定义："机器学习是这样的一个研究领域，它能让计算机不依赖确定的编码指令来自主地学习工作。"机器学习（Machine Learning）是一门人工智能学科，是建立理论、形成假设和进行归纳推理的过程。该领域的主要研究对象是人工智能，特别是如何在经验学习中改善具体算法的性能，这也是人工智能研究发展到一定阶段的必然产物。机器学习在近三十余年来已发展为一门多领域的交叉学科，涉及概率论、统计学、逼近论、凸分析、计算复杂性分析等。如今，机器学习已广泛应用于数据挖掘、计算机视觉、自然语言处理、生物特征识别、搜索引擎、证券市场分析、DNA 序列测序、语言和手写识别，以及机器人等领域。

人工智能的发展经历了"推理期""知识期"和"学习期"的阶段。20 世纪 50 年代—70 年代，当时学者认为只要赋予了机器逻辑推理能力，其就具备了智能。其中，A. Newell 和 H. Simon 研究的"逻辑理论家"（Logic Theorist）程序以及"通用问题求解"（General Problem Solving）程序等证明了名著《数学原理》中的定理，证明方法甚至比作者罗素和怀特海的方法更为巧妙，在当时引起了巨大的轰动。随着人工智能研究的推进，研究学者逐渐认识到仅仅具备逻辑推理能力是远远不能实现人工智能的。以E. A. Feigenbaum 为代表的一批学者认为，机器具备智能的前提是必须拥有知识，在其倡导下，人工智能在 20 世纪 70 年代中期开始进入"知识期"。在这一时期，诸多专家系统问世，其内部含有大量的特定领域专家水平的知识和经验，并且能够利用人类专家的知识和解决问题的方法来处理该领域问题，在很多领域取得了大量的成果。1965 年，E. A. Feigenbaum 等学者在总结通用问题求解系统的成功与失败经验的基础上，结合化学领域的专门知识，研制了世界上第一个专家系统 Dendral，其能够推断化学分子结构。随之带来的一个问题就是如何将人类世界的知识编码为计算机可以理解的某种数据结构，并且这种知识编码可以被机器复用，即“知识工程瓶颈”问题，这是一个庞大的工程并且实现过程非常困难。于是，一些学者认为机器必须具备自我学习的能力，即机器学习。机器学习在 20 世纪 80 年代正式被视为“解决知识工程瓶颈问题的关键”从而走上人工智能主舞台。在此期间，以决策树和归纳逻辑程序设计为代表的符号学习、以神经网络为代表的连接主义学习和以支持向量机（Support Vector Machine，SVM）为代表的统计学习最为著名，随之而来的是人工智能的发展进入“学习期”。

经过了几十年的研究和发展，机器学习的理论和方法已经取得了长足的进步，并且形成了多种实用化的机器学习方法。下面按照学习策略、学习方法和学习方式对这些机器学习方法进行划分，如图 8.6 所示。其中，符号学习是模拟人脑的宏观心理级学习过程，以认知心理学原理为基础，以符号数据为方法，用推理过程在图或状态空间中搜索。符号学习的典型方法有记忆学习、示例学习、演绎学习、类比学习、解释学习等。神经网络学习是模拟人脑的微观级生理级学习过程，以脑和神经科学为基础，以人工神经网络为函数结构模型，以数值运算为方法，用迭代过程在系数向量空间中搜索，并对参数进行修正和学习。数学分析方法主要有贝叶斯学习、集合分类学习、支持向量机等。以数据中是否存在导师信号来区分监督学习和无监督学习。强化学习则是通过环境反馈（奖惩信号）作为输入，以统计和动态规划技术为指导的一种学习方法。

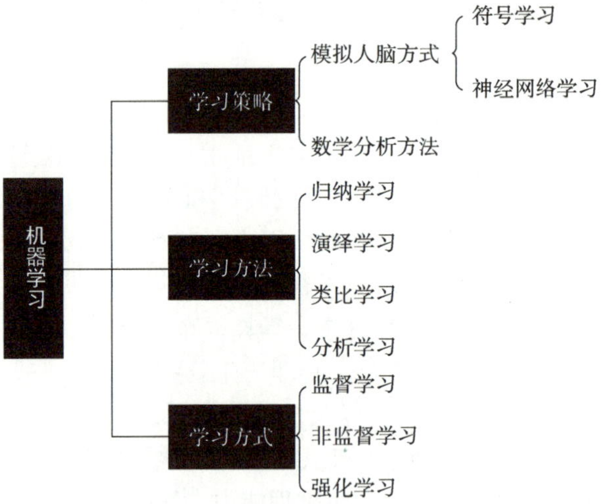

图 8.6　机器学习方法的分类

20 世纪 50 年代，已有学者开始对机器学习进行研究，如 A. Samuel 的跳棋程序。在 20 世纪 50 年代中后期，以提出感知机（Perceptron）的 F. Rosenblatt 和提出自适应线性文件（Adaline）的 B. Widrow 为代表的学者拉开了基于神经网络结构的连接主义机器学习研究的序幕。基于逻辑主义学习方法的符号学习技术在 20 世纪六七十年代蓬勃发展，代表成果有 P. Winston 的“结构学习系统”、R. S. Michalski 等人的“基于逻辑的归纳学习系统”、

E. B. Hunt 等人的“概念学习系统”等。

在此期间，以决策理论为代表的学习理论以及强化学习技术也得到了发展，并且为统计学习的发展奠定了理论基础。随后，样例学习成为机器学习的主流，在 20 世纪 80 年代，样例学习中的一大分支就是符号主义学习；在 20 世纪 90 年代中期前，样例学习的另一大主流是基于神经网络的连接主义学习。

样例学习中的符号主义学习的代表成果包括决策树和基于逻辑的学习。其中，典型的决策树学习是以信息论为基础，以信息熵的最小化为目标，直接模拟人类对概念进行判定的树形流程；归纳逻辑程序设计（Inductive Logic Programming，ILP）是基于逻辑学习的最典型代表，其使用一阶谓词逻辑来进行知识表达，并且通过修改和扩充逻辑表达式来完成对数据的归纳。决策树学习技术由于简单易用，迄今为止仍然是最常用的机器学习技术之一。归纳逻辑程序设计具有很强的知识表达能力，能够表达出复杂的数据关系，其不仅可利用领域知识辅助学习，还可以通过学习对领域知识精化和加强。但是，正是由于其表达能力过强导致学习过程中的假设空间太大，复杂度极高，因此在大规模问题面前难以进行有效的学习。

早期的人工智能学者更青睐于符号表达方式，图灵奖得主 M. Minsky 和 S. papert 曾在 1969 年指出神经网络只能处理线性分类，甚至对“异或”这类简单的问题也无法处理，所以当时连接主义的研究并未纳入主流人工智能研究范畴。直到 1983 年，J. J. Hopfield 利用神经网络求解“流动推销员问题”这个著名的 NP（Nondeterministic Polynomial，多项式复杂程度的非确定问题）难题取得重大进展，使神经网络学习重新进入人们的视线。1985 年，D. E. Rumelhart 等人发明了著名的误差反向传播 BP 算法，指出网络学习过程是由信号的正向传播与误差的反向传播两个过程组成，并且使用梯度下降法来调整隔层神经元的权值和阈值，以此来训练网络结构，减小输出误差。BP 算法极大地增加了网络训练效率，因此在很多实际问题中发挥了作用，并且得到了广泛应用。与符号学习能产生明确的概念不同，连接主义学习产生的是黑箱模型，因此从知识认知的角度上来讲，连接主义学习技术有明显的弱点，其最大的局限就是试错性。神经网络学习涉及大量的参数，而参数的设置缺乏理论指导，主要靠手工调参，参数调节上的微小偏差可能会给结果带来巨大的影响。

20 世纪 90 年代中期，以支持向量机以及更一般的核方法（Kernel Method）为代表的统计学习迅速登上机器学习的舞台，并且占据了主流的地位。统计学习的研究起始于 20 世纪六七十年代，V. N. Vapnik 在 1963 年提出了支持向量机的概念，但是由于缺乏有效的支持向量机算法，其分类的优越性在 20 世纪 90 年代中期才体现出来。直到 20 世纪 80 年代占据主流的以神经网络为代表的连接主义学习的局限性凸显出来，研究学者才将目光转向了以统计学习为支撑的统计学习技术。在支持向量机得到广泛应用后，核技巧（Kernel Trick）也逐渐成为机器学习的基本内容之一。

21 世纪初，随着计算机技术、互联网的发展，人类进入“大数据”时代，数据存储和计算设备的发展都有了很大的进步，在此背景下以深度学习为代表的连接主义卷土重来，所谓的深度即增加神经网络的层数，使网络具备更强的理解和表达能力。2012 年，Andrew Ng、FeffDean 使用 16 000 个 GPU Core 的并行计算平台训练一种深度神经网络的机器学习模型，其内部共有 10 亿个节点。该网络通过海量的数据训练，竟然从数据中学习到了猫的概念。在这一潮流的引领下，深度学习在数据挖掘、计算机视觉、自整语言处理、语音识别、生物信息学等领域取得了诸多成果。

8.3.2 机器学习策略

学习是一项复杂的智能活动，学习过程与推理过程是紧密相连的，按照学习中使用推理的多少，机器学习所采用的策略大体上可分为 4 种：机械学习、示教学习、类比学习和示例学习。学习中所用的推理越多，系统的能力越强。

机械学习就是记忆，是最简单的学习策略。这种学习策略不需要任何推理过程。外界输入知识的表示方式与系统内部的表示方式完全一致，不需要任何处理与转换。虽然机械学习从方法上看很简单，但由于计算机的存储容量相当大，检索速度又相当快，而且记忆精确、无丝毫误差，因此也能产生人们难以预料的效果。

比机械学习更复杂的是示教学习。对于使用示教学习策略的系统来说，外界输入知识的表达方式与系统内部的表达方式不完全一致，系统在接收外部知识时需要推理、翻译和转化工作。

类比学习只能得到完成类似任务的有关知识，所以类比学习系统必须能够发现当前任务与已知任务的相似点，由此制订出完成当前任务的方案。因此，类比学习比上述两种学习策略需要更多的推理。

采用示例学习策略的计算机系统，事先完全没有完成任务的任何规律性的信息，所得到的只是一些具体的工作例子及工作经验。系统需要对这些例子及经验进行分析、总结和推广，得到完成任务的一般性规律，并在进一步的工作中验证或修改这些规律，因此需要的推理是最多的。

此外，还有基于解释的学习、决策树学习、增强学习和基于神经网络的学习等。

8.3.3 机器学习结构

机器学习系统的基本结构中，环境向系统的学习部分提供某些信息，学习部分利用这些信息修改知识库，以增进系统执行部分完成任务的效能；执行部分根据知识库完成任务，同时把获得的信息反馈给学习部分。在具体的应用中，环境、知识库和执行部分决定了具体的工作内容，学习部分所需要解决的问题完全由上述三部分确定。下面分别叙述这三部分对设计机器学习系统的影响。

影响设计机器学习系统的最重要的因素是环境向系统提供的信息，或者更具体地说是信息的质量。知识库里存放的是指导执行部分动作的一般原则，但环境向机器学习系统提供的信息却是各种各样的。如果信息的质量比较高，与一般原则的差别比较小，则学习部分比较容易处理；如果向机器学习系统提供的信息是杂乱无章的，则机器学习系统需要在获得足够数据之后，删除不必要的细节，进行总结推广，形成指导动作的一般原则，放入知识库。这样，学习部分的任务就比较繁重，设计起来也较为困难。

因为机器学习系统获得的信息往往是不完全的，所以机器学习系统所进行的推理并不完全是可靠的，它总结出来的规则可能正确，也可能不正确，这要通过执行效果加以检验。正确的规则能使系统的效能提高，应予保留。不正确的规则应予修改或从数据库中删除。

知识库是影响设计机器学习系统的第二个因素。知识的表示有多种方法，如特征向量、一阶谓词逻辑、产生式规则、语义网络和框架等。这些表示方法各有其特点，在选择表示方法时要兼顾以下 4 个方面：表达能力强、易于推理、容易修改知识库、易于扩展。

对于知识库，最后需要说明的一个问题是，机器学习系统不能在全然没有任何知识的情况下凭空获取知识，每一个机器学习系统都要求具有某些知识去理解环境提供的信息，分析比较，作出假设，检验并修改这些假设。因此，更确切地说，机器学习系统是对现有知识的扩展和改进。

8.3.4　决策树学习

决策是根据信息和评价准则，用科学的方法寻找或选取最优处理方案的过程或技术。对于每个事件或决策（即自然状态），都可能引出两个或多个事件，导致不同的结果或结论。把这种分支用一棵搜索树表示，称为决策树。

决策树由一系列节点和分支组成，在节点和子节点之间形成分支。节点代表决策或学习过程中所考虑的属性，而不同属性形成不同的分支。为了使用决策树对某一事例进行学习，作出决策，可以利用该事例的属性值并由决策树的树根往下搜索，直至叶子节点，此叶子节点即包含学习或决策结果。

可以利用多种算法构造决策树，比较流行的有 CLS、ID3、C4.5、CART 和 CHAID 等。下面介绍前面两种算法。

1. CLS

概念学习系统（Concept Learning System，CLS）是一种早期的基于决策树的归纳学习系统。

在 CLS 的决策树中，节点对应于待分类对象的属性，由某一节点引出的弧对应于这一属性可能取的值，终叶子节点对应于分类的结果。下面考虑如何生成决策树。

一般地，设给定训练集为 TR，TR 的元素由特定向量及其分类结果表示，分类对象的属性表 AttrList 为$[A_1,A_2,\cdots,A_n]$，全部分类结果构成的集合 Class 为$\{C_1,C_2,\cdots,C_m\}$，一般地，有 $n\geqslant 1$ 和 $m\geqslant 2$。对于每一个属性 A_i，其值域为 $\text{ValueType}(A_i)$。值域可以是离散的，也可以是连续的。这样，TR 的一个元素就可以表示成$<\boldsymbol{X},C>$，其中 $\boldsymbol{X}=(a_1,a_2,\cdots,a_n)$，$a_i$ 对应于实例第 i 个属性的取值，$C\in\text{Class}$ 为实例 $\boldsymbol{X}$ 的分类结果。

记 $(\boldsymbol{X},A_i)$ 为特征向量 $\boldsymbol{X}$ 属性 A_i 的值，则决策树的构造算法 CLS 可递归描述如下：

（1）如果 TR 中所有实例分类结果均为 C_i，则返回 C_i；

（2）从属性表中选择某一属性 A 作为检测属性；

（3）假定 $|\text{ValueType}(A_i)|=k$，根据 A 取值的不同，将 TR 划分为 k 个集 $\text{TR}_1,\text{TR}_2,\cdots,\text{TR}_k$，其中 $\text{TR}_i=\{<\boldsymbol{X},C>\in\text{TR}$，且 $V(\boldsymbol{X},A)$ 为属性 A 的第 i 个值$\}$；

（4）从属性表中去掉已作检验的属性 A；

（5）对每一个 $i(1\leqslant i\leqslant k)$，用 TR_i 和新的属性表递归调用 CLS，生成 TR_i 的决策树 DTR_i；

（6）返回以属性 A 为根，以 DTR_1，DTR_2，…，DTR_k 为子树的决策树。

2. ID3

1979 年，昆兰提出了决策树学习算法 ID3，不仅能方便地表示概念的属性-值的信息结构，而且能够从大量实例数据中有效地生成相应的决策树模型。

决策树学习算法 ID3 通过自顶向下构造决策树来进行学习，构造过程是从“哪一个属性将在树的根节点被测试”这个问题开始。为了回答这个问题，使用统计测试来确定每个实例属性单独分类训练样例的能力。分类能力最好的属性就被选为树的根节点进行测试。接着为根节点属性的每个可能值产生一个分支，并把训练样例排列到适当的分支（即样例的该属性值对应的分支）之下。然后重复整个过程，用每个分支节点关联的训练样例来选取在该点被测试的最佳属性。这就形成了对合格决策树的贪婪搜索，也就是算法从不回溯重新考虑以前的选择。

ID3 算法用三元组表示：ID3（Examples，Target-Attribute，Attributes）。其中，Examples 为训练样例集；Target-Attribute 为这棵树要预测的目标属性；Attributes 为除了目标属性外学习到的决策树测试的属性列表。目标是返回一棵能正确分类给定 Examples 的决策树。基本的 ID3 算法的具体描述如下。

（1）创建树的根节点 Root。

（2）若 Examples 均为正，则返回 Label=正的单节点树 Root。

（3）若 Examples 均为反，则返回 Label=负的单节点树 Root。

（4）若 Attributes 为空，则返回单节点树 Root，Label=Examples 中最普遍的 Target-Attribute值。

（5）否则开始下列过程：

①A←Attributes 中分类 Examples 能力最好的属性；

②Root 的决策属性←A；

③对于 A 的每个可能值 v_i：

a）在 Root 下加一个新的分支对应测试 $A=v_i$；

b）令 Examples_{v_i} 为 Examples 中满足 A 属性值为 v_i 的例子；

c）如果 Examples_{v_i} 为空，则在这个新分支下加一个终叶子节点，节点的 Label=Examples 中最普遍的 Target-Attribute 值；否则在这个新分支下加一个子树 ID3（Examples，Target-Attribute，Attributes- {A} ）。

（6）结束。

（7）返回 Root。

ID3 是一种自顶向下增长树的贪婪算法，在每个节点选取能最好地分类样例的属性，继续这个过程直到这棵树能完美地分类训练样例，或所有的属性都已被使用过。

在决策树生成过程中，应该以什么样的顺序来选取实例集中实例的属性进行扩展呢？即如何选择具有最高信息增益的属性为最好的属性呢？在决策树的构造算法中，扩展属性的选取可以从第一个属性开始，然后依次取第二个属性作为决策树的下一层扩展属性，直到某一层所有窗口仅含有同一类实例为止。不过，每个属性的重要性一般是不同的，为了评价属性的重要性，根据检验每个属性所得到信息量的多少，昆兰给出了下面的扩展属性选取方法，其中信息量的多少和信息熵有关。

给定正负实例的子集为 S，构成训练窗口。当决策含有 k 个不同的输出时，S 的熵为

$$\text{Entropy}(S)=\sum_{i=1}^{k}-P_i\log_2(P_i) \tag{8.1}$$

式中，P_i 为第 i 类输出所占训练窗口中总的输出数量的比例。如果对于布尔型分类（即只有两类输出），则式（8.1）为

$$\text{Entropy}(S)=-\text{POS}\log_2(\text{POS})-\text{NEG}\log_2(\text{NEG}) \tag{8.2}$$

式中，POS 和 NEG 分别表示 S 中正负实例的比例，并且定义 $0\log_2(0)=0$。如果所有的实

例都为正实例或负实例，则熵为 0，当 NEG=POS=0.5 时，熵为 1。

为了检测每个属性的重要性，可以通过每个属性的信息增益 Gain 来评估其重要性。对于属性 A，假设其值域为$(v_1,v_2,\cdots,v_n)$，则训练实例 S 中属性 A 的信息增益 Gain 可以定义如下：

$$\text{Gain}(S,A)=\text{Entropy}(S)-\sum_{i=1}^{n}\frac{|S_i|}{S}\text{Entropy}(S_i) \tag{8.3}$$

式中，S_i 为 S 中属性 A 的值为 v_i 的子集；$|S_i|$、$|S|$为集合的势，即集合中所含样例数。

建议选取获得信息量最大的属性作为扩展属性。这一启发式规则又称最小熵原理，因为使获得的信息量最大等价于使不确定性（或无序程度）最小，即使熵最小。

选取整个训练集为训练窗口，有 3 个正实例，6 个负实例，采用记号［3+,6-］表示总的样本数据，则 S 的熵为

$$\text{Entropy}(S)=-\frac{3}{9}\log_2\left(\frac{3}{9}\right)-\frac{6}{9}\log_2\left(\frac{6}{9}\right)=0.917\ 9$$

计算属性 Living status 的信息增益，该属性的值域为（alive，dead），则

$$S=[3+,6-],\ S_{\text{alive}}=[3+,5-],\ S_{\text{dead}}=[0+,1-]$$

$$\text{Gain}(S,\text{status})=\text{Entropy}(S)=\sum_{v\in\{\text{alive},\text{dead}\}}\frac{|S_v|}{|S|}\text{Entropy}(S_v)$$

$$=\text{Entropy}(S)-\frac{|S_{\text{alive}}|}{|S|}\text{Entropy}(S_{\text{alive}})-\frac{|S_{\text{dead}}|}{|S|}\text{Entropy}(S_{\text{dead}})$$

式中：

$$|S_{\text{alive}}|=8,\ |S_{\text{dead}}|=1,\ |S|=9$$

$$\text{Entropy}(S_{\text{alive}})=\text{Entropy}(3+,5-)=-\frac{3}{8}\log_2(3/8)-\frac{5}{8}\log_2(5/8)=0.583\ 5$$

$$\text{Entropy}(S_{\text{dead}})=\text{Entropy}(0+,1-)=-\frac{0}{1}\log_2(0/1)-\frac{1}{1}\log_2(1/1)=0$$

因此，有

$$\text{Gain}(S,\text{status})=0.917\ 9-\frac{8}{9}\times 0.583\ 5=0.399\ 2$$

同样，可以对其他属性进行计算，然后根据最小熵原理，选取信息量最大的属性作为决策树的根节点属性。

ID3 算法的优点是分类和测试速度快，特别适用于大数据库的分类问题。其缺点是：第一，决策树的知识表示不如规则容易理解；第二，两棵决策树是否等价问题是子图匹配问题，是 NP 完全问题；第三，不能处理未知属性值的情况。另外，对噪声问题也没有好的处理方法。

8.3.5 贝叶斯学习

贝叶斯学习起源于数学家贝叶斯在 1963 年所证明的一个关于贝叶斯定理的特例。假定要估计的模型参数是服从一定分布的随机变量，根据经验给出待估参数的先验分布（也称为主观分布），关于这些先验分布的信息被称为先验信息。贝叶斯学习就是利用参数的先验分布，以及由样本信息求来的后验分布，直接求出总体分布。贝叶斯学习理论使用概

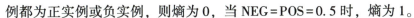

率表示所有形式的不确定性，通过概率规则来实现学习和推理过程。

1. 贝叶斯公式的密度函数形式

假设 8.1 随机变量 X 有一个密度函数 $p(X;\theta)$，其中 θ 是一个参数，不同的 θ 对应不同的密度函数。因此，从贝叶斯观点看，$p(X;0)$ 在给定 θ 后是一个条件密度函数，因此记为 $p(X|\theta)$ 更恰当。这个条件密度能提供的有关 θ 的信息就是总体信息。

假设 8.2 当给定 θ 后，从总体 $p(X|\theta)$ 中随机抽取一个样本 $x_1,x_2,\cdots,x_n$，该样本中含有 θ 的有关信息。这种信息就是样本信息。

假设 8.3 对参数 θ 已经积累了很多资料，经过分析、整理和加工，可以获得一些有关 θ 的有用信息。这种信息就是先验信息。

参数 θ 不是永远固定在一个值上，而是一个事先不能确定的量。从贝叶斯观点来看，未知参数 θ 是一个随机变量，而描述这个随机变量的分布可从先验信息中归纳出来。这个分布称为先验分布，其密度函数用 $\pi(\theta)$ 表示：

$$p(x_1,x_2,\cdots,x_n;\theta)=p(x_1,x_2,\cdots,x_n|\theta)\pi(\theta) \tag{8.4}$$

$$p(\theta|x_1,x_2,\cdots,x_n)=\frac{p(x_1,x_2,\cdots,x_n;\theta)}{p(x_1,x_2,\cdots,x_n)}=\frac{p(x_1,x_2,\cdots,x_n|\theta)\pi(\theta)}{\int p(x_1,x_2,\cdots,x_n|\theta)\pi(\theta)\mathrm{d}\theta} \tag{8.5}$$

综上所述，人们根据先验信息对参数 θ 已有一个认识，这个认识就是先验分布 $\pi(\theta)$。通过试验，获得样本，从而对 θ 的先验分布进行调整，调整的方法就是使用贝叶斯公式，调整的结果就是后验分布 $\pi(\theta|x_1,x_2,\cdots,x_n)$。后验分布是 3 种信息的综合。获得后验分布使人们对 θ 的认识又前进一步，可以看出，获得样本的作用是把我们对 θ 的认识由 $\pi(\theta)$ 调整到 $\pi(\theta|x_1,x_2,\cdots,x_n)$。因此，对 θ 的统计推断就应建立在后验分布 $\pi(\theta|x_1,x_2,\cdots,x_n)$ 的基础上。

机器学习的任务是在给定训练数据 D 时，确定假设空间 H 中的最佳假设。而求最佳假设的一种方法是把它定义为在给定数据 D 以及假设空间 H 中不同假设的先验概率的有关知识下的最可能假设。贝叶斯理论提供了一种计算假设概率的方法，它基于假设的先验概率、给定假设下观察到不同数据的概率以及观察到的数据本身。

2. 贝叶斯定理

贝叶斯定理是贝叶斯学习方法的基础，贝叶斯公式则提供了从先验概率 $P(h)$、$P(D)$ 和 $P(D|h)$ 计算后验概率 $P(h|D)$ 的方法。$P(h|D)$ 随着 $P(h)$ 和 $P(D|h)$ 的增长而增长，随着 $P(D)$ 的增长而减少，即如果 D 独立于 h 时被观察到的可能性越大，那么 D 对 h 的支持度越小。

下面进一步介绍相关概念。

极大后验假设：学习器在候选假设集合 H 中寻找给定数据 D 时可能性最大的假设 h，被称为极大后验假设（Maximum A Posteriori，MAP）。确定 MAP 的方法是用贝叶斯公式计算每个候选假设的后验概率，计算公式如下：

$$h_{\mathrm{MAP}}=\arg\max_{h\in H}P(h|D)=\arg\max_{h\in H}\frac{P(D|h)P(h)}{P(D)}=\arg\max_{h\in H}P(D|h)P(h) \tag{8.6}$$

极大似然假设：在某些情况下，可假定 H 中每个假设有相同的先验概率，这样式（8.6）可以进一步简化，只需考虑 $P(D|h)$ 来寻找极大可能假设。$P(D|h)$ 常被称为

给定 h 时数据 D 的似然度，而使 $P(D\mid h)$ 最大的假设被称为极大似然假设（Maximum Likelihood，ML）：

$$h_{\mathrm{ML}}=\arg\max_{h\in H}P(D\mid h) \tag{8.7}$$

这里，假设空间 H 可扩展为任意的互斥命题集合，只要这些命题的概率之和为 1。

例如，一个医疗诊断问题有两个可选的假设：患者有癌症、患者无癌症。可用数据来自化验结果：正（+）和负（-）。有先验知识：在所有人口中，患病率是 0.8%，对确实有病的患者的化验准确率为 98%，对确实无病的患者的化验准确率为 97%。则这种情况可以由以下概率式概括：

$$P(\text{cancer})=0.008,P(\neg\ \text{cancer})=0.992$$
$$P(+\mid\text{cancer})=0.98,P(-\mid\text{cancer})=0.02$$
$$P(+\mid\neg\ \text{cancer})=0.03,P(-\mid\neg\ \text{cancer})=0.97$$

贝叶斯推理的结果很大程度上依赖于先验概率，另外不是完全接受或拒绝假设，只是在观察到较多的数据后增大或减小了假设的可能性。

3. 朴素贝叶斯学习

贝叶斯学习方法中实用性很高的一种为朴素贝叶斯学习，常被称为朴素贝叶斯分类器，在某些领域内其性能可与神经网络和决策树学习相当。

在应用朴素贝叶斯分类器的学习任务中，每个实例 x 可由属性值的合取描述，而目标函数 $f(x)$ 从某有限集合 V 中取值。学习器被提供一系列关于目标函数的训练样例以及新实例（描述为属性值的元组 $<a_1,a_2,\cdots,a_n>$），然后要求预测新实例的目标值（或分类）v_{MAP}：

$$v_{\mathrm{MAP}}=\arg\max_{v_j}P(v_j\mid a_1,a_2,\cdots,a_n) \tag{8.8}$$

应用贝叶斯公式变化式（8.6），得

$$\begin{aligned}v_{\mathrm{MAP}}&=\arg\max_{v_j\in V}\frac{P(a_1,a_2,\cdots,a_n\mid v_j)P(v_j)}{P(a_1,a_2,\cdots,a_n)}\\&=\arg\max_{v_j\in V}P(a_1,a_2,\cdots,a_n\mid v_j)P(v_j)\end{aligned} \tag{8.9}$$

基于训练数据估计式中的两个数据项的值，估计 $P(v_j)$ 很容易：计算每个目标值 v_j 出现在训练数据中的频率。估计 $P(a_1,a_2,\cdots,a_n\mid v_j)$ 遇到数据稀疏问题，除非有一个非常大的训练数据集，否则无法获得可靠的估计。朴素贝叶斯分类器引入一个简单的假定避免数据稀疏问题：在给定目标值时，属性值之间相互条件独立，即

$$P(a_1,a_2,\cdots,a_n\mid v_j)=\prod_i P(a_i\mid v_j) \tag{8.10}$$

朴素贝叶斯分类器的定义为

$$v_{\mathrm{NB}}=\arg\max_{v_j\in V}P(v_j)\prod_i P(a_i\mid v_j) \tag{8.11}$$

从训练数据中估计不同 $P(a_i\mid v_j)$ 项的数量比要估计 $P(a_1,a_2,\cdots,a_n\mid v_j)$ 项所需的量小得多，只要条件独立性得到满足，朴素贝叶斯分类 v_{NB} 等于 MAP 分类，否则是近似。朴素贝叶斯分类器与前面已介绍的学习方法的一个区别：没有明确的搜索可能假设空间的过程（假设的形成不需要搜索，只是简单地计算训练样例中不同数据组合的出现频率）。

4. 贝叶斯信念网

朴素贝叶斯分类器假定各个属性取值在给定目标值 v 下是条件独立的，从而化简了最

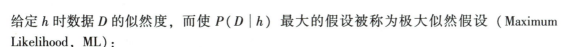

优贝叶斯分类的计算复杂度。但在多数情况下，这一条件独立假定过于严格。贝叶斯信念网采用联合概率分布，它允许在变量的子集间定义类条件独立性，它提供因果关系图形。因此，贝叶斯信念网提供了一种中间的方法，它比朴素贝叶斯分类器的限制更少，又比在所有变量中计算条件依赖更可行。

贝叶斯信念网描述了一组变量上的概率分布：考虑一任意的随机变量集合($Y_1,Y_2,\cdots,Y_n$)，其中 Y_i 可取的值的集合为 $V(Y_i)$，变量集合 Y 的联合空间为叉乘 $V(Y_1)\times V(Y_2)\times\cdots\times V(Y_n)$，在此联合空间上的概率分布称为联合概率分布。联合概率分布指定了元组的每个可能的变量约束的概率，贝叶斯信念网则对一组变量描述了联合概率分布。

令 X、Y 和 Z 为 3 个离散值随机变量，当给定 Z 值时，X 服从的概率分布独立于 Y 的值，称 X 在给定 Z 时条件独立于 Y，即

$$(\forall x_i,y_j,z_k)P(X=x_i\mid Y=y_j,Z=z_k)=P(X=x_i\mid Z=z_k) \tag{8.12}$$

上式通常简写成 $P(X\mid Y,Z)=P(X\mid Z)$。下面等式成立时，称变量集合($X_1,X_2,\cdots,X_l$)在给定变量集合($Z_1,Z_2,\cdots,Z_n$)时条件独立于变量集合($Y_1,Y_2,\cdots,Y_m$)：

$$P(X_1,X_2,\cdots,X_l\mid Y_1,Y_2,\cdots,Y_m,Z_1,Z_2,\cdots,Z_n)=P(X_1,X_2,\cdots,X_l\mid Z_1,Z_2,\cdots,Z_n) \tag{8.13}$$

条件独立性与朴素贝叶斯分类器之间的关系为

$$P(A_1,A_2\mid V)=P(A_1\mid A_2,V)P(A_2\mid V)=P(A_1\mid V)P(A_2\mid V) \tag{8.14}$$

贝叶斯信念网（简称贝叶斯网）表示一组变量的联合概率分布，一般来说，贝叶斯网表示联合概率分布的方法是指定一组条件独立性假定（有向无环图）以及一组局部条件概率集合。

联合空间中每个变量在贝叶斯网中表示为一节点。每个变量需要两种类型的信息。

（1）网络弧表示断言“此变量在给定其立即前驱时条件独立于其非后继”。当从 Y 到 X 存在一条有向的路径时，我们称 X 为 Y 的后继。

（2）对每个变量有一张条件概率表，它描述了该变量在给定其立即前驱时的概率分布。

对网络变量的元组 $\langle Y_1,Y_2,\cdots,Y_n\rangle$ 赋以所希望的值($y_1,y_2,\cdots,y_n$)的联合概率计算公式如下：

$$P(y_1,y_2,\cdots,y_n)=\prod_{i=1}^{n}P(y_i\mid \text{Parents}(Y_i)) \tag{8.15}$$

式中，$\text{Parents}(Y_i)$ 为网络中 Y_i 的立即前驱的集合。

注意：$P(y_i\mid \text{Parents}(Y_i))$ 的值等于与节点 Y_i 关联的条件概率表中的值。

所有变量的局部条件概率表以及由网络所描述的一组条件独立假定，描述了该网络的整个联合概率分布。

可以用贝叶斯网在给定其他变量的观察值时推理出某些目标变量的值。由于所处理的是随机变量，因此一般不会赋予目标变量一个确切的值。真正需要推理的是目标变量的概率分布，它指定了在给予其他变量的观察值条件下，目标变量取每一个可能值的概率。在网络中所有其他变量都确切知道的情况下，这一推理步骤很简单。一般来说，贝叶斯网络可用于在知道某些变量的值或分布时，计算网络中另一部分变量的概率分布。

8.3.6 强化学习

强化学习是指从环境状态到动作映射的学习，以使动作从环境中获得的累积奖赏值最

大。该方法不同于监督学习那样通过正例、反例来告知采取何种行为，而是通过试错的方法来发现最优行为策略。它从控制论、统计学、心理学等相关学科发展而来，最早可以追溯到巴甫洛夫的条件反射实验。但直到20世纪80年代末—90年代初，强化学习才在人工智能、机器学习和自动控制等领域得到广泛研究和应用。

1. 强化学习概述

强化学习作为一种重要的机器学习方法，是一种以环境给予的奖惩作为反馈重新输入学习系统来调整机器动作的方法，它主要包含4个元素：主体、环境状态、行动、奖励。强化学习的目标就是通过主体在环境中不断地尝试、出错并优化的学习方法，得到从环境状态到动作的最佳映射。

强化学习不同于监督学习，主要表现在教师信号上。强化学习中由环境提供的强化信号是对产生动作的好坏做一种评价（通常为标量信号），而不是告诉强化学习系统（Reinforcement Learning System，RLS）如何去产生正确的动作。由于外部环境提供的信息很少，因此RLS必须靠自身的经历进行学习，通过这种方式，RLS在行动-评价的环境中获得知识，改进行动方案以适应环境。

强化学习要解决的问题：主体怎样通过学习，选择能达到其目标的最优动作。主体在其环境中做出每个动作，施教者都提供奖励或惩罚信息，以表示结果状态的正确与否。例如，在训练主体进行棋类对弈时，施教者可在游戏胜利时给出正回报，在游戏失败时给出负回报，其他时候给出零回报。主体的任务是从这个非直接的有延迟的回报中学习，以便后续动作产生最大的累积回报。

强化学习假定系统从环境中接收反应，但是只有到了其行为结束后（即终止状态）才能确定其状况（奖励还是惩罚）。通常假定系统初始状态为 S_0，在执行动作（假定为 a_0）后，系统到达状态 S_1，即 $S_0 \xrightarrow{a_0} S_1$。

对系统的奖励可以用效用函数来表示。在强化学习中，系统可以是主动的，也可以是被动的。被动学习是指系统试图通过自身在不同环境中的感受来学习其效用函数。而主动学习是指系统能够根据自己学习到的知识，推出在未知环境中的效用函数。

对于效用函数，可以定义为："一个序列的效用是累积在该序列状态中的奖励之和。"静态效用函数值比较难以得到，因为这需要大量的实验。强化学习的关键是给定训练序列，更新效用值。

2. *Q* 学习

Q 学习是一种基于时差策略的强化学习，它是指在给定的状态下，在执行完某个动作后期望得到的效用函数，该函数为动作-值函数。在 Q 学习中，动作-值函数表示为 $Q(a, i)$，它表示在状态 i 时执行动作 a 的值，也称 Q 值。在 Q 学习中，使用 Q 值代替效用值，效用值和 Q 值之间的关系如下：

$$U(i) = \max_a Q(a, i) \tag{8.16}$$

在强化学习中，Q 值起着非常重要的作用：

（1）与条件-动作规则类似，它们都可以不需要使用模型就可以作出决策；

（2）与条件-动作不同的是，Q 值可以直接从环境的反馈中学习获得。

同效用函数一样，对于 Q 值可以有下面的方程：

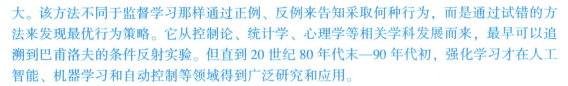

$$U(a,i)=R(i)+\sum_{\forall j} M_{ij}^{a}\max_{a'} Q(a',j) \tag{8.17}$$

式中，a'是下一个状态 j 时采取的动作；M_{ij}^{a}表示在状态 i 时执行动作 a 达到状态 j 的概率；$R(i)$ 是状态 i 时的奖励。

对应的时差方程为

$$Q(a,i) \leftarrow Q(a,i)+\alpha[R(i)+\gamma\max_{a'} Q(a',j)-Q(a,i)] \tag{8.18}$$

式中，α 为学习率；γ 为折扣因子。学习率 α 越大，保留之前训练的效果就越少。折扣因子 γ 越大，$\max_{a'} Q(a',j)$ 所起到的作用就越大。

3. 强化学习存在的问题

强化学习作为一种机器学习的方法，在实际中取得了很多应用，如博弈、机器人控制等。虽然强化学习存在不少优点，但是它也存在以下问题。

（1）概括问题。典型的强化学习方法，如 Q 学习，都假定状态空间是有限的，且允许用状态-动作记录其 Q 值。而许多实际的问题，往往对应的状态空间很大，甚至状态是连续的；或者状态空间不大，但是动作很多。另外，对于某些问题，不同的状态可能具有某种共性，从而对应于这些状态的最优动作是一样的。因而，在强化学习中研究状态-动作的概括表示是很有意义的。

（2）动态和不确定环境。强化学习通过与环境的试探性交互，获取环境状态信息和增强信号来进行学习，这使能否准确地观察到状态信息成为影响系统学习性能的关键。然而，许多实际问题的环境往往含有大量的噪声，无法准确地获取环境的状态信息，就可能无法使强化学习算法收敛，如 Q 值摇摆不定。

（3）当状态空间较大时，算法收敛前的实验次数可能要求很多。

（4）大多数强化学习模型针对的是单目标学习问题的决策策略，难以适应多目标、多策略的学习要求。

（5）许多问题面临的是动态变化的环境，其问题求解目标本身可能也会发生变化。一旦目标发生变化，已学习到的策略有可能变得无用，整个学习过程要从头开始。

8.3.7 深度学习

1. 深度学习概述

1）深度学习的定义

深度学习算法是一类基于生物学对人脑进一步认识，将神经中枢-大脑的工作原理设计成一个不断迭代、不断抽象的过程，以便得到最优数据特征表示的机器学习算法。该算法从原始信号开始，先进行低层抽象，然后逐渐向高层抽象迭代，由此组成深度学习算法的基本框架。

2）深度学习的基本思想

假设系统 S 有 n 层$(S_1,S_2,\cdots,S_n)$，它的输入是 I，输出是 O，表示为 $I \Rightarrow S_1 \Rightarrow S_2 \Rightarrow \cdots \Rightarrow S_n \Rightarrow O$。如果调整系统中的参数，使它的输出 O 等于输入 I，那么就可以自动地获得输入 I 的一系列层次特征，即 $S_1,S_2,\cdots,S_n$。通过这种方式，就可以实现对输入信息进行分级表达。输出严格地等于输入的要求太严格，可以要求输入与输出的差别尽可能小。上述就是深度学习的基本思想。

3）深度学习的一般特点

（1）使用多重非线性变换对数据进行多层抽象。该类算法采用级联模型的多层非线性处理单元来组织特征提取以及特征转换。在这种级联模型中，后继层的数据输入由其前一层的输出数据充当。按学习类型的不同，该类算法又可分为有监督学习、无监督学习两种。

（2）以寻求更适合的概念表示方法为目标。这类算法通过建立更好的模型来学习数据表示方法。对于学习所用的概念特征值或者数据的表示，一般采用多层结构进行组织，这也是该类算法的一个特色。高层的特征值由低层特征值通过推演归纳得到，由此组成了一个层次分明的数据特征或者抽象概念的表示结构，在这种特征值的层次结构中，每一层的特征数据对应着相关整体知识或者概念在不同程度或层次上的抽象。

（3）形成一类具有代表性的特征表示学习方法。在大规模无标识的数据背景下，一个观测值可以使用多种方式来表示，如一幅图像、人脸识别数据、面部表情数据等，而某些特定的表示方法可以让机器学习算法学习起来更加容易。因此，深度学习算法的研究也可以看作在概念表示基础上，对更广泛的机器学习方法的研究。

2. 深度学习与神经网络

深度学习与传统人工神经网络模型有十分密切的关系。许多成功的深度学习方法都涉及人工神经网络，所以不少研究者认为深度学习就是传统人工神经网络的一种发展和延伸。

2006 年，加拿大多伦多大学的 Hinton 提出了以下两个观点。

（1）多隐含层的人工神经网络具有非常突出的特征学习能力。如果用机器学习算法得到的特征来刻画数据，则可以更加深层次地描述数据的本质特征。在可视化或分类应用中非常有效。

（2）深度神经网络在训练上存在一定难度，但这些可以通过逐层预训练来有效克服。

这些思想促进了机器学习的发展，开启了深度学习在学术界和工业界的研究与应用热潮。

3. 深度学习的常用模型

实际应用中，用于深度学习的层次结构通常由人工神经网络和复杂的概念公式集合组成。在某些情形下，也采用一些适用于深度生成模式的隐性变量方法，如深度信念网络、深度玻尔兹曼机等。目前已有多种深度学习框架，如深度神经网络、卷积神经网络和深度概念网络。

深度神经网络是一种具备至少一个隐含层的神经网络。与浅层神经网络类似，深度神经网络也能够为复杂非线性系统提供建模，但多出的层次为模型提供了更高的抽象层次，因而提高了模型的能力。此外，深度神经网络通常都是前馈神经网络。

常见的深度学习模型包含以下几类。

1）自动编码器

自动编码器（Auto Encoder，AE）是一种尽可能复现输入信号的神经网络，是 Hinton 等继基于逐层贪婪无监督训练算法的深度信念网络后提出来的又一种深度学习算法模型。AE 的基本单元有编码器和解码器，编码器是将输入映射到隐含层的映射函数，解码器是将隐含层表示映射回对输入的一个重构。

设定自编码网络一个训练样本 $x=\{x_1,x_2,\cdots,x_t\}$，编码激活函数和解码激活函数分别

为 S_f 和 S_g：

$$h = f_\theta(x) = S_f(\boldsymbol{b} + \boldsymbol{W}_x) \tag{8.19}$$

$$y = g_\theta(h) = S_g(\boldsymbol{d} + \boldsymbol{W}^{\mathrm{T}} h) \tag{8.20}$$

其训练机制就是通过最小化训练样本 D_n 的重构误差来得到参数 θ，也就是最小化目标函数：

$$J_{\mathrm{AE}}(\theta) = \sum_{x \in D_n} L(x, g(f(x))) \tag{8.21}$$

式中，$\theta = \{\boldsymbol{W}, \boldsymbol{b}, \boldsymbol{W}^{\mathrm{T}}, \boldsymbol{d}\}$，$\boldsymbol{b}$ 和 $\boldsymbol{d}$ 是编码器和解码器的偏置向量，$\boldsymbol{W}$ 和 $\boldsymbol{W}^{\mathrm{T}}$ 是编码器和解码器的权重矩阵；S_f 和 S_g 通常采用 Sigmoid 函数；$L(x,y)$ 是重构误差函数，表示 y 和 x 的接近程度。当 S_g 为 Sigmoid 函数时，其定义为

$$L(x,y) = \sum_{i=1}^{n} (x_i \ln y_i + (1 - x_i)\ln(1 - y_i))$$

经过上面的训练，可以得到很多层的编码。每一层都会得到原始输入的不同表达，而且越来越抽象，就像人的视觉系统一样。上面介绍的自动编码器能够获得代表输入的特征，这个特征可以最大程度代表原输入信号，但还不能用来分类数据，它只是学会了如何重构或复现它的输入，或者说，它只是学习。为了实现分类，可以在最后一个编码器的后面添加一个分类器（如 BP 神经网络、SVM 等），然后通过标准的多层神经网络的监督训练方法（梯度下降法）去训练这个分类器。对于具有多个隐含层的非线性自编码网络，如果初始权重选得好，则运用梯度下降法可以达到很好的训练结果。

2）受限玻尔兹曼机

受限玻尔兹曼机（Restricted Boltzmann Machine，RBM）是一类可通过输入数据集学习概率分布的随机生成神经网络，是玻尔兹曼机的一种变体，但限定模型必须为二分图。模型中包含：可视层，对应输入参数，用于表示观测数据；隐含层，可视为一组特征提取器，对应训练结果，该层被训练发觉在可视层表现出来的高阶数据相关性；每条边必须分别连接一个可视层单元和一个隐含层单元，为两层之间的连接权值。

RBM 大量应用在降维、分类、协同过滤、特征学习和主题建模等方面。根据任务的不同，RBM 可以使用监督学习或无监督学习的方法进行训练。

训练 RBM，目的就是要获得最优的权值矩阵，最常用的方法是最初由 Hinton 在训练“专家乘积”中提出的被称为对比分歧（Contrast Divergence，CD）算法。该算法提供了一种最大似然的近似，被理想地用于学习 RBM 的权值训练。该算法在梯度下降的过程中使用吉布斯采样完成对权重的更新，与训练前馈神经网络中使用反向传播算法类似。

针对一个样本的单步对比分歧算法的步骤如下。

（1）取一个训练样本 $\boldsymbol{v}$，计算隐含层节点的概率，在此基础上从这一概率分布中获取一个隐含层节点激活向量的样本 h。

（2）计算 $\boldsymbol{v}$ 和 $\boldsymbol{h}$ 的外积，称为“正梯度”。

（3）从 $\boldsymbol{h}$ 获取一个重构的可视层节点的激活向量样本 $\boldsymbol{v}'$，此后从 $\boldsymbol{v}'$ 再次获得一个隐含层节点的激活向量样本 $\boldsymbol{h}'$。

（4）计算 $\boldsymbol{v}'$ 和 $\boldsymbol{h}'$ 的外积，称为“负梯度”。

（5）使用正梯度和负梯度的差，以一定的学习率更新权值 $\boldsymbol{W}_{ij}$。

深度玻尔兹曼机（Deep Boltzmann Machine，DBM）就是把隐含层的层数增加，可以

看作多个 RBM 堆砌，并可使用梯度下降法和反向传播算法进行优化。

3）深度信念网络

深度信念网络（Deep Belief Network，DBN）是一个贝叶斯概率生成模型，由多层随机隐变量组成。上面的两层具有无向对称连接，下面的层得到来自上一层的自顶向下的有向连接，底层单元构成可视层。也可以这样理解：深度信念网络就是在靠近可视层的部分使用贝叶斯信念网络（即有向图模型），并在最远离可见层的部分使用 RBM 的复合结构，也常被视为多层简单学习模型组合而成的复合模型。

深度信念网络可以作为深度神经网络的预训练部分，并为网络提供初始权重，再使用反向传播或者其他判定算法作为调优的手段。这在训练数据较为缺乏时很有价值，因为不恰当的初始化权重会显著影响最终模型的性能，而预训练获得的权重在权值空间中比随机权重更接近最优的权重。这不仅提升了模型的性能，也加快了调优阶段的收敛速度。

深度信念网络中的内部层都是典型的 RBM，可以使用高效的无监督逐层训练方法进行训练。当单层 RBM 被训练完毕后，另一层 RBM 可被堆叠在已经训练完成的 RBM 上，形成一个多层模型。每次堆叠时，原有的多层网络输入层被初始化为训练样本，权重为先前训练得到的权重，该网络的输出作为后续 RBM 的输入，新的 RBM 重复先前的单层训练过程，整个过程可以持续进行，直到达到某个期望的终止条件。

尽管对比分歧对最大似然的近似十分粗略，即对比分歧并不在任何函数的梯度方向上，但经验结果证实该方法是训练深度结构的一种有效的方法。

4）卷积神经网络

卷积神经网络（Convolutional Neural Network，CNN）在本质上是一种输入到输出的映射。1984 年，日本学者 Fukushima 基于感受野概念提出神经认知机，这是 CNN 的第一个实现网络，也是感受野概念在人工神经网络领域的首次应用。受视觉系统结构的启示，当具有相同参数的神经元应用前一层的不同位置时，就可以获取一种变换不变性特征。1998 年，纽约大学的 LeCun 等根据这个思想，使用 BP 算法设计并训练了 CNN。

CNN 是一种特殊的深层神经网络模型，其特殊性主要体现在两个方面：一是它的神经元间的连接是非全连接的；二是同层中神经元之间的连接采用权值共享的方式。CNN 的基本结构包括两层，即特征提取层和特征映射层。特征提取层中，每个神经元的输入与前一层的局部接受域相连，并提取该局部的特征。一旦该局部特征被提取后，它与其他特征间的位置关系也随之确定下来：每一个特征提取层后都紧跟着一个计算层，对局部特征求加权平均值与二次提取，这种特有的两次特征提取结构使网络对平移、比例缩放、倾斜或者其他形式的变形具有高度不变性。计算层由多个特征映射组成，每个特征映射是一个平面，平面上采用权值共享技术，显著减少了网络的训练参数，使神经网络的结构变得更简单，适应性更强。并且，在很多情况下，有标签的数据是很稀少的，但正如前面所述，作为神经网络的一个典型，CNN 也存在局部性、层次深等深度网络具有的特点。CNN 的结构使其处理过的数据中有较强的局部性和位移不变性。基于此，CNN 被广泛应用于人脸检测、文献识别、手写字体识别、语音检测等领域。

CNN 也存在一些不足，例如，由于网络的参数较多，因此其训练速度慢、计算成本高。如何有效地提高 CNN 的收敛速度成为今后的一个研究方向。另外，研究 CNN 的每一层特征之间的关系对于优化网络的结构有很大帮助。

8.4 人机交互

人机交互是指通过计算机输入、输出设备，以有效的方式实现人与计算机对话的技术。人机交互技术包含了两个层面的内容：一方面，机器通过图像显示、声音输出等信息输出方式给用户提供信息；另一方面，人通过语言、动作，以及各种行为操作实现信息的传递。人机交互技术是计算机系统的重要组成部分，直接影响计算机系统的可用性、易用性和效率性。

机器人与人的交互体现在自主性、安全性和友好性等方面。自主性避免了机器人对服务对象的依赖，能够根据抽象的任务要求，结合环境变化自动设计和调整任务序列。安全性是指通过机器人本质的感知和运动规划能力，保证交互过程中人的安全和机器人自身的安全。友好性则体现在人作为服务对象对机器人系统提出更高的要求，通过自然的、接近于人类交流的方式与机器人进行信息传递和交换。

人机交互的发展史，是从人适应计算机到计算机不断适应人的发展史，交互信息也由精确的输入、输出变成了非精确的输入、输出。人机交互的发展经历了以下 5 个阶段。

（1）早期的手工作业阶段。计算机的操作依赖于系统设计者以及机器的二进制代码。

（2）作业控制语言及交互命令语言阶段。程序员可采用批处理作业语言或交互命令与计算机进行交互。

（3）图形用户界面阶段。图形用户界面的主要特点是“所见即所得”，由于其简单易用，实现了计算机操作的标准化，使非专业用户也可熟练使用，因此开拓了用户人群，使信息产业得到空前发展。

（4）网络用户界面阶段。在这一阶段，以超文本标记语言及超文本传输协议为主要基础的网络浏览器成为网络用户界面的代表，这类人机交互技术的特点是发展速度快、技术更新周期短，并且不断涌现新的技术，如搜索引擎、多媒体动画、聊天工具等。

（5）多通道、多媒体的智能人机交互阶段。在这一阶段，以手持电脑、智能手机为代表的计算机微型化、随身化、嵌入化和以虚拟现实为代表的计算机系统拟人化是当前计算机发展的两个重要趋势。人们通过多种感官通道和动作通道（语言、手写、姿势、实现、表情等）输入，以并行、非精确的方式与计算机环境进行交互，可以提高人机交互的自然性和高效性。

20 世纪 90 年代以来，随着多媒体技术的日益成熟和互联网技术的迅猛发展，人机交互领域开始重点研究智能化交互，多模态、多媒体交互，以及人机协调交互等以人为中心的交互技术。

8.4.1 交互方式

多模式人机交互是近年来迅速发展的一种人机交互技术，也是当前机器人领域的研究热点，其适应了“以人为中心”的自然交互准则，推动了互联网时代信息产业的快速发展。多模式人机交互实际上是模拟人与人之间的交流方式，通过多种感官信息的融合，以及文字、语音、视觉、动作、环境等多种方式进行人机交互，这一交互方式符合机器人类产品的形态特点和用户期望，打破了传统 PC 式的键盘输入和智能手机的点触控交互模式。

这种多模式人机交互方式定义了下一代智能机器人的专属交互模式，为相关硬件、软件及应用的研发奠定了基础。

人机交互的交互方式可以总结如下。

（1）语音交互。通过语音与计算机交互是人机交互过程中最自然的一种方式，语音交互信息量大、效率高，人们一直希望以和人类说话的方式与计算机进行交互，下达指令。语音识别技术涉及语音识别、自然语言理解、自然语句生成以及自然语言对话等多个研究领域，是当前计算机领域内的研究热点和难点。20 世纪 50 年代，相关研究学者开始对语音识别技术进行研究，代表成果为贝尔实验室的 Audry 系统。此后，研究人员逐步突破了词汇、连续语音和非特定人这三大障碍。我国某公司在技术上更着眼于合成语音的自然度、可懂度和音质，设计了基于 LMA 声道模型的语音合成器、基于数字串的韵律分层构造、基于听感量化的语音库，以及基于汉字音、形、义相结合的音韵码，先后研制成功音色和自然度更高的 KD863 以及 KD2000 中文语音合成系统。目前，国内外已经出现了许多成熟的商业产品，如语音身份识别、人机自然语言对话、即时翻译等。

（2）手势交互。手势动作一般是伴随着语音交流而同时出现的，通常用于描述一个物体的大小和场景的变化，是对语音交互的一个补充。在人机交互中，手势识别分为两种：一种基于手写笔的二维手势识别，这种手势识别方法相对来讲实现简单，但是限制了手势的表达能力；另一种是真正的三维手势，三维手势的难点在于数据采集，当前大部分三维手势识别是基于数据手套完成的，其成本较高，交互也不自然。

（3）情感交互。表情表达了信息活动、人脸方位，视点反映心理活动和注意力方向，这些都是人类信息交流的重要手段，有关人脸的研究，在新一代的人机交互中非常重要。相应的研究内容包括：人脸的检测与定位、人脸的识别、人脸表情识别、脸部特征定位、人脸的跟踪、眼睛注视的跟踪以及人脸的三维重建等。

（4）动作交互。动作识别，是指对物理空间里物体的方位、运动轨迹进行记录、测量并分析处理，使之转化为计算机可以理解的数据形式，其在可穿戴式计算机、浸入式游戏以及情感计算领域具备巨大的应用潜力。脸部动作识别、手部动作识别以及身体姿态、步态识别对三维人体重建及虚拟现实的研究有着重要的意义。

（5）触觉交互。触觉是自然界多数生物从外界环境获取信息的重要形式之一，广义的触觉是指接触、压迫、滑动、温度和湿度等的综合，可用于判断外界接触环境的信息，触觉对于虚拟现实技术中临场感程度和交互性具有十分重要的现实意义。通过触觉界面，用户不仅能够看到物体，还能触摸和操控，产生更真实的沉浸感，在交互过程中有着不可替代的作用。

（6）虚拟现实交互和人脑交互。这种新型人机交互技术的最主要特征在于用户交互的“非受限性”，机器给人以最小的限制并且对人的意图作出快速的响应，以人为中心，可以最大自由度操纵机器人，如同日常生活中人与人之间的交流一样自然、高效和无障碍。

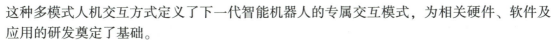

这种人机交互强调 3 个特性：交互隐含性、交互多模态、交互双向性。交互隐含性是指用户可以将注意力最大限度地用于执行任务而无须为交互操作分心，且允许使用模糊表达手段来避免不必要的认识负担，有利于提高交互活动的自然性和高效性。这是一个被动感知的主动交互方式，需要用户说明交互成分，仅在交互过程中隐含地表现并且允许非精

确的交互。交互多模态性是指使用多种感知模块和效应通道（视觉、听觉、触觉）相融合的交互方式，突破了传统键盘、鼠标、显示器通信的限制。此外，人的感觉和效应通道通常具有双向性，如视觉可看又可注视，手可控制又可触及。新颖的人机交互技术让用户避免生硬、频繁或耗时的通道切换，从而提高自然性和效率，如视觉跟踪系统可促成视觉交互的双向性，听觉通道可利用三维听觉定位器实现双向交互等。

8.4.2 交互过程

1. 语音交互

语音是人类一种重要而灵活的通信模型，语音识别的任务就是利用语音学和语言学的知识，先对语音信号进行基于信号特征的模式分类得到拼音串，然后对拼音串进行处理，利用语言学知识组合成一个符合语法和语义的句子，从而将语音信号转化为计算机可识别的文本。语义理解是整个语音交互中最核心的部分，其主要内容是对用户意图的理解和对用户表达的语句中核心槽位的解析。

2. 手势交互

在手势交互方式下，用户借助鼠标、手写装置及触摸屏等设备自由地书写或者绘制文字和图形，计算机通过对这些输入对象的识别和理解获得执行某种任务所需要的信息。笔迹交互实质上是在建立由书写压力、方向、位置和旋转等信息共同组成的多维向量序列到用户的交互意图的映射。与语音交互相比，笔迹交互以视觉形象表达和传递概念，既有抽象、隐喻等特点，还具有形象、直观等特征，有利于创造性思想的快速表达、抽象思维的外化和自然交流。图 8.7 为手势交互。

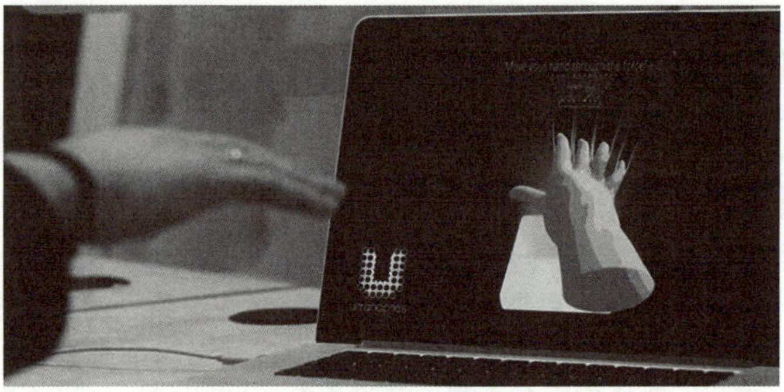

图 8.7　手势交互

3. 情感交互

人类相互之间的交流沟通方式是自然而且富有情感的，因此人机交互过程中也希望计算机具有情感和自然和谐的交互能力。情感交互就是要赋予计算机类似于人的观察、理解和生成各种感情特征的能力，利用各种传感器获取由人的情感所引起的表情及生理变化信号，利用情感模型对这些信号进行分析处理，从而理解人的情感并作出适当的响应。其重点在于创建一个能感知、识别和理解人类情感，并能针对用户的情感作出智能、灵敏、友好反应的个人计算系统。情感交互能帮助我们增加使用设备的安全性，使经验人性化，使计算机作为媒介进行学习的功能达到最佳化。图 8.8 为情感交互机器人。

图 8.8 情感交互机器人

4. 动作交互

动作交互采用计算机视觉作为有效的输入模态，探测、定位、跟踪和识别用户交互过程中有价值的行为视觉线索，进而预测和理解用户交互意图并作出响应。这种技术可以支持一系列的功能：人脸检测、定位和识别；头和脸的位置和方向跟踪；脸部表情分析；视听语音识别，用于协助判断语义；眼睛注视点跟踪；身体跟踪；手势识别跟踪；步态识别等。图 8.9 为动作交互。

图 8.9 动作交互

5. 虚拟交互与虚拟现实

虚拟现实采用摄像或扫描的手段来创建虚拟环境中的时间和对象，生成一个逼真的三维视觉、听觉、触觉和嗅觉等感官世界，让用户可以从自己的视点出发，利用自然的技能对这一虚拟世界进行浏览和交互。其特点可以概括为：沉浸感，逼真的感觉；自然的交互，对虚拟世界的操作性程度和从环境得到反馈的自然程度；个人的视点，用户依靠自己的感知和认知能力全方位地获取知识、寻求解答。图 8.10 为基于虚拟现实的人机交互。

图 8.10　基于虚拟现实的人机交互

6. 人脑交互与脑计算

最理想的人机交互形式是直接将计算机与用户的大脑进行连接，无须任何类型的物理动作或者解释，实现 Your wish is my command（你的愿望就是我的命令）的交互模式。脑机接口通过测量大脑皮层的电信号来感知用户相关的大脑活动，从而获取命令或控制参数。人脑交互是一种新的大脑输出通道，也是一个需要训练和掌握技巧的通道。

人机交互是一个具备巨大应用前景的高新技术领域，存在诸多待解决与突破的难题。为了提升系统的交互性、逼真性和沉浸性，在新型传感和感知机理、几何与物理建模新方法、高性能计算特别是高速图形图像处理以及人工智能、心理学、社会学等方面都有许多具有挑战性的问题待解决。

课后习题

1. 简述决策树学习的结构。
2. 决策树学习的主要学习算法是什么？
3. 什么是 Q 学习？它有何优缺点？
4. 什么是深度学习？它有何特点？
5. 深度学习存在哪几种常用模型？

第 9 章 服务机器人

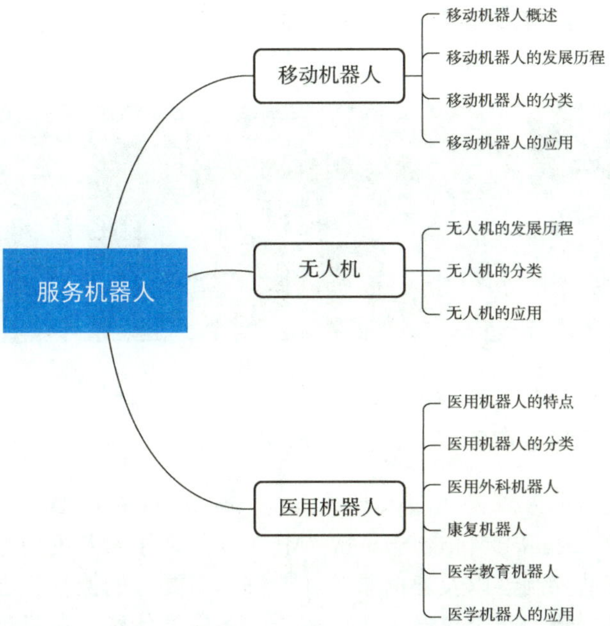

服务机器人是机器人家族中的一个年轻成员，尚没有一个严格的定义。不同国家对服务机器人的认识不同。国际机器人联合会给服务机器人的初步定义为：服务机器人是一种半自主或全自主工作的机器人，它能完成有益于人类的服务工作，但不包括从事生产的设备。服务机器人在休闲娱乐、商业服务、医疗、教育等领域得到了广泛的应用，本章将从移动机器人、无人机、医用机器人的发展历程、实际应用等方面进行介绍，帮助大家更好地了解服务机器人。

9.1 移动机器人

9.1.1 移动机器人概述

机器人诞生的最初目的在于服务人类，把人类从重复、烦琐以及危险的工作中解放出来，进而把有限的人力资源投入更有价值的生产过程。现代机器人的研究始于20世纪中期，其技术背景是计算机和自动化的发展。自从1962年美国Unimation公司生产的机械臂Unimate作为第一代机器人在美国通用汽车公司投入使用以来，机器人技术得到了蓬勃发展。在经历了最初的程序控制的示教再现型机器人、具有初级感觉的感觉型机器人之后，机器人技术目前正朝着具备高级智能的智能机器人方向进展。作为现代机器人的一个重要分支，移动机器人强调“移动”的特性，是一类能够通过传感器感知环境和本身状态，实现在有障碍物环境中面向目标的自主运动，从而完成一定作业功能的机器人系统。相对于固定式的机器人（如机械手臂），移动机器人可以自由移动的特性，使其应用场景更广泛，潜在的功能更强大。按照应用场景，可将移动机器人分为空中机器人、水下机器人和陆地机器人，如图9.1所示。

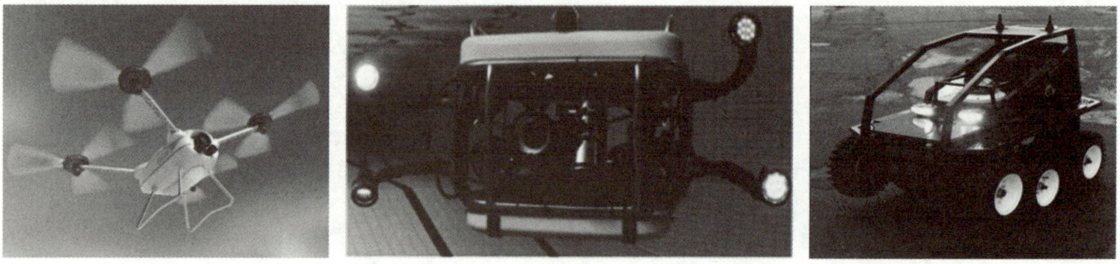

（a）　　（b）　　（c）

图9.1　各类移动机器人

（a）空中机器人；（b）水下机器人；（c）陆地机器人

空中机器人，又名无人驾驶飞机（Unmanned Aerial Vehicle/Drones，UAV）或微型无人空中系统（Micro Unmanned Aerial System，MUAS），简称无人机，是一种装备了数据处理单元、传感器、自动控制器以及通信系统，能够不需要人的控制，在空中保持飞行姿态并完成特定任务的飞行器。空中机器人可应用于远程视觉传感，包括航拍、电力巡检、新闻报道、地理航测、植物保护、农业监控等场景。

水下机器人（Unmanned Underwater Vehicle，UUV），又称无人潜水器，通常可分为两类：遥控式水下机器人（Remotely Operated Vehicle，ROV）和自主式水下机器人（Autonomous Underwater Vehicle，AUV）。前者通常依靠电缆提供动力，能够实现作业级功能，后者通常自己携带能源，大多用来大范围勘测。水下机器人可以用于科学考察、水下施工、设备维护与维修、深海探测、沉船打捞、援潜救生、旅游探险、水雷排除等。

陆地机器人即应用在陆地上的机器人，在生活中最为常见。由于它与人类生活的关系较密切，因此相较于空中机器人和水下机器人发展更迅速，其应用范围也更加广泛。陆地机器人不仅在工业、农业、医疗、服务等行业中得到广泛的应用，而且在城市安全、排险、军事和国防等场合也能得到很好的应用。

作为前沿的高新技术，移动机器人体现出广泛的学科交叉，包括自动控制、人工智能、电子技术、机械工程、传感器技术以及计算机科学等，涉及众多的研究内容，如体系结构、运动控制、路径规划、环境建模与定位等，且适用于各种工作环境，甚至适用于危险、肮脏、乏味和困难等场合。

移动机器人具有如下优势：

（1）具有移动功能，相对于固定式的机器人，没有由于位置固定带来的局限性；

（2）降低运行成本，使用移动机器人作业可减少开销和维护成本；

（3）可以在危险的环境中提供服务，如不通风、核电厂等场景；

（4）可以为人类提供许多方面的服务，如物资配送、巡检等。

9.1.2　移动机器人的发展历程

人类很早就开始梦想创造出具有一定功能甚至智慧的机器人，代替人类完成各种工作。我国三国时期蜀汉丞相诸葛亮发明了类似机器人的运输工具“木牛流马”，如图 9.2 所示。史载建兴九年至十二年（231—234 年），诸葛亮在北伐时使用的木牛流马，其载重量为“一岁粮”，大约 200 kg，每日行程为“特行者数十里，群行三十里”，为蜀汉十万大军提供粮食。不过，当时的方式、样貌现在亦不明，对其亦有不同的解释。此外，在汉朝就有了“记里鼓车”的记载，如图 9.3 所示。记里鼓车类似于当今社会汽车的里程表，具有可以计算车辆里程的功能，上下分为两层，每层都有木制机械人手持木槌，下层木人行一里击鼓，上层木人行十里击镯。

1768—1774 年，瑞士著名的钟表匠皮埃尔·雅克·德罗兹和他的两个儿子一起创造了栩栩如生的机器人，这些机器人被塑造成作家、艺术家和音乐家。

然而，真正的机器人是 20 世纪以后在数学、物理、机械、电子信息、计算机，尤其是人工智能等理论和技术发展的基础上而产生的。

图 9.2　木牛流马

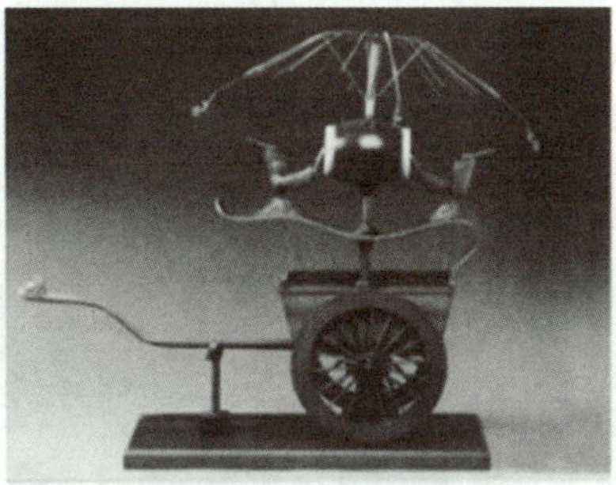

图 9.3　记里鼓车

1949 年，美国发明家 William Grey Walter 博士进行了关于移动自主机器人的开创性研究。他对机器人乌龟“艾尔西”和“艾尔默”的成功和启发性实验对控制论科学的产生具有重大影响。

1966—1972 年，美国斯坦福研究所研制了 Shakey 机器人，它是 20 世纪最早的移动机器人之一，如图 9.4 所示。它引入了人工智能的自动规划技术，具备一定的人工智能，能够自主进行感知、环境建模、行为规划并执行任务。

1973—1980 年，美国科学家、斯坦福大学的研究生 Moravec 创造出了具有视觉能力、可以自行在房间内导航并规避障碍物的“斯坦福车”（Stanford Cart），如图 9.5 所示，可谓现代无人驾驶汽车的始祖。

图 9.4　Shakey 机器人

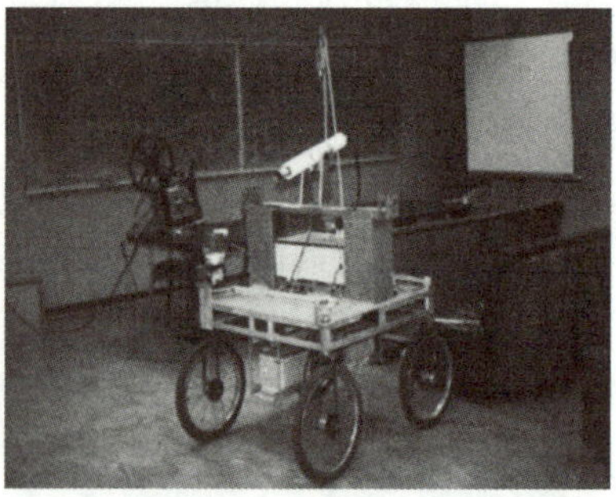

图 9.5　Stanford Cart

美国麻省理工学院人工智能实验室利用 Cog 工程在仿人机器人的设计中，特别是人和机器人交互、人的感知方面作出了巨大的贡献。这个项目开始于 1993 年，旨在开发仿人机器人 Cog，借以考查和理解人类感知，如图 9.6 所示。Cog 能与人类交流，能对周围环境作出反应，并具有分辨不同人类面孔的能力，可以协助人类完成很多工作。

1995 年，卡内基·梅隆大学的自动驾驶车辆 Navlab 5 完成了从美国的东海岸华盛顿特区到西海岸洛杉矶市的无人驾驶演示，如图 9.7 所示。Navlab 5 的视觉系统可以识别道路的水平曲率和车道线。实验中，纵向控制由驾驶员实现，而转向控制则完全自动实现。在超过 5 000 km 的驾驶途中，98%的路段由计算机自动驾驶。

2000 年，日本本田公司开始研制双足机器人 ASIMO 系列，如图 9.8 所示，它可以实现“8”字形行走、下台阶、弯腰、握手、挥手以及跳舞等各项“复杂”动作。另外，它具备基本的记忆与辨识能力，可以依据人类的声音、手势等指令作出反应。

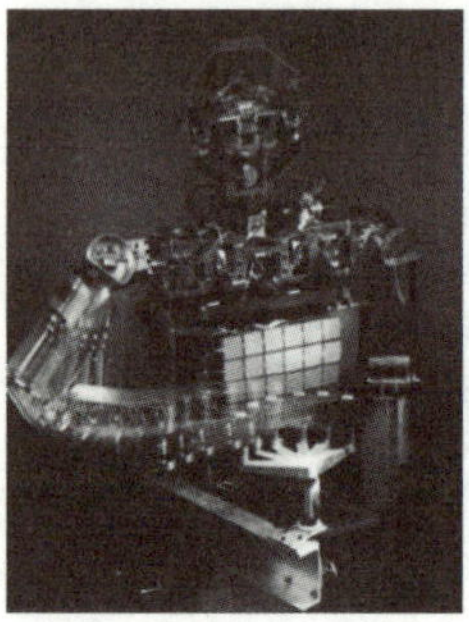

图 9.6　仿人机器人 Cog

图 9.7　Navlab 5

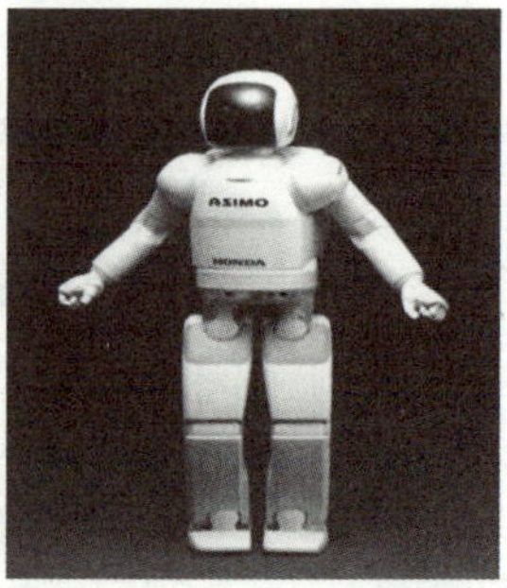

图 9.8　ASIMO 机器人

2002 年，美国 iRobot 公司推出了吸尘器机器人 Roomba，它能避开障碍物，自动设计行进路线，还能在电量不足时自动驶向充电座。Roomba 是目前世界上销量最大的家用机器人，也是移动机器人落地化量产的最典型代表，如图 9.9 所示。

“大狗”（Big Dog）机器人是由美国波士顿动力学工程公司于 2008 年研制的，如图 9.10 所示。这种机器狗的体型与大型犬相当，能够在战场上发挥非常重要的作用：在交通不便的地区为士兵运送弹药、食物和其他物品。它不但能够行走和奔跑，而且还可跨越一定高度的障碍物。这种机器人的行进速度可达到 7 km/h，能够攀越 35°的斜坡，它可携带质量超过 150 kg 的武器或其他物资。“大狗”既可以自行沿着预先设定的简单路线行进，也可以进行远程控制。

图 9.9 吸尘器机器人 Roomba

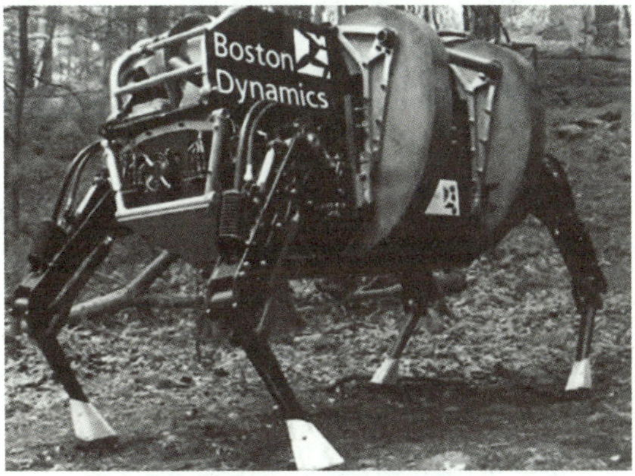

图 9.10 “大狗”机器人

我国移动机器人的研究和开发是从“八五”期间开始的，虽然起步较晚，但也取得了较大的进展。“八五”期间，浙江大学等国内 6 所大学联合研制成功了我国第一代地面自主车 ALVLAB Ⅰ，其总体性能达到当时国际先进水平。“九五”期间，南京理工大学等学校联合研制了第二代地面自主车 ALVLAB Ⅱ，相比第一代，第二代在自主驾驶、最高速度、正常行驶速度等方面的性能都有了很大提升。

清华大学智能技术与系统国家重点实验室自 1988 年开始研制 THMR 系列机器人系统，THMR-Ⅲ自主道路跟踪的速度达 5~10 km/h，避障速度达 5 km/h。改进后的 THMR-V 在高速公路上的速度达到 80 km/h，一般道路上的车速为 20 km/h，如图 9.11 所示。

1995 年，由我国 863 计划支持的重大高科技项目 6 000 m 无缆自治水下机器人 CR-01 在夏威夷附近海域成功下潜到水下 5 300 m，拍摄到海底锰结核矿分布情况，获得了清晰的海底录像、照片和声呐浅剖图，收集到大量珍贵数据，使我国机器人的总体技术水平跻身于世界先进行列，成为世界上拥有潜深 6 000 m 自治水下机器人的少数国家之一，如图 9.12 所示。

图 9.11 清华智能车 THMR-V

图 9.12 水下机器人 CR-01

2000 年，国防科技大学成功独立研制出我国第一台具有人类结构特征的国产仿人机器人“先行者”，如图 9.13 所示。先行者机器人高 1.4 m，重 20 kg，可以像人类一样完成各种行走动作，并且还具有一定的语言功能。2002 年 12 月，我国真正意义上的仿人机器人

BHR-01 诞生了，如图 9.14 所示，它具有 1.58 m 的身高，76 kg 的体重，行动灵活，具有 32 个关节，手、脚可以完成 360°的旋转，可稳步行走并且能够完成蹲起、原地踏步、打太极拳等各种复杂的动作。

图 9.13　仿人机器人“先行者”

图 9.14　仿人机器人 BHR-01

2006 年，一汽集团联合国防科技大学推出红旗 HQ3 型无人驾驶汽车，如图 9.15 所示，最高速度达 130 km/h，并于 2011 年 7 月 14 日首次完成从长沙到武汉 286 km 的高速全程无人驾驶实验，标志着我国无人驾驶汽车在复杂环境识别、智能行为决策和控制等方面实现了新的技术突破，达到世界先进水平。

2014 年，哈尔滨工业大学与当地政府合作，成立哈工大机器人集团，迎宾机器人“威尔”是其自主研发的新型智能机器人，具有人机交互、自主导航避障、安防监控等功能，可分担客服人员、迎宾人员的工作，主要应用于银行、营业厅等人流量大的场所，如图 9.16 所示。

图 9.15　红旗 HQ3 型无人驾驶汽车

图 9.16　迎宾机器人“威尔”

2015 年，在国防科技工业军民融合发展成果展上，中国兵器装备集团有限公司展示了国产“大狗”机器人。这款机器人总重 250 kg，负重能力为 160 kg，垂直越障能力为 20 cm，爬坡角度为 30°，最高速度为 1.4 m/s，续航时间为 2 h。这款机器人可应用于陆军班组作战、抢险救灾、战场侦察、矿山运输、地质勘探等复杂崎岖路面的物资搬运，如图 9.17 所示。2019 年，在南海进行首次海试的“潜龙三号”是中国科学院沈阳自动化研究所研发的 4 500 m 级自主潜水器，实现了我国自主无人潜水器首次大西洋科考应用，如图 9.18 所示。

图 9.17　中国“大狗”机器人

图 9.18　“潜龙三号”潜水器

9.1.3　移动机器人的分类

我们可以从如下维度对移动机器人进行分类，如物理特性和性能、适用的工作环境或者涉及的工作任务。

1. 地面自主移动机器人

地面自主移动机器人（Automated Guided Vehicle，AGV）被设计用来在室内或室外环境下，以及在工厂、仓库和海运码头等地方进行物料搬运（该应用领域被称为物流），如图 9.19 所示。利用 AGV，可以在工厂里运送汽车零部件、在出版公司搬运新闻纸、在核电站运输核废料等。

早期的 AGV 利用预先埋设在地板上的金属感应线来实现导航。现代的 AGV 通常使用激光三角测量系统，或结合了断续安装在地板上的磁性信标的惯性导航系统。

利用无线通信技术，将所有的运输车辆与用于物流控制的中央计算机相连，是现代 AGV 系统的典型做法。AGV 可根据工况的不同进一步细分：拖动装载物料的拖车（牵引式 AGV，如图 9.20 所示），利用货叉实现物料的装载和卸载（叉车式 AGV），利用位于小车顶部的平台来传送物料（单元式载货 AGV）。

图 9.19　AGV 用于海运码头

图 9.20　牵引式 AGV

AGV 或许是移动机器人技术最为成熟的应用市场。一些公司依靠给相互竞争的众多 AGV 制造商出售器件和控制方案来生存，而 AGV 制造商也竞相给那些为特定应用提供解决方案的增值系统集成商提供产品。AGV 不仅能够用于物料的搬运，卡车、火车、轮船和飞机的货物装卸，还为自主移动车辆的后续发展提供潜在的应用空间。

2. 服务机器人

服务机器人可执行服务行业中由人工完成的工作。有些服务工作，如邮件、食品和药物等的分发投递，被看作一种“轻量型”的物料搬运，这与 AGV 的工作性质相似。但是，更多的服务型任务具有需要与人进行更高水平的密切接触的特征，其范围涵盖从应对人群到解答问题。

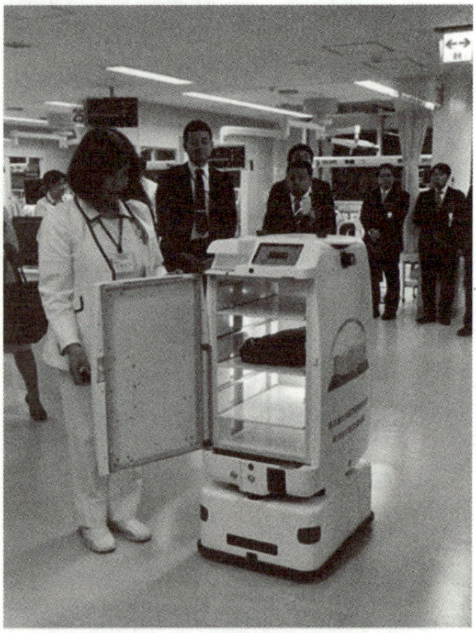

图 9.21　医疗服务机器人

如图 9.21 所示，医疗服务机器人可以给患者分发食物、饮用水、药物和阅读材料等。它们也可以将生物样品、废弃物、病史档案和行政管理报告从医院的一个地方搬运到另外一个地方。

其他服务机器人包括用于公共场所、家庭地板清洁和草坪护理的机器人，如图 9.22 所示，主要用于机场、超市、大型购物中心、工厂等。它们执行的任务包括清洗、扫除、真空处理、地毯清洗和垃圾清运等。

图 9.22　地板清洁和草坪护理服务机器人

这种类型的移动机器人关注的是工作区域遍历问题，它们试图“光顾”某预定义区域中的所有位置。这些服务机器人所关注的重点，并不是到哪儿去或者携带什么物品，而是需要到达所有的角落至少一次。为了达到清洁的目的，它们需要覆盖指定地板区域的所有部位。

社交机器人也属于服务机器人的一种，专门用于与人类之间的沟通互动，如图 9.23 所示。它们的主要使命通常是传达信息或用于娱乐。虽然固定的信息亭也能够传达信息，但是社交机器人由于某种原因需要具备灵活机动性。

社交机器人的一些潜在应用场合包括在零售店（杂货店、五金店）回答关于商品位置的问题；在餐馆给孩子们发放汉堡；帮助老年人和体弱多病者出行（机器人导盲犬）、活动或记住服药时间。

近年来，索尼公司已经生产出一些令人印象深刻的服务机器人，并将其投放市场，目标是供机器人的主人娱乐消遣。最早出现的此类机器人被宣传包装为“宠物”。博物馆和展览会的自主导游机器人可以指导游客游览特定的展区。

（a）　　　　（b）

图 9.23　社交机器人

（a）索尼公司推出的电子宠物机器人“爱宝”（AIBO）；（b）导游机器人

3. 野外机器人

野外机器人在极具挑战的“野外”环境下执行各种任务，如图 9.24 所示。几乎所有类型的可在室外场所移动、具有作业能力的运输车辆，都是自动化技术的潜在候选对象。绝大多数任务在户外环境中将变得更加难以实现。在恶劣的天气里很难看清事物，决定如何穿越复杂的自然地形也是一项困难的工作。机器人在室外还很容易被卡住。

（a）　　　　（b）

图 9.24　野外机器人

（a）半自动伐木归堆机；（b）自动挖掘机

野外机器人必须与它所处的环境密切结合。图 9.24（a）所示的半自动伐木归堆机，被用来收集整理砍伐的树木；图 9.24（b）所示的自动挖掘机可进行大规模挖掘作业，以应对那些需要在短时间内装载大量泥土的应用场景。

种能执行实际工作的野外移动平台，都要根据任务需求合理配置作业工具。因此，野外机器人从外观上看很像与之对应的人工操作的机器。野外移动机器人通常具有手臂和安装在移动底盘上的工具（一般称为执行端）。因此，它们是一般意义上的移动机器人实例，即机器人不仅能够随处移动，而且能够与实际工作环境进行有效的互动。

在农业方面，野外机器人的实现和潜在应用场合包括种植、除草、施药（除草剂、杀虫剂、化肥等）、剪枝、收割、采摘等。与家里相比，在公园、高尔夫球场以及高速公路的中间隔离带等场合要完成割草任务，必须使用大型割草设备。专门用于割草的人工操作设备可以利用自动化技术来实现。对森林和苗圃的护理，以及对已成材树木的采伐，也是野外机器人潜在的应用场合。

野外机器人在矿业开采和洞穴开凿方面也具备各种各样的应用潜力。在地面，露天矿山的挖掘机、装载设备、岩石运输卡车都已经实现了自动化；地下钻孔机、锚杆施工机、连续采煤机和用来完成装载-拖运-倾卸作业的铲运机也都已经实现了自动化。

检测、侦查、监控和勘探机器人也属于野外机器人，它们都是基于移动平台并配置相应的装置，以对某一区域进行检测，或者查找、探测位于某一区域内的物体，如图 9.25 所示。通常，使用机器人的最恰当的理由是：环境太危险，不能为了完成工作任务而让人类冒如此的风险。显然，机器人需要面对诸如此类的工作环境，包括遭受强核辐射的地区（需深入核电站内部）、某些军队和警察任务场景（如侦查、排爆），以及太空。

图 9.25　勘探机器人

在能源部门，可以使用机器人检测核反应堆部件或装置，包括蒸汽发生器、压力排管和废物储存罐。机器人还可以用来检测高压输电线，也可以用于供气和输油管道的铺设或维护。遥控式水下无人潜器的自主控制能力日益增强，利用水下潜器可以检测安装在海底的石油钻井设备，如石油钻塔、通信电缆，甚至还可以帮助搜寻失事船只残骸。

最近几年中，开发机器人士兵的研究工作开展得尤为火热。机器人车辆被认为可以肩负起承担多种军事任务的使命，如军事侦察和监控、部队补给、雷区定位测绘、扫雷和救护。军用车辆的生产制造商正在努力攻关，力争在自己的产品中植入各种机器人技术。爆炸物处理是一个业已存在、具有无限商机的市场。

在太空探索中，一些机器人车辆已经能够在火星表面自主移动几公里远；在推进器驱动下围绕空间站运行的空间机器人，其概念也已经摆到设计蓝图上一段时间了。

9.1.4　移动机器人的应用

所有有动物、人类或者机动车辆等在执行任务时的环境，都是移动机器人潜在的工作场合。一般而言，使用自动化技术的主要原因如下。

（1）质量更好。制造商可以提高产品质量——可能源于更好的一致性、更易于检测或更容易控制。

（2）速度更快。与其他方法相比，采用自动化技术，可使生产效率提高、停机时间减少和资源消耗降低，并能够获得更高的生产力。

（3）更安全。一旦机器能够成为一种可行的替代选择，人类就可免于冒不必要的风险。

（4）成本更低。使用机器人可以减少经费开支。机器人的保养维修成本与对应的人力驱动设备相比要低廉得多。

（5）适应性。有些场景由于尺度或者环境未知，人类不能涉足。

9.2　无人机

9.2.1　无人机的发展历程

为了让大家了解无人机的历史，本小节介绍无人驾驶飞机（无人机）的前世今生，其实它在人类飞行的早期，就与“有人驾驶飞机”并驾齐驱了。但无人机的历史并不光彩，通常是用作威力强大的武器，直到现在也是如此。但是近年来，无人机在民用方面得到了长足发展。其正面的形象逐渐地树立了起来，其中不乏用于救生领域。

基于每个人对“无人机”一词的理解不同，有人可能说，无人驾驶飞行早在1849年就有了，那时候奥地利人用气球绑着炸弹攻击了威尼斯。但是，根据较为普遍的观点，无人机的首次飞行可追溯至19世纪90年代，德国航空先驱奥托·李林塔尔使用滑翔无人机，对各种轻质升力机翼设计方案进行试验，如图9.26所示。时至今日，许多具有高度试验性质的飞机的早期设计也采取了李林塔尔的做法，使用无人机来避免试飞员在试验中受到伤害。正是使用了这种方法，李林塔尔能够安全地对他各种大胆的设计进行试验，同时也从失败中获得了经验。

图9.26　滑翔无人机

差不多在同一时期的1896年，塞缪尔·皮尔庞特·兰利（美国航空先驱）进行了蒸汽动力飞机的试验。有趣的是，他的飞机是借助一个弹射系统起飞的，这种方法直到今天仍在被许多现代的无人机所采用。兰利的非滑翔无人机被称作Aerodrome，他成功地让这架无人驾驶的飞机沿波托马克河飞行了1 600 m，虽然仅有短短的1 600 m，但兰利将这次试飞作为后续有人驾驶飞机的飞行试验的一部分。尽管这一项目无疾而终，但这一次的试验飞行在航空史上有着重要的意义：这是第一次成功的长距离有动力无人机的飞行。这次飞行要比莱特兄弟著名的第一次飞行早好几年。

虽然无人驾驶试验飞机成功地实现了飞行，但很快人们就意识到，有飞行员操控飞机对于改进设计与研制更加有用。莱特兄弟历史性的第一次飞行，向全世界宣告能够利用机翼的翘曲来实现飞机的滚转控制，这一突破使航空工业在技术上实现了突飞猛进的发展。航空科学能够有今天的面貌，莱特兄弟的成功功不可没。

不久，被誉为“自动驾驶仪鼻祖”的劳伦斯·斯佩里，使用其家族公司发明的陀螺仪制造了第一台自动驾驶仪，这台仪器可协助飞行员对飞机实施控制。1914 年，斯佩里的自动驾驶仪实现了让有人驾驶飞机可以保持直线和水平飞行，这极大地降低了飞行员的工作强度。

差不多在同一时期，阿奇博尔德·劳教授在无线电制导系统的发展中发挥了重要作用。这个系统可用于远程遥控飞机，最终于 1917 年实现了“拉什顿·普罗克特”（时至今日，“拉什顿”依然是英国一个著名的无人驾驶航空靶标的品牌）靶机的远程遥控飞行。我们还应当注意到，在此之前的 1898 年，发明家尼古拉·特斯拉就已经演示了对一艘船进行远程遥控。

第一次世界大战期间，“凯特林小飞虫”计划是第一个应用无人机的重大项目。这架双翼飞机实际上是一枚可以飞行的鱼雷，它装有一套制导系统，这套制导系统是由埃尔默·斯佩里设计的，他是劳伦斯·斯佩里的父亲。这架飞机由活塞式发动机作为动力源，由发射小车和轨道进行起飞。理论上“凯特林小飞虫”可自动导航飞到 64 km 之外打击目标，它由一台基于陀螺仪的自动驾驶仪进行导航，利用膜盒式气压表保持高度。为测量所飞越的距离，这架飞机采用了一套机械系统，它通过测量飞机飞抵目标所需的发动机转数来获取距离信息。但是，“凯特林小飞虫”并没有得到部署和应用，因为在它研制完成之前，第一次世界大战结束了。

1922 年，第一架四旋翼类型的无人机成功实现飞行，这就是乔治·德·波扎特（George De Bothezat）直升机，它采用 X 形布局结构的多旋翼形式。这架直升机总计进行了大约 100 次的试飞，最大飞行高度达到 5 m。但是，这一设计最终并没有得到继续的发展，这主要是由于它的机械结构太复杂，并且在悬停时飞行员的工作强度非常大。

两次世界大战之间，无人机在自主驾驶方面的发展非常有限，而无线电射频发射技术的进步让远程遥控驾驶变得更加容易，从而使自动驾驶仪变得无关紧要了。自动驾驶仪虽然有不少小的改进，但这种系统主要用在靶机上，这些靶机仅为炮兵训练所用。这些靶机大部分由英国公司制造。在这一时期，飞行员训练所用的无线电遥控靶机成为无人机应用的最广泛形式，总计制造了 12 000 多架。直到今天，虽然无人机自动化的程度已经很高了，但它仍然主要用于军事领域。

第二次世界大战期间是无人驾驶飞机另一个快速发展的时期，特别是在德国。在此期间，德国研制了多种空对地或巡航导弹，其中最著名的就是菲施勒公司研制的 V-1 导弹，如图 9. 27 所示，它俗称“嗡嗡弹”，这得名于它的脉冲喷气式发动机所发出的独特声音，图 9. 28 是它的内部结构。纳粹德国空军还使用无线电遥控滑翔炸弹攻击敌方军舰，其中最著名的滑翔炸弹就是“弗里茨 X”（Fritz X）。纳粹德国空军曾使用这种炸弹炸沉了一艘意大利军舰“罗马”号，当时它正准备向盟军投降。有趣的是，“罗马”号残骸直到 2012 年才被发现，发现它的也是一个无人驾驶机器，只不过是一个水下的机器人。

图 9.27　V-1 导弹

图 9.28　V-1 导弹剖视图

盟军在第二次世界大战中也曾使用过无人机，其中一个例子就是美国海军使用的 TDR-1 攻击型无人机，这是在“洲际”双发飞机基础上改装而成的无人机，这也许是第一种采用电视制导的无人机。TDR-1 由乘坐在后方跟随飞机上的一名操控手进行遥控，TDR-1 上搭载一台电视摄像机，将信号传回跟随飞机，操控手可以看到 TDR-1 机载摄像机拍到的图像。

后来美国启动“阿弗洛狄特”计划，这个计划旨在将诸如著名的 B-17 这样的轰炸机改装成为无人机。该计划再次使用了电视制导技术，即飞机可以通过无线电控制进行远程引导，进行操控的飞行员通过机载电视摄像机能够看到无人机所拍到的景象，并能够读取驾驶舱的各仪表数据。飞机起飞时是有机组人员的，他们手动驾驶飞机起飞，飞机起飞后机组人员给炸弹解除保险，然后将控制权交给遥控操纵的飞行员，在飞机还处于己方地界时，他们通过降落伞离开飞机。而此时飞机则在遥控操纵下继续飞向目标区域。这样的任务通常用于打击敌方纵深隐蔽目标，如德国 V-1 导弹工厂等。然而，由于系统过于复杂和费用高昂，这个计划并不很成功，但英国研制的钻地炸弹在这样的任务中取得了更大的成功。后来这些遥控操纵的无人机被用于核试验，无人机穿越核爆炸后的蘑菇云，通过机载专用传感器研究核辐射的影响。

第二次世界大战后，无人机的用途主要是作为靶机供飞行员训练之用。在后来的一些战争中，也有一些有人驾驶飞机被改造为飞行炸弹，而无人机技术在这一时期并没有什么新的突破，这是由于人们将研究的重点放在了巡航导弹上。巡航导弹的研制主要是在德国菲施勒公司 V-1 导弹的基础上开展的研究工作。这最终发展成了我们今天所拥有的巡航导弹，这种导弹可以自动飞向预定目标。

位于美国加利福尼亚州的瑞安飞机公司（全称为特里达因·瑞安飞机公司）是 20 世纪 60 年代航空靶机研制方面的领头雁。这一时期最有名的无人机就是该公司研制的“萤火虫”和“火蜂”系列靶机，如图 9.29 所示，这也是至今产量最高的靶机型号。由于瑞安公司在靶机方面取得了巨大的成功，所以美国官方要求该公司研制一种用于侦察的改进型号，这种无人侦察机于 1964 年实现了首飞。有几个型号的“萤火虫”在越南战争中被军方投入实战，主要执行监视和侦察任务，如战场毁伤评估等。各种型号的

图 9.29　单侧机翼下携带两架 BQM-345 的“火蜂”靶机

“萤火虫”和“火蜂”无人机总计制造了超过 7 000 架，毫无疑问它们成为现代无人机的领军之作。时至今日，仍有很多这个系列的无人机在世界多个国家的军队中服役，在 2003 年的伊拉克战争中，它们飞在有人驾驶飞机前面，播撒反导弹箔条，开辟安全通道。

随着技术的进步，无人机成了执行侦察任务更为可靠的工具，其中典型的例子就是“捕食者”无人机，美国在全球范围内使用这种无人机。这种无人机刚开始是一个单纯的侦察飞行平台，后来因为可以在较高的高度上长时间飞行，所以被改造成可装备武器的新型号，于 2001 年投入使用，直到今天仍在服役。在人们的需求推动和技术进步的支持下，无人机技术获得飞跃式发展。一方面，续航时间长、飞行距离远、负载能力大的大型无人机陆续问世并投入使用；另一方面，机动灵活的微型化无人机也逐渐进入人们的视线，扮演着独特的角色。随着智能控制、计算机视觉等技术的发展和应用，无人机的智能化和自主化程度大大提高。此外，多无人机协同合作也逐渐成为现实。

9.2.2 无人机的分类

如果问起无人机有哪些类型，很多人肯定会犯晕。无人机，如此庞大的一个集体，如果只有一个类别那显然是不现实的。正如上学时为了整齐，我们要按照身高排队一样，无人机也会根据不同的标准来分类，以便于将它们“物以类聚”。

当前无人机是如何进行分类的？其实，现在无人机类型的划分并没有统一的标准，有的按照用途分，有的按照技术分，有的按照飞行方式分，有的按照飞行航程分……只能说各有各的分类标准。

通行的以用途作为划分无人机的标准，是比较常用的做法。按照用途分类，无人机可以分为军用无人机和民用无人机，目前超过 70% 的无人机用于军事。其次是从技术角度划分，将无人机分为六大阵营，分别是无人直升机、无人固定翼机、无人多旋翼机、无人飞艇、无人伞翼机、扑翼式微型无人机。

1. 无人直升机

一般这类无人机是靠一个或者两个主旋翼提供升力，如图 9.30 所示。倘若只有一个主旋翼，则必须要有一个小的尾翼抵消主旋翼产生的自旋力。无人直升机的优点是可以垂直起降，续航时间比较中庸，载荷也比较中庸，但结构相对来说比较复杂，操控难度也较大。

2. 无人固定翼机

固定翼，顾名思义，就是机翼固定不变，靠流过机翼的风提供升力，如图 9.31 所示。和我们平时坐的飞机一样，无人固定翼机起飞的时候需要助跑，降落的时候必须要滑行，但这类无人机续航时间长、飞行效率高、载荷大。

图 9.30 无人直升机

图 9.31 无人固定翼机

3. 无人多旋翼机

无人多旋翼机是由多组动力系统组成的飞行平台，一般常见的有四旋翼、六旋翼、八旋翼，甚至更多旋翼，如图 9.32 所示。其机械结构非常简单，动力系统只需要电动机直接连桨就行，优点是机械简单、能垂直起降；缺点是续航时间最短、载荷小。

4. 无人飞艇

无人飞艇则是一种轻于空气的航空器，它与热气球相比最大的区别在于具有推进和控制飞行状态的装置，如图 9.33 所示。这类飞行器是一种理想的空中平台，可以用来进行空中监视、巡逻、中继通信、空中广告飞行、任务搭载试验、电力架线等，它的应用范围是广泛的。

图 9.32　无人多旋翼机

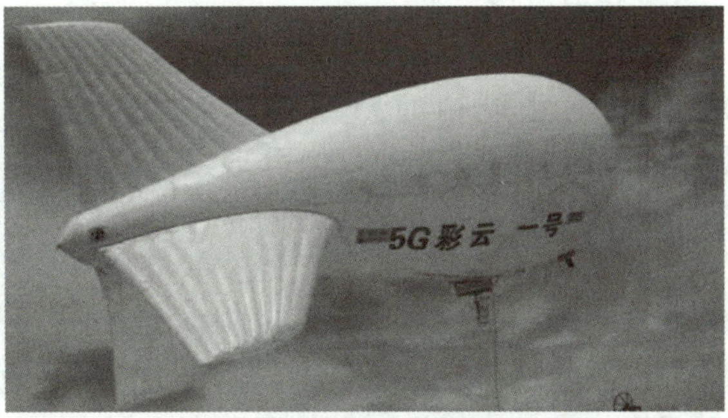

图 9.33　无人飞艇

5. 无人伞翼机

无人伞翼机是一种用柔性伞翼代替刚性机翼的无人机，伞翼绝大部分为三角形，也有长方形的，如图 9.34 所示。其伞翼可收叠存放，张开后利用迎面气流产生升力而升空，起飞和着陆滑跑距离短，只需 100 m 左右的跑道，常用于运输、通信、侦察、勘探和科学考察等。

6. 扑翼式微型无人机

扑翼式微型无人机是受鸟类或者昆虫的飞行启发而研制出来的，具有可变形的小型翼翅，如图 9.35 所示。它能够利用不稳定气流，以及利用像肌肉一样的驱动器代替电动机。在战场上，微型无人机，尤其是昆虫式无人机，不易引起敌人的注意。即使在和平时期，微型无人机也是探测核生化污染、搜寻灾难幸存者、监视犯罪团伙的有力工具。近年来，无人多旋翼机因为其轻巧灵活，起飞降落影响因素小，便于携带等优势受到民用领域越来越多的关注，按照目前的发展趋势，无人多旋翼机也许在未来会成为主流。

图 9.34　无人伞翼机

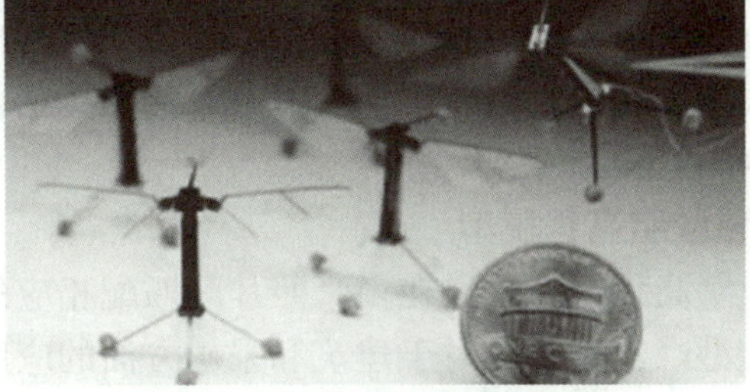

图 9.35　扑翼式微型无人机

9.2.3 无人机的应用

1. 测绘与巡查

商业无人机最重要的功用可能就是巡查和测绘工作了。在这方面，无人机被用于获取勘测所需的高分辨率地图。无人固定翼机和无人多旋翼机都适合测绘方面的应用。如果需要对较大的区域进行勘测，则无人固定翼机是最好的选择，因为它飞行的航程更远，速度也更快。但是，倘若只需要对一小块区域进行勘测，由于无人多旋翼机所需的起飞和降落场地很小，使用方便，因此它是较好的选择。无人多旋翼机也适合执行巡查任务，因为它可以悬停在空中进行仔细的观察。

1）正射影像

正射影像是一种航空地图，它通过专业的软件将多张航拍的图片拼接而成，如图 9.36 所示。一张正射影像可形成高清晰度的图片或地图，在几何上进行了一定的修正，比例均匀。这些图片一般用空间分辨率加以定义，即图上的一个像素对应真实地面的面积。尽管这样的地图也可以通过卫星图片或者有人驾驶飞机进行航拍来获取，但它们通常是用于勘测非常大的区域，并且分辨率一般只能够达到米的量级，即一个像素仅代表真实地面上 1 m^2 的尺寸。相比之下，无人机因为飞行的高度低得多，获得的正射影像可以形成更好的图像，分辨率可达到厘米量级甚至更高。

图 9.36　农场航空摄影地图的正射影像照片

在生成航拍地图时，为了获得最佳的效果，大多数自动驾驶仪系统都可以记录每张图片拍摄时的 GPS 位置和高度，这通常被称为“地理参考”。

2）多光谱影像

使用能够捕捉我们肉眼看不见的光谱（如近红外波段）信息的相机，对于农业生产来说是非常有用的。注意：不要将近红外相机与热成像相机混淆。

大部分市面上能买到的相机将传感器上的红外过滤器去除即可得到一台近红外相机，虽然这个过程有点乏味，但对大多数相机来说还是相当容易完成的。改造一台现成的相机，要比买一台专用的近红外相机便宜很多。对于农业来说，多光谱摄影的价值就是可以让农业工作者获得农作物的植被覆盖指数（Normalized Vegetation Index，NDVI）的地图，从而能够用来检查农作物的长势（NDVI 图像提供植被反射红外光的数量，其中健康的植被会反射大部分的近红外光）。创建 NDVI 地图需要两台相机，一台拍摄常规照片，另一台经改造后拍摄近红外图像。将两者的功能结合在一起，并进行一些简单的计算，就可以获得 NDVI 值。

3）数字高程模型

数字高程模型通过在多张照片间匹配相应的点，进行一些几何运算，从而建立物体的三维模型。这种功能对于建筑和采矿方面的应用是非常有价值的，使用无人机飞越给定的区域，再通过拍摄的图片，即可构建指定区域的三维模型。这样的三维数据可被用来作进一步的分析，如测算矿区内的地表变化情况等。

谷歌地图最近在其网站及软件上也引入了类似的技术，许多大城市也通过三维的形式渲染出来，但这些图片是通过有人驾驶飞机或者卫星获得的，分辨率很低，这就意味着数字地面模型的精度也很低（通常只有 1 m^2 的精度，即一个像素对应 1 m^2 的尺寸）。

此外，还有一些其他的应用，我们用一架携带了相机的无人多旋翼机，即可对某些特定地方进行目视巡查，这通常是用于人们难以到达的地方。例如，屋顶、移动电话的信号塔架以及其他高层建筑物。其中，一个相当有意思的应用就是使用无人机对海上钻井平台进行巡查。

2. 遥感探测

在无人机的各种应用中，除了用相机可以获得地图外，还可以将一些特殊的传感器安装在无人机上，在飞行时记录下各种各样的数据。

这类应用最近的例子就是日本福岛核电站事故之后，为了降低人员的风险，人们使用了一架无人多旋翼机搭载着辐射传感器执行了遥感探测任务，所采集的信息被用于制作特定区域精确的辐射情况分布图。在此之前，这样的任务是采用直升机来执行的，直升机在距地面上千米的高度飞行，由此得到的辐射情况分布图的精度只有 100 米/像素。通过使用无人机进行近地面的飞行，辐射情况分布图的精度可提高到半米的量级。无人机应用于遥感方面的例子还有很多，如测量移动电话信号在特定区域的覆盖情况，或测量空气污染情况等。这实际上就是将某些特定的传感器整合到无人机上罢了。

3. 航空摄影

毋庸置疑，无人机的主要应用就是航空摄影或航空摄像。如图 9.37 所示，这架无人六旋翼机携带了安装在稳定云台上的相机，在无人机飞行时可独立地对预定区域进行观察，因为它能够获得高质量的画面，而成本只是采用有人驾驶直升机的零头。使用无人机进行航空摄影也会用在一些很专业的方面，包括许多大制作的电影，除了能够节约成本之外，相比使用全尺寸的有人驾驶直升机，采用无人机可以很贴近物体进行拍摄，而且飞行高度也要低得多。

图 9.37 航空摄影或航空摄像的无人机

采用遥控航模飞机进行航空摄影，在现有的消费级无人机出现之前已经存在了很长时间，但今天的自动化程度（得益于 GPS 和飞行控制器的发展）已经使采用无人机进行航空摄影变得越来越简单和普及。

许多电视公司，包括 BBC 在内，经常在其直播节目中采用无人机来拍摄一些镜头。将无人机的航空摄影用于休闲娱乐也变得越来越普及，许多无人机爱好者在度假的时候会用无人机拍摄一些非常酷炫的镜头。

无人多旋翼机是最适合进行航空拍摄的飞行平台，因为它们能够带动很重的摄像设备，而且能够悬停，操控手可以捕捉感兴趣的角度和视角。现在有很多公司采用无人机提供航空摄影方面的服务。

4. 空中监视

利用无人机进行空中监视与航空摄影有些相似，但更关注对突发事件的实时监控。除了机载相机之外，还需要一套实时视频回传系统将视频从无人机上传送回地面。无人机在这方面的典型应用是在安保方面。全球各地一些公共安全和应急处置部门已经成功地使用无人机应对一些紧急突发事件和灾难事件，警察也可使用无人机在有人驾驶直升机到达之前获取事态的空中影像。消防人员可使用无人机近距离观察火情，以便获得最佳的处置方案而不必冒人员安全的风险。一些应急救援机构也使用无人机成功地寻找到了失踪或受困的人员。

随着无人机技术的成熟，人们把无人机用在动物保护和反偷猎中，小型无人固定翼机通过实时视频回传，使一个人也能够监视很大的一片区域。由于无人机可以通过远程控制完成任务，因此相应地在使用无人机执行空中监视任务方面，也产生了一些关于安全与隐私方面的问题。

多数应急处置部门使用无人多旋翼机，是因为这种无人机能够在较小的空间内实现起飞和降落，能够快速地到达指定空域。相对于无人固定翼机而言，无人多旋翼机运输起来也更为方便。然而，一些安保方面的应用，如监视一个事件或一片区域，采用无人固定翼机则更加合适，因为它可以盘旋飞行很长时间，飞行距离也更远，但需要的起飞和着陆场地要大得多。安保无人机通常搭载一台安装在一个可动平台上的相机，这个平台称为稳定云台，它可以让相机保持稳定，同时操控手也可以控制相机左右或上下移动，以便对感兴趣的区域进行监控。

5. 无人机快递

在快递业，自从亚马逊公司宣布将使用无人机递送小件包裹之后，采用无人机运送包裹的可能性越来越受到各大媒体的关注。虽然实现这个功能所需的大部分技术是现成的，但要真正进入实用阶段还有很多问题需要解决。目前的电池技术还不足以使无人多旋翼机进行长距离的飞行，这就制约了递送包裹这一任务的实用性。这其中还有一些安全性方面的问题，如无人机可能要在到处是建筑物的区域飞行，那里人口密集，有可能会坠落而砸伤地面人员，更不用说还有空中交通管制的问题。另外，所有的无人机系统都过度依赖于 GPS 技术，这也是一个很大的问题，如果 GPS 信号丢失或被阻断，那么所有的无人机都会进入盲飞的状态，因为它们无法估算自己的位置。人们正在设计一些系统来解决这个问题，但这些系统大多还只在军事方面应用，暂时还不能向公众开放。

显然，使用无人机运送快递的真正好处是改善偏远地区的快递服务工作。一些公司，包括谷歌在内，正在使用无人机运送一些重要的物品，如将药品运送到偏远且地面交通工具难以到达的地方，如图 9.38 所示。一个新颖的想法被称作“救护车无人机”网络，建立这样的网络就是将无人机分布在一些区域，在医务人员到达现场之前，只需要数分钟，无人机便可以提供紧急的医疗救护。

图 9.38　无人多旋翼机用于包裹运输

技术日新月异，谁知道无人机的未来会怎样呢？或许下一次你网购的无人机，就会自己从工厂飞到你的家门口！

6. 无人机玩家

当今时代，虽然无人机有很多实际的用途，但它也可以用来进行休闲娱乐。

无线电遥控的航模已经流行了很长时间了，但近年来无人四旋翼机逐渐被人们所接受，普及程度越来越高。传感器和飞行控制器的应用使飞行变得越来越容易和安全，让很多新手也步入了这一领域。有些无人机平台从技术上已经能够实现自主飞行，也就是说，任何一个人都能拿来一试身手。无人机在模型制作玩家中也相当流行，他们发现，对一架可飞行的电子设备进行编程和改造，是一件十分令人着迷的事情。因此，无人机玩家集合了传统的无线电遥控航模爱好者和一群电子技术方面的极客，无人机这一爱好的门槛是很低的，这得益于无人机已经相当容易实现飞行了，同时又有无数的可能性，既有无惧弄脏双手、自己动手组装的方式，也有深入其中进行代码编写的方式，甚至还可以自主设计一架自己的无人机。

1）航空摄影

诚如前面所叙述的那样，技术的发展已经向大众打开了使用无人机进行航空摄影的新世界，以至于无人机玩家可以从高空的视角来重新捕捉周围的世界。一些自动驾驶仪系统可以控制无人机自动地跟随用户，或绕着用户旋转，同时记录用户正在做的一切。但需要注意的是，一定要确保无人机在一个适当的高度上飞行，以免挂在树枝上。

“无人机”一词正变得越来越流行，这基本上是因为无人机独特的自拍视角，无人四旋翼机可以在飞临物体上方时通过机载的相机捕捉画面。然而，当用无人机进行某些特殊的拍摄时，请确保遵守一些规则与规定。最基本的规则就是不要飞得太靠近人或在满是建筑物的区域内飞行。

2）第一人称视角

第一人称视角（First Person View，FPV）这个名称所体现出来的含义，就是说放飞无人机就如同自己坐在里面一样。使用安装在无人机上的相机将视频画面实时回传到地面，可以让你获得一种飞行的沉浸感。一些比较先进的 FPV 设备包含一个安装在云台上的摄像头，它与操控手的视频眼镜相连，摄像头的运动与操控手的头部运动是同步的，如果操控手向下看，那么无人机上的机载摄像头也会相应地向下运动。

3）FPV 无人机竞速

目前无人机/小型无人四旋翼机竞速运动正变得越来越火热。这项运动采用的是小型的、通常轴距小于 25 cm 的无人四旋翼机，如图 9.39 所示，通过 FPV 视频回传系统进行操控。这种低成本的竞速无人四旋翼机机动性很好，这意味着可以操控它在较小的空间里飞行，并进行一些花哨的特技飞行表演。竞速飞行的过程包括绕着树木进行“之”字形飞行，穿越圆圈或者其他的障碍物。无人机竞速的社团也正在形成，在英国乃至全球正在开展很多场 FPV 竞速赛事。

图 9.39　FPV 装备

也许有人可能会说，既然迷你竞速无人四旋翼机并不是完全靠自己去飞行，那它们就不能算是真正的无人机。这是因为多数的竞速无人四旋翼机采用的只是基本的无人机控制器，其功能仅限于在操控手进行遥控的同时保持无人机的稳定。

4）科研与教学

须知，无人机是很出色的开展教学和研究任务的平台。许多无人机系统是完全开源的，可以很容易就获得源代码和设计文件。这就意味着可以通过实实在在的实践来学习无人机的工作原理。

无人机涵盖了3个核心的工程领域：机械、电子与软件。在设计和制作机身或机架结构的时候，需要机械方面的知识；当使用飞行控制板和其他电子部件的时候，电子工程方面的技巧是很重要的；软件工程则在通过代码进行控制时发挥重要的作用。

世界各地许多的大学和爱好者都在使用开源的无人机进行专门的项目开发，或者为无人机进行通用技术的研发。因为所有的这些研究都是通过开源许可的方式进行共享的，这就意味着当你开始一个新的项目时不必从零起步。

9.3 医用机器人

随着社会的进步和人们生活水平的提高，人类对自身疾病的诊断、治疗、预防以及卫生健康给予越来越多的关注。人们尝试将传统医疗器械与信息、微电子、新材料、自动化、精密制造、机器人等技术有机结合，以提高医疗诊断的准确性和治疗的质量。在这种情况下，医用机器人得到了迅速发展，已成为当今世界发展速度最快、贸易往来最活跃的高科技产业之一。

医用机器人技术是集医学、生物力学、机械工程学、材料学、计算机科学、机器人技术等诸多学科为一体的新型交叉研究领域，已经成为国际机器人领域的一个研究热点。目前，先进机器人技术在医疗外科手术规划模拟、微损伤精确定位操作、无损伤诊断与检测、新型手术医学治疗方法等方面得到了广泛的应用，这不仅促进了传统医学的革命，也带动了新技术、新理论的发展。

与人相比，机器人不仅具有定位准确、运行稳定、灵巧性强、工作范围大、不怕辐射和感染等优点，而且可以实现手术最小损伤，提高疾病诊断和手术操作精度，缩短治疗时间，降低医疗成本。发达国家将研究成果迅速转化为产品，应用于远程医疗、康复工程、卫生健康等方面，其发展速度远远超过一般工业机器人。

9.3.1 医用机器人的特点

医用机器人与工业机器人不同，它们的主要区别在所操作的对象和工作环境上。医用机器人的对象主要是病人，所关注的是人的生命，所以对机器人的位置精度及对病人的安全性方面有很高的要求。工业机器人解决安全性的办法是将机器人与人从空间上进行隔离，而医用机器人正好相反，只有与人处于同一个空间内才能发挥其功能，因此完全不同于传统的安全策略。医用机器人和工业机器人在以下方面具有显著的区别：直接与人（患者、护理人员等）接触；作业内容变化无常；不能发生误动作；机器人的使用者都是非专业人员。因此，将工业机器人简单地扩展到医疗领域是极其危险的。增大机器人的工作空间，或者自由度，实际上容易引发软件错误和控制系统的故障，导致异常动作，机器人发生干涉和冲突的危险性也就随之升高。因此，有人提出从机构上来限制机器人的工作空间，以保证安全的建议。不过，这样做的后果可能会限制机器人固有长处的发挥，造成设计的失误，或者使机器人动作的柔软性和多样性的特点丧失殆尽。除了安全性之外，医用机器人还应具有定位准确、状态稳定、可以实现手术微创、缩短医疗时间、降低医疗成本等特点，能大大提高手术的质量。

9.3.2 医用机器人的分类

随着社会快速步入老龄化、人们对医疗期望的提高以及患者对生活质量要求的提高，对医用机器人技术开发的期待主要集中在以下5个方面。

(1) 实现安全和正确的治疗。近年来，微创外科手术在外科各个领域发展很快。所谓微创外科手术就是将手术钳、电手术刀等器械穿过很小的切口插入腹腔，用体外操作器械完成手术的全过程。微创外科手术由于能最大限度地缩小患者的创口，缩短住院时间，促进术后恢复，因此在很多医学治疗领域备受青睐。另外，无论是高龄患者还是一般患者，都需要实施像细小血管对接、显微外科手术这样一些超越人手技能的医疗操作，所以从增强人的能力来看，医疗手术还需要有精密定位技术。

(2) 确保医疗人员的安全。感染程度很高的部门（如化验检查）对机器人技术的呼声甚高。例如，ADIS之类的治疗，不但难度大，而且必须防止血液等活体试样的感染，因为它们的致死率很高。再如，最近流行的在X射线支持下边观察边手术的所谓介入放射学治疗，这种方式虽然有助于提高治疗的正确性和安全性，但医师在手术过程中却容易遭受大剂量的辐射。因此，要求开发一种能够在这种环境下发挥治疗作用的器械，以确保医疗人员的安全。

(3) 自助支援和提高患者生活质量。随着世界许多国家快速步入老龄化阶段，为了维护社会的活力，提高生活质量，维持高龄者的健康和身体机能是很有意义的。因此，人们对开发防止感觉机能、行走能力下降的训练器械，或者补偿衰老肌体功能的器械出现需求。尤其当身体的某一部分机能恶化后，会造成老年人身体机能和精神状态的急剧下降。因此，非常有必要开发基于机器人应用技术的自助支援器械。

(4) 实现人性化的医疗环境。护理人员数量的严重不足使近年来医疗人员的负担大大增加。如果把机器人引入医疗现场，则可以让机器人代替医护人员完成部分工作，而让护理人员去完成那些必须由人完成的工作。应该指出的是，引入机器人技术绝不是让人与患者分离，而是构建更为协调的医疗环境。

(5) 医学教育的支援。为了改进医疗技术培训，引入具有虚拟现实感的机器人技术可以在教育仿真系统中发挥重要作用。近年来，由于动物保护意识的增强，医疗培训体制被要求最大限度地减少动物实验，在这个方面同样期待机器人技术的应用。

综上所述，医用机器人应用领域的分类如表9.1所示。

表9.1 医用机器人应用领域的分类

应用领域	装置示例
检查、诊断	基于图像诊断确定病灶位置的装置，确定诊断探头位置的装置，生理检查支援系统
治疗	手术支援机器人，显微外科支援机器人，放射线治疗标的定位装置等
医院内部间接作业	检验样本输送装置，食物输送机器人，药品分发机器人

续表

应用领域	装置示例
康复支援	步行训练支援，韧性训练支援
自立支援	步行支援，动力装置，饮食支援机器人
护理支援	转移支援装置，环境控制装置
医学教育培训	心肺移植仿真，内窥镜操作仿真，内窥镜下的手术仿真
生物科学支援	显微受精支援系统，细胞操作

9.3.3 医用外科机器人

1. 计算机外科

众所周知，机械制造领域广泛流行计算机辅助设计/计算机辅助制造（Computer Aided Design/Computer Aided Manufacturing，CAD/CAM）的生产方式，其含义是在设计阶段采用有限元法和各种动力学计算机仿真，得到最优设计结果，然后将得到的设计数据输入数控机床自动加工，再利用自动装配系统实施高效装配，最后利用计算机测量系统完成检验工作。实践证明，这样的制造模式使生产活动达到了很高的效率，并且有助于构筑所有工序的综合信息系统。

如果将上述手段应用到医学领域，那么设计过程就相当于手术前的诊断过程，这时三维医用图像的测量技术将起到关键的作用。然后以此建立手术规划，进行手术仿真，最后利用所得的数据完成实际手术的导航任务。

在术前利用X射线、MRI-CT等各种三维医用图像测量技术，获得器官的三维构造信息，并据此建立对象的立体形状模型。另外，还可以利用质子射线断层成像法（Positron Emission Tomography，PET）、核磁共振图像（Functional Magnetic Resonance Imaging，FMRI）、脑磁场（Magnetoencephalography，MEG）等检测方法把功能信息和解剖学信息综合起来建模，再通过反复的外科手术仿真，建立手术综合规划。显然，这些技术为外科手术开辟了新的天地。

人们随之面临的课题就是如何从术前诊断信息和手术规划信息中寻求帮助手术的技术。机械系统的判断功能虽然不比人更高，但在精度和力度等方面的把握能力却比人强得多。因此，利用术前的手术规划信息控制高精度的机械系统，有利于高精度手术的实施，甚至有人正在将此技术应用于远程手术，即手术医师与患者不在同一物理空间中。所谓不在同一物理空间中并非指简单的距离分隔，还包括医师的手臂无法到达部位的作业。手术支援机器人就是这样一种高性能的手术器械，它相当于外科医师的一只“新手”。

计算机外科就是在上述机电一体化技术驱动下的外科手术的支援技术。

2. 手术导航技术

随着MRI和CT的发展，不但精细三维成像（Volumetric Imaging）得到普及，而且各种三维测量和图像处理技术也得以实现，为实施定位脑手术、整形外科手术等在术前利用图像确定目标和接近方向的技术奠定了基础，称为“图像空间的三维手术规划——手术战略信息的制订”。将这些信息应用于手术导航就是指利用与患者对应的位置图像信息对手术实施引导。

手术导航系统的功能是在计算机的显示器上显示出断层图像或三维 CG（Computer Graphics，电脑图形），在手术操作过程中把手术部位的图像实时显示在 CG 上。由于手术医师能够自如地掌握操作部位及其周围的三维结构，因此可以提高手术的安全性、效率和有效性。目前有人正在研究一种更高级的手术导航技术，即不仅在画面上提供上述信息，而且把医师观察到的实际空间与虚拟空间信息正确地重叠在一起，以构建用于手术空间导航信息提示的超现实感环境。

目前使用的三维位置测量系统如下。

1）机械式

利用编码器测量多于六自由度的手臂上各个关节的转动角度或直线（或曲线）移动距离，以获得手部位置和姿态的信息。该系统的缺点是有时手臂的操作比较麻烦，在同一时间内只能测量一个对象的位置，为了保证无菌，手臂必须用无菌罩覆盖等。然而，只要机械加工精度足够高，即可保证整个系统的精度。因此，在手术支援机器人中，它是最适合发展成为被动维持手术器械位置的系统。

2）光学式

这种导航方式用数台摄像机拍摄指示器上的光学标记（发光二极管等），根据三角测量原理来计算这些标记的位置。此外，反射也可以采用光扩散性很强的非发光二极管标记物。该方法的精度可达 0.3 mm 左右，并可以同时测量多个位置。不过，如果摄像机与标记物之间存在障碍物，则无法得到位置信息。

3）磁性式

磁性式方法利用手术外部的多个线圈产生磁场和电磁波，通过指示器上的传感器检测磁场强度和电场强度，计算指示器到各个线圈的距离，获得三维位置。该方法的优点是即使从外部无法看见指示器也能进行位置测量；缺点是如果手术现场有磁性体，则容易产生干扰误差。

有关三维手术支援的研究，目前主要集中在实际手术空间和图像空间之间如何对应的问题上。一般的方法是用多个坐标系针对同一标记反复进行测量，将数值一一对应。例如，手术前在患者头部固定数个标记物，它们能起到手术中患者头部位置与手术前图像位置彼此对应的媒介作用，所以标记物固定后应该作为手术前的图像拍摄下来，再拍摄用于系统的术前图像。这幅术前图像能够提供导航位置信息，应该是一幅具有极高分辨率的三维图像，同时在图像内可以测量到前述标记物的位置。进行手术时，首先在正前方测量头部标记的位置。这时，至少应该测量头部固定的多个标记中的 3 个，以供三维定点设备或摄像头图像进行导航图像处理使用。实际上，考虑到测量误差，人们通常都测量 4 个以上的标记位置，使数据处理有冗余。依据它们的对应关系就可以实现手术时头部的位置姿态与术前图像的位置姿态相对应，即实现坐标系的匹配。若将上述对应关系用函数表示，那么在手术中利用三维定点设备指定实际空间中任意一点的位置后，即可由函数计算出该点在图像中的坐标，由此成功实现术前导航。

3. 医用外科机器人的分类

按功能和应用形式来划分，医用外科机器人的分类如表 9.2 所示。

表 9.2　医用外科机器人的分类

分类方式	种类	功能
按应用形态	导航机器人	手术器械等的辅助定位
	治疗机器人	主动手术钳
		主从机械手
按产生的力	被动型机器人	手术医师动作的约束
		手术医师操作的修正
	主动型机器人	产生自主力完成动作
按控制方式	术前规划固定作业型机器人	由术前图像构成的三维位置数据确定病灶，导引手术器械，或者进行切除
	手术中柔性作业型机器人	作为手术的辅助装置，使手术医师的作业更为多样化

医用外科机器人按照应用形态可以分为导航机器人和治疗机器人。导航机器人的任务是引导医师正确操作手术器械确定病灶的部位，治疗行为最终仍然交给医师去完成（根据定位的结果）。治疗机器人除具有定位功能外，还能参与具体的治疗作业，如骨骼的切削、激光照射、血管缝合等。

医用外科机器人根据产生的力的大小可以分为被动型机器人和主动型机器人。所谓被动型机器人就是机器人本身并不产生较大的力，例如在显微手术中，机器人仅向手术医师的手部施加很小的力，目的在于抑制医师在定位和进行显微手术时手部的颤动。所谓主动型机器人就是能够主动地产生外科处置过程中所必需的力。

医用外科机器人按照控制方式可以分为术前规划固定作业型机器人和手术中柔性作业型机器人。前者如用于整形外科领域，手术中器官的变形和移动很小，只是利用术前的三维测量结果正确地切去部分骨骼。后者如用于近年来发展很快的由内窥镜引导，在局部空间和视野中根据医师的命令完成柔性动作的机械手，以及替代医师助手负责操作内窥镜的机械手系统等。

4. 医用外科机器人系统的总体结构

医用外科机器人系统集中了多个领域的科学和工程技术，它既不同于工业机器人系统主要完成重复性操作，也不像智能机器人系统具有高度的自主性。由于外科手术比较复杂，所以医用外科机器人系统工作过程一般可以分为数据获取、术前处理和术中处理三大阶段，每个阶段又由若干具体步骤组成，整个工作流程如图 9.40 所示。

1）数据获取

（1）医学图像输入。要实现在计算机上进行手术规划和手术模拟，一个先决条件是需要把图像信息通过某种途径数字化输入计算机。一般有 3 种途径：其一，先把计算机断层扫描（Computerized

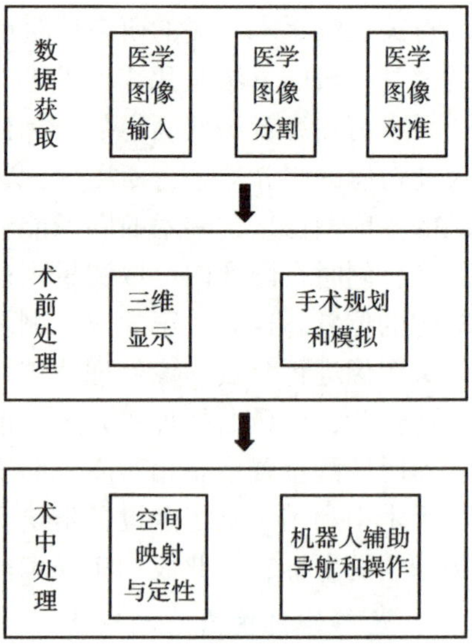

图 9.40　医用外科机器人系统工作流程

Tomography，CT）或磁共振成像（Magnetic Resonance Imaging，MRI）的影像胶片洗出来，再用扫描仪扫描为标准格式的图像，存储到计算机中；其二，通过存储介质（如软盘、光盘等）拷入计算机；其三，建立网络系统，通过网络把图像数据传给计算机。这样，就为图像数据的进一步处理做好了必要的准备。

（2）医学图像分割。图像分割是把图像分成各具特性区域并提取出感兴趣目标的技术和过程。在这里“特性”指的是由于各种组织的不同而在医学图像中所映射的灰度、颜色、纹理等的不同，特别是病灶区域往往与正常组织有不同的特征。要实现组织三维模型的重构，并使医生能够方便地根据重构模型进行手术路径规划等操作，首先要在图像数据中识别出病灶和其他重要组织。

（3）医学图像对准。医生处理的是一幅多个断层扫描图像，在计算机进行每层图像分割后，各个图像之间的相互位置需要对准，因为每个图层中的图像位置是任意的，所以其倾斜角度也有差别。如果要得到病人准确完整的信息，则必须对各个图像进行矫正，使其位置、倾斜角度等特性保持一致。只有这样，才能得到病人准确的模型信息。否则，重构模型将扭曲，无法正确反映病人信息，以后工作的正确性也无从说起。

2）术前处理

（1）三维显示。医学图像三维模型绘制显示分为两类：面绘制法和体绘制法。面绘制法首先将图像数据转化为相应的三维几何图元（三角面片、曲面片等），然后用传统的绘制技术将三维表面绘制出来。其中，最具代表性的是轮廓线连接算法和 Marching Cubes 算法。体绘制法与面绘制法不同，它不必构造中间几何元素，直接利用原始三维数据的重采样和图像合成技术绘制出整个数据场的图像。该方法可以绘制出数据场中细微的和难以用几何模型表示的细节，全面反映数据场的整体信息。体绘制法的实质是三维离散数据场的重采样和图像合成。该算法首先通过对离散的三维采样数据点重构，得到初始的三维连续数据场，然后对该三维连续数据场进行重采样。对新采样点根据其性质的不同赋予相应的颜色值和不透明度，再通过一系列采样点的颜色，利用颜色合成公式进行合成，最终得到整个数据场的投影图像。根据重构和合成的实现方式不同，体绘制法可以分为图像空间扫描的体绘制法、物体空间扫描的体绘制法和频域体绘制法三大类。

（2）手术规划和模拟。在传统微创手术中，医生是在自己的大脑中进行术前的手术规划，确定手术方案，然后根据其在大脑中形成三维图像进行手术。由于医生无法实时观察到病变组织与手术器械的相对位置，很难在手术过程中根据眼睛观察调整手术方案，因此这种手术方案质量的高低，往往依赖于医生个人的外科临床经验与技能，而且参与手术的其他医生很难共享主刀医生大脑中形成的整个手术规划构思，有时会出现混乱的危险。用计算机代替医生进行手术方案的制订比人更客观、定量，而且信息可与其他手术医生共享。

手术规划和模拟可以分为 3 个阶段：首先，在得到病人的三维模型之后，医生可以漫游病人手术部位的三维重构图像，从而对手术部位及邻近区域的解剖结构有一个明确认识；然后，在专家系统支持下，根据图像信息确定病变位置、类型等信息，给出诊断结果；最后，根据诊断结果制订相应的手术方案，并将手术方案显示在三维模型上，利用虚拟现实技术按照手术计划对手术过程进行模拟操作。医生头戴头盔式立体显示器，能够观测到图像中的立体模型，手术虚拟操作则通过特制的数据手套输入。这些设备可以使医生在计算机前具有身临其境的感觉。

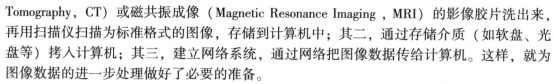

由于不同手术需要的信息和数据并不相同，所以专家系统中应预先存储大量的医学知识和专家临床经验。以神经外科立体定向手术为例，医生根据三维模型判断出肿瘤的位置，规划系统则计算出肿瘤的轮廓范围和体积，在三维模型上给定手术的入针点、穿刺路径和穿刺深度，而医生可以根据自己的临床经验修改方案，直到满意为止。

3）术中处理

（1）空间映射与定位。虽然医生在三维模型上规划了手术方案，但是这个规划方案毕竟是建立在计算机图像模型上的。要成功地完成手术，必须将图像上的手术规划映射到真实病变组织的正确位置和方向，从而使实际的手术方案与图像模型的规划方案相一致。

在外科手术机器人系统中，手术规划在计算机图像空间中进行，而机器人辅助手术则在机器人空间中操作。对于这两个空间，需要寻找一个映射关系，使图像空间中的每一个点在机器人空间中都有唯一的点与之相对应，并且这两个点对应同一生理位置。只有建立了映射关系，在计算机图像空间中确定的手术方案才能在机器人空间中得到准确执行；在手术过程中，手术导航系统才能实时跟踪机器人末端的手术工具并将其显示在计算机屏幕上。由此可见，空间映射与定位是整个系统成功的关键，它将图像模型、手术区域和机器人操作联系起来，直接影响整个系统的精度和机器人辅助手术的成败。

（2）机器人辅助导航和操作。机器人是医用外科机器人系统的核心，它的作用有两个：一是计算出末端手术工具的空间位姿，实现对手术工具的导航；二是按医生指令控制手术工具运动完成辅助操作任务。

出于手术安全考虑，在整个手术过程中机器人的运动分阶段完成。运动开始命令由医生发出，机器人根据手术规划系统提供的轨迹参数生成运动指令，发送给机器人控制器，进而完成指定操作。医生始终处于规定和控制机器人逐步完成任务的重要位置，特别是在出现紧急情况时，机器人可以及时按照医生的指令停止或运动到安全位置。

另外，医用外科机器人的精度是指机器人运动的实际位置和指令位置间的差别，即机器人的绝对位置精度。这与传统的工业机器人系统用重复位置精度来衡量精度有明显区别。医用外科机器人的运动速度一般被限制在较低水平，这是因为手术是以医生为主体的，机器人的作用只是辅助，手术进行中医生随时可能根据自己的判断要求机器人终止操作，因此机器人的低速运动会给医生留下一个宽松的判断和操作空间。在手术路径选取时，要求避开一些人体的重要组织，机器人的灵活操作空间必须覆盖手术操作区间，以保证规划手术方案的实施。

由此可见，医用外科机器人系统是一个多学科的交叉研究领域，它涉及机器人结构、机器人控制、通信技术、计算机图像处理、计算机图形学、虚拟现实技术、医学等，涉及面广，研究内容广泛。

9.3.4 康复机器人

康复机器人是近年来出现的一种新型机器人，它分为康复训练机器人和辅助型康复机器人，如表9.3所示。康复训练机器人的主要功能是帮助由于疾病而造成偏瘫，或者因意外伤害造成肢体运动障碍的患者完成各种运动功能的恢复训练。辅助型康复机器人包括自立支援机器人和护理支援机器人。自立支援，主要是指日常生活中基本动作的支援。有时引入自立支援机器人的目的在于降低护理人员的劳动强度，因而又兼有护理支援机器人的功能。在自立支援机器人中，社会活动支援机器人占有重要的地位，它的作用是支援劳动就业或业余活动。护理支援机器人基本与自立支援机器人的功能相同，也是围绕日常生活的基本活动展开的。从目前的技术水平来看，护理支援机器人主要起到协助护理的作用，要求达到自动护理还不现实。

表 9.3 康复机器人的分类

分类	应用领域	说明
康复训练机器人	身体机能恢复训练	上肢康复训练机器人——用于手臂、手及腕部的康复训练
		下肢康复训练机器人——用于行走功能康复训练
		脊椎康复运动训练
		颈部康复运动训练
辅助型康复机器人	自立支援	辅助或替代残障人士由于身体机能缺失或减弱而无法实现的动作，如机器人轮椅、机器人假肢、导盲机器人
	护理支援	用于老年人或残障人士护理作业的机器人，如机器人护士

康复机器人作为一种自动化康复医疗设备，它以医学理论为依据，帮助患者进行科学有效的康复训练，可以使患者的运动机能得到更好的恢复。康复机器人由计算机控制，并配以相应的传感器和安全系统，康复训练在设定的程序下自动进行，可以自动评价康复训练效果，根据患者的实际情况调节运动参数，实现最佳训练。康复机器人技术在欧美等国家得到科研工作者和医疗机构的普遍重视，许多研究机构都开展了相关的研究工作，近年来取得了一些有价值的成果。

9.3.5 医学教育机器人

随着动物保护意识的增强，今后利用动物实验辅助医学教育的限制会日渐增多。与其矛盾的是，医疗器械越先进，器械操作的训练要求也就越高。例如，Intuitive Surgical 公司要求医师在操作支援机器人系统之前必须接受一定时间的训练学习。实际上，人们开发了各手术训练的仿真器，如心肺移植手术训练仿真器等。

这些系统在计算机内建立了脏器的三维模型和力学特性模型，这不仅可以仿真随操作产生的图像变化，也可以将手术者能够感觉到的反作用力通过机器人手臂向医师反馈，这样可以通过治疗仿真进行手术训练。例如，具有大肠力学模型和可提示力觉机构的大肠镜插入训练系统，以及各种内窥镜手术仿真器械等。

9.3.6 医用机器人的应用

医用机器人是医疗器械与信息技术、微电子技术、新材料技术、自动化技术有机结合发展形成的一种新型高技术数字化装备。在精确定位、微创治疗方面发挥了重要优势，是医疗器械中带有前瞻性的发展领域。

随着科学技术的发展，特别是计算机技术的发展，医用机器人在临床中的作用越来越受到人们的重视，其应用对象遍及人体的各个器官和组织。现在，医用机器人已成功应用到脑外科、神经外科、整形外科、泌尿科、耳鼻喉科、眼科、骨科、腹腔手术、康复训练等众多方面。

1. 医用外科机器人的应用

医用外科机器人系统是用于医疗外科手术，辅助医生进行术前诊断和手术规划，在手术中提供可视化导引或监视服务功能，辅助医生高质量地完成手术操作的机器人集成系统。

目前，医用外科机器人系统的研究和开发引起许多发达国家（如美国、法国、德国、意大利、日本等）政府和学术界的极大关注，并投入了大量的人力和财力。早在20世纪80年代，西方七国首脑会议就确定了国际先进机器人研究计划，至今已召开过两届成员医用机器人研讨会。美国国防部已经立项，开展基于遥操作的外科研究，用于战伤模拟、手术培训、解剖教学。法国国家科学研究中心开展了医疗外科仿真、规划和导引系统的研究工作。欧共体（全称为“欧洲共同体”）也将机器人辅助外科手术及虚拟外科手术仿真系统作为重点研究发展的项目之一。医用外科机器人已经成为当前发展的热点之一。

迄今为止，国外已研究和开发了多种医用外科机器人系统，适用的范围也越来越广。

1）内窥镜机械手

在内窥镜手术中，主刀医师在内窥镜的视野范围内实施各种外科处置，操作内窥镜的任务通常交给助手完成。此时，要求主刀医师和助手能够顺畅地沟通作业意图。但是存在的一个问题是，助手在操控内窥镜时手难免会颤动，由此会造成图像模糊，以至于无法为医师提供良好的视野。

为了解决主刀医师与助手之间的沟通问题，在腹腔镜手术中出现了内窥镜机械手，这是一个依据医师的操作保持内窥镜（腹腔镜等）位置的机械手系统。该系统用于远程手术培训等。

Wang 等开发了 AESOP（Automated Endoscopic System for Optimal Positioning，自动内窥镜最佳定位系统）机械手。它是一个 SCARA 型的六自由度机械手，能以插入孔为中心控制旋转和前后移动。

Taylaor 等开发了 LARS（Laparoscopic Assistant Robot System，腹腔镜辅助机器人系统）机械手，它除了 X、Y、Z 轴 3 个自由度外，还有绕腹腔插入口旋转的第四个自由度。它靠手臂（平行连杆机构）抓取腹腔镜，将平行连杆机构的一个顶点设为插入孔，从机构上能够实现腹腔镜以插入孔为中心的旋转运动。

图 9.41 为腹腔镜手术中的内窥镜机械手系统，该系统考虑了安全、洗净、消毒和操作性等多个因素。机器人采用 5 连杆机构，它的组成部分有球形关节部分（用于抓取腹腔壁套针）、驱动部分、操作交互界面等。5 连杆机构的作用是从物理上把驱动部分与患者隔开，并增加了内窥镜的自动调焦功能，克服了传统内窥镜必须进行前后移动才能缩放病灶图像的缺点。这样，机械手的动作范围被约束在有限的二维平面内，大大降低了医师、患者和机械手之间的干涉，提高了安全性。

至于输入操作命令的交互界面部分，为了避免在手术中被误用，该系统并未采用脚踏开关。界面上有内窥镜移动方向的显示画面，移动方向的输入则靠手术医师头部的移动，或者固定在手术钳把手处的手动开关实现，只有在医师确认移动方向正确后才能驱动机械手。

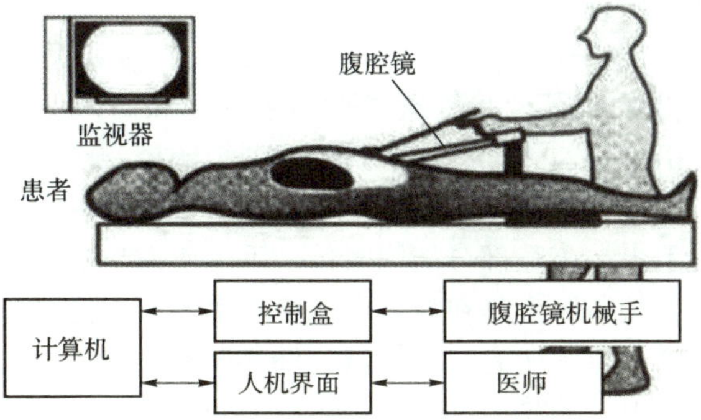

图 9.41　内窥镜机械手系统

2）整形外科手术机器人

在整形外科手术中，术前诊断可以获得对象部位的三维位置和形状测量结构，再借助术前规划手术机器人系统，就可以在手术中将它稳定地再现出来。

德国柏林大学长期开展医用外科机器人的研究工作，他们分别研究了机器人在颌面整形、牙科整形、放射外科中的应用。系统采用一套光电系统作为手术导航工具，机器人则采用改造后的 PUMA 工业机器人。他们还开发了多种适合机器人末端夹持的手术工具。

我国北京大学口腔医院、北京理工大学等联合研制的口腔修复机器人，是一个由计算机和机器人辅助设计、制作全口义齿人工牙列的应用试验系统。该系统利用图像、图形技术来获取生成无牙颌患者的口腔软硬组织计算机模型，利用自行研制的非接触式三维激光扫描测量系统来获取患者无牙颌骨形态的几何参数，采用专家系统软件完成全口义齿人工牙列的计算机辅助设计。另外，发明和制作了单颗塑料人工牙与最终要完成的人工牙列之间的过渡转换装置——可调节排牙器。利用机器人来代替手工排牙，不但比口腔医疗专家更精确地以数字的方式操作，同时还能避免专家因疲劳、情绪、疏忽等原因造成的失误。

目前，整形外科手术微创化的呼声越来越高，骨骼切削器械出现了小型化、微创化的趋势。

3）穿刺手术机器人

众所周知，在外科处置及内科处置中广泛使用穿刺，如整形外科的神经根传导阻滞法、椎体成形手术、脑神经外科的淤血抽吸、肝脏外科的无线电波烧灼手术等，都用到了穿刺手术。穿刺处置通常是在 X 射线透视或超声波图像的引导下进行的，最近出现了在 MRI 摄影引导下实施的趋势。有人正在开展机器人进行目标组织穿刺的探索。

4）遥控操作手术机器人

遥控操作手术（或称远程手术），顾名思义就是医生在很远的地方为病人做手术。虽然这个“远程”没有具体的数值概念，但有一点可以肯定，那就是医生和病人不在同一现场。随着互联网和其他通信技术的发展，远程手术这一梦想正逐渐走向现实。

目前，世界上至少有 10 个研究小组正在从事远程外科手术系统的研究工作。美国 Berkeley 大学系统地开展了带有力反馈和立体远程触觉的远程医疗外科机器人的研究，系统包括两台带有灵巧手及触觉传感器的机械臂、力和触觉反馈设备、改进的成像和三维显示系统，所有设备都由计算机控制。其研究目标是使医生能够微创伤地完成复杂的外科手术。斯坦福研究所经过多年的努力，研制出临场感远程外科手术系统，它是由菲利普·格林先生发明的，所以又称格林系统。

格林系统是让外科医生坐在一个大操纵台前，带上三维眼镜，盯着一个透明的工作间，观看手术室内立体摄像机摄录并传送过来的手术室和病人的三维立体图像。与此同时，外科医生的两手手指分别勾住操纵台下两台仪器上的控制环。仪器中的传感器可测量出外科医生手指的细微动作并把测量结果数字化，随后传送到两只机械手上，机械手随外科医生动作，为病人做手术。声频部分能同时传来手术所发出的所有声音，使人有身临其境之感。使用格林系统，外科医生是在病人图像上做手术，但感觉却与普通手术无异。机械手还会通过传感器把手术时的所有感觉反馈给外科医生。目前，专家已利用这套系统为一头猪做了手术并获得成功。此外，专家还通过一系列试验验证了这套系统的精度。例如，把葡萄切成 1 mm 厚的薄片等试验。虽然格林系统已成功地用于动物，但离真正能为人安全地实施手术还需要很长的时间，还有很多问题有待解决。

与格林系统相似并可与之相媲美的是麻省理工学院的 W. 亨特及其同事研制的 MSR-1，这是一种专门用于显微外科手术的机器人系统。这套系统的特点是：按比例缩小外科医生的动作，使机器人所做的剪切仅为外科医生动作的 1/100，而且计算机可以滤去手的抖动，同时还能检查手术动作对病人是否安全，如果发现问题则会及时报警。外科医生通过传感器能得到做手术时的所有实际感觉。如果需要，则计算机还能放大机器人所遇到的作用力。由于具有上述特点，这种装置非常适合做眼部手术。但 MSR-1 尚未做人体试验，系统本身还有待进一步完善和提高。

除了远程外科手术机器人外，其他的医疗机器人发展也很快。很多专家都看好微型医疗机器人，让机器人进入人体，直接对患处进行检查和治疗，增加检查的可靠性，提高治疗的有效性。随着微型机器人的不断完善和数字化人体工程的进展，适用的微型机器人系统将走进医院，揭示更多人体秘密。

5）微创外科手术机器人

微创外科是医学领域近 20 年来高速发展的新兴学科。该手术是在病人身体上打开一个或几个小孔，外科医生借助各种视觉图像设备和先进灵巧手术器械装备，将手术器械经过小切口伸入人体进行治疗或诊断。与传统手术相比，微创外科手术对健康组织的创伤小，并且病人体表伤口明显缩小，从而减少了各种手术并发症，提高了患者术中和术后身心舒适度，缩短了术后恢复时间，降低了住院费用。因此，微创外科手术受到医生和患者的普遍欢迎，是外科手术发展的必然趋势，具有广阔的应用前景。

微创外科手术可以分为内窥镜引导的微创手术和体外图像引导的微创手术两种。对于内窥镜引导的微创手术是指外科医生在深入体内的内窥镜引导下，通过病人体表的小孔将手术器械送入体内的病变部位，进而完成手术操作。内窥镜引导的微创手术已拓展到传统外科的各个专业，如普通外科的腹腔镜、胆道镜、乳腺导管内窥镜等，胸外科的胸腔镜，骨外科的关节镜，脑外科的颅腔镜，妇产科的腹腔镜、宫腔镜，泌尿科的膀胱镜，耳鼻喉科的鼻腔内窥镜、支撑喉镜和耳内窥镜等。

（1）微创外科手术机器人在内窥镜手术中的应用。2000 年，在美国和欧洲，80%的腹腔手术是在内窥镜下进行的。同时，对内窥镜的灵活性要求也越来越高，因为手术时医生不能直接通过自己的手对病变组织进行操作，也不能直接观察手术工具的动作，必须依靠插入病人体内的导管和内窥镜来完成，医生还常常需要一个助手操作内窥镜的摄像机来及时观察手术的进展，相互协调配合非常困难。

腹腔镜手术是一种典型的内窥镜手术。传统手术中由于受到空间的限制，医师需要靠一种叫作“魔术手”的手术钳来完成缝合、结扎、切离等多种复杂的作业。基于内窥镜的微创外科手术机器人系统对这一类远距离操作最有效。在手术中，医生首先将一种内径约为 10 mm 的管状手术器械套针插入腹腔壁，充当各种器械的插入口。相当于手术钳的机器人手臂的运动应该以位于腹腔壁插入口处的套针为中心。通常，腹腔镜下的手术器械被置于插入口和手术处理区域连成的直线上，器械轴被限制在这条直线上，自由度很小。企图偏离这条轴线，向侧方移动扩大手术空间是非常困难的，因此要求有很高的手术技巧。为了解决直接处理手术空间前端器具的定位问题，可以增加两个弯曲自由度和一个旋转自由度，即可以从各个方向确定接近手术空间的手术钳、剪刀、镊子的位置，以增加作业自由度。

在这一方面，加利福尼亚大学 R. H . Taylor 等人的研究工作具有代表性，他们设计的微创外科手术机器人不仅能完成如摄像机和手术工具的定位，而且可以在医生直接控制或监督下，实时获取手术目标信息并进行相应动作。系统包括一台专用机器人和各种人机交互工具，它可以完美地将人与机器相结合，比单独由人或机器完成手术更加出色。图像引导技术则提高了手术精度，实现最小微创伤，并且减轻医生的体力劳动。

美国 Computer Motion 公司开发了 Zeus 微创外科手术机器人系统，适用于内窥镜微创手术，系统由 3 只置于手术床上的交互性机械臂、计算机控制器及医生控制台组成。手术时，医生坐在控制台前，通过摄像机观察手术情况的二维或三维显示，用语音指示控制内窥镜，并通过仿医疗手术器械的操作手柄来控制手术仪器。其中一只机械臂采用声控的交互方式，操作内窥镜，另外两只机械臂则在医生控制下操作手术工具。与之功能类似的产品还有美国 Intuitive Surgical 公司开发的 Da Vinci 微创外科机器人系统，已获得欧洲 CE 认证和美国 FDA 认证，是世界上首套可以正式在医院腹腔手术中使用的医疗外科机器人。该系统的构成包括一台三维视像系统的外科医生控制台、3 只可定位及精确地操控内窥镜的机械臂、内窥镜等设备。手术过程中，医生坐在控制台前，通过观察计算机画面上被放大 20 倍的病人体内组织的三维影像，操作控制杆来完成手术，系统将模拟医生的手部动作，机器人末端有一只仿照人类手腕设计的机械手，可做转动、抛掷、紧握等动作。机械手配有特制的手术器械，可以使医生从 1 cm 的切口进入病人体进行手术。

(2) 微创外科手术机器人在整形手术中的应用。微创外科手术机器人在整形手术中得到了广泛的应用，因为在进行骨骼切割和关节置换时，机器人的操作精度要远高于医生，而且手术的自动化程度也大大增加。

其中，具有代表性的系统是 R. H. Taylor 开发的用于关节置换手术的 ROBODOC 机器人系统。在关节置换手术中，要求精确设计大腿骨中空腔的形状来适合人工关节的形状。另外，还要求精确定位空腔相对大腿骨的位置。利用 ROBODOC 系统，首先要在病人骨骼上安装 3 个定位针，用于确定骨骼相对于手术床的位置，然后在重建的三维模型上进行手术规划，保证人工关节与骨骼更好地吻合。手术时由机器人完成人工关节安装孔的加工。

意大利的生物力学实验室也开发了用于关节置换手术的微创外科手术机器人系统，该系统采用两套位置传感器以检测手术中可能发生的病人相对机器人的移动；机器人腕力传感器保证手术时切削力的稳定，使手术在更安全的条件下进行。与此类似的系统还有 AC-ROBOT，它是一台具有 4 个自由度的平面机器人，可用于膝关节的置换手术。

微创外科手术机器人还被用于脊椎的修复，手术过程由两台相互垂直的 X 光机监控，医生在规划软件上确定钉子的安装位置，机器人引导工具到达指定的切口，由医生完成在脊椎上钻孔和打钉。

颅面整形是较为复杂的外科手术，医生需要复杂的切割、钻孔和切除动作，目前已有两种微创外科手术机器人系统辅助医生完成这种操作。一是 R. H. Taylor 研发的六自由度被动机器人，主要用于碎骨的整修，机器人将碎骨逐个排列整齐，医生完成修复的工作。二是 T. C. Lueth 研发的机器人，它并联机构作为手术导航工具，并采用改造后的 PUMA 工业机器人。此外，他们还开发了多种适合机器人末端夹持的整形手术工具。

（3）微创外科手术机器人在立体定向手术中的应用。立体定向外科手术是近年来迅速发展的微创伤外科手术方法，但由于在手术中一直需要框架定位并支撑手术工具，从而给病人带来了一定的痛苦和心理恐惧。另外，人工调整导向装置，手续烦琐、消耗时间、精度有限。

微创外科手术机器人在手术中主要用于导航定位和辅助插入手术工具，可以使病人摆脱框架的痛苦，同时机器人辅助立体定向外科手术还具有操作稳定、定位精度高的优点。

MINERVA 是一种典型的立体定向外科手术机器人系统，它的机器人与 CT 固连在一起，病人头部固定在手术床上。机器人末端装有手术工具自动转换设备，可以根据医生需要更换手术工具。CT 图像在手术过程中实时引导机器人末端的工具连续运动，完成医生规定的操作。Wapler 等人则研制了具有并联机构的微创外科手术机器人系统用于立体定向外科手术，机器人连接在 C 形臂上，插入颅内的内窥镜将手术的实时图像显示在计算机上，医生可以坐在手术台边操纵机器人完成手术。

2. 康复机器人的应用

1）康复训练机器人

康复训练机器人主要应用于运动疗法。例如，改善和预防四肢运动性能低下、挛缩，让关节在活动范围内进行运动，增强肌肉力量的运动，增强耐力的运动，协调性训练，步行训练，体操治疗等。

如果机器人搭载具有测量康复功能的仪器，则可以定量采集训练对象机能恢复过程中的数据，对恢复过程作定量的分析和评价，记录康复的整个过程。康复训练机器人的研究包括两方面：上肢康复训练机器人，用于手臂、手及腕部的康复训练；下肢康复训练机器人，用于行走功能康复训练。

（1）上肢康复训练机器人。

从系统结构上分，上肢康复训练机器人主要包括以下 3 个阶段。

①本地康复训练机器人系统。1991 年，MIT 设计完成了第一台上肢康复训练机器人系统 MIT-MANUS ，该系统采用五连杆机构，末端阻抗较小，利用阻抗控制实现训练的安全性、稳定性和平顺性，用于病人的肩、肘运动康复训练。MIT-MANUS 具有辅助或阻碍手臂的平面运动功能，可以精确测量手臂的平面运动参数，并通过计算机界面为患者提供视觉反馈，在临床应用中取得了很好的效果。在此基础上，又研制了用于腕部康复训练的机械设备，可以提供 3 个旋转自由度，并进行了初步的临床试验。与一般工业机器人不同，MIT-MANUS 在机械设计方面考虑到了安全性、稳定性以及与患者近距离物理接触的柔顺性。

另一个典型的上肢康复训练机器人系统是 MIME（Mirror-Image Motion Enabler），该设备包括左右两个可移动的手臂支撑，由工业机器人 PUMA-560 操纵患者手臂，为患肢提供驱动力，既可以提供平面运动训练，又可以带动肩和肘进行三维运动。但 PUMA-560 本质上是工业机器人，从机械的角度上说不具有反向可驱动性以及载荷、运动速度、输出力控制等，从而使该系统在医疗领域的应用也有其局限性。

1999 年，Reinkensmeyer 等研制了辅助和测量向导 ARM-Guide，用来测定患者上肢的活动空间。2000 年，他们对该装置进行了改进，用来辅助治疗和测量脑损伤患者上肢运动功能。该设备有一个直线轨道，其俯仰角和水平面内的偏斜角可以调整。实验中患者手臂缚在夹板上，沿直线轨道运动，传感器可以记录患者前臂所产生的力。

2005 年，瑞士苏黎世大学的 Nef 等开发了一种新型的上肢康复训练机器人 ARMin，它是一种六自由度半外骨架装置，安装有位置传感器及六维力/力矩传感器，能够进行肘部屈伸和肩膀的空间运动，用于临床训练上肢损伤患者日常生活中的活动。

②远程康复训练机器人系统。目前，需要进行康复医疗训练的患者逐渐增多，但由于受到各种因素的制约，患者不可能在医院长期接受康复治疗。因此，出院后在家庭或社区医疗中心进行康复训练是一种有效的方法，计算机网络为远程康复训练提供了一个良好的平台。与传统的康复训练机器人系统相比，远程康复训练机器人系统无论对患者还是治疗师都更加便利。

斯坦福大学和芝加哥康复研究所联合研制了一种便携式家用远程康复系统，这是一种主从式的遥感操作系统，由主手、从手以及各自的控制器组成，从手引导患者进行康复运动并检测和记录运动信息，主手作为医生提供控制和监控的交换设备，通过网络发送命令并接受从手的运动信息，实现中风患者肘部的康复训练。该系统可以传输治疗师指令及相关信息，治疗师可以检测患者并监控训练过程。

③基于虚拟环境的康复训练机器人系统。研究者采用基于虚拟环境的用户界面，通过一些小游戏鼓励患者进行主动训练。基于虚拟环境的康复训练通常与网络相结合，因此，不仅具有远程康复机器人系统的优点，还提高了患者进行康复训练的能动性。

（2）下肢康复训练机器人。

下肢康复训练机器人是根据康复医学理论和人机合作机器人原理，通过一套计算机控制下的走步状态控制系统，使患者模拟正常人的步伐规律做康复训练运动，锻炼下肢的肌肉恢复神经系统对行走功能的控制能力，达到恢复走路机能的目的。

①关节活动范围运动。通常的方法是借助持续被动运动（Continuous Passive Motion，CPM）装置，通过反复进行某一个模式的运动训练起到预防挛缩的作用。安川电机开发了一套改进的膝关节活动范围运动系统，可以借助多自由度结构调整多种运动模式，把训练师训练的运动模式记忆下来；具有阻抗控制功能，能够再现像训练师徒手训练一样的感觉。该装置在临床试验的基础上，后来被进一步改进成可以同时控制膝关节和股关节运动的装置，并开发出运动疗法装置 TEM（Therapeutic Exercise Machine），适用于中风、脊椎损伤、脑性麻等下肢麻患者。

②步行训练。日本日立制作所研制了一种步行训练设备 PW-10，它的步行面由两组独立驱动控制的皮带组成，利用速度设定可以让皮带以给定的恒速步行模式进行运动，还具有主动阻抗控制功能，因此可以按照被训练者的踩踏力来调节皮带的阻力，实现负载步行模式。

在辅助装置中也有这样的内置式电动卸载机构，另外还有其他多种模式可供选择，如保持辅助部分高度不变的所谓固定模式，对解除部分高度实施柔顺控制的所谓弹性模式，以恒力向上提起被训练者、减轻体重负载的所谓卸载模式等。

如果患者已经具有依靠自己的腿部力量支撑全身的能力，即可利用电动助力步行支援机。在用来支撑被训练者的支撑架的内部装有力传感器，可以测量被训练者步行时施加在支撑架上的力的大小和方向，如果想转向，则可以通过控制车轮驱动电动机来实现。

日本山梨医科大学开发的 AID-1 型步行训练机器人，可以通过各种传感器检测患者体重负载的变化，并利用压缩空气实现高精度的体重负载控制，在减轻患者体重的同时保持正确的躯干姿态，甚至可以用残存的微小肌肉力量实现无体重负载的步行。

德国生产的一种主被动活动器 CAMOPED 主要是以健康腿的运动来帮助患腿的被动训练，能够有效地帮助患者恢复其本体感觉，使患者恢复协调功能。其特点是运用新型材，质量轻、结构简单、便于携带与放置。

瑞士苏黎世联邦工业大学在腿部康复机构、走步状态分析方面取得了一些成果，在汉诺威 2001 年世界工业展览会上展出了名为 LOKOMAT 的康复训练机器人。该机器人有一套悬吊系统来平衡人体的一部分重力，用一套可旋转的平行四边形机构来进行平衡控制，只允许患者在走路过程中向上和向下的运动，患者不用自己保持上身在竖直面内。

日本的 Makikawa 实验室结合机器人技术、生物信号测量技术、虚拟现实技术研制出一种下肢康复训练机器人。该机器人可以使病人模拟正常人走路、上斜坡、爬楼梯、滑行等各种运动，从而达到康复训练的目的。

德国弗劳恩霍夫研究所开展了腿部康复训练机器人的研究，研制了绳驱动康复训练机器人。德国柏林自由大学开展了腿部康复训练机器人的研究，并研制了 MGT 型康复训练机器人样机。

美国的某大学开展了脚部康复训练机器人的研究，并研制了 RUTCER 踝关节康复训练机器人样机。

我国研制的一种下肢康复训练机器人，由机座、左右脚走步状态控制系统、左右脚姿态控制系统、框架、导轨、重心平衡系统、活动扶手等组成。受训练者的双脚站在走步状态控制系统的脚踏板上，穿好承重背心，背心通过吊缆和机座内的重力平衡机构相连，以平衡受训练者的部分体重，吊缆的长度通过缆长调整机构和缆绳来调整。当机器人开始工作后，走步状态控制系统在计算机的控制下带动受训练者的双腿做走步运动，重心平衡系统根据受训者的走步状态，自动计算重心的高低变化，通过吊缆实时调节重心的高低，并具有防止摔倒的功能。

脚踏板由左右两块踏板组成，它在走步状态控制系统的控制下，与重心平衡系统协调工作，帮助患者进行走步运动训练。走步状态控制系统主要由主动曲柄、脚踏板（连杆）和滑轮组成。主动曲柄由直流伺服电动机控制，脚跟随踏板一起被动运动，形成一个椭圆轨迹，产生与正常人行走相近的运动轨迹。脚的姿态控制系统是由直线伺服机构实现，通过控制脚踏板绕踏板轴回转运动的角度，来模拟正常人走路时踝关节的姿态变化。重心平衡系统由吊缆、承重背心、滑轮、支撑架和偏心轮组成，通过承重背心把患者固定在支撑架上，使患者的上肢和吊缆一起运动。由重心平衡系统与走步状态控制系统的同步运动，实现重心的自动调整和重力的自动平衡。

2）辅助型康复机器人

（1）机器人轮椅。用于帮助残障人行走的机器人轮椅的研究逐渐成为热点，中国科学院自动化研究所成功研制出一种具有视觉和口令导航功能，并能与人进行语音交互的机器人轮椅。

机器人轮椅是将智能机器人技术应用于电动轮椅上，融合了机构设计、传感技术、机器视觉、机器人导航和定位、模式识别、信息处理以及人机交互等先进技术，从而使轮椅变成高度自动化的移动机器人。

机器人轮椅主要有口令识别与语音合成、机器人自定位、动态随机避障、多传感器信息融合、实时自适应导航控制等功能。

机器人轮椅的关键技术是安全导航问题，采用的基本方法大多是靠超声波和红外导航。超声波和红外导航的主要不足在于可探测范围有限，视觉导航可以克服这方面的不足。对使用者来说，机器人轮椅具有与人交互的功能，这种功能很直观地通过人机语音对话来实现。

（2）导盲机器人。世界各国一直致力于导盲机器人的研制。日本机械技术研究所早在20世纪80年代开始试制MEL DOG机器人，它是在导盲犬的基础上重点开发“服从机能”和“聪明的不服从机能”。前者将主人引导到目的地，后者则起到检测障碍物和危险状况的作用。人们还在为视觉残障者开发基于GPS和便携终端的基础设施。

导盲机器是非常有效的辅助盲人步行的工具，目前导盲机器大致可分为以下5类。

①电子式导盲器。早期导盲机器的研究多是设计一些装有传感器的小型电子装置，并以盲人可以接受的形式将传感器的侦测结果传达给盲人，让盲人在环境中具有比较安全及快速的行动能力；但只注重局部性闪避障碍物而不考虑全面性导航。

②移动式机器人。移动式机器人一般载有多种传感器，配备计算能力较强的控制计算机，智能化程度较高，所以可以在复杂的环境中进行自主导航。随着人机接口模块的设计与完善，移动式机器人即可用于导盲。

③穿戴式导盲器。它直接将移动式机器人的障碍物闪避系统穿戴在盲人身上，盲人成为半被动地接受障碍物闪避系统命令的运动载具，并可提供比移动式机器人更灵活的行动能力。

④导引式手杖。导引式手杖是在盲人所用手杖的把手部分安装起控制作用的微型计算机，同时安装专用传感器，在手杖的下端安装有导轮的可移动装置。它其实是将原移动式机器人的动力系统移除，保留其智能探测的传感和控制部分。

⑤手机语音导盲。这是一种较新的导盲方式，主要是用于城市方位的告知。当盲人迷路时，通过手机上所预先设置的导盲键向服务商发出求助信息，服务商接到信息后通过GPRS向盲人发出语音信息，接听后即可得知当前位置。

（3）机器人护士。机器人护士可以完成以下各项任务：运送医疗器材、药品，运送试验样品及试验结果，为病人送饭、送病历、报表及信件，帮助病人进食、移动、入浴，在医院内部送邮件及包裹等。

日本医疗福利机器人研究所、富士通、安川电机合作开发了HelpMate SP机器人搬运系统，其用途是负责医院内部的药品、送检物品、食物、卡片等的运输，还能做到给老年人、残障者配膳。

TRC公司研制的护士助手机器人，已在世界几十家医院投入使用。护士助手机器人可以完成运送医疗器材和设备，为病人送饭、送病历、报表及信件，运送药品，运送试验样品及试验结果，在医院内部送邮件及包裹等任务。该机器人由行走部分、行驶控制器及大量的传感器组成。机器人可以在医院中自由行动，其速度为0.7 m/s左右。机器人中装有医院的建筑物地图，在确定目的地后机器人利用航线推算法自主地沿走廊导航，由结构光视觉传感器及全方位超声波传感器探测静止或运动物体，并对航线进行修正。它的全方位触觉传感器保证机器人不会与人和物相碰。车轮上的编码器测量它行驶过的距离。在走廊中，机器人利用墙角确定自己的位置，而在病房等较大的空间时，它可利用天花板上的反射带，通过向上观察的传感器帮助定位。需要时它还可以开门。在多层建筑物中，它可以给载人电梯打电话，并进入电梯到所要到的楼层。通过“护士助手”上的菜单可以选择多个目的地。该机器人有较大的荧光屏及用户友好的音响装置，用户使用起来迅捷方便。

（4）机器人假肢。在假肢技术发展的历程中，肌电控制的上肢假肢和步态可控的下肢假肢是现代假肢技术的标志性成果。肌电假肢由电动假肢发展而来，它利用肌电信号取代机械式触动开关实现对上肢的控制。对于肘关节以上截肢的患者，提取多路肌电信号同时控制多关节运动的技术难度大且可靠性差，因而仍以安装电动假肢为主。下肢假肢的设计一直在追求站立期的稳定性和运动期的步态仿生性，以及减少体力消耗，对于膝关节和假脚，上述问题尤其突出。膝关节机构已从单链发展到四杆机构，近年又出现六杆机构膝关节，除了保证站立期关节可靠锁定、站立末期自动解锁，还能实现运动期的步态仿生性。

目前假手的研究是国际机器人领域的一个热点。尽管近年来新元件和新材料不断出现，但临床使用的假手最多为3个自由度，这是因为超过3个自由度的假手很难由人体的残肢来控制。假手有许多类型，装饰假手又称美容手，是为弥补肢体外观缺陷、平衡身体而设计制作的。索控假手又称功能性假手或机械手，是一种具有手的外形和基本功能的常用假手，这种假手是通过残肢自身关节运动，拉动一条牵引索，通过牵引索再控制假手的开关。

假手的设计包括以下标准：具有多种抓握模式并根据物体的形状自动调节，物体的纹理、形状和温度可作为反馈信息，具有本体感觉，质量轻、外观好，可以在潜意识下控制。

英国南安普顿大学电子与计算机科学系研制了一个轻型的六自由度假手。该手共5个手指，拇指有2个自由度，其余4个手指各有1个自由度。整只手采用了模块化设计。每个手指用一个直流电动机驱动，并采用蜗轮蜗杆传动以保证手指被动受力时的稳定性。直流电动机和蜗轮蜗杆减速装置集成在一起，称为指节模块。手指共3个关节，各关节之间采用耦合的方法实现运动。

意大利设计了一种既可作为人手假体又可作为机器人手爪的人手原型。该手共有3个手指，即拇指、食指和中指。每个手指有2个自由度，其中食指和中指的手指末段为被动自由度，由一个四连杆机构耦合驱动。3个手指的活动自由度分别由微型直线驱动器驱动和腱传动。由于采用了生物机械和控制论的设计方法，因此该手能对人手进行功能性模仿。

德国卡尔斯鲁厄大学应用计算机科学研究中心研制了一种仿人机械手，该手是目前用于假体的最为灵活、抓取功能最强的假手，并且质量轻。它的形状和尺寸大小与一个成年男子的手相似。该手共5个手指，13个独立自由度，每个活动关节都装有一个自制的流体驱动器，能实现包括腕关节在内的多关节控制。该手能实现强力抓取、精确抓取等功能，能完成人手的一些日常操作，并且克服了以往假手沉重、功能简单和灵活性差的缺点，为灵巧操作假手实用化迈出了重要的一步。

课后习题

1. 移动机器人可分为________机器人、________机器人和________机器人。
2. 商业无人机最重要的功用是________和________。
3. 医用外科机器人按照应用可以分为________和________。
4. 手机语音导盲是一种较新的导盲方式，主要用于________。
5. 简述医用机器人的特点。
6. 康复机器人的应用领域有哪些？
7. 简述医用机器人的定义。
8. 简述医用机器人的分类。
9. 列举出康复机器人的应用。
10. 上肢康复训练机器人主要包括哪几个阶段？

第 10 章 特种机器人

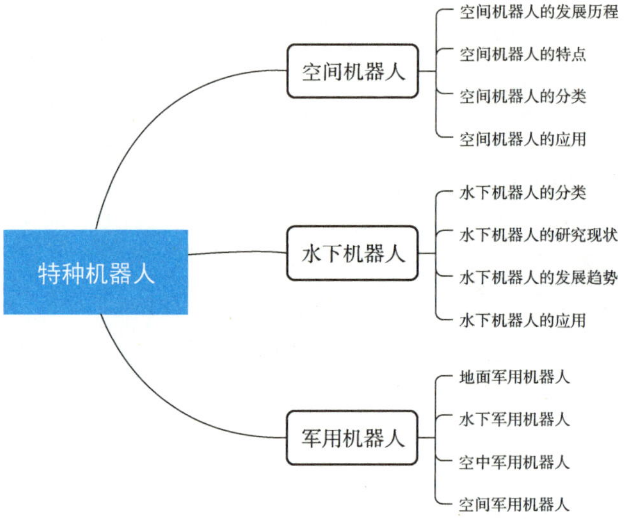

特种机器人是指除工业机器人之外的、用于非制造业并服务于人类的各种先进机器人，其始终是智能机器人技术研究的重点。非制造业的特种机器人与制造业的工业机器人相比，其主要特点是工作环境非结构化和不确定性。因此，对特种机器人的要求很高，需要其具有行走功能、对外感知能力以及局部的自主规划能力等，是机器人技术的重要发展方向。特种机器人包括空间机器人、水下机器人、军用机器人等。

10.1 空间机器人

自古以来，人类便对神秘的宇宙充满遐想，开发和利用太空的前景无限美好，可是恶劣的空间环境给人类在太空的生存活动带来了巨大的威胁。要使人类在太空停留，需要有庞大且复杂的环境控制系统、生命保障系统、物质补给系统和救生系统等，这些系统的耗资巨大。

在未来的空间活动中，将有大量的空间加工、空间生产、空间装配、空间科学实验和空间维修等工作要做，这样大量的工作不可能仅仅依靠宇航员完成，还必须充分利用空间机器人。

10.1.1　空间机器人的发展历程

空间机器人从广义上讲指一切航天器，如宇宙飞船、航天飞机和空间站等，如图10.1、图10.2所示；从狭义上讲是指用于开发太空资源、空间建设和维修、协助空间生产和科学实验、星际探索的带有一定智能的各种机械手、探测小车等。空间机器人是工作于太空中，代替或协助航天员完成在轨维修、在轨监测、在轨装配、燃料加注、空间碎片清理、空间科学实验等任务的特种机器人。

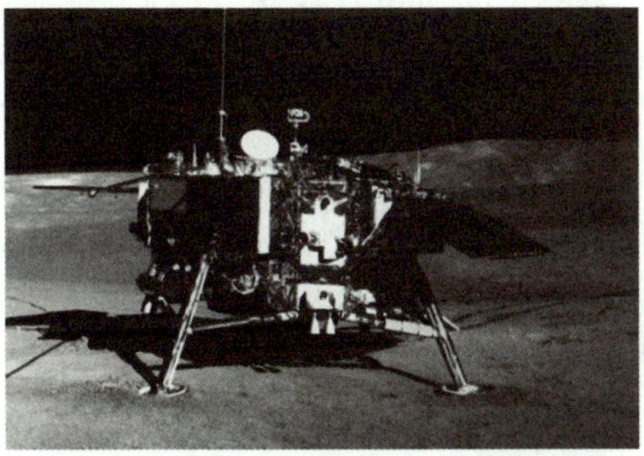

图10.1　“嫦娥四号”着陆器

图10.2　“玉兔二号”月球车

1957年10月4日，苏联发射了世界上第一颗人造地球卫星。1961年4月12日，世界上第一名航天员加加林乘飞船在太空环地球飞行1圈，历时108 min后返回地球，开创了人类载人航天的新纪元。1969年7月，人类登月成功。人类的空间活动进入了一个新的阶段。自20世纪80年代以来，美国、日本、加拿大、欧空局（全称为“欧洲空间局”）等国家和机构大力发展空间机器人技术，并相继发射试验卫星进行了各种试验。从日本的ETS-Ⅶ试验卫星到美国的“轨道快车”计划，从交会对接到目标捕获，空间机器人逐步展现出其强大的实用性和广阔的发展前景。科学技术的飞速发展、地球人口的不断增加以及资源的日益减少，都使人类的空间活动不再局限于探索和考察，而向着开发和利用的方向迈进。

1. 空间机器人在美国的发展

1962年，美国使用专用机器人采集了金星大气数据。1967年，“海盗”火星着陆器对火星土壤进行了分析，以寻找生命迹象。20世纪70年代初，美国提出在空间飞行中应用机器人系统的概念，并且在航天飞机上予以实施。1999年，美国航空航天局成功研制了仿人形的机器人Robonaut，主要用于舱外作业。Robonaut具有与人手相近的可以灵活工作的手臂，能够使用大部分的舱外作业工具，可以和人类宇航员协同工作，且能够承受高温工作环境。同时，NASA还开发了用于Robonaut的远程操作系统，操作者可利用头盔、数据手套和跟踪器等对Robonaut进行远程控制，从而利用Robonaut完成舱外操作任务。十多年后，NASA和美国通用汽车公司（General Motors Company，GM）携手研发出了第二代航天机器人（Robonaut2），简称R2。与第一代航天机器人比，R2技术更先进，操作更灵活。2011年2月25日，美国“发现号”航天飞机把世界上第一台R2运送到国际空间站，主要用于维护空间站内实验室并完成一系列测试，为今后更为先进的太空机器人承担更加繁重的任务铺路。R2 走进国际空间站，标志着空间机器人从此进入了智能太空机器人的新时代。目前，美国进行的最大的空间机器人计划为飞行遥控机器人服务系统。Goddard 空间飞行中心负责研制的是飞行遥控机器人服务系统的核心，它具有多个视觉传感器，可以完成远距离的舱外作业，并具有较高的自主性。

NASA 的约翰逊空间中心正在研制自主空间机器人，用于完成空间站内的检查、维修、装配等工作，也可以回收和维修卫星。NASA 的 JPL 实验室多年来一直从事空间机器人系统和智能手抓捕研究，并执行 NASA 的遥控机器人技术计划。JPL 实验室研制的闻名世界的“索杰纳”火星车如图 10.3 所示。索杰纳是一辆自主的机器人车辆，从地面可对它进行遥控。设计中的关键是它的质量，科学家成功地使它的质量补偿 11.5 kg。该车的尺寸为 630 mm×480 mm，车轮直径为 13 cm，上面装有不透钢防滑链条。机器人车有 6 个车轮，每个车轮均为独立悬挂，其传动比为 2 000：1，因而能在各种复杂的地形上行驶，特别是在沙地上。车的前后均有独立的转向机构，正常驱动功率要求为 10 W，最大速度为 0.4 m/s。索杰纳由锗基片上的太阳能电池阵列供电，可在 16 V 电压下提供最大16 W 的功率。它还装有一个备用的锂电池，可提供 150 W 的最大功率。当火星车无法由太阳能电池供电时，可由它获得能量。索杰纳的体积小、动作灵活，利用条形激光器和摄像机，可自主判断前进的道路上是否有障碍物，并做出行动决定。

图 10.3　JPL 实验室研制的闻名世界的“索杰纳”火星车

2. 空间机器人在加拿大的发展

加拿大的空间机器人研究处于世界领先水平，加拿大航天局在空间机器人项目中为美国航天飞机设计遥控机械臂，臂长为 15.2 m，质量为 410 kg，已经制造并交付使用了 5 套完整机械臂系统。每套机械臂系统中有两套手动控制器，分别控制 3 个移动和 3 个转动等 6 个自由度。该臂尖端速度为 600 mm/s（空载）；有载荷的情况下的速度为60 mm/s，已飞向太空执行任务 34 次。

加拿大同时开展的项目还有针对空间站研制的 MSC，即具有双臂灵巧操作手的可移动作业中心。“加拿大臂 2 号”机器人系统在空间站日常维护和修理中起着相当关键的作用，如图 10.4 所示。依靠这只手臂，空间站上的设备及补给可以顺利地从一处转移到另一处。此外，当宇航员进行舱外作业，如修理及更换各种空间站设备时，也都离不开它的帮助。

图 10.4 “加拿大臂 2 号”机器人

3. 空间机器人在日本的发展

日本是最早进行火星探测的国家之一。1998 年 7 月 4 日，日本就曾发射过一个火星探测器“行星-B”，使其成为世界上第 3 个发射火星探测器的国家。巧合的是，日本 1998 年 12 月发射的火星探测器也有一个同样的昵称——“希望”号。不过，“希望”号火星探测器虽然成功发射却没能成功进入环火星轨道。

2003 年 5 月，日本发射了“隼鸟号”小行星探测器。结局不同的是，“隼鸟号”尽管遭遇多次故障但成功造访了小行星“丝川”，并在 7 年后的 2010 年 6 月带着样本重返地球，成为人类首个从小行星上带回物质的探测器。2014 年 12 月，日本发射了“隼鸟号”的后继探测器——“隼鸟 2 号”小行星探测器，如图 10.5 所示。2018 年 6 月，经过约三年半的长途太空旅行，“隼鸟 2 号”小行星探测器飞抵目标小行星“龙宫”。科学家认为“龙宫”比“丝川”更为原始，可能含水和有机物，与约 46 亿年前地球诞生时的状态相近。2019 年底，“隼鸟 2 号”已踏上归程，“隼鸟 2 号”回收舱于 2020 年底在澳大利亚南部沙漠着陆。科学家通过研究“隼鸟 2 号”带回的小行星地下岩石等样本，了解了小行星的形成历史和太阳系的演化等问题。

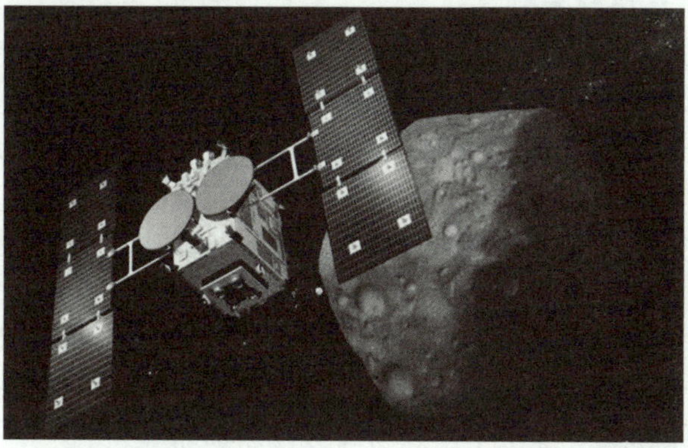

图 10.5 成功飞抵小行星“龙宫”的“隼鸟 2 号”小行星探测器

2015 年 6 月，日本宇宙航空研究开发机构宣布计划于 2022 年发射火星卫星探测器，并计划使探测器在火星最大的卫星“火卫一”上着陆采集样本并带回地球；2020 年 2 月，其公布了火星卫星探测计划 MMX 的详细内容。MMX 计划是一项日本主导的、欧美参与的火星卫星探测项目，计划于 2024 年 9 月发射，2029 年返回地球。按计划这个火星卫星探测器将重点观测“火卫一”，并在“火卫一”上着陆采集样本，用于研究火星卫星的形成等。

通过在两次小行星探测器上积累的技术和经验，日本对探测火星信心满满。火星和小行星的探测显得相对遥远，而与地球最为密切的月球则是人类更加关注的星球。日本也是月球探测的主要国家之一。日本的月球探测最早可追溯到 1990 年，当时日本发射了一个月球轨道探测器并于 1992 年抵达月球轨道，成为抵达月球轨道的第 3 个国家。

4. 空间机器人在俄罗斯的发展

20 世纪 60 年代，美国苏联在空间机器人的研究方面各显其能，不相上下。但是到了 20 世纪 70 年代，美国放慢了空间机器人的研究步伐，而苏联则一如既往，对空间机器人的研究有增无减。苏联利用空间机器人协助宇航员完成了飞行器的对接任务和燃料加注任务，令美国的空间科学家羡慕不已。但是，苏联解体后，近二十年来，俄罗斯对空间机器人的研究有所放慢。

5. 空间机器人在欧洲的发展

欧空局在空间站应用机器人和星球探测机器人的研究上具有很高的技术水平。欧空局各国相继成立空间机器人研究机构，如荷兰的 FOKKERSPACE 8L SYSTEM 公司、德国的 DFVLR 公司、法国的 MATRA ESPACE 公司、意大利的 TECNO SPAZIO 公司等。

1993 年 4 月，由“哥伦比亚”号航天飞机携带发射升空的空间机器人 ROTEX 是世界上第一个远距离遥控空间机器人。ROTEX 装有一只具有力传感器、光学敏感器的智能手爪。ROTEX 成功地完成如下实验：空间站的构建；替换空间站上的可更换零件 ORU；捕捉自由浮游卫星。ROTEX 采用两种遥控方式，一种是近距离遥控方式，宇航员在舱内遥控搭载在飞行器上的机械手；另一种是操作员在地面通过监控台进行远距离遥控，同时利用图形预显示技术成功地解决了时间延迟问题。特别是 ROTEX 利用虚拟现实技术，为操作员提供良好的人机接口。

6. 空间机器人在我国的发展

我国航天事业经过几十年的发展，为空间机器人的研制积累了宝贵的经验并取得了丰硕的成果。我国已经发射了几十颗卫星，对太空环境有了较深入的研究；通过长期的航天探测活动，我国在航天材料、电子技术、飞行器结构设计以及航天系统的应用方面积累了丰富的经验，掌握了较为丰富的空间应用技术资料；我国的机器人技术和卫星发射技术不断进步，为在卫星上搭载空间机器人系统奠定了坚实的基础；我国已经在航天通信和航天器结构设计方面积累了丰富的经验；国家“863 计划”空间机器人专家组和哈尔滨工业大学的科研人员对日本发射的 ETS-M 和它所完成的实验进行了深入的技术分析，为 FFSR 的研制提供了宝贵的经验。目前我国在技术上已经具备了条件，可以利用空间机器人技术配合返回舱进行空间科学实验、加工生产新材料以及新药品等。

国家高技术航天领域空间机器人工程研究中心已研制出一种舱外自由移动机器人（Extravehicular Mobile Robot，EMR），如图 10.6 所示。EMR 能够完成拧螺栓、拔插头、抓拿浮游物体等精细操作，通过事先输入的指令和空间站的遥控，还可以对空间站进行装配、检测和维修，提供照料和维护科学实验等多种服务。在研制空间机器人的同时，空间机器人工程研究中心还在抓紧重点研制无人遥控月球探测机器人（即月球车）。

图 10.6　我国自行研制的太空机器人 EMR

鉴于空间机器人在空间探索的重要作用，国内的一些高校和部分研究院所都在进行空间机器人的基础研究工作，部分单位研制成功了地面实验平台。哈尔滨工业大学机器人研究所在空间机器人的研究方面取得了大量成果，设计制造了空间站用机械臂的地面实验平台，为我国的探月工程设计开发了月球探测车用机械臂。邓宗权教授的课题组在月球探测机器人的研究方面成果颇丰，研究开发了多套月球探测机器人样机，并且承担着探月机器人研究的很大比例的工作。

哈尔滨工业大学的 FFSR 的研究在国内具有领先地位，洪炳镕教授的空间机器人课题组研发的“星载自主控制系统地面试验平台”实现了多传感器信息融合、实时视觉处理、基于广义雅可比矩阵的卫星姿态调节的空间机器人运动控制以及微重力条件下的避碰运动规划。该课题组开发的“双臂自由飞行空间机器人自主规划仿真系统”具备视觉学习功能，可以通过视觉学习适应不同的环境条件，实现了两只机械臂协调工作捕捉目标物体。该课题组在 2000 年 10 月完成了双臂自由飞行空间机器人地面实验平台的研制工作，实验证明，该地面实验平台基本能够模拟空间机器人的空间微重力环境。

综上所述，世界各空间大国都充分认识到空间机器人在未来空间活动的重要作用，因此都在加紧进行空间机器人的研制工作。

7. 空间机器人的发展过程

根据空间机器人的形式和性能，其发展可分为如下 3 个阶段。

1）近距离遥控阶段

操作员对离自己很近的空间机械手以基本的控制模式进行遥控操作，机械手严格地执行操作员的命令。空间舱遥控机械手系统和日本实验舱遥控机械手系统都属于这类机器人。

2）远距离遥控阶段

空间机器人是一个在载人航天器上搭载机械手的系统，可在轨道上边飞行边执行给定任务。操作员可向轨道上的机器人发出控制命令。由于距离很远，因此必须考虑时间延迟以及如何解决由于通信延迟而带来的图像预显示问题。

3）自主控制阶段

自主型空间机器人可不受操作员的控制，在轨道上边自由飞行边自主地执行给定任务。这类机器人除了具有外部感觉的功能外，还具有规划和决策的功能，可以适应周围环境的变化而自主地执行指定工作。这是空间机器人发展的最高级阶段，现在还处于研究阶段。由于通信延迟及操作者容易疲劳等因素，空间机器人比其他任何类型的机器人更需要自主化。

10.1.2 空间机器人的特点

空间机器人的抗干扰能力比较强，在太空复杂环境中的各种干扰条件下能保持稳定；智能化程度比较高，功能比较全，在不断变化的空间环境中具有自主导航、自主控制的特点。在太空环境中作业时，其安全性和可靠性要求高。作为一种低价位的轻型遥控机器人，其可在行星的大气环境中导航及飞行。为此，它必须克服许多困难，如要能在一个不断变化的三维环境中运动并自主导航，几乎不能够停留；必须能实时确定其在空间的位置及状态；要能对垂直运动进行控制；要为星际飞行预测及规划路径。

空间环境对空间机器人设计所提出的要求如下。

（1）高真空对空间机器人设计的要求。在高真空环境下只有特殊挑选的材料才可用，需特殊的润滑方式，如干润滑等；更适宜无刷直流电动机进行电交换；一些特定的传感原理失效，如超声波探测等。

（2）微重力或无重力对空间机器人的设计要求。微重力的环境要求所有的物体都需固定，动力学效应改变，加速度平滑，运动速度极低，启动平滑，机器人关机脆弱，传动率要求极高。

（3）极强辐射对空间机器人的要求。在空间站内的辐射总剂量为 10 000 Gy/a，并存在质子和重粒子。强辐射使材料寿命缩短，电子器件需要保护及特殊的硬化技术。

（4）距离遥远对空间机器人的设计要求。空间机器人离地面控制站的距离遥远，传输控制指令的通信将发生延迟（称为时延）。时延对空间机器人最大的影响是使连续操作闭环反馈控制系统变得不稳定。同时，在存在时延的情况下，即使操作者完成简单工作也需要比无时延情况下长得多的时间，只是由于操作者为避免系统不稳定，必须采取“运动-等待”的阶段工作方式。

（5）真空温差大对空间机器人设计的要求。在真空环境下，不能利用对流散热，在空间站内部的温差为-120~60 ℃，在月球环境中的温差为-230~130 ℃，在火星环境中的温差为-130~20 ℃。在这样的温差环境中，工作的空间机器人应该需要多层隔热、带热管的散热器、分布式电加热器、放射性同位素加热单元等技术。

除了以上空间环境对空间机器人设计所提出的要求外，空间机器人还具有如下特点。

（1）可靠性和安全性要求高。空间机器人产品质量保证体系要求高，需符合空间系统工程学标准，有内在的、独立于软件和操作程序的安全设计，需非确定性控制方法，要求内嵌分析器，产品容错性好，重要部件要有冗余度。空间机器人中的无人系统可靠性大于80%，与人协作系统可靠性大于95%。

（2）机载质量有限且成本昂贵。空间机器人的成本大于每千克 20 000 美元，有的甚至成倍增加。空间机器人的高成本要求应用复合材料有超轻结构设计、有明显弹性的细薄设计，同时需极高的机载质量/机器人质量比等。

（3）机载电源和能量有限。空间机器人需要耗电极低、高效率电子元器件，而计算机相关配置有限，如处理器、内存等的限制。

10.1.3 空间机器人的分类

空间机器人通常可以按照以下的方法分类。

1）根据空间机器人所处的位置来划分

（1）低轨道空间机器人：在离地面 300~500 km 高的地球旋转轨道施行。

（2）静止轨道空间机器人：在离地面约 36 000 km 高的静止卫星用轨道施行。

（3）月球空间机器人：在月球表面进行勘探工作。

（4）行星空间机器人：主要用于对火星、金星、木星等行星进行探测。

2）根据航天飞机舱内外来划分

（1）舱内活动机器人。

（2）舱外活动机器人。

3）根据人的操作位置来划分

（1）地上操纵机器人：从地面站控制操作。

（2）舱内操纵机器人：从航天飞机内部通过直视或操作台进行控制操作。

（3）舱外操纵机器人：舱外控制操作。

4）根据功能和形式来划分

（1）自由飞行空间机器人。

（2）机器人卫星。

（3）空间实验用机器人。

（4）火星勘探机器人。

（5）行星勘探机器人。

5）根据空间机器人的应用来划分

（1）在卫星服务中的应用。

（2）在空间站中的应用，包括在空间站、移动服务中心和遥控机械手系统中的应用等。

（3）实验性空间机器人。空间站上的机器人以遥控为主，局限在空间站桁架间移动，主要用作舱外作业支援工具。随着空间机器人的发展，出现了遥控与自主相结合的像卫星那样边自由飞行边自主完成某个简单作业的卫星机器人。比较有代表性的卫星机器人为日本的 ETS-VII 型机器人和美国的 RANGER 型机器人。其中，ETS-VII 进行了协调控制机械手遥控操作、轨道服务、功能协调和智能控制 4 种实验；而 RANGER 则完成了机械臂控制、智能行为、基本作业、扩充作业和轨道会合对接等实验。

（4）行星表面探测空间机器人。

6）根据控制方式来划分

（1）主从式遥控机械手。主从式遥控机械手由主手和从手组成。从手的动作完全由操作人员通过主手进行控制。这种遥控机械手具有严重的缺点：操作人员的劳动强度很大；在进行操作时，由于控制信号的时延带来不稳定性。主从式遥控机械手已经被遥控机器人所取代。这种机械手也具有优点，在宇宙飞船、空间站外部空间距离近的地方仍可以利用其反应快、触觉真实的特点进行时间较短的操作。

（2）遥控机器人。遥控机器人是将机器人和一定程度的自主技术结合起来的机器人系统，机器人远远地接收操作员发出的指令进行工作。现阶段，遥控机器人是最重要的一种空间机器人。它可以工作在舱内，也可以工作在舱外，还可安装在空间自由飞行器上派往远离空间站的地方去执行任务。

（3）自主机器人。自主机器人是一种高智能机器人，具有模式识别和作业规划能力，能感知外界环境的变化和自动适应外界环境，自己拥有知识库和专家系统，具有规划、编程和诊断功能，可在复杂的环境中完成各种作业，如火星探测机器人就属于自主机器人。

10.1.4 空间机器人的应用

目前空间机器人主要应用在以下5个方面。

（1）在轨维修。航天器大都造价昂贵，一旦发生故障，必须进行维修。在轨维修包括对未成功入轨的航天器进行辅助入轨，对成功入轨但发生故障的航天器进行维修（如未能正常打开帆板和天线），对寿命到期的零部件进行更换（如电池更换）等。

（2）在轨装配。在轨装配是利用空间机器人为大型空间结构的建设服务，对某些航天器组件进行安装和更换，如轨道替换单元更换、电池更换、各舱段组装、构件间的紧固连接等。

（3）空间捕获和碎片清理。对非合作和合作目标的抓捕，以及空间碎片的清理都可以使用空间机器人。空间碎片多为失效航天器，属于非合作目标。非合作目标长期失控，燃料耗尽或内部执行器失效，导致无法进行姿态调节和系统稳定，在太空的复杂环境中，受到太阳光压、重力梯度或残余动量的影响逐渐失稳，最终处于自由翻滚运动状态。对非合作目标进行抓捕时需要消除旋转，减小抓捕时的碰撞力，保证抓捕的安全性。

（4）在轨监测。在轨监测是利用可见光、红外、微波等敏感器或电子监听设备，对卫星进行成像，接收位姿测量与无线电信号，了解卫星的健康状态，确定故障类型和位置。

（5）空间生产和科学实验。宇宙空间为人类提供了地面上无法实现的微重力和高真空环境，利用这一环境可以生产出地面上无法或难以生产的产品。在太空中，还可以进行地面上不能做的科学实验。和空间装配、空间修理不同，空间生产和科学实验主要在舱内环境中进行，操作内容多半是重复性动作。在多数情况下，宇航员可以直接检测和控制。这时候的空间机器人如同工作在地面工厂里的生产线上一样。因此，可以采用的机器人多是通用型多功能机器人。

10.2 水下机器人

海洋占地球表面积的71%，拥有14亿立方千米的体积。在海洋中蕴藏着极其丰富的矿产资源及生物资源。大洋底部还沉积着极为丰富的多金属结核，尤以铜、锰、镍、钴含量最高。海底锰的储藏量是陆地的68倍；铜的储藏量是陆地的22倍；镍的储藏量是陆地的274倍；用于制造核弹的铀的储藏量是陆地的2 000倍。海洋不仅矿产资源丰富，还是一个无比巨大的能源库，天然气水合物总量相当于陆地燃料资源总量的2倍以上，海底储藏着1 350亿吨石油，近140万亿立方米的天然气。在6 000 m以下的大洋底部仍有生命存在，这种在极端条件下的生命，格外受到生物学家的重视。因此，洋底探测和太空探测类似，同样具有极强的吸引力，同时也具有极强的挑战性，人类探索海洋的渴望和努力从未停歇。海洋科考离不开高科技的支撑，也离不开尖端装备的支持——水下机器人应运而生。当然，深海探险只是一个方面。在未来，水下机器人会有更广阔的应用空间。

1991年，中国被联合国批准为第5个深海采矿先驱投资者，承担30万平方千米洋底的探测任务，并最终拥有对矿产资源最丰富的7.5万平方千米海域的优先开采权。中国政府已把海洋开发作为21世纪国民经济与社会发展战略重点之一。

作为人类探索、开发海洋助手的水下机器人是多种现代高技术及其系统集成的产物，对于我国海洋产业、海洋开发和海洋高科技具有特殊的意义。发展水下机器人，并将其作为海洋战略制高点，对提升我国海洋重大装备水平，为海洋支柱产业和新兴产业提供成套技术与先进装备，为国家海洋战略创造有利条件与国际竞争能力，将发挥直接、巨大的支撑作用。

10.2.1 水下机器人的分类

水下机器人，是一种工作于水下的极限作业机器人，能潜入水中代替人完成某些操作，通过遥控或自主操作方式，使用机械手或其他工具带头或辅助人去完成水下作业任务，如图 10.7 所示。水下环境恶劣危险，人的潜水深度有限，所以它已成为开发海洋的重要工具。

图 10.7 “水下龙虾”机器人

水下机器人，也称无人遥控潜水器，主要有有缆遥控潜水器和无缆遥控潜水器两种，其中有缆遥控潜水器又分为水中自航式、拖航式和能在海底结构物上爬行式 3 种。《机器人学国际百科全书》将水下机器人分成 6 类，即有缆浮游式水下机器人、拖拽式水下机器人、海底爬行式水下机器人、附着结构式水下机器人、无缆水下机器人、混合型水下机器人。

水下机器人还可以分成有缆水下机器人（Remotely Operated Vehicle，ROV）、无缆水下机器人（Autonomous Underwater Vehicle，AUV）和载人潜水器（Human Occupied Vehicle，HOV）。这 3 类机器人的主要差异在于操作模式：操作者在机器人体内的称为载人潜水器，位于体外并通过电缆操作的称为遥控水下机器人，用体内计算机代替操作者的称为自主水下机器人。

10.2.2 水下机器人的研究现状

1. 国内研究现状

1974—1980 年，随着工业机器人技术的进步，以及为丰富海上救助打捞手段和加速近海海底油气田的勘探、开采，我国也跟进了水下机器人研究以及应用的工作。2013 年，我国研发的“潜龙一号”下潜至 5 080 m 的深度，完成指定任务。“蛟龙”号作为我国首台自行设计、自主集成研制的载人潜水器，可在 7 000 m 深海进行高清摄录，海底地形测量，水样、沉积物样、生物样品采集等多项作业，如图 10.8 所示。2014 年 7 月，“龙珠”号搭载“蛟龙”号载人潜水器，在西北太平洋采薇海山海区开展深海试验应用，并首次获取了“蛟龙”号在大洋深处的工作影像。2017 年 3 月，“海翼”号深海滑翔机在马里亚纳海沟完成最深达 6 329 m 的下潜观测任务，显示出我国以中国科学院沈阳自动化研究所为代表的 AUV 研究工作取得显著进步。在 ROV 方面，2009 年上海交通大学研制出下潜深度 3 500 m 的“海龙”号，并多次完成科考任务。2017 年 8 月，中科院研制的下潜深度为 7 000 m 的ROV 在深圳装机，10 月份的海上测试已完成了下潜深度 6 000 m 的挑战。这些成果均是我国水下机器人技术发展的证明。

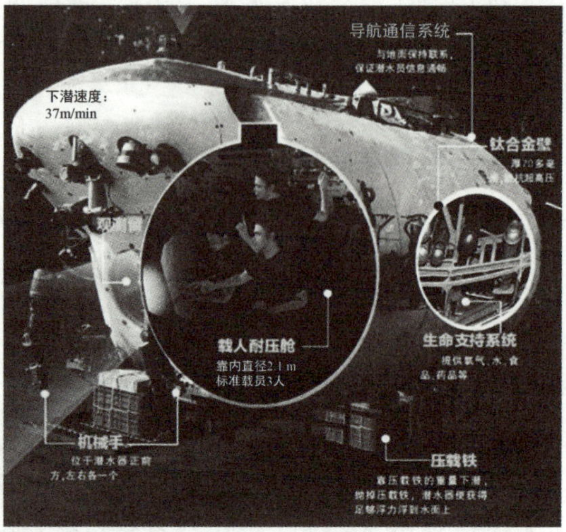

图 10.8　中国“蛟龙”号载人潜水器

2. 国外研究现状

在过去的十几年中，水下技术较发达的国家像美国、日本、俄罗斯、英国、法国、德国、加拿大、瑞典、意大利、挪威、冰岛、葡萄牙、丹麦、韩国、澳大利亚等制造了数百个智能水下机器人，虽然大部分为试验用，但随着技术的进步和需求的不断增强，用于海洋开发和军事作战的智能水下机器人不断问世。

第一个真正意义上的载人深海潜水器为“曲斯特I”号。1960 年 1 月 23 日，美国人唐·华尔什和深潜器发明者的儿子丁·皮卡特乘坐“曲斯特I”号，在太平洋马里亚纳海沟下潜达到深度为 10 916 m（海沟最深点为 11 034 m），创造了人类下潜最深海沟的历史。美国在 1961 年就开始深海载人潜水器的论证工作，1964 年，研制成功了工作深度为 1 829 m 的“阿尔文”号深海载人潜水器。“阿尔文”号真正开创了人类探测海洋资源的历史。1960 年，美国成功研制了世界上第一台 ROV——CURV1，1966 年，它与载人潜水器配合，在西班牙外海找到了一颗失落在海底的氢弹，引起了极大的轰动。1975 年，第一台商业化的 ROV——RCV-125 问世。美国的 MAX Rover 是世界上最先进的全电力驱动工作级 ROV，潜深为 3 000 m，质量为 795 kg，有效载荷为 90 kg，推进器的纵向推力为 173 kg，垂向推力为 34 kg，横向推力为 39 kg，前进速度为 3 kn（1 kn=0.514 m/s），能在 2.5 kn 的水流中高效工作。

英国“天蝎 45”缆式水下机器人是一种无人水下潜航器及遥控深海救援系统，如图 10.9 所示。它配有 3 台高清变焦镜头的遥控水下摄像机和一台 27 kHz 的声波发射/接收器，装有声呐系统及精确导航系统。由于不必考虑人的需要及其昂贵的生命保障设施，故而其体积小、造价低，可执行危及人员安全的任务。“天蝎 45”不仅能救潜，而且能执行海底测绘、探测沉船和坠海飞机、修理军械和器具、布设反潜监听装置或排除敌水雷等任务。如果需要，那么“天蝎 45”在 12 h 内，便可由飞机运往世界任何地方。

日本海洋技术研究所研制开发的“海沟”号 ROV 是目前世界上下潜深度最大的 ROV，装备有复杂的摄像机、声呐和一对采集海底样品的机械手，如图 10.10 所示。

图 10.9 英国“天蝎 45”缆式水下机器人

图 10.10 日本“海沟”号 ROV

除了各种模样中规中矩的深潜器外，研究人员还开发了外形别具一格的水下机器人。由韩国海洋技术研究院研制的水下机器人 Crabster，外形像一只大螃蟹，可用于浅海区的水下作业，如图 10.11 所示。该机器人装备有摄像机、声呐及声学多普勒流速剖面仪等设备，能帮助研究人员探索神秘的海底世界。Guardian LF1 机器人则专门用来对付大西洋中的狮子鱼，如图 10.12 所示。作为入侵鱼种，带有剧毒的狮子鱼胃口贪婪，繁殖迅速，少有天敌，已对大西洋的珊瑚礁及沿海旅游业造成极大威胁，扰乱了当地海洋的生态系统。Guardian LF1 可以潜入水下 121.92 m 的深度，击晕并收集十条狮子鱼后，将其带出水面。

图 10.11 水下机器人 Crabster

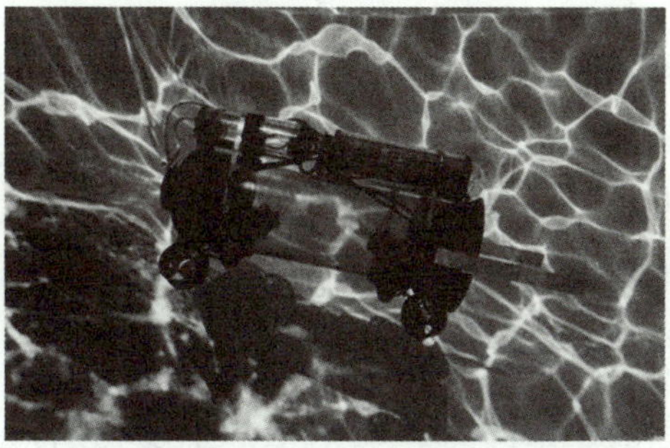

图 10.12 Guardian LF1 机器人

3. 水下机器人涉及技术

水下机器人涉及海洋环境、机械制造和海洋工程等相关的几十种学科技术，主要包括先进制造技术、水下导航技术、水下通信技术、环境感知技术、能源与推进技术以及自动与智能技术，如图 10.13 所示。例如，承载高压的防腐材料，海底微地形地貌探测与图像传输，水下远程低噪声推动及续航能力，作业时的自主能力和智能决策等。工作环境复杂多变，尤其是深海水域的极限条件，使水下机器人的技术门槛非常高。

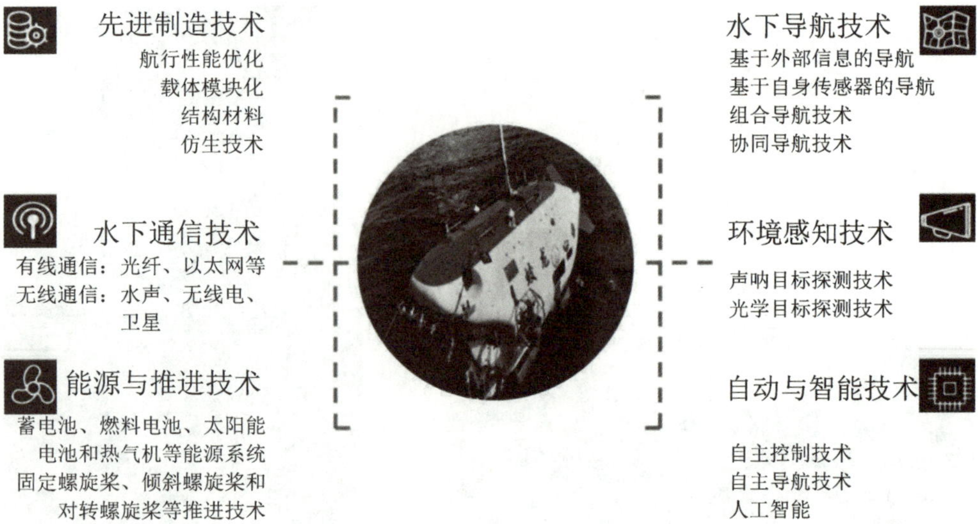

图 10.13　水下机器人涉及技术

4. 水下机器人技术

1）水下定位技术

实现水下环境中的定位是一个复杂的任务，主要是由于水下机器人缺乏一个能给出位置信息的外部传感器（如户外路面车辆上使用的 GPS），并且水下环境往往是非结构化的。

一种可靠的定位方法是使用水声定位系统，如基线系统：长基线系统、短基线系统和超短基线系统。这些系统通过安装在水下机器人上的收发器和一系列位置已知的应答器实现定位。每个收发器与应答器之间的距离通过测量回波时间得到，在此基础上，水下机器人的位置信息可以通过三角测量法计算得到。

另一个定位系统被称为地形辅助导航，利用地形标高图定位，同时也可利用测海等深线图定位，尤其是在熟悉的地点，如港口，可以得到 1 m 左右的定位分辨率。在这种情况下，水下机器人的航行位置可以通过对俯视声呐返回的信息滤波得到。

水下机器人一般安装有惯性导航测量单元或多普勒测速仪来测量速度和/或加速度信息。这些数据可以被集中用于估计水下机器人的位置，但这种方法易受漂移现象的影响，在持续航行较长时间后可能定位不可靠，或需要精确的惯导设备进行漂移校正而不具备高性价比。

任何能感知水下机器人和环境相对位置的传感设备都可用于实现机器人相对定位，甚至在没有参考地图的情况下也可使用。在这种情况下，通过对运动中测量的距离进行滤波，如基于声呐或视觉定位技术，可以实现水下机器人的相对定位。实际上，在传感器冗余的机器人系统内综合使用上述定位，结合卡尔曼滤波方法等传感器融合技术可实现有效定位。

同步定位与地图创建，也被称为并行建图和定位，在移动机器人中是一个研究热点。这个问题可以理解为将一台移动机器人放置在未知环境中，机器人逐步建立环境地图并在地图中定位自身位置。对于海洋环境而言，额外产生的问题是因为长时间的作业任务需要大尺寸的环境地图。在国外研究中，使用了地形辅助声呐导航。也有研究采用高斯牛顿最小二乘方法求解以长基线距离值作为测量输入非线性问题，同时完成了对初始位置未知的应答器及水下机器人的位置估计。

2）多个水下机器人的协调控制技术

多水下机器人系统的协调控制，是当前水下机器人的研究热点之一。利用多个水下机器人，可以提高完成任务的效率，并能提高整个系统对故障的容错性。多水下机器人系统可以应用于水雷对策任务、港口监控以及大规模海域的监测、勘察及地图绘制。水下机器人可以通过一艘或多艘海面舰船协调控制，也可与地面移动机器人或无人机通信，组成一个协调工作的异类机器人网络。

除数家科研机构开发出多机器人系统仿真平台之外，多水下机器人也被用于组成自主式海洋采样网络，完成自适应采样及预报任务，这项应用研究由美国加州理工大学、蒙特雷湾水族馆研究所、普林斯顿大学以及伍兹霍尔海洋研究所等多家机构完成。美国弗吉尼亚理工大学的自主系统与控制实验室利用 5 台水下机器人，也完成了水下自适应采样任务。澳大利亚国立大学正在通过 Serafina 号小型机器人，进行水下多机器人的群集控制研究。葡萄牙高级技术研究所正在进行水下机器人与水面无人双体船的协调控制研究，即该多机器人系统由两种异类自主式机器人组成。

10.2.3 水下机器人的发展趋势

未来，随着应用领域的不断扩大，水下机器人的发展趋势为：会向着体积更小、兼容性更强、智能化程度更高的方向发展，以此来突破水下无人潜航器在设计中的障碍，大幅度提高其自动化程度；将多媒体技术、临场感技术以及虚拟现实技术等应用于水下机器人；各种类型的水下机器人之间存在的界限可能将被打破，并将产生全新概念的水下机器人。

1. 向多水下机器人协同作业方向发展

协同作业，即共同完成更加复杂的任务，是机器人技术的发展趋势。水下机器人将利用智能传感器的融合和配置技术，以及通过网络建立的大范围通信系统，建立机器人相互间及机器人与人之间的通信与磋商机理，完成群体行为控制、监测与管理及故障诊断，实现群体作业。

2. 水下机器人的专业化程度越来越高

这是市场和技术共同需求的结果。一种类型的水下机器人不可能完成所有的任务，无论是适用于高海况的大型水下机器人，还是小型观察型机器人，它们都将只针对某个特殊的需求，配置专用设备，完成特定任务。水下机器人的种类会越来越多，分工会越来越细，专业化程度会越来越高。

3. ROV 的发展趋势

1）ROV 性能提高

根据实际应用和关键技术的突破，ROV 在性能方面主要有两个发展趋势：拥有极强的作业功能和全海深的作业能力。随着海洋活动更为频繁和重要，深海作业的内容变得更为复杂。因而，拓展 ROV 系统在海洋中的更多功能性是其重要的发展方向。通用化与模块化是提高功能性的发展方向，让水下机器人能够使用不同的工具完成水下复杂的取样、拆装设备及提供液压电气给水下设备等作业。随着人类向海洋开发的推进，相应的水下机器人作业的下潜深度也会随之增加，ROV 将向全海深作业方向发展。

2）小型化和个人化

ROV 从贵重的水下作业机器转向小型化和个人化的商业产品。与小型无人机一样，人们的视线会逐渐从天空转向海洋。小型的 ROV 可以满足人们对海洋的好奇心。现在，国内有众多的小型 ROV 生产商，但其潜深能力及远航能力受限于脐带缆、密封性、动力性及浮体材料等因素，均表现不太好。随着技术的不断发展，安全性和小型 ROV 性能将是生产商的研发方向，水下定位技术也是小型 ROV 发展要克服的技术难题。

3）VR 技术

ROV 在水下有目标作业时，主要靠摄像头来观察然后进行后续作业。360°环视 VR 技术的发展，可以让 ROV 轻松进入导管架等复杂的环境，降低其中的风险。同时，ROV 使用机械手和扭力工具时能更精准细腻地操作，可以保护水下设备不被误伤。对于个人化的小型 ROV，VR 技术能给人带来更好的海底体验。

4）ROV 与 AUV 并存，ROV 更加实用可靠

从当代遥控机器人系统的发展特点来看，并不是完全追求全自治系统，而是致力于操作者与机器人的人机交互控制，即遥控加局部自主系统构成完整的监测遥控操作系统，实现实时操控和信息实时处理。ROV 技术的发展，将致力于提高观察能力和顶流作业能力，加大数据处理容量，提高操作控制水平和操作性能，完善人机交互界面，使其更加实用可靠。

4. 自治式潜水器（AUV）的发展趋势

AUV 不受海面风浪等自然因素影响，可进行长距离、大范围的探测和搜索。未来，水下机器人的潜深一定会越来越大，特别是深海机器人，更是占领海洋开发技术前沿与制高点的重要利器。由于 HOV、ROV、AUV 在深海极端恶劣的环境条件下工作，不仅需要承受极为巨大的水压，还需要保持一定的浮力用来减少推进所需要的能量、提高航行的效率和时间。因此，目前水下机器人在设计时一般要进行优化，在流线型外形的前提下使结构尽可能紧凑。目前，AUV 一般依靠自身内部能源供能，因此需要在自身功耗和电池电量间找到平衡点，通常根据不同的作业目的，安装不同的设备和传感器，并且尽可能地延长续航时间。

与其他种类的水下机器人相比，AUV 有着巨大的优势，它能够依据运动传感器参数和导航参数的变化而快速修正航向；通过程序控制，能够全自动按照预设的航线进行测量、自动换向或调整航线等操作；能够在测量时保证覆盖工作范围，而且摆脱了线缆的限制，受自然因素影响小，作业效率高。AUV 代表了未来水下机器人的研究的方向，将向远程化、智能化发展。

当前在各类水下机器人的研究中，AUV 是一个热点。对 AUV 的研究范围比较广泛，既包括当前的应用研究，又着眼于未来进行基础研究，从经济型到复杂型，有军用的也有民用的，几乎覆盖了 AUV 的各种类型。未来的 AUV 还将在以下几方面发展。

1）更深——向深海发展

地球上 97%的海洋深度在 6 000 m 以上，称为深海。研制 6 000 m 的潜水器是许多国家的目标。尽管 ROV 和载人潜水器也能达到这个深度，但发展 AUV 比其他潜水器的造价要低得多。

未来的 AUV 技术将有望发现、开发新资源，也就是海底热水地带。事实上，航行式

AUV 已经为热水地带的开发活动创建了平台。只要根据航行式 AUV 所获得的资料，由盘旋式 AUV 进行更详细的调查，便能脱离过去那样使用庞大的调查船或昂贵的有人潜水艇来执行任务的深海调查方式。

2）更远——向远程发展

所谓远程是指 AUV 一次补充能源连续航行超过 185.2 km。远程 AUV 涉及的关键技术包括能源技术、远程导航技术和实时通信技术。只有在上述关键技术解决后，才能保证远程 AUV 计划的实施。未来的 AUV 期望能在 250~5 000 km 的半径内活动。

3）功能更强大——向作业型及智能化方向发展

现阶段的 AUV 只能用于观察和测量，没有作业能力，而且智能水平也不高。将来的 AUV 将引入人的智能，更多依赖传感器和人的智能。还要在 AUV 上安装水下机械手，使 AUV 具备作业能力，这是一个长远的目标。

5. AUV 与 ROV 技术混合发展

水下机器人技术在 ROV 和 AUV 两个方向都有良好的发展。AUV 活动范围不受脐带缆限制，但受到续航能力和数据传输能力制约。ROV 受到脐带缆限制，活动范围小，但数据采集量大，人机互动高，不受续航能力制约。美国伍兹霍尔海洋研究所在全海深混合 ROV 技术方面做出了成功尝试，他们于 2007 年研制完成了“海神”号混合 ROV，并于 2009 年 6 月 2 日下潜至 10 898 m 处进行了沉积物取样。结合两者的长处便是未来水下机器人的发展方向。

在不久的将来，遥控水下机器人和自主水下机器人将不再进行严格区分，更多的水下机器人系统将同时具备两者的优点。

（1）对于近海油气开发任务而言，机器人首先以自主方式运动到达工作地点，然后通过靠泊方式接入工作地点的能源和通信设备，使机器人随后可用传统的遥控方式运行。

（2）无须母船供电而自带电池的遥控机器人，可通过轻便的光缆与母船通信，从而具备与自主机器人相同的运动能力。借助高带宽的通信链路，经验丰富的操作人员可操纵机器人完成复杂的水下作业或科学取样任务。

（3）在没有脐带缆的情况下，通过水下声学或光学数据通道提供短距离的中速或高速通信带宽，使操作人员能够完成对机器人的监控。对于较长距离，能够提供更多适中的水声通信带宽。

10.2.4 水下机器人的应用

1. ROV 的应用领域

随着科技的迅速发展，ROV 技术日趋成熟，并给人类生活带来了巨大改变。ROV 可应用于海底资源勘探、深海工程建设、水力发电、抢险救援等。

1）ROV 在深海领域中的应用

在大多数的海底工程中，需要用到 ROV 进行提前勘探以提高施工的可靠性与安全性。而在海底中需要极高的操作技巧，并不是较为简单的观察能力，要确保施工地点没有任何障碍物，勘测出地形详貌、精确的深度等；而且在施工过程中要发挥监督作用，一旦施工发生事故或生物入侵应及时报告给控制中心，从而采取及时有效的措施来应对各种突发情况。

2）ROV 在水库大坝中的应用

水库大坝在使用中会出现渗漏、堵塞等情况，因此针对大坝渗透情况可使用 ROV 进行水下探测以及水下维修。操作人员在工作平台进行远程操作，采用声呐技术进行精准定位，从而完成精准抛投封堵工作。对于大坝堵塞情况，可使用 ROV 贴近坝体进行操作观察和作业分析，从而降低作业风险。

3）ROV 在抢险救援中的应用

近年来，全国各地的救援官兵经常会参与水上救助、水下打捞的任务。在救援中任务繁重、时间紧张，但救援部队对于水下救援任务的装备投入却显得相对比较薄弱。日常的水下救援环境通常是较为复杂和危险的，如水流湍急、水温较低及水下泥沙较多等，都将给抢险救援工作带来很大的困难。而采用 ROV 进行水下探测，可以在水下不受环境、时间等条件限制，从而使其可以长时间地随意出入危险地带，并在该环境中进行勘查、测量、作业等。

4）ROV 在海洋石油中的应用

海洋石油的储藏量大，但海洋环境复杂且不可预知性高，因而勘探开发投资大、风险高，同时又因其回报丰厚、效益高，发展前景不可限量。一般在海底开采时，其开采设备都存在着投资大、风险高等问题，而水下机器人正是为了应对海中各种复杂的情况产生的，所以使用 ROV 进行作业可以在提高产量的同时有效地降低风险，从而实现利益的最大化。

5）ROV 在水下考古中的应用

ROV 是进行水下失事船只以及水下文化遗产调查的重要工具，其应用范围包括用以认定遇难船只失事原因的法律调查、水下考古。对于水下考古而言，其目的与陆地文物挖掘类似，首先建立地形全貌，然后开始谨慎的挖掘工作。由于它可以到达远超潜水员所能企及的深度范围，因此特别适用于上述水下调查任务。目前，建立水下地图的技术已取得一定进步，水下挖掘作业能力也在逐步提高。不幸的是，这些不断提高的技术也带来了一些负面影响，经济利益可能会驱使不法分子利用 ROV 对失事船只的财物进行掠夺，这通常会破坏沉船的一些重要历史线索。

2. AUV 的应用

水下机器人在水下科学考察、商业应用以及军事任务中扮演了重要角色。ROV 已经成功应用于上述领域，且其自动化程度的不断提高，逐步减轻了操作员的工作负荷，提高了作业效率。与之类似，AUV 也逐渐在上述领域中得到应用。目前，AUV 多应用于勘察、采样，其在其他水下操作任务中也逐步开始涉及。同时，由于目前开发的水下机器人系统多数兼具 ROV 与 AUV 的优点，因此两者之间的区别界定也不再绝对化。

海洋技术协会估计已有超过 435 台工作级 ROV，投入到海上石油与天然气商业开发的应用，AUV 也开始逐步应用于油气勘察任务。为更好地执行深海作业任务，业界也提出了兼具 ROV 与 AUV 功能的混合式机器人概念。应用海洋机器人系统的目的，并不是单纯为了取代潜水员或载人潜水工具，而是为了开发一套不需要通过钻探船或其他重型船只辅助工作的新一代海洋开发设备，以大幅降低海底作业成本。

对于 AUV 而言，其工作能力在受到长时间的质疑之后，也开始逐步应用于水下科学考察任务之中。在水面舰艇的协助下，AUV 目前多用于水下地图绘制，包括海底遥测、磁场映像分析、水下热液喷口定位以及摄像调查等。相比水下拖曳或系缆系统而言，AUV 能够提高作业效率并提高数据采集质量，而且它还能够完成冰层下的特殊作业任务。随着更多精密的原位化学传感器、生物传感器以及质谱分光计投入使用，如今水下机器人可以完成水下复杂环境的空间与时间特性分析，而这类工作此前只能通过将海底样品带回实验室进行分析而完成。今后，水下机器人还可靠泊于海底系泊设备或在海底观测站节点充电和更新指令。

军事应用推动了 AUV 技术的发展，许多国家都装备有用于军事侦察、地理信息采集和水雷探测的自主水下机器人系统。其中一个典型案例，就是美国海军用 REMUS 号水下机器人成功完成在波斯湾乌姆盖萨尔军港的水雷探测任务。而且 AUV 不仅可用于探雷，还可用于排雷。可以预言，AUV 还会有更多创新性的应用，包括利用多个 AUV 替代常规水面舰艇和潜艇，以较高的性价比长时间完成大面积海域的监控任务。

3. 水下机器人在未来战争中的作用

零伤亡是未来战争中的选择，使无人武器系统在未来战争中的地位倍受重视，其潜在的作战效能越来越明显。作为无人武器系统重要组成部分的水下机器人，其能够以水面舰艇或潜艇为基地，在数百米的水下空间完成环境探测、目标识别、情报收集和数据通信，将大大扩展水面舰艇或潜艇的作战空间。尤其是自主航行的水下机器人，它们能够更安全地进入敌方控制的危险区域，能够以自主方式在战区停留较长的时间，是一种效果明显的兵力倍增器。更重要的是，在未来的战争中，“以网络为中心”的作战思想将代替“以平台为中心”的作战思想，水下机器人将成为网络中心站的重要节点，在战争中发挥越来越重要的作用。目前各国重点研究的应用包括：水雷对抗、反潜战、情报收集、监视与侦察、目标探测和环境数据收集等。

10.3 军用机器人

同任何其他先进技术一样，机器人技术也可用于军事目的。这种用于军事目的的机器人，即为军用机器人。军用机器人可以是一个武器系统，如机器人坦克、自主式地面车辆、扫雷机器人等，也可以是武器装备上的一个系统或装置，如作战机器人、侦查机器人、哨兵机器人、排雷机器人、布雷机器人等。将来可能出现机器人化部队或兵团，在未来战争中将会出现机器人对机器人的战斗。军用机器人有地面的、水下的和空间的。其中，以地面军用机器人的开发最为成熟，应用也较为普遍。

目前对于机器人的研究投入最大、竞争最激烈的也是在军事领域，很多世界上最先进的机器人都是军方研制出来的。美军每年投入的研究经费高达数百亿美元，2003 年 5 月，美国国防部批准的“未来作战系统”项目（研究对象包括无人机、无人战车和军用机器人等）预计至少耗资 1 450 亿美元，被称为美国陆军二战以来最雄心勃勃的项目。

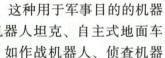

随着人类科学技术全方位的进步，军用机器人也融合了包括微电子、光电子、纳米、微机电、计算机、新材料、新动力及航天等众多高新技术领域的成果，越来越自动化、智

能化。当前，世界各国已经研制出来能够执行侦察、排雷、防化、保障等多种任务的上百种军用机器人。而随着应用范围的不断扩展，军用机器人也将逐渐成为新世纪军事竞争中的核心武器和军事行动的主要参与者。

但值得注意的是，人类需要学会真正驯服未来战场的机器人士兵。美国海军研究室在研究报告《自动机器人的危险、道德以及设计》中，明确警告军方慎用机器人作战，建议对军用机器人制定严格的设计标准和使用限制，避免出现《终结者》电影中那样的恐怖场景。对于未来的军用机器人，设计者应该能使其杀敌立功，又要防止反戈一击。军用机器人的研发既要有技术领域的突破，也要配合战术战法的升级。同时，针对军用机器人展开有效的组织和科学的训练。只要充分发挥了军用机器人的优势特点，人类的血肉之躯就有可能完全退出未来战场。

10.3.1 地面军用机器人

所谓地面军用机器人是指在地面上使用的机器人系统，它们不仅在和平时期可以帮助民警排除炸弹、完成要地保安任务，在战时还可以代替士兵执行扫雷、侦察和攻击等各种任务。地面军用机器人分为两类：一类是智能机器人，包括自主和半自主车辆；另一类是遥控机器人，即各种用途的遥控无人驾驶车辆。智能机器人依靠车辆本身的机器智能，在无人干预下自主行驶或作战。遥控机器人由人进行遥控，以完成各种任务。

1. 地面侦察机器人

地面侦察机器人是军用机器人中发展最早、应用最广的一类机器人，也是从军事领域转到警用领域应用最广泛、最成熟的类型。它们往往被要求工作在诸如丘陵、山地、丛林等非开阔地形的野外环境中，所以必须具有比较强的地形适应能力及通过能力。现有地面侦察机器人最常用的 3 种行走机构是轮式结构、履带式结构、轮履复合式结构。腿式结构虽然具有理论上最强的地形适应力，但是还没有投入使用。

地面侦察机器人是一种半自主式机器人，身上装有摄像机、夜间观测仪、激光指示器和报警器等，配置在便于观察的地点。当发现特定目标时，报警器便向使用者报警，并按指令发射激光锁定目标，引导激光制导武器进行攻击。一旦暴露，还能依靠自身机动能力进行机动，寻找新的观察位置。类似的地面侦察机器人还有便携式电子侦察机器人、铺路虎式无人驾驶侦察机、街道斥候机器人等，这些机器人大多应用于实战中。

1）地面侦察机器人研究现状

地面侦察机器人以各种不同行走机构平台为载体，加载各种侦察、监测、传感设备及武器系统，可分为遥控、半自主和自主 3 种运动控制方式。遥控是目前地面机器人无人平台比较成熟的技术，典型的有美国的“萨格”监视与侦察地面装备等。半自主方式如美国的 SSV 半自主地面战车。自主方式则是依靠机器人自身的智能自主导航躲避障碍物，独立完成各种任务。

由于现代非常规战争及当前反恐防暴形势的迫切需求，地面侦察机器人的研究受到了各国的高度重视，其技术日臻成熟和完善。美、英、德、法等国都相继制订了各自的机器人无人地面平台计划，如联合机器人计划、越野机器人感知项目、先进机器人系统、未来战斗系统项目、Navplab 的自主导航车和自主式快速运动侦察车等，分别侧重不同用途，研制出越来越多的地面侦察机器人类型。

以色列军方发布的 Guardium 作战机器人——“守护者”，装备有摄像机、夜视设备、传感器和机枪，负重 300 kg，能够按照预先设定的路线在多座城市中独自行驶，替代士兵执行危险任务，如图 10.14 所示。它是一种军、民两用全自动安全系统，在控制中心的控制下，可对机场、港口、军事基地、重要管线、边境线以及其他需要监视的设施执行巡逻任务。据称，这种无人车已经在军中服役。“守护者”车高 2.2 m，车宽 1.8 m，车长 2.95 m，重 1 400 kg。“守护者”可以搭载 300 kg 的有效载荷，包括摄像机、夜视仪、各种传感器、通信设备以及轻型武器系统等模块化装备，能够实时自主地发现和侦察到危险和障碍物，以便及时作出反应。“守护者”可以按照预定程序输入的路线巡逻，能自动识别道路交通标识，并能躲避障碍物，如发现危险及突发情况，便向操作员发出警告。可以想象，这样的一辆具有相当自主能力的无人车辆，在执行边境巡逻或警戒任务时，既不会犯困，也不会迷路，如果遇危险情况，则还不会造成人员伤亡。当然，它也不便宜，价格约为 60 万美元，而且依据用户选装的设备不同，甚至高达百万美元。

洞穴一直是最难破解的领域之一，并且是军用机器人的前沿领域。以色列一直在前沿科技上突破，不断取得进展。以色列科学家发明的蛇形机器人是一种能够模仿生物蛇运动的新型仿生机器人，用于搜集战场情报，如图 10.15 所示。机器蛇长约 2 m，外着迷彩，可以模仿真蛇的动作和模样，在山洞、隧道、缝隙和建筑中穿梭，同时将沿途图像和声音实时传给士兵，士兵通过计算机对机器蛇进行遥控。它的头部携带照相机，每个接头都配备了一个电动机、计算机、传感器、无线通信和电池。它能将关节弯曲，从非常狭小的空间穿过，可以深入灾后废墟的各个狭小角落，还能攀爬 20°的倾斜面。而它的相机可传送回图像，让救援人员了解并控制灾区里的情况。机器蛇还可以将其身体弯成拱形，经由安装在头顶的摄像机察看障碍物另一侧的情况。除了录制多媒体外，机器蛇还可用于携带炸药。

图 10.14　Guardium 作战机器人

图 10.15　蛇形机器人

2）地面侦察机器人的关键技术

在自主、半自主和遥控 3 类地面侦察机器人中，自主机器人能最大限度脱离人为控制，是其中功能最强大的机器人，代表了地面侦察机器人今后的发展方向。自主式地面侦察机器人是一个组成结构非常复杂的系统，它不仅具有加速、减速、前进、后退及转弯等常规的汽车功能，而且具有任务分析、路径规划、路径跟踪、信息感知、自主决策等类似人类智能行为的人工智能。因此，按照其功能划分，地面侦察机器人可以看作由机械装置、行为控制器、知识库及传感器系统组成的相互联系、相互作用的复杂动态系统。地面侦察机器人的研究涉及机械、控制、传感器、人工智能等技术，其中关键的技术为数字地图技术、视觉技术、多传感器信息融合技术、路径规划技术。

(1) 数字地图技术。

该技术主要应用于环境建模。地面机器人得到定位信息之后，需要地图信息来确定自身所处的位置与目的地之间的关系，并根据地理环境信息和路径规划准则得到最优的行驶路径。在数字地图技术方面，需要着重考虑地理信息系统组织形式，即数据建模。地理信息数据通常有基于几何的观点和基于特征的观点。地面自主机器人的导航需要综合这两种观点的优点来建立一种综合的数据模型。

(2) 视觉技术。

应用于地面侦察机器人的视觉技术需要具备实时性、鲁棒性和实用性等特性。实时性是指视觉系统的处理能力必须与车辆的行驶同步进行；鲁棒性是指在不同的气候条件下，对不同的道路环境都具有良好的适应能力；实用性是指具有优良的性能价格比，可以为普通的用户所接受。地面侦察机器人的视觉技术主要应用于路径的识别和跟踪。在应用过程中，其数据的处理量大，实时性问题比较突出，解决的途径是使用高性能的硬件和高效的算法。

地面侦察机器人导航定位系统的一般工作原理是机器人在运动的过程中利用自身的视觉传感器，确定其在工作环境中的位置和姿态。这样，在目标位置已知的情况下，机器人就可自主规划运动，完成预定的任务。这种定位属于绝对定位。

根据工作环境的不同要求，地面侦察机器人导航定位系统采用的方法也不同。如果工作环境为非结构化的，则通常采用双目立体视觉系统。对于结构化的工作环境，通常采用彩色摄像机视觉系统等。由于地面自主机器人通常工作在非结构化的环境中，因此双目立体视觉系统具有一定的代表性。它是在地面自主机器人上安装 3 台摄像机来完成环境特征的三维信息提取，包括人工标记的识别与匹配，然后计算出机器人相对作业目标的位置关系，导引机器人向目标运行。这个系统的主要特点是通过坐标系转换来确定目标的位置参数，因此计算量比较大，由两部分组成：视觉传感器的标定和机器人绝对位置的计算。

(3) 多传感器信息融合技术。

在地面侦察机器人的定位和导航系统中，使用单一的传感器不能为系统提供足够的信息，需要使用多传感器，如声音、图像、红外、激光、温度、陀螺仪等相互补偿，最大限度提供定位和导航所需的各种信息。多个传感器信息在时间和空间上的冗余和互补性可以为系统提供额外的益处，如稳定的可操作性、扩展的空间覆盖、扩展的时间覆盖和增强的可信度等。为了使各种传感器传回的信息融合后达到最佳效果，需要对信息融合策略和高层算法进行深入研究。

(4) 路径规划技术。

地面侦察机器人的路径规划能力是机器人智能水平的重要体现。但是，复杂环境下的路径规划一直是地面侦察机器人技术中的一项技术难题。

路径规划问题可以分为两种：一种是基于环境先验完全信息的全局路径规划，另一种是基于传感器信息的局部路径规划。在全局路径规划方面，已经提出的方法有可视图法、图搜索法、人工势场法等。有人还提出了一种神经网络路径规划算法，引入了网络和退火算法，能够避免某些局部极值，推动了人工势场法的进一步发展。在局部路径规划方面，也出现了一些有效的算法，势场法就是其中的一种，它包括早期的虚力场法，其基本思想是把地面侦察机器人的运动视为一种抽象的人造受力场中的运动。随后有人研究指出，由于势场法把所有信息压缩为单个的合力，因此某些有价值的障碍物分布信息被抛弃掉了。随着研究的不断深入，路径规划技术也在逐渐趋于完善。

2. 地面战斗机器人

所谓地面战斗机器人，就是直接代替士兵去执行战斗任务的军事机器人，俄罗斯、英国、德国、加拿大、日本、韩国等国已相继推出各自的机器人战士。预计在不久的将来，还会有更多的国家投入这项新战争机器的研发。2015 年，美军 1/3 的地面战斗使用机器人士兵，未来一个旅级作战单元将至少包括了 51 名机器人战士。为此，美国投入历史上最大的单笔军备研究费 1 270 亿美元，以使机器人士兵完成未来战场上士兵必须完成的一切战斗任务，包括进攻、防护、寻找目标。

战斗车可以通过敌我识别自动实施打击、掩护和突袭等军事任务。美国研制的先进作战机器人系统 MAARS，装配有 40 mm 的高爆榴弹和一挺装载 450 发子弹的 M240B 型机枪，火力惊人，如图 10. 16 所示。

武器研究、开发及工程中心与其技术伙伴 Foster-Miller（福斯特-米勒）公司联合开发了具有革命性意义的新型无人驾驶武器系统 SWORDS，如图 10. 17 所示。该系统运用 Talon（魔爪）机动机器人底盘作为平台，并在上面加装了几种不同的武器系统组合。SWORDS 是 Special Weapons Observation Reconnaissance Detection System（特种武器观测侦察探测系统）的英文简写，因与“剑”的英文拼写相同，我们就姑且称为“剑”机器人。“剑”机器人携带有威力强大的自动武器，每分钟能发射 1 000 发子弹，它们是美国军队历史上第一批参加与敌方面对面作战的机器人。制造商表示，一名“剑”机器人士兵身上所装备的武器，绝对能发挥好几名人类士兵的战斗力。“剑”机器人能装备 5. 56 mm 口径的 M249 机枪，或是 7. 62 mm 口径的 M240 机枪，可一次打出数百发子弹压制敌人。除此之外，其还能装备 M16 系列突击步枪、M202-A16 火箭弹发射器和 6 管 40 mm 榴弹发射器。除了强大的武器之外，“剑”机器人还配备了 4 台照相机、夜视镜和变焦设备等光学侦察和瞄准设备。控制火箭和榴弹发射的命令通过一种新开发的远程火控系统发出，这种远程火控系统可让一名士兵通过一种 40 bit 的加密系统来控制多达 5 个不同的火力平台。

图 10. 16 作战机器人系统 MAARS

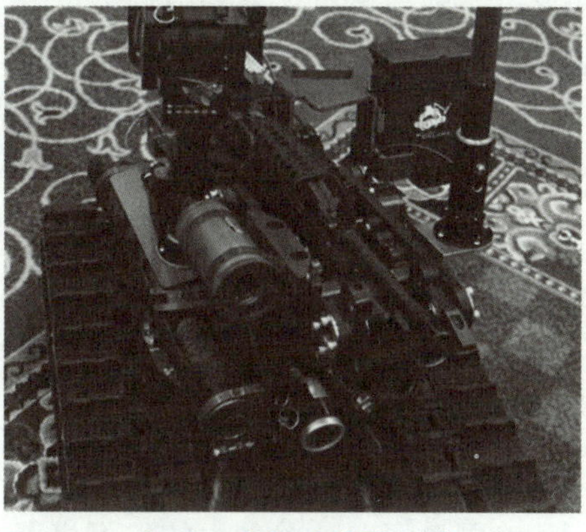

图 10. 17 新型无人驾驶武器系统 SWORDS

10.3.2 水下军用机器人

水下军用机器人分为有人水下机器人和无人水下机器人两大类。有人水下机器人即有人潜水器，机动灵活，便于处理复杂问题，但人的生命可能会有危险，而且价格昂贵。无人水下机器人即无人潜水器，与有人水下机器人相比，具有以下优点：水下连续作业时间长；对人无危险性；由于无须生命维持保障设备，故可小型化；机动性较大；对气候条件的依赖性较小；制造和使用成本较低；能在非专用船中使用。无人水下机器人按照与水面支持设备间联系方式的不同，可分为两大类：一类是有缆水下机器人，习惯上把它称为遥控潜水器，简称 ROV；另一类是无缆水下机器人，习惯上把它称为自治潜水器，简称 AUV。有缆水下机器人都是遥控式的，按其运动方式分为拖曳式、移动式和浮游式。无缆水下机器人只能是自治式的，只有观测型浮游式一种运动方式，但它的前景光明。为了争夺制海权，各国都在开发各种用途的水下军用机器人。

1. 水下军用机器人的远大前景

水下军用机器人在军事上可用于反潜战、水雷战、情报侦察、巡逻监视、后勤支援领域。

(1) 反潜战：在反潜战中，智能水下机器人可以工作在危险的最前线，它装备有先进的探测仪器和具有一定威力的攻击武器，可以探测、跟踪并攻击敌方潜艇。水下军用机器人可以作为水下侦察通信网络的节点，也可以作为猎杀敌方潜艇的诱饵，让己方的潜艇等大型攻击武器处在后方以增加隐蔽性。

(2) 水雷战：水下军用机器人自身可以装载一到多枚水雷，自主航行到危险海域。水下军用机器人的目标较小，可以更隐蔽地实现鱼雷的布施，并且其上的声呐等探测装置也可协助进行近距离、高精度的鱼雷、雷场的探测与监视。

(3) 情报侦察：长航时的水下军用机器人，可在高危险的战区或敏感海域进行情报侦察工作，能够长时间、较隐蔽地完成情报侦察和数据采集与传输任务。

(4) 巡逻监视：可以长时间在港口及附近主要航线执行巡逻任务，包括侦查、扫雷、船只检查和港口维护等。它可以对敌方逼近的舰艇造成很大的威胁，必要时还可以执行主动攻击、施布鱼雷和港口封锁等任务。战期还可为两栖突击队侦察水雷等障碍，开辟水下进攻路线。

(5) 后勤支援：智能水下机器人可以布施通信导航节点，构建侦查、通信、导航网络。

(6) 其他相关应用：智能水下机器人还可用于其他相关水下领域，如海洋测绘、水下施工、物资运输和日常训练等。智能水下机器人可用于靶场试验、鱼雷鉴定等，把机器人伪装成鱼雷充当靶雷进行日常训练和实验鱼雷性能，以智能水下机器人作为声靶进行潜艇训练。

2. 水下军用机器人各国研究现状

美国海军有一个独立的水下机器人分队，这支由精锐人员和水下机器人组成的分队，可以在全世界海域进行搜索、定位、救援和回收工作。水下机器人在美国海军的另一个主要用途是扫雷，如 MINS 水下机器人系统，它可以用来发现、分类、排除水下残物及系留的水雷。美国 SeaBotix 公司研制的 LBV 系列多功能小型水下机器人，包括 9 个型号，作业水深为 50~950 m。ROV LBV 150-4，如图 10.18（a）所示，在空气中质量为 11 kg，最大下潜深度为 150 m，两个摄像头，测深器工作水深为 50 m。另一种相似的 ROV LBV 300-5，如图 10.18（b）所示，在空气中质量为 13 kg，工作水深为 300 m，主要用在浅水港湾警视、监视，还可对堤坝进行质量和安全性检测，目前该机器人产品已进入市场。

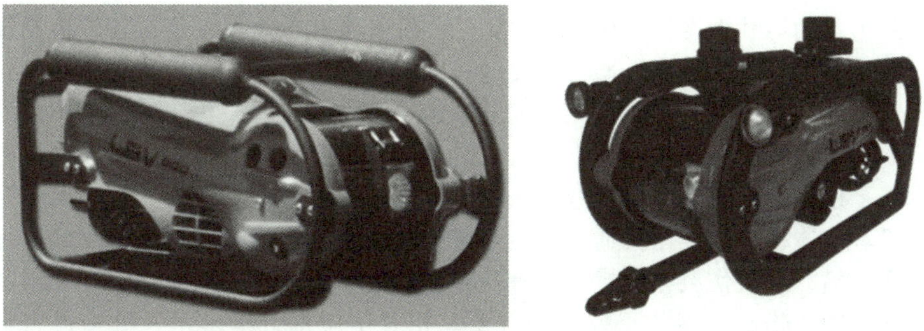

（a）　　　　　　（b）

图 10.18　美军水下军用机器人

（a）ROV LBV 150-4；（b）ROV LBV 300-5

德国在反水雷水下军用机器人的研制方面，一直处于欧洲领先水平。例如，德国的 STN、HDW 等公司，为海军研制了一款水下无人航行体 CM/TAU200，主要用于海军的反潜作战，既能够维护重要的海上交通线的安全，以及在较为恶劣的浅水环境中的航行，又可以有效保护航母作战群和其他海军作战部队不受水雷的威胁。另外，为了进一步加强反潜作战能力，德国海军还制订了一个专业反水雷改造计划 MJ334，投入 2.5 亿美元将扫雷舰改造升级为猎雷舰，从而最大限度地降低水雷对人员和设备的威胁。

日本在探雷、排雷机器人的研制方面处于国际领先水平。例如，日本灭雷用的 ROV 技术已经十分成熟，其耗资 6 000 万美元打造的 Kaiko ROV，甚至能够下潜到世界最深的海底。另外，日本还大力发展水下无人航行器技术，并将其广泛应用于地震预报、海洋开发（水下采矿、海底石油及天然气的探测开发等）等领域。

我国从 20 世纪 70 年代开始较大规模地开展潜水器研制工作，先后研制成功以援潜救生为主的 7103 艇（有缆有人）、I 型救生艇（有缆有人）、QSZ 单人常压潜水器（有缆有人）、8A4 ROV（有缆无人）和军民两用的 HR-01 ROV、RECON IV ROV 及能下潜 6 000 m 的 CR-01 AUV（见图 10.19）等，使我国潜水器研制达到国际先进水平。我国目前进军水下机器人的企业并不多。中

图 10.19　CR-01 AUV

国科学院沈阳自动化研究所是国内外有影响的研究与开发水下机器人并形成产品的科研实体之一，研制了我国第一台有缆遥控潜水器和第一台无缆自主水下机器人。在水下机器人运动控制、智能决策、路径规划、组合导航、集群控制、自主作业、载体设计、作业工具、释放回收等方面拥有雄厚的技术积累。其中，CR-01 曾于 1997 年入选中国十大科技进展。

10.3.3 空中军用机器人

空中军用机器人一般是指无人驾驶飞机（简称无人机），是一种以无线电遥控或由自身程序控制为主的不载人飞机，机上无驾驶舱，但安装有自动驾驶仪、程序控制装置等设备，广泛用于空中侦察、监视、通信、反潜、电子干扰等。在军用机器人家族中，无人机是科研活动最活跃、技术进步最大、研究及采购经费投入最多、实战经验最丰富的研究领域。从第一台自动驾驶仪问世以来，无人机的发展基本上是以美国为主线向前推进的，无论从技术水平还是无人机的种类和数量来看，美国均居世界首位。

无人机具有体积小、操作灵活、制造及保养成本低、能适应各种恶劣环境等优势，在侦察、毁伤评估、搜救伤员、干扰雷达等众多军事领域得到充分的应用，许多国家将无人机作为其未来国防建设发展的重要战略领域。相对于侦察卫星，无人机具有响应时间更短、投入成本低、机动能力强、分辨率更高等优势。与传统飞机相比，无人机质量轻、体积小、设计更加灵活，而且其隐身性能更好、安全系数更高、不用考虑人员伤亡，特殊情况下可以直接进行“自杀式攻击”摧毁军事目标。此外，无人机的制造成本较低，一般情况下，无人机的制造成本仅有传统战斗机的 1/10，甚至仅有百分之几。美国研制的微型无人机 PD-100“黑黄蜂”造价仅为 4 万美元，只有手掌一般大小，质量仅为 18 g，能够长距离飞行并真正实现隐形飞行。

军用无人机环境适应能力强、隐蔽性较好、不用担心人员伤亡，被世界各国军队广泛应用到国防军事多个领域，在侦察、监视、电子战争、军事打击等方面都能发挥出巨大作用。越南战争、海湾战争中，无人机被广泛应用于侦察、情报搜集、定位追踪等军事任务。1991 年，美国实施的“沙漠风暴作战计划”中，美国研制的无人机能够欺骗雷达系统，出色地完成多项军事任务。

无人机在海湾战争中所表现出来的强大之处，使以美国为代表的西方强国充分认识其在军事领域的广阔发展前景，各国纷纷加大在无人机技术研发领域的资源投入，有效推动了无人机技术的快速发展。目前，无人机的续航能力、数据传输效率及质量、自动化程度等都有了显著提升。现阶段，无人机上已经配置了拥有强大火力的军事武器，美国研制的 MQ-1“捕食者”无人机配备有两枚 AGM-114“地狱火”导弹，能够对军事目标形成强大威胁，在空中作战、打击恐怖组织、追踪监测等方面发挥出了巨大作用。目前，军用无人机的应用范围已从军事侦察、情报获取、毁伤评估等发展至对地攻击、导弹拦截、精准射杀、空中格斗等领域。无人机不仅能对传统战斗机进行补给、支援，甚至能通过实时的数据传输完成无人机与有人驾驶战斗机的协同作战。未来一段时间内，随着大量资源的不断投入，无人机在国防军事领域将实现跨越式发展，续航能力强、作战范围广的无人侦察机与无人战斗机将会成为军用无人机发展的重点方向。由于现代战争的需求发生了重大改变，未来军用无人机的发展将会表现出以下 4 个方面的特征：从战术侦察发展至空中预警；从低空作战、短距离飞行发展至高空作战、长途飞行；向隐蔽能力强、飞行速度快的无人机发展；向空中格斗无人机发展。

美国“全球鹰”无人机是一种高空、高速、长航时的无人侦察机，主要用于大范围的连续侦查与监视，如图 10.20 所示。该机长 13.4 m，翼展 35.5 m，最大起飞质量为 11 610 kg，最大载油量为 6 577 kg，有效载荷为 900 kg。它有一台涡扇发动机置于机身上方，最大飞行速度为 740 km/h，航程为 26 000 km，续航时间为 42 h。机上载有合成孔径雷达、电视摄像机、红外探测器 3 种侦察设备，以及防御性电子对抗设备和数字通信设备。

图 10.20　美国“全球鹰”无人机

“不死鸟”无人机是由英国马可尼公司研制的一种中程无人侦察机。机体全部采用复合材料，模块式结构，推进式机翼和尾梁，可置换的机翼、垂尾翼尖等，装备有先进的红外传感器、合成孔径雷达和电子战系统，如图 10.21 所示。该机的隐身性能好，具有较强的生存力，在战场上易于维修和运输，最大使用高度为 2 440 m，侦察半径为 60 km，在 1 000 m高度下视场达 800 km。其主要目的是为炮兵截获目标，提供侦察照片和数据。

“翔龙”无人机（见图 10.22）是中国新一代高空、长航时的无人侦察机，类似于美国的“全球鹰”。“翔龙”机身全长 14.33 m，翼展 24.86 m，机高 5.413 m，正常起飞质量6 800 kg，任务载荷 600 kg，机体寿命暂定为 2 500 飞行小时，巡航高度 18 000~20 000 m，巡航速度大于 700 km/h，作战半径 2 000~2 500 km，续航时间超过 10 h，起飞滑跑最短距离 350 m，着陆滑跑距离 500 m。为满足军队未来作战需要，其完成平时和战时对周边地区的情报侦察任务，为部队准确及时地了解战场态势提供有力手段。中国一航组织成都飞机设计研究所、贵州航空工业（集团）有限责任公司等有关单位设计出了“翔龙”高空、高速无人侦察机概念方案，包括无人机飞行平台、任务载荷、地面系统 3 个部分。2011 年 6 月 28 日，“翔龙”无人机原型机出现在成飞跑道上，首次露出它的神秘面容。

图 10.21　“不死鸟”无人机

图 10.22　中国“翔龙”无人机

10.3.4　空间军用机器人

与机器人的发展趋势一样，空间军用机器人的定义也会随着使用者的不同而改变。广义来讲，空间机器人是指代替人类在宇宙中执行某些任务的设备，就这个观点来看，宇宙飞船也算是一种机器人。狭义来讲，空间机器人是指能够顺利完成或挑战各项太空任务的远距离自主操控机械系统，也指具备某种“作业功能”或“移动功能”的机械设备。

空间机器人作为一种低价位的轻型遥控机器人，可在行星的大气环境中导航飞行。为此，它必须克服许多困难，如要能在一个不断变化的三维环境中运动并自主导航；几乎不能够停留；必须能实时确定在空间的位置和状态；要能对垂直运动进行控制；要为星际飞行进行预测及规划路径。

空间军用机器人根据适用场所及使用目的，其外形与组成结构大相径庭，大致分为以下 3 类。

1. 轨道机器人

轨道机器人是指在国际空间站或其他宇宙飞行器上，用于处理模块、替换设备、实验、捕获人造卫星的机器人。目前实际执行任务的机器人有：架设在航天飞机上的操作手臂系统，以及用于国际空间站的机械臂。

轨道环境中首次应用机械臂的是航天飞机的遥操作系统。它于 1981 年 STS-2 任务中得到成功应用，今天仍然在运作。这一成功开辟了轨道机器人新时代的技术，激发出了研究机构的许多任务概念。一个终极目标于 20 世纪 80 年代初以后得到了深入的探讨，即将自由飞行器或自由飞行空间机器人应用到故障航天器的救援和维修上。在随后几年中，对故障卫星进行抓取-维修部署以及对哈勃太空望远镜进行维修这类任务得以实施。

2021 年 4 月，我国发射了天和核心舱成功和天宫空间站对接。天和核心舱小柱段外安装了一个巨型机械臂，称为“天和机械臂”，如图 10.23 所示。天和机械臂可不是简单的搬运工，它是天宫空间站建设、维护的关键设备，功能十分强大，可用来搬运货物，捕获悬停的航天器执行辅助对接任务，基于首尾互换技能实现在舱体外表面的自由爬行，检查舱体状态，协助航天员完成舱外活动，辅助建造修理空间站，和实验舱上的机械臂联合监视外部航天器等。

图 10.23 天和机械臂

2. 勘测机器人

勘测机器人是指驻扎在月球、火星上或在其表面移动，执行各种任务（观测、勘探等）的机器人。除了进行科学勘探和资源调查外，未来在建设和运作月球基地时，也会需要月球勘测机器人的协助。目前已投入实际运用的是一种利用轮胎在月球或火星表面移动的机器人，称为“探测车”。

人类对表面探测漫游者的研究始于 20 世纪 60 年代中期，初衷是美国为了研究“勘探者号”登月飞行器进行无人漫游和登陆器的载人漫游。在同一时期，苏联名为 Lunokhod 的无人驾驶遥控月球自动车也在研究和开发。无论是阿波罗载人月球车还是 Lunokhod 无人月球车，20 世纪 70 年代初期在月球上均有成功表现。20 世纪 90 年代，勘探目标已扩大到火星。1997 年，“火星探路者号”成功地部署了“旅居者号”微型探测车，利用自主避障技术安全穿越着陆点附近的岩石场。这次成功之后，如今自主机器人车辆被认为是行星探索所不可缺少的技术。“精神号”和“机遇号”火星探测漫游者于 2003 年发射升空，在火星恶劣环境下坚持工作长达4年之久，已经取得了卓越成功。NASA持续进行火星探测工作，并已于2011年将重达1 t的移动型科学实验机器人送往火星，执行正式的勘探任务，进一步计划在2030年之前完成火星采样任务并返回，如图10.24所示。而加拿大也正在推动Exo Mars火星探测车的开发工作；此外，对小行星、彗星、卫星等太阳系小天体的勘探计划也在蓬勃发展当中。日本2003年发射了“隼鸟号”尝试采样，并于2010年返回地球。

“玉兔号”月球车是中国首辆星球车，搭载于“嫦娥三号”探测器上，于2013年12月2日发射升空，并在12月15日从“嫦娥三号”着陆器上通过转移机构顺利驶抵月球表面，如图10.25所示。之后，“玉兔号”围绕“嫦娥三号”旋转拍照，并传回照片。“玉兔号”长1.5 m、宽1 m、高1.1 m，移动系统采用六轮独立驱动、四轮独立转向形式，具备20°爬坡、20 cm越障能力，可耐受330 ℃温差。“玉兔号”上装有地月对话通信天线、头顶导航相机与前后方的避障相机，以及红外成像光谱仪、激光点阵器等科学探测仪器，还有一套负责钻孔、研磨和采样的机械臂。2014年1月25日，“玉兔号”星球车进入第二次月夜休眠；但在休眠前，受复杂月面环境的影响，移动系统的机构控制出现异常，失去了移动功能。

图10.24　移动型科学实验机器人

图10.25　“玉兔号”月球车

2018年12月8日，“嫦娥四号”着陆器载有“玉兔二号”月球车发射升空，如图10.26所示。“玉兔二号”于2019年1月3日成功着陆在月球背面，之后，它通过“鹊桥”中继星传回了世界第一张近距离拍摄的月背影像图。“玉兔二号”的移动系统结构与“玉兔号”相同，车上安装了全景相机、测月雷达、红外成像光谱仪和与瑞典合作的中性原子探测仪。这些仪器将在月球背面通过就位和巡视探测，开展低频射电天文观测与研究，巡视区形貌、矿物组分及月表浅层结构研究，并试验性开展月球背面中子辐射剂量、中性原子等月球环境研究。2020年3月18日，“玉兔二号”结束第15个长达14天的月夜极低温环境“休眠”，在阳光照射下自主唤醒，进入第16个月昼工作期。至2020年3月31日进入第16个月夜休眠期，已在月面存活了15个月，累计行驶里程424.455 m，再次刷新了我国探测器的行走纪录。

图10.26　“玉兔二号”月球车

“玉兔二号”在世界上首次实现月球背面着陆，成为我国航天事业发展的又一座里程碑。此外，我国的火星车也正在紧锣密鼓的研制当中，在不久的将来我们就会看到它踏上遥远的火星，开创中国火星探测的新纪元。随着人类对外星球探索活动的深入和探测目标的不断推进，一些国家已制订了月球基地建造、火壤巡视探测与星壤采样、行星着陆探测与星壤采样等中长期的探索计划。可以相信，星球探测机器人也必将在其中发挥越来越大的作用。

3. 载人辅助机器人

所谓的载人辅助机器人，是指辅助或代替宇航员执行任务的机器人。现阶段，太空活动载人辅助机器人的主要活动区域是国际空间站。而未来则可协助执行载人月球、火星勘探或驻扎任务，以及建设并管理在地球轨道上运行的太空设施（太空酒店、太阳能发电卫星等）。

由于载人辅助机器人必须辅助或代替航天员执行任务，因此必须像航天员一样，具备可在太空设施内外自由移动、执行各项任务等能力。欧洲空间局正在开发的是一款名为Eurobot的四足机器人。日本宇宙航空研究开发机构正在开发一种利用绳索移动的机器人。通过绳索不仅能进行大范围的移动，还能收纳移动所需的功能零件。

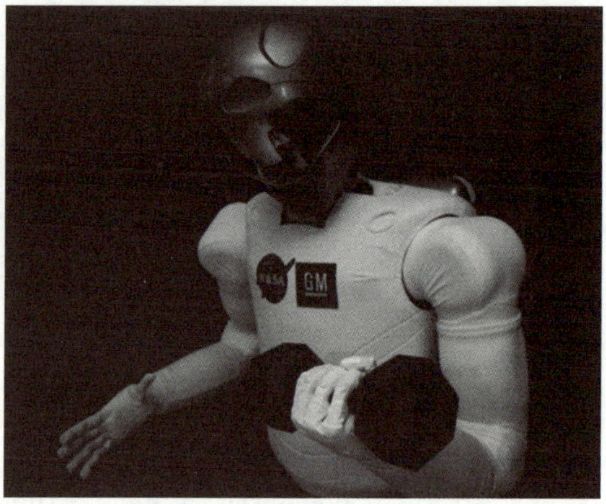

图 10.27　Robonaut

1999年，NASA成功研制了仿人形的机器人宇航员Robonaut，主要用于舱外作业。Robonaut是一台仿人机器人，外形如同仅具备上半身的航天员，如图10.27所示。Robonaut具有与人手相近的可以灵活工作的手臂，能够使用大部分的舱外作业工具，而头部装有视觉装置，可以和人类宇航员协同工作，且能够承受高温工作环境。同时，NASA还开发了用于Robonaut的远程操作系统，操作者可利用头盔、数据手套和跟踪器等对Robonaut进行远程控制，从而利用Robonaut完成舱外操作任务。10多年后，NASA和（美国通用汽车公司）GM携手研发出了第二代航天机器人“机器宇航员2号”（Robonaut2），简称R2。与第一代航天机器人相比，R2的技术更加先进，且操作更加灵活。2011年2月25日，美国“发现号”航天飞机把世界上第一台R2运送到国际空间站，主要用于维护空间站内实验室并完成一系列测试，为今后更为先进的太空机器人承担更为繁重的任务铺路。R2走进国际空间站，标志着太空机器人由此进入了智能太空机器人的新时代。为了达到类似宇航员的工作能力，R2的全身配有350个传感器、38个控制器和54个伺服电动机，每只手都有12个自由度。手部功能主要有两方面：一方面是实现牢固的抓取功能，即由3自由度手指和2自由度拇指相互配合来完成的动作；另一方面是正反向的灵活运动功能，即由1个自由度的手掌配合5个手指来完成的动作。R2机器人仅有上半身，宇航员可以根据任务需要为其组装下半身，如双轮车型、四轮车型、双腿型和机器臂型等。关于R2的移动方式，已经提出几项方案：在国际空间站内，为机器人安装一双太空腿，不用再固定在底座，就可以自由移动；在月球表面则利用像轮椅般的交通工具进行移动。在空间站里，R2 的组装式身体部件能够根据任务需要进行拆卸，宇航员可以毫不费力地按照不同任务，像搭积木一样，将不同应用模式的 R2 组装出来。

课后习题

1. 特种机器人的分类为________、________、________、________、________、________。
2. 水下机器人技术分为________、________、________、________、________、________。
3. 空间军用机器人的分类有________、________、________。
4. 简述特种机器人的定义。
5. 简述空间机器人的定义。
6. 空间机器人有哪些应用？
7. 简述水下机器人的定义。
8. 简述水下机器人 ROV 的应用。
9. 简述军用机器人的定义。
10. 简述地面军用机器人的定义。
11. 水下军用机器人的应用有哪些？
12. 空中军用机器人的优点有哪些？

参考文献

[1] 唐炜，张仁远，樊泽明. 基于 ROS 的机器人设计与开发 [M]. 北京：科学出版社，2021.
[2] 刘英，朱银龙. 机器人技术基础 [M]. 北京：机械工业出版社，2022.
[3] 朱大昌，张春良，吴文强. 机器人机构学基础 [M]. 北京：机械工业出版社，2020.
[4] 蔡自兴，谢斌. 机器人学 [M]. 4 版. 北京：清华大学出版社，2022.
[5] 陈万米，刘振，杜映峰，等. 机器人控制技术 [M]. 北京：机械工业出版社，2017.
[6] 蔡自兴，谢斌，李挺. 机器人学基础 [M]. 北京：机械工业出版社，2015.
[7] 战强. 机器人学：机构、运动学、动力学及路径规划 [M]. 北京：清华大学出版社，2019.
[8] 张春芝，石志国. 智能机器人技术基础 [M]. 北京：机械工业出版社，2020.
[9] 杨洋，苏鹏，郑昱. 机器人控制理论基础 [M]. 北京：机械工业出版社，2021.
[10] 李宏胜. 机器人控制技术 [M]. 北京：机械工业出版社，2020.
[11] 黄家才. 并联机器人控制技术及工程项目化案例教程 [M]. 北京：机械工业出版社，2022.
[12] 高翔. 视觉 SLAM 十四讲：从理论到实践 [M]. 北京：电子工业出版社，2019.
[13] 樊泽明，吴娟，任静，等. 机器人学基础 [M] . 北京：机械工业出版社，2021.
[14] 徐本连，鲁明丽. 机器人 SLAM 技术及其 ROS 系统应用 [M] . 北京：机械工业出版社，2021.
[15] 熊蓉，王越，张宇，等. 自主移动机器人 [M]. 北京：机械工业出版社，2021.
[16] 朗佐·凯利. 移动机器人学：数学基础、模型构建及实现方法 [M]. 北京：机械工业出版社，2020.
[17] 刘军. 无人机 [M] . 天津：科学技术出版社，2018.
[18] 陈白帆，宋德臻. 移动机器人 [M]. 北京：清华大学出版社，2021.
[19] 李云江，司文慧. 机器人概论 [M]. 北京：机械工业出版社，2011.
[20] 陈晓东. 警用机器人 [M]. 北京：科学出版社，2008.
[21] 张涛. 机器人引论 [M]. 北京：机械工业出版社，2010.
[22] 郭琦，洪炳镕. 空间机器人运动控制方法 [M]. 北京：中国宇航员出版社，2011.
[23] 罗均，谢少荣，王琦，等. 特种机器人 [M]. 北京：化学工业出版社，2006.
[24] 日本学会. 机器人科技 [M]. 北京：人民邮电出版社，2015.
[25] 王喜文. 机器人+：战略行动路线图 [M]. 北京：机械工业出版社，2016.
[26] 谢广明，李宗刚，夏庆锋. 机器人引论：魅力无穷的机器人世界 [M]. 北京：北京大学出版社，2017.
[27] 西西利亚诺，哈提卜. 机器人手册. [M]. 北京：机械工业出版社，2016.
[28] 郭彤颖，张辉，朱林仓. 特种机器人技术 [M]. 北京：化学工业出版社，2019.
[29] 魏承，谭春林，赵阳，等. 空间机器人在轨操作动力学与控制 [M]. 北京：科学出版社，2021.
[30] 刘英，朱银龙. 机器人技术基础 [M]. 北京：机械工业出版社，2020.

[31] 李宏胜. 机器人控制技术 [M]. 北京：机械工业出版社，2020.
[32] 宁祎. 工业机器人控制技术 [M]. 北京：机械工业出版社，2021.
[33] 陈建元. 传感器技术 [M]. 北京：机械工业出版社，2008.
[34] 高国富. 机器人传感器及其应用 [M]. 北京：化学工业出版社，2004.
[35] 郭彤颖，张辉. 机器人传感器及其信息融合技术 [M]. 北京：化学工业出版社，2016.
[36] 樊炳辉，袁义坤，张兴蕾，等. 机器人工程导论 [M]. 北京：北京航空航天大学出版社，2018.
[37] 周浦城，李从利，王勇，等. 深度卷积神经网络原理与实践 [M]. 北京：电子工业出版社，2020.
[38] 王士同，陈慧萍，赵跃华，等. 人工智能 [M]. 北京：电子工业出版社，2010.
[39] 柳洪义，宋伟刚. 机器人技术基础 [M]. 北京：冶金工业出版社，2002.
[40] 倪建军，史朋飞，罗成名. 人工智能与机器人 [M]. 北京：科学出版社，2019.